OFFSHORE WIND FARMS

해상풍력발전 전 기 설 비 계획과 설계

이 순 형

ELECTRICAL
INFRASTRUCTURE
FOR OFFSHORE WIND
FARMS: PLANNING AND DESIGN

에너지시간신문사

머리말

'데이터 인프라의 미래를 설계하다 – 전기설비를 넘어, 시스템을 완성하는 공학적 통찰'

 기후 위기에 대한 전 지구적 대응과 지속가능한 미래를 위한 에너지 전환은 이제 선택이 아닌 시대적 소명입니다. 전 세계는 탄소중립(Net-Zero) 실현과 RE100 달성을 위해 에너지 시스템의 대전환을 가속화하고 있으며 해상풍력발전은 그 중심에 있습니다. 해상풍력은 탄소배출 없이 대규모 전력을 안정적으로 생산할 수 있는 청정에너지 기술로서, 세계 주요국들이 국가 전략산업으로 육성하고 있는 분야입니다. 이미 세계 해상풍력발전 시장은 연간 수백조 원에 달하는 규모로 성장하였고, 그 추세는 더욱 가속화되고 있습니다.

 우리나라도 이러한 글로벌 흐름에 발맞춰 해상풍력 산업의 체계적 육성이 시급합니다. 특히 한국은 삼면이 바다로 둘러싸인 천혜의 해양 조건과 높은 기술력을 바탕으로 해상풍력 시장을 선도할 수 있는 잠재력을 보유하고 있습니다. 그중에서도 국내 해상풍력 시장은 향후 약 100조 원 규모로 성장할 것으로 전망되고 있으며 이는 국가 경제의 새로운 성장축으로 자리매김할 수 있는 절호의 기회입니다.

 문재인 정부 시절 신안 해상풍력 등 대형 프로젝트를 중심으로 해상풍력 사업이 활기를 띠었으나, 정권 교체 후 원자력 중심의 에너지 정책으로 재생에너지와 풍력산업의 추진력은 다소 약화하였습니다. 그러나 2025년 정권 교체에 따른 정책 기조 변화가 예고되며 다시 재생에너지 중심의 산업 생태계 조성과 해상풍력 산업의 본격적인 도약이 기대되고 있습니다. 이에 따라 해상풍력 산업의 안정적 발전과 꾸준한 성장을 위해 반드시 고급 인력을 배출해야만 합니다. 특히 유지보수 전문가와 안전관리 기술자들 교육이 시급합니다.

    이러한 중요한 시점에서 전기공학 및 에너지 시스템 분야에서의 오랜 연구와 실무, 정책 자문 경험을 바탕으로, 해상풍력발전 전기설비의 계획과 설계를 종합적으로 다룬 이 전문서를 집필하게 되었습니다. 해상풍력은 단순한 발전 기술이 아닌, 해양환경과 계통 특성을 동시에 고려해야 하는 고난도 융복합 기술이며 그중에서도 전기설비는 전력 생산의 안정성과 시스템 효율성, 안전성 확보에 있어 핵심적인 역할을 담당합니다.

    본서는 전기설계자가 충분한 기초 전기공학 지식과 실무경험을 보유하고 있다는 전제하에, 해상풍력발전 전기설비의 계획·설계·시공에 이르는 전 과정을 체계적으로 정리하고자 노력하였습니다. 특히 해상풍력발전을 공부하려는 학생들이나 기술자들에게 큰 도움이 될 수 있도록 체계적으로 정리하였으며, 송전계통 연계, 해저케이블 설계, 해상변전소 구성, 보호 계전 및 계측시스템 그리고 국제적 기술 기준 등을 폭넓게 다루어 실효성 있는 고급 자료를 제공하는 데 중점을 두었습니다.

    이 책이 해상풍력 전기설비 분야에 종사하는 설계자, 기술자, 연구자, 학생 그리고 정책 결정자들에게 실질적인 도움이 되기를 바라며, 나아가 대한민국이 세계 해상풍력 시장에서 기술 주도국으로 도약하는데 하나의 디딤돌이 되기를 진심으로 기원합니다.

2025년 5월
이순형 씀

해상풍력발전 전기설비 계획과 설계

차 례

제1장 서론(Introduction) / 9
  1. 해상풍력발전의 의의와 전망 ·· 10

제2장 해상풍력발전의 이해 / 41
  1. 해상풍력발전의 이해 ·· 42
  2. 풍력발전기 개요 ··· 55
  3. 풍력발전기 용량산정 ··· 59
  4. 풍력발전기 종류 및 용량별 특징 ·· 64

제3장 해상풍력발전단지 계획 수립(Planning & Feasibility) / 69
  1. 풍황조사 및 분석 ·· 70
  2. 입지선정 및 해저지형 조사 ·· 78
  3. 프로젝트 경제성·타당성 분석 ·· 81
  4. 환경영향평가(EIA) 및 주민 수용성 ······································· 84
  5. 전체 전력계통 구성 구상 ·· 87

제4장 해상풍력발전 전기설비 설계 / 93
  1. 계통연계 기술 ··· 94
  2. 해상풍력발전 설계 ··· 107

3. 해상풍력발전 타워 배치 ·· 109
4. 풍력발전기 전력변환장치 ·· 116
5. 변압기 시스템 ·· 119
6. GIS 변전소 ·· 125
7. 해상접지시스템(Offshore Grounding System) ············ 132
8. 소내전력 ··· 137
9. 항공장애등의 필요성 ··· 145
10. 해상풍력 부식 특성 ··· 149

제5장 해저케이블 설계 및 시공(Subsea Cable Engineering) / 155

1. 해저케이블 종류 및 규격 ·· 156
2. 전압강하(Voltage Drop) ·· 167
3. 해저케이블 루트조사 및 최적루트 선정 ····················· 175
4. 해저케이블 부설 방법 ·· 178
5. 케이블 인입장력 ··· 183
6. 케이블 방호(Protection) 방법 ································· 186
7. 시공관리(QA/QC) 및 시공 후 시험 ·························· 190
8. 운영·유지관리(O&M) 전략 ····································· 193

제6장 해상변전소·육상변전소·변환소 설계 / 197

1. 해상변전소(Offshore Substation) 설계 ···················· 198
2. 육상변전소 및 전력회사 변전소와의 연계 ·················· 213
3. 양육점(Transition Joint, Joint Bay) 설계 시 고려사항 ·· 216
4. 전력구(Power Duct / Power Tunnel) ······················ 219
5. 맨홀(Manhole) ··· 223
6. 개폐소(Switchgear) 및 보호시스템 ··························· 228
7. 무효전력보상장치(Shunt Reactor, SVC, STATCOM 등) ·· 232

8. 변환소 - HVDC 연계 ··· **238**
9. 감시·제어·자동화(SCADA, EMS, PMS 등) ··············· **242**
10. ESS 및 수전해 시스템과의 연계 ··························· **246**

제7장 보호·제어 시스템 / 253

1. 출력 변동성 및 전력 품질 ································· **254**
2. 계통 보호 협조(Protection Coordination) ················ **255**
3. 대형 해상풍력발전시스템의 보호계전기설계 고려사항
   (국내 기준: KS, 한전 등 중심) ···························· **257**
4. 계통 안정성 및 고장 해석 ································· **272**
5. 전압·주파수 제어(Voltage & Frequency Control) ······· **275**

제8장 시공, 시운전, 유지보수 / 279

1. 해상풍력 터빈 시공 ·· **280**
2. 해상변전소 시공 ·· **286**
3. 육상변전소 및 변환소 시공 ······························· **288**
4. 시공관리(Construction Management) 및 HSE ············ **289**
5. 시운전 및 유지보수(Commissioning & O&M) ··········· **290**

제9장 경제성 평가 및 사업 추진 / 299

1. 사업성 분석(Financial Analysis) ···························· **300**
2. 정책 지원 및 전력거래 전략 ······························ **301**
3. 리스크 관리 및 프로젝트 스케줄 ························· **302**
4. 해상풍력발전 프로젝트 종합 사업성·정책·리스크 분석 예 ··· **304**

제10장 향후 기술 동향 및 발전 방향 / 309

    1. 해상풍력 대형화 및 부유식 확장 ·· 308
    2. 하이브리드 해상 에너지 시스템 ·· 311
    3. 디지털화와 스마트 운영 고도화 ·· 319
    4. 탄소중립 및 ESG 경영 측면 ·· 323
    5. 해상풍력 대규모 보급에 따른 계통연계 과제와 정책·기술 대안 ········· 326

부 록 / 339

    부록 1. 용어 정리 ·· 340
        A. 주요 용어 정리(Glossary) ·· 340
        B. 관련 법규·기술 표준 일람표 ·· 343
        C. 시뮬레이션 소프트웨어 소개 ·· 343
        D. 주요 기자재 공급사 정보 ··· 344
        E. 계통분석 예시 자료 ·· 345
        F. 해상풍력발전 프로젝트 사례 연구 ····································· 345
        G. 참고문헌 및 웹사이트(References) ··································· 346
        웹사이트 ·· 346

    부록 2. 국내 발전설비 및 사용량 데이터(통계청 자료) ·························· 347
        1. 연료원별 발전설비 구성 ··· 347
        2. 발전실적 종합 ·· 348
        3. 신·재생에너지 보급용량에 따른 발전누적 ·························· 349
        4. 행정구역별·용도별 판매전력량 ··· 351
        5. 지역별 발전설비 ·· 354

    INDEX ·· 357

제 **1** 장

서 론
(Introduction)

제1장 서 론(Introduction)

Electrical Infrastructure For Offshore Wind Farms

1. 해상풍력발전의 의의와 전망

1.1 신·재생에너지 확대 정책과 해상풍력의 역할

1) 글로벌 에너지 전환과 해상풍력의 부상

전 세계적으로 기후변화 대응과 탈탄소화가 화두가 되면서 신·재생에너지 보급이 급격히 증가하고 있다. 특히 태양광·풍력 발전은 기술 성숙도와 경제성이 빠르게 개선되어 전체 전력 믹스에서 차지하는 비중이 꾸준히 확대 중이다. 해상풍력은 높은 이용률(운전 시 이용 가능한 풍속 비중)과 대규모 증설 잠재력을 기반으로 단기간 내 탄소 저감 효과를 극대화할 수 있는 핵심 수단으로 주목받고 있다.

〈그림 1-1〉 해상풍력

2) 각국의 해상풍력 지원 정책

유럽연합(EU)은 'REPowerEU', 'Offshore Renewable Energy Strategy'를 통해 해상풍력 설치 목표를 상향 조정하고 해상풍력과 수소 인프라 연계를 동시에 추진 중이다.

미국 역시 북동부·태평양 연안에서 해상풍력 단지를 개발하기 위해 BOEM(해양에너지관리국)을 중심으로 입지 선정과 인허가를 간소화하고, 2030년까지 30GW 달성을 목표로 하고 있다.

아시아의 경우 중국이 이미 대규모 해상풍력 시장을 형성했고, 일본·대만·한국 등이 정책적 지원을 확대하면서 후속 시장으로 부상하고 있다. 이러한 추세 속에서 해상풍력은 각국의 **재생에너지 의무 공급(RPS), 탄소중립 전략** 등을 실현하는 데 필수적이며, 연관 산업(조선·해양플랜트·기계·전기설비) 활성화 효과까지 기대된다는 점에서 국가 차원의 적극적인 지원이 이루어지고 있다.

3) 우리나라 풍력 분야 전략 과제

풍력 분야는 바람의 운동에너지를 기계적 에너지로 변환한 뒤 이를 다시 전기에너지로 전환하는 풍력발전시스템과 관련된 기술을 말한다. 여기에는 풍력 발전 단지의 설계, 운영, 유지보수 등 풍력발전 단지의 효율적 운영과 활성화를 위한 다양한 기술이 포함된다. 참고로 이 내용은 제5차 에너지기술개발계획 기술로드맵(2024~2033)을 정리한 것이다.

■ 4대 전략 과제

- 해상풍력 시스템 제조 경쟁력 강화
  20MW+급 초대형 터빈 개발, 수출형 부품 국산화, 시험·인증 인프라 구축

- 부유식 해상풍력 상용화 및 국산화
  고심해 설치 가능 구조물·부품 국산화, LCOE 저감, 신개념 부유체 개발

- 해상풍력 단지개발 기반 구축
  해양엔지니어링, 보안·설치 인프라, 단지 설계 기술 확보

- 단지 운영 기술 고도화
  디지털화, 자율 운영, 에너지 허브화 대응 기술 확보

■ 기술 동향 및 정책 분석

국제 해상풍력 시장은 2024년부터 2030년까지 연평균 9.4%의 성장률이 예상되며,

특히 해상풍력 분야는 연평균 25%에 달하는 고성장이 전망된다.(GWEC 기준) 기술 측면에서는 Vestas, Siemens Gamesa, Mingyang, Goldwind 등 글로벌 선도 기업들이 20~26MW급 초대형 해상풍력터빈 개발 경쟁을 본격화하고 있다. 이러한 초대형화 흐름에 대응하여 유럽과 중국은 최대 180m급 블레이드와 25~35MW급 드라이브 트레인을 시험할 수 있는 대형 시험설비를 구축하고 있다. 아울러 부유식 해상풍력 분야에서도 X1 Wind, OceanX 등에서 개발 중인 신개념 플랫폼과 공유 계류 시스템을 중심으로 기술혁신이 활발히 전개되고 있다.

■ 국내 기술 및 정책 동향

국내 해상풍력 보급은 2023년 기준 320.5MW에 불과하지만, 약 13.6GW 규모의 부유식 해상풍력 프로젝트가 추진 중이며 중장기적으로 본격적인 확장이 기대된다. 두산에너빌리티와 유니슨은 각각 8~10MW급 해상풍력터빈을 개발하고 있으며 향후 최대 15MW급 모델까지 확대할 계획이다. 정책적으로는 2025년 통과된 해상풍력 특별법을 통해 계획입지제도, 인허가 간소화, 공급망 육성, 사이버·물리적 안보 대응 체계 등이 마련되었고 이를 기반으로 공공 주도 입찰제도 및 풍력 고정가격 경쟁입찰 제도가 본격 시행되고 있다.

■ 전략 과제별 기술개발 방향 (요약)

전략 과제	주요 목표 및 핵심 기술
해상풍력 시스템 제조 경쟁력	20MW+ 터빈 개발, 국산화율 70% 이상, 가격 20억/MW 이하
부유식 해상풍력 상용화	하부구조물·계류계 국산화, 부유체 다변화 및 실증
해상풍력 단지개발 기반	해양 엔지니어링 고도화, 인증제도 설계, 설치 인프라 혁신
단지 운영 기술 고도화	디지털·자율 운영, 통합제어 시스템, 유지보수 선박·SOV 개발

■ 기술로드맵 (2024~2033)

- 10MW급 기술 상용화: 2024~2027
- 20MW+급 시제품 개발 및 실증: 2026~2033
- 재활용 블레이드, AI 기반 유지보수, 사이버보안 기술 등도 병행 개발 예정

4) 우리나라 해상풍력 현황

우리나라는 2030년까지 해상풍력 발전 용량 12GW(2020년 12GW, 10차 전력수급기본계획 14.3GW, 11차 전력수급기본계획에서는 2038년까지 40.7GW) 달성을 목표로

설정하고 있다. 이에 전라남도 신안 해역 등을 중심으로 대규모 해상풍력 프로젝트를 본격적으로 추진하고 있다. 현재 국내 기술력은 유럽 등 선진국에 비해 초기 단계에 있으나, 대기업과 공공기관의 주도로 관련 인프라 구축과 기술개발이 빠르게 진전되고 있다. 특히 국내 해상풍력 산업은 향후 약 100조 원 규모의 시장으로 성장할 것으로 전망되며 이는 국가 경제에 미치는 파급 효과가 매우 클 것으로 기대된다. 해상풍력은 탄소중립 실현과 재생에너지 비중 확대를 위한 핵심 수단으로서 중요한 역할을 하고 있으며 동시에 에너지 전환 시대의 전략산업으로 주목받고 있다. 그러나 주민 수용성, 환경영향, 어업권 등과 관련된 사회적 갈등 해소가 병행되어야 하는 과제로 남아 있다. 이러한 해상풍력 산업은 에너지 안보 강화, 지역경제 활성화, 그리고 글로벌 그린산업 경쟁력 확보 측면에서 매우 중요한 전략적 의의를 지닌다. 2025년 2월 27일 국회를 통과한 에너지 3법 중 표 1-1에 나타낸 내용과 같이 '해상풍력 보급 촉진 및 산업 육성에 관한 특별법'(해상풍력 특별법)과 '국가기간 전력망 확충 특별법'(전력망 특별법)이 통과되면서 앞으로 해상풍력에 대한 산업이 활발해질 것으로 기대된다.

〈표 1-1〉 해상풍력 특별법과 송전망 특별법 비교표

구분	핵심 골자	시행 시점	예상·직접 혜택
해상풍력 특별법	• 국무총리 소속 해상풍력발전위원회 신설 • 정부 주도 계획입지제 도입 → 주민수용성·환경성 확보한 부지 사전 지정 • 28개 인·허가(공유수면, 전기사업허가 등) 일괄 의제·원-스톱 처리 • 예비타당성조사 면제·공공기관 우대 조항으로 공기업 참여 확대 • 지역주민 지원·국내 공급망 육성 규정	공포 후 1년 (공포일 2025년 2월 27일 → 본격 시행 2026년 2월 27일)	▷ 사업기간 단축·불확실성이 낮아짐 → 금융조달 용이 ▷ 해상풍력 보급 가속 → 재생E 목표·탄소중립 달성 기여 ▷ 지역 참여·이익공유 모델로 갈등 완화, 해상풍력 기자재·O&M 산업 성장
전력망 특별법	• 국무총리 소속 국가기간 전력망 확충 위원회 설치 • 30년 단위 장기 기본계획(5년 주기) 수립·이행 • 인·허가 의제 확대 18 → 35종, 환경영향평가 특례, 갈등 조정 기능 • 345kV 이상 국가기간 송전선로·변전소를 '특별사업'으로 지정 • 주민·지자체 맞춤형 보상·지원, 지중화·경관 대안 검토 의무화	공포 후 6개월 (공포 예상일 2025년 2월 27일 → 본격 시행 2026년 2월 27일)	▷ 재생E·원전 전력의 수도권·첨단산업단지 연계 지연 해소 ▷ AI·반도체·데이터센터 등 대규모 수요지 전력 공급 안정 ▷ 계통 제약 완화로 출력제어·잉여전력 손실을 줄임. 전력망 투자 예측성을 높임. ▷ 지역 보상 확대·전선로 갈등 최소화 → 사업 기간 단축

※ 해설

- **왜 '정부 주도'가 핵심인가?**

  기존에는 민간사업자가 바다에 풍황계측기를 세워야 사업권 선점이 가능했다. 특별법 시행 뒤에는 정부가 해상풍력 적지(예비 지구·발전지구)를 먼저 지정하고 **하나의 절차**로 인·허가를 묶어 처리하게 되므로, 개발-착공까지 평균 7년 넘게 걸리던 기간이 절반 이하(3~4년)로 줄어들 것으로 예상된다. 하지만 그래도 문제는 주민 수용성이 문제다.

- **전력망 특별법의 '345kV 이상' 기준 의미**

  154kV급을 넘어서는 초고압 송전망은 재생에너지 대량 연계나 반도체 클러스터 같은 전력 집약적 산업지원을 위해 필수적이다. 법률상 '특별사업'으로 묶어 국무총리 주재 위원회가 입지-보상-환경 문제를 패키지로 조정함으로써, 최근 10년간 평균 7.2년이 걸렸던 대형 송전선 건설 기간을 3~4년 수준으로 단축하는 것이 정부 목표다.

■ **전라남도 해상풍력 산업 클러스터 조성 계획**

전라남도는 에너지 전환과 탄소중립 시대를 맞아 서남해안의 풍부한 자원을 기반으로 해상풍력 산업을 미래 전략산업으로 육성을 준비하고 있다. 이를 위해 전남은 해상풍력 발전단지를 중심으로 한 산업 클러스터를 조성하여 단순한 전력 생산을 넘어서 지역 경제 활성화, 산업 생태계 구축, 분산형 에너지 체계 도입 등 다차원적 효과를 창출하고자 하는 중장기 계획을 수립하였다.

▶ 정책 배경 및 비전

트럼프 행정부 이후의 글로벌 보호무역 강화, 재생에너지 지원 정책의 변화 등 국제정세 속에서 국내 해상풍력 산업은 가격경쟁력 저하 및 수출 둔화에 직면하고 있다. 전라남도는 이러한 위기 속에서 오히려 기회를 포착하여 **동북아 해상풍력 공급망의 중심지**로 도약하고자 준비하고 있다. 이를 통해 국가의 탄소중립 목표 달성에 기여함과 동시에 지역 균형발전을 이루고자 한다.

▶ 핵심 목표

전라남도의 해상풍력 산업 클러스터 조성은 국가 에너지 전환과 지역 산업 발전의 동시 실현을 목표로 한다.

첫째, 2038년까지 정부가 설정한 121.9GW 규모의 재생에너지 보급 목표 달성에 실질적으로 기여할 수 있도록 대규모 해상풍력 발전단지를 조성한다.

둘째, 설계부터 제작, 설치, 운영, 유지보수에 이르는 전 과정을 지역 내에서 수행할 수 있는 전주기 산업 생태계를 구축하여 해상풍력 산업의 자립적이고 지속가능한 기반을 마련한다.

셋째, 국내외 기업의 적극적인 참여를 유도하기 위해 투자 환경을 정비하고 각종 규제를 개선함으로써 산업 활성화의 걸림돌을 제거한다.

마지막으로 해상풍력으로 생산된 전력이 안정적으로 공급될 수 있도록 송·변전 인프라를 확충하고 공동접속 설비의 용량을 확대하는 등 전력계통의 안정성과 연계성을 강화할 계획이다.

▶ 공간 전략 및 조성 계획

전라남도는 목포신항, 해남 화원 산단, 영암 대불산단 등을 중심으로 해상풍력 특화 메가시티를 조성한다는 계획이다. 이 지역에는 정부출연연구기관, 기자재 제작단지, 특성화 고등학교, 자유무역지역 등의 기능이 복합적으로 배치할 계획이다. 이러한 계획은 지역 내 에너지 자립률을 높이고 산단-항만-도시 간 연계를 통해 **에너지 중심 산업도시**로서의 면모를 갖출 계획이다.

▶ 핵심 추진 전략

전라남도의 해상풍력 산업 클러스터 조성은 체계적인 실행을 위해 네 가지 핵심 전략을 중심으로 추진된다.

첫째, 제도 개선 측면에서는 해상풍력 발전사업의 원활한 추진을 위해 발전사업 허가 기준을 완화하고 계통접속 기준을 더 유연하게 조정하는 한편 군사 보호구역과의 입지 충돌 문제를 해소함으로써 인허가 절차의 효율성을 높일 계획이다.

둘째, 재정적 기반을 강화하기 위해 전력망 확충과 해상풍력 설치 선박 지원, 조세특례 제공 등 과감한 재정 투입을 추진하여 민간 투자 유인을 극대화하고, 사업 전반의 실행력을 높인다.

셋째, 에너지 생산과 소비가 지역 내에서 선순환되는 구조를 갖춘 분산형 에너지 실증도시를 조성한다. 이를 위해 에너지저장장치(ESS), 스마트 주거단지, 친환경 교통 및 도시 인프라를 통합한 탄소중립형 항만 도시 모델을 구현할 예정이다.

마지막으로 기술 고도화를 위한 전략으로 조선·해양·풍력 산업이 융합된 공정혁신을 추진하고, 하부구조물 제작을 위한 협동화공장을 구축함으로써 전남형 해상풍력 산업의 경쟁력을 한층 더 강화해 나갈 계획이다.

▶ 기대효과

전라남도가 추진하는 해상풍력 산업 클러스터 조성은 지역과 국가의 지속가능한 미래를 견인할 전략적 프로젝트로, 에너지 전환을 넘어 산업구조와 도시모델의 혁신을 함께 도모하고 있다. 본 사업이 본격화될 경우 연간 2,000억 원 이상의 경제적 부가가치와 5,000개 이상의 양질의 일자리가 창출되어 지역경제에 실질적인 활력을 불어넣을 것으로 기대된다.

동시에 해상풍력과 분산에너지 인프라를 결합한 지역 중심의 에너지 시스템을 통해 에너지 자립률 90% 이상을 실현하고, 이는 에너지 안보는 물론 국가 탄소중립 목표 달성에도 핵심적으로 기여할 수 있다. 이러한 전남형 산업모델은 전국적 확산은 물론 글로벌 진출 가능성까지 확보하며 대한민국 해상풍력 산업의 경쟁력을 구조적으로 제고할 기반이 된다.

나아가 스마트 인프라와 친환경 도시 기반을 갖춘 국내 최초의 탄소중립형 항만도시 구현을 통해 미래형 에너지 도시의 선도모델을 제시하고 지역 균형발전과 산업고도화를 동시에 이끌 수 있는 국가 전략사업으로 자리매김하고 있다. 향후 중앙정부의 제도적 지원과 민간의 적극적 참여가 결합된다면 전라남도는 대한민국 해상풍력 산업의 중심지이자 세계 수준의 청정에너지 허브로 도약할 수 있을 것이다.

- **신안군 해상풍력**

신안 해상풍력발전 집적화단지는 전라남도 신안군 임자도 인근 서남해 해역에 조성되는 대규모 해상풍력발전 프로젝트로, 총 8.2GW의 설비용량을 목표로 하는 세계 최대 규모의 단일 해상풍력단지이다. 신안 일대 다수의 섬과 공유수면을 활용해 10개 단지를 집적화한 구조로 계획되었으며, 2025년 4월 22일 1단계로 2033년까지 3.2GW 규모의 사업이 정부로부터 집적화단지로 지정받았다. 이는 아시아-태평양에서 최대며 세계 2번째로 큰 규모다.

풍력발전 방식은 수심이 얕은 해역 특성에 따라 해저 고정식(Fixed-bottom) 구조를 적용하고, 대형 해상풍력 터빈 수백 기가 설치될 예정이다. 발전소 완공 시 연간 수십 테라와트시의 전력 생산이 가능하며, 수백만 가구에 전력을 공급할 수 있는 수준이다. 1단계만으로도 대형 원자력발전소 여러 기에 해당하는 전력 생산이 가능하고, 지역 경제에 수천억 원의 발전 수익을 창출할 것으로 예상된다.

사업은 2021년부터 입지 조사와 지역 주민 협의를 바탕으로 추진 되어 왔으며, 시범단지 설치와 정부의 집적화단지 지정 등을 통해 행정적 기반을 확보하였다. 특히 민관 협의체 운영을 통해 지역 수용성을 높였으며, 송전 인프라 개선을 통해 사업비를 절감하는 등의 실질적 성과도 나타났다.

정부와 지자체는 본 사업을 신·재생에너지 확대와 지역경제 활성화의 전략적 모델로 설정하고, 계통 연계, 인허가, 인력 양성 등 다방면의 지원을 진행 중이다. 전남도와 신안군은 관련 산업 생태계 조성과 주민 참여형 이익 공유 모델을 함께 추진하고 있으며 '에너지 기본소득' 개념 도입도 검토되고 있다.

2025년부터 기반시설 공사가 시작되며, 2030년대 초에는 일부 단지가 상업 운전에 들어갈 예정이다. 해상풍력 집적화단지로 지정받은 1단계 3.2GW는 2033년까지 완공되며, 이후 나머지 용량도 순차적으로 개발되어 전체 사업은 2030년대 중반까지 완료될 전망이다.

신안 해상풍력단지는 기술적 선도성과 지역 수용성, 정책적 연계성을 바탕으로 대한민국 해상풍력 산업의 상징적 모델이자 에너지 전환과 분산형 전원 체계 확립의 실증 사례로 주목받고 있다. 그림 1-2와 1-3은 신안 해상풍력 계획도이다.

〈그림 1-2〉 신안해상풍력사업 개념도

▶ 추진 중인 사항

8.2GW급 초대형 해상풍력 프로젝트는 정부와 전남도, 민간사업자 컨소시엄이 협약(MOU) 체결(2021년), 일부 구역은 한전, 한국해상풍력, SK, Hanwha, 두산건설

등 민간 컨소시엄이 나눠서 개발하고 있으며 신안군 '1004 해상풍력단지' 브랜드화, 지역 어민·주민 상생 협약 추진 중이다.

▶ **추정 용량 및 사업비**

   신안군의 경우 목표 용량이 8.2GW(단계별 2025～2031년 완공 목표)로 되어 있으며 추정 사업비는 약 48조～50조 원(전체 프로젝트 합산)으로 추정한다. 그리고 2023년 기준 일부 구역(400MW～1GW 단위)에서 환경영향평가, 공유수면 사용 협의를 진행하고 있다.

▶ **준공 예정 시기**

   1단계(수백 MW급) 시범단지는 2025～2026년경 착공·준공 전망이며, 전체 8.2GW 달성 시점은 2030년 전후로 설정 중이나, 인허가·주민 수용성 등으로 변동 가능성이 있다. 참고로 전라남도의 경우 해상풍력발전을 총 30GW 이상으로 계획하고 있다.

	단지명	계획 용량(MW)	발전 허가
1	천사어의해상풍력	99	○
2	신안어의해상풍력	99	○
3	신안대광해상풍력	400	○
4	신안후광해상풍력	323	○
5	케이윈드파워	400	
6	케이오션파워	400	
7	한국전력공사	300	
8	한국전력공사	400	
9	한국전력공사	400	
10	한국전력공사	400	
11	전남해상풍력1단지	96	○
12	전남해상풍력2단지	400	○
13	전남해상풍력3단지	400	○
14	신안블루비금원해풍	300	
15	신안블루비금투해풍	400	
16	신안블루임자해풍	400	
17	신안블루신의해풍	300	
18	임자해상풍력	200	○
19	전남신안해상풍력	300	
20	명성에너지	400	
21	늘샘우이해상풍력	400	
22	두손건설	400	
23	신안우이해상풍력	390	○
24	유탑건설	323	
25	두손에너지	200	
26	압해풍력발전	80	○

〈그림 1-3〉 신안 해상풍력발전 단지별 추진 현황 (출처 : 국무조정실)

- **울산 부유식 해상풍력**

  동해 가스전 주변 수심 100 ~ 200m 이상인 해역에서 **부유식 해상풍력** 시범 및 대규모 상업단지를 추진 중이다. 울산 앞바다 풍속은 7 ~ 8m/s이며 심해구역에 특화된 부유식 SPAR·Semi-sub 기술 적용 가능성이 있다.

  ▶ 추진 사항

  현대중공업, SK, 도요타투자 컨소시엄 등 여러 기업이 부유식 풍력 MOU를 체결하였으며, '동해 부유식 풍력 시범단지(750MW)'가 대표적 초기 프로젝트로 울산시·산업부·민간 주도로 추진중이다.

  ▶ 추정 용량 및 사업비

  중장기 목표는 **6.3GW 이상** 부유식 해상풍력(육지에서 58km 지점)으로 구축한다는 계획이며 단지별 500MW ~ 1.5GW급 여러 구역 나뉘어 개발 계획이다. 이에 대한 사업비는 부유식 1GW당 약 **7 ~ 10조 원** 수준으로 추산(플랫폼·계류·동적케이블 비용이 큼)한다.

  ▶ 준공 예정 시기

  소규모 실증(3MW ~ 10MW급)으로 부유식 시범 시기는 2023 ~ 2024년으로 계획 중이었으나 현재는 늦어지고 있다. 원래 계획은 메인 단지(수백 MW ~ 1GW)는 2025 ~ 2028년경 착공하여 2030년 전후로 준공을 목표로 추진 중이다. 그림 1-4는 울산에서 계획하고 있는 부유식풍력 계획도이다.

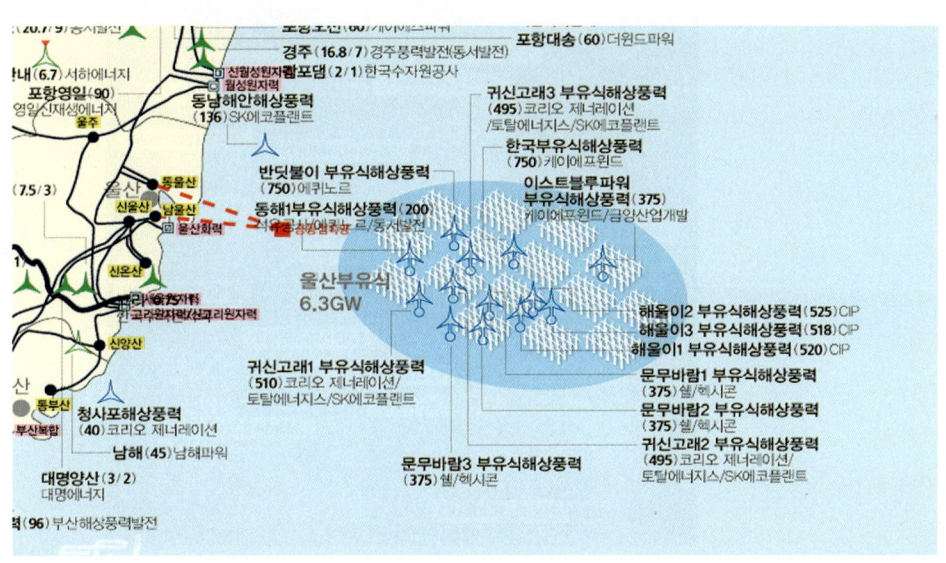

〈그림 1-4〉 울산 부유식 해상풍력 (자료 : 일렉트릭파워)

■ 전남 여수 지역

　전남 여수 인근 연안·남해안 지역에서 중소 규모 해상풍력 프로젝트 복수 추진(수십 MW ~ 수백 MW) 중이다. 수심 30m 내외, 어업구역·항만 구역과 일부 중첩되어 주민과 협의 중이다.

▶ 추진 사항

　일부 민간 컨소시엄이 100MW ~ 300MW급 개발 계획 발표, 여수시와 MOU 진행중이며, 여수 섬 지역 전력 자립도 향상, 관광 연계(해상풍력 체험 등) 아이디어도 제시되어 있다.

▶ 추정 용량 및 사업비

　주요 프로젝트는 100MW ~ 200MW 규모, 사업비 약 5천억 ~ 1조 원(케이블 길이·수심 등에 따라 변동), 단계 확장 가능성 있으나 신안군 만큼의 초대형 단지는 아직 구체화 되지 않고 있다.

▶ 준공 예정 시기

　환경영향평가, 공유수면 절차, 주민 수용성 협의가 진행 중이라 2025년 이후 착공 예상이며 2027 ~ 2028년 준공을 목표로 하나 실제 시기는 유동적이다. 그림 1-5는 여수, 고흥에 설치 계획중인 해상풍력발전 계획도이다.

〈그림 1-5〉 여수와 고흥 연근해 해상풍력발전 (출처 : 한국농어민신문)

■ 인천 해상풍력

인천 영종도·강화도 주변 해역 등 수도권 연안에 해상풍력단지 조성 계획이다. 바람 자원은 서해안 중부권이 남해·서남해 대비 다소 낮지만, 수요지 접근성이 뛰어나 송전 비용 절감이 장점으로 거론되고 있다.

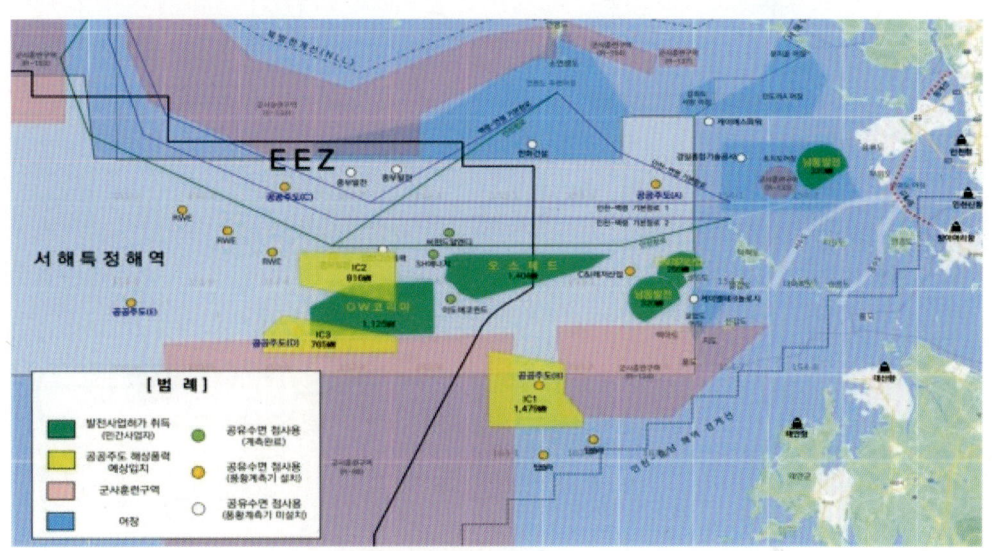

〈그림 1-6〉 인천 해상풍력 발전단지 (자료 : 인천시)

▶ 추진 사항

800MW ~ 1.5GW급(복수 단계로 확대) 민간 프로젝트 발표, 인천시 '해상풍력 종합계획' 수립 중이다. 강화도, 김포, 영종도 라인에서 100 ~ 300MW급 시범단지 건설 제안, 항로·군사시설 영향 검토중이다.

▶ 추정 용량 및 사업비

대표적 800MW 프로젝트에 약 5조 ~ 6조 원 이상 추산된다. 앞으로 단계별 MOU 체결과 지자체·주민협의, 기상 관측(2 ~ 3년 풍황데이터) 등 데이터를 수집 중이다.

▶ 준공 예정 시기

시범단지(수십 MW ~ 100MW) 2024 ~ 2026년 착공 목표, 대규모(수백 MW 이상)는 2027년 이후 가능성이 있으며 수도권 인근 어민·주민 민원이 핵심 변수다.

■ 제주 해상풍력

제주도는 풍속이 높기 때문에 'Carbon Free Island 2030' 목표로 잡았었으나 그 목표를 2035년으로 변경했다. 하지만 재생에너지 비중을 크게 늘리는 계획을 추진 중이다. 탐라 해상풍력(30MW)가 국내 최초 상업 운전 중이며 해상풍력 실증단지(2016년 준공)를 운영 중이다.

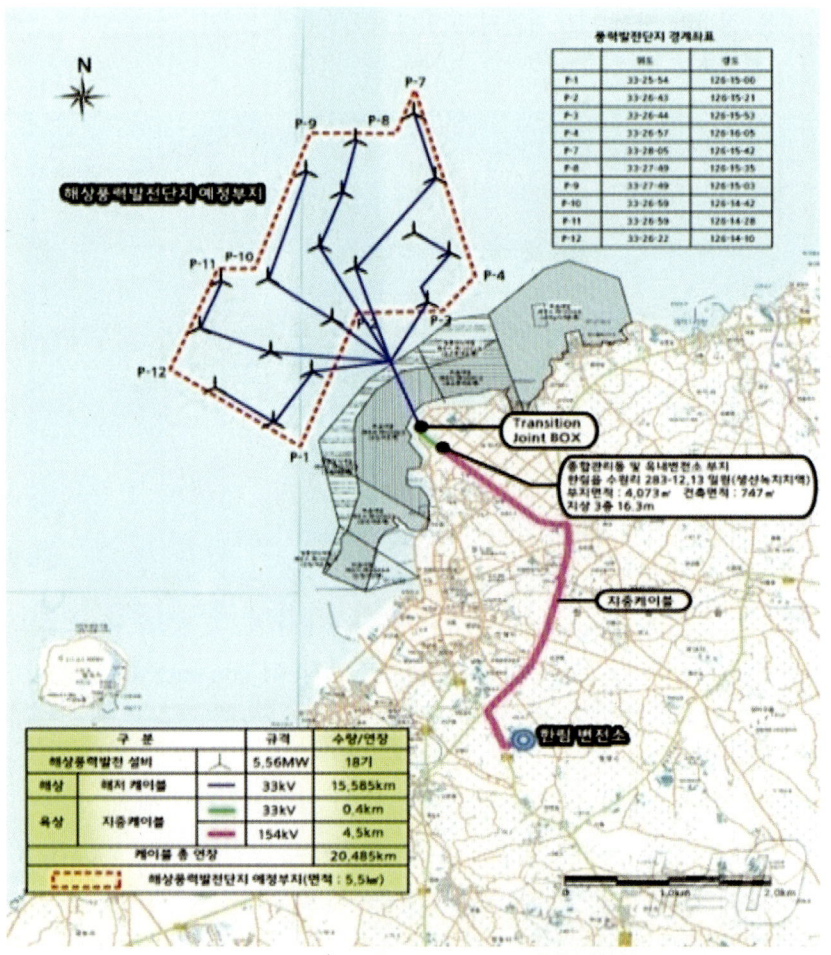

〈그림 1-7〉 제주 한림 해상풍력발전 위치도 및 계획 평면도 (자료 : 뉴스1)

▶ 추진 사항

서귀포~한경면 서쪽 해역에 추가 확장(100MW~200MW 규모) 검토, 도 정책 방향은 주민 상생·관광 연계 등으로 추진 중이다. 국제공항 확장·해상교통, 해양보호구역과 충돌 이슈도 있어 진행이 늦어지고 있다.

▶ 추정 용량 및 사업비

탐라 30MW는 약 1,800억 원을 투입하였다. 그리고 향후 확장(100MW급) 시 6천억~7천억 원으로 예상한다. 제주도 남부권, 동부권 등 해역별로 중소형(수십 MW급) 복수 프로젝트 존재한다. 표 1-2는 지역별 해상풍력 예상 현황을 정리한 것이다.

⟨표 1-2⟩ 지역별 해상풍력 예상 현황

지역	주요 프로젝트 규모	계획·추진 현황	예상 사업비(조원)	준공 시기(목표)
신안	8.2GW 대형 프로젝트	정부-전남도-민간 MOU, 2025~2030 단계별 실증·본격 개발	~50조(전체)	2025~30년 단계별
울산	부유식 6GW(중장기)	750MW 시범단지, 기업 컨소시엄 다수, 2030년까지 확장	1GW당 7~10조 추정	2025~28년 본격화
여수	100~300MW 중소 규모	민간 제안, 지자체 협의·어민 상생 중	5천억~1조	2025년 이후 착공
인천	800MW~1.5GW	서해 수도권 접근성, 강화·영종도 해역 검토	5~6조 (800MW 기준)	시범단지 2026년경
제주	탐라 30MW 운영, 추가 100MW+	탐라(30MW) 완공(2016), 추가 확장 사업 주민 협의 단계	0.18조(30MW), 확장 6~7조	2026~28년 변동성

향후 **정부 지원(해상풍력 특별법)과 기업 투자, 어민·주민 상생 모델, 기술 고도화 (대형 터빈, 부유식, ESS, 수소연계)** 등을 통해 해상풍력 시장이 빠르게 확대될 것으로 전망된다. 표 1-3은 우리나라 풍력자원 추정량을 나타내고, 표 1-4는 전라남도 개발 계획을 나타낸 것이다.

⟨표 1-3⟩ 우리나라 풍력발전 추정량

구분	잠재량 (GW)	비고
기술적 잠재량	300~500GW	수심, 풍속 조건 반영
경제적 잠재량	58~100GW	계통, 환경, 어업권 등 고려
정부 목표 (2030)	30GW	RE3020, NDC 목표 연계

참고) 이 표는 추정임

⟨표 1-4⟩ 전라남도 해상풍력 개발 계획

지역	계획 또는 개발 용량 (GW)	비고
신안군	약 9~12GW	세계 최대 단일 해상풍력 단지 추진
영광군	약 2.4GW	전남 서해안 풍황 우수
해남·진도	약 1.2GW	부유식 검토 병행
고흥·여수	약 0.8GW	남해안권, 해군·항로 영향 고려
기타 소규모	약 0.5GW	어촌계 협의 중

참고) 합계 개발 계획 용량은 약 14~17GW(최대 30GW) 이상으로 추정되나 실제 설치 결과와 다를 수 있음

5) 해상풍력의 전략적 가치

육상풍력에 비해 **대형화**가 용이하고, 해상은 주거지역과 멀리 떨어져 있어서 민원 발생이 적어 발전단지를 **수백 MW ~ 수 GW 규모**로 쉽게 조성할 수 있다. 또한 바람 자원의 질(풍속, 방향)이 우수하기 때문에 태양광 대비 적은 설치 면적으로 높은 발전량 확보가 가능하며, **계통안정** 측면에서도 해상풍력은 우수한 부하 추종성을 갖추고 있다. 최근엔 해상풍력과 **그린 수소** 생산을 연계해 중장기적으로 무탄소 산업 공정을 구축하는 시나리오도 구체화되고 있어, 해상풍력이 **청정에너지 체계**의 핵심으로 떠오르고 있다.

1.2 고정식 vs 부유식 해상풍력 비교 및 장단점

1) 고정식 해상풍력

고정식 해상풍력은 해저에 직접 지지구조물을 설치하여 풍력터빈을 고정하는 방식의 발전 시스템이다. 일반적으로는 모노파일(Monopile), 재킷(Jacket), 트라이포드(Tripod)와 같은 해상 기초 구조물을 해저 지반에 정착시키고, 그 위에 풍력터빈을 세우는 구조로 구성된다. 이 방식은 해저 지반이 풍력터빈의 하중을 직접 지지함으로써 구조적 안정성을 확보할 수 있는 특징을 가진다.(그림 2-2참조)

기술적 측면에서 고정식 해상풍력은 유럽을 중심으로 20년 이상 상용화되어 온 만큼, 설계 및 시공, 운영에 관한 경험과 노하우가 풍부하게 축적되어 있다. 특히 구조물의 고정성 덕분에 바람, 파도, 해류 등의 해양 환경 변화에도 강한 지지력을 유지할 수 있으며 설계 및 설치에 관한 국제 표준이 비교적 잘 마련되어 있는 점은 기술 신뢰성을 높이는 요소로 평가된다. 또한 구조물이 해저에 견고히 고정되어 있기 때문에 정비 및 유지보수에 있어서도 예측 가능성이 높고, 접근 방식이 명확하다는 점에서 부유식 방식보다 상대적으로 운영 측면의 효율성이 높다.

그러나 고정식 해상풍력은 설치 가능 수심에 한계가 있다는 점이 단점으로 지적된다. 일반적으로 수심 50미터 이내의 천해(shallow water)에만 설치가 가능하므로, 지리적·입지적 제약이 존재하며, 적절한 부지를 확보하기 어려운 경우가 많다. 특히 해저 지반이 암반이거나 반대로 지나치게 연약한 경우, 기초 구조물의 시공이 어렵거나 공사비가 급증할 수 있어 경제성에도 영향을 미친다. 더불어 해저에 구조물을 직접 고정하는 과정에서 해양 생태계에 부정적인 영향을 줄 수 있다는 우려도 존재하지만, 최근의 다수 연구에서는 고정식 구조물이 어초와 유사한 기능을 하여 오히려 어류의 서식지로 활용되는 긍정적인 생태 변화가 보고되기도 하였다.

결론적으로 고정식 해상풍력은 기술적 안정성과 상용화 경험을 바탕으로 신뢰도 높은 해상풍력 기술로 자리잡고 있으며 적절한 입지 조건만 갖춰진다면 경제성과 운영 효율성 면에서 매우 유리한 선택이 될 수 있다. 다만 심해로의 확장은 어려워 향후 해상풍력의 확장성 확보 측면에서는 부유식 방식과의 상호 보완이 필요할 것이다.

2) 부유식 해상풍력

부유식 해상풍력은 해저에 직접 구조물을 고정하지 않고, 해상에 부유하는 플랫폼 위에 풍력터빈을 설치하고 이를 계류 시스템으로 해저에 고정하는 방식으로 작동한다. 스파형, 세미서브형, 텐션레그형 등 다양한 플랫폼 형태가 해양 조건에 따라 적용되며, 이 기술은 수심 50m 이상의 심해에서도 설치가 가능하다는 점에서 기존 고정식 해상풍력의 한계를 극복할 수 있다. 이에 따라 더 풍부한 바람 자원이 존재하는 원해(遠海)로의 진출이 가능해지고, 해안에서 멀리 떨어진 곳에 설치함으로써 어업권, 해양 생태계, 경관 훼손 등과 관련된 입지 갈등도 줄일 수 있다.(그림 2-3 참조)

장기적으로는 대량 생산 체계가 갖춰지면 고정식보다 설치비용이 낮아질 가능성도 있으며 대규모 단지화가 가능해 경제성 측면에서도 긍정적인 평가를 받고 있다. 그러나 아직 상업화 초기 단계로, 설계·시공·운영에 대한 기술 표준과 인증 체계가 미비하고, 부유체의 안정성 확보 및 동적 전력 케이블 설계 등 고난도의 해양공학 기술이 요구된다. 또한 초기 건설비용이 높아 경제성 확보에는 정책적 지원과 금융 메커니즘이 필수적이다.

결론적으로 부유식 해상풍력은 에너지 전환 시대의 핵심 해양기술로서 기술 고도화, 제도 정비, 산업 생태계 구축이 함께 이루어질 때 그 잠재력을 본격적으로 실현할 수 있을 것이다.

3) 두 방식의 시너지와 미래 방향

해상풍력 산업은 고정식과 부유식이라는 두 가지 기술 축을 중심으로 발전하고 있으며 양 방식은 상호 보완적 관계 속에서 해상풍력의 확장성과 지속 가능성을 높이고 있다.

고정식 해상풍력은 수심 50m 이내의 천해에서 적용되는 방식으로, 구조 안정성과 기술 성숙도가 높아 현재 전 세계 대규모 상용 단지의 주류를 이루고 있다. 설계·시공 표준이 잘 정립되어 있으며 유지보수가 용이하다는 점에서 운영 안정성이 강점이다. 다만 연안 수심 한계로 인해 적용 가능한 부지가 제한되며, 시장 포화에 대한 우려가

존재한다.

  반면 부유식 해상풍력은 수심 제한 없이 심해까지 진출이 가능하여, 장기적으로 더 큰 잠재력을 지닌 미래형 기술로 주목받고 있다. 육상에서 멀리 떨어진 해역에 설치할 수 있어 입지 갈등이 적고, 풍자원 측면에서도 유리하다. 아직 상업화 초기 단계로 기술적 과제와 비용 부담이 남아 있으나, 기술 발전과 함께 빠르게 경쟁력을 확보해 가고 있다.

  최근에는 고정식과 부유식을 결합한 하이브리드 개발 방식이 확대되고 있으며 연안은 고정식, 원해는 부유식으로 나누어 해양 조건에 최적화된 입지를 활용하려는 시도가 활발하다. 이와 함께 양 기술 모두 설계와 시공의 효율화, 산업 생태계 정비를 통해 설치 비용이 점차 낮아지고 있다.

  결론적으로 고정식은 현재의 주력 기술로서 역할을 지속하고, 부유식은 미래 해상풍력 시장의 확장성을 책임질 핵심 기술로 성장하고 있다. 두 기술의 전략적 병행과 통합적 활용은 탄소중립 실현과 국가 해양 에너지 산업의 경쟁력 강화를 위한 핵심적 방향이 될 것이다.

1.3 국내외 해상풍력 시장 현황 및 전망

1) 글로벌 시장 동향

  해상풍력 설치 용량은 유럽(영국·독일·덴마크)을 중심으로 초기 성장한 뒤, 최근 아시아(중국·대만·일본·한국), 북미(미국 동해안)로 빠르게 확산 중이다. 국제에너지기구(IEA)는 2030년까지 해상풍력 글로벌 누적 설치 용량이 **200GW 이상** 달성할 것으로 보고 있으며 그중 상당수를 부유식이 차지할 것으로 전망한다. 기술적 관점에서 **터빈 대형화**(15MW ~ 20MW급), **계통연계 고도화**(HVDC, 대규모 해저케이블), **디지털화**(AI 예측운영, 자율점검 로봇 등) 등이 시장을 주도할 핵심 키워드로 꼽힌다.

2) 한국 시장 현황

  2020년대 들어 정부가 **해상풍력 확대 정책**(RPS 의무량 상향, 계획입지제 도입 등)을 발표하며, 서남해·제주·동해 등지에 여러 프로젝트가 추진되고 있다. 다만 아직은 실증·시범단지 중심(탐라 30MW, 서남해 60MW 등)으로, 대형 상업단지는 초기 개발단계에 머물러 있다. 어업권·환경성 평가, 계통연계 인프라 부족 등의 과제가 있지만, 2030년 ~ 2036년까지 해상풍력을 **12GW 이상** 보급한다는 정부 목표가 발표된 바 있다. 곧 시행 예정인 「해상풍력 보급촉진 및 산업육성에 관한 특별법」을 통해 인허가 간소화, 계획 입지 지정, 원스톱 애로 해소 등이 이루어지면, 국내 대규모 해상풍력 시장이 빠르게 성장할 것으로 기대된다.

3) 향후 전망과 산업적 파급효과

해상풍력 투자는 단순 발전소 건설에 그치지 않고, **설계·제조(타워·블레이드·해상변전소 등)·시공·운영·유지보수** 전 주기에 걸쳐 새로운 일자리와 산업 수요를 창출한다. 특히 한국 등 조선·해양플랜트 강국들은 해상풍력 구조물·부유체 건조와 해상 설치 전문 선박(설치선, SOV) 분야에서 **수주 경쟁력**을 갖출 수 있어 경제 파급효과가 기대된다. 기술 발달로 설치비가 하락하고, 대규모 단지가 본격 가동되면 해상풍력 전력 단가가 육상풍력·태양광과 경쟁 가능한 수준까지 낮아질 것이며, **그린수소 생산 연계, 초광역 국가 간 전력망 연계** 등의 가능성도 열릴 것이다. 표 1-5는 국내외 해상풍력 정책 및 기술프레임을 비교한 것이다.

〈표 1-5〉 국내외 해상풍력 정책 및 기술 프레임 비교표
(Comparison of Offshore Wind Policy & Technology Frameworks by Country)

항목 (Category)	대한민국 Korea	유럽연합(EU) European Union	미국 United States	일본 Japan
2030 목표용량 2030 Target Capacity	12 ~ 14.3GW (11차 전기본, 2038년 40.7GW)	111GW + (EU 전체) Over 111GW (EU-wide)	30GW	10GW
핵심정책 Core Policies	해상풍력 특별법 제정, 계획입지제 도입	Offshore Renewable Energy Strategy REPowerEU 계획	BOEM 주도 입지 간소화 IRA 기반 대규모 지원	라운드테이블 구조의 민관 협력체계 제도 정비 중
계통연계 방식 Grid Integration	154/345kV HVAC 일부 HVDC 시도	HVAC + HVDC 혼용	주로 HVAC 일부 HVDC 파일럿	HVAC 중심 일부 HVDC 실증
설계/인증 기준 Technical Standards	KEC + IEC 일부 채택 한전 기준 기반	IEC, DNV, EN 완전 도입	UL + IEC 병용 (NERC 기준 연계)	일본 전기협회 및 해양기준 병용
ESS/수소 연계 ESS & Hydrogen Integration	울산·신안 일부 시범 진행 수전해 포함 검토	북해 수소 허브 구축 중 ESS 상용화 단계	수소 항만 실증 + P2G 기술개발	부유식 수소 실증 검토 RE100 기업 연계 방안 논의 중

1.4 해상풍력발전 전기설계의 범위와 중요성

1) 전력계통 안정성, 전기설비 안전성, 경제성 확보 측면

- **전력계통 안정성**

  ▶ 대규모 간헐전원 등장

  해상풍력단지의 출력은 풍황(風況)에 따라 급격히 변동할 수 있으므로, 전력계통 운영 측면에서 **주파수·전압 안정화**가 중요한 과제로 떠오른다. 출력 변동이 큰 재생에너지가 계통 내에서 차지하는 비중이 높아질수록, 계통연계기준(Grid Code)에 따른 무효전력 제어, 저전압 무발전(LVRT), 고조파 제한 등의 요구사항이 복합적으로 적용된다.

  ▶ 송전 인프라 및 계통보강

  해상풍력 발전단지가 수백 MW ~ 수 GW 규모로 개발될 경우, 해상변전소(Offshore Substation)를 통해 고압 송전(주로 22.9kV ~ 154kV, 일부 HVDC)으로 육지 계통과 연결해야 한다. 이때 해상풍력단지 인근 육상 변전소 용량과 송전망의 **단락용량**(Short-circuit capacity)·선로 용량이 충분하지 않으면, 출력 제한(Curtailment)이나 대규모 송전망 증설이 불가피하다. 따라서 해상풍력 설계 초기부터 계통연계 가능 여부와 **지역 전력망의 보강 계획**을 함께 고려해야 하며, 전력계통 안정성 분석(Power System Study)을 통해 단지 설계를 최적화해야 한다.

- **전기설비 안전성**

  ▶ 해상환경 특성 반영

  해상풍력단지는 염분, 습기, 파랑, 태풍 등 해양 환경에 지속적으로 노출된다. 이로 인해 **부식(Corrosion) 방지, 내후(耐候) 설계**, 낙뢰·서지 보호 등이 필수이다. 변압기·개폐기·케이블 등 전기기기에 방폭(防爆), 방수(IP등급), 누전사고 예방 설계가 적용되어야 하며, **KEC(한국전기설비규정)** 및 국제표준(IEC 61892, DNV-ST 등)에 맞춰 안정성을 확보해야 한다.

  ▶ 작업자 안전

  해상변전소나 터빈 내부 점검 시, 파도가 높거나 바람이 강하면 접근이 어려워지는 등 작업자 안전 리스크가 존재한다. 정기점검·수리 시 **전기적 차단 및 락아웃-태그아웃(LOTO) 절차**가 철저히 준수되어야 하며, 긴급 상황 대응을 위해 헬리패드·선박 접안시설, 비상 전원·소화설비 등을 사전에 확보해야 한다.

- **경제성 확보**
  - ▶ 설비 효율 극대화

    해상풍력은 초기 건설비와 운영·유지보수(O&M) 비용이 육상풍력보다 높지만, 풍속이 빠르고 안정적이라는 이점을 살리면 단위 면적당 발전량이 커져 투자 회수에 유리하다. 케이블 배치, 변전소 용량, 전압 등 전력설비 설계를 최적화함으로써 전압강하와 송전손실을 줄이고, 전체 프로젝트 경제성을 높일 수 있다.
  - ▶ O&M 비용 절감

    해상에서 발생하는 유지보수 비용을 최소화하기 위해서는 고장률이 낮고 접근성이 용이한 설계가 필수이다. 특히 N-1 신뢰도 설계(핵심 장비 이중화 등)를 적용해 예기치 못한 가동중단을 줄이는 것이 중요하다. 표준화된 모듈식 설계, SCADA·CMS(상태감시시스템) 활용, 정기점검 시나리오 최적화 등은 LCOE(균등화 발전비용) 하락을 견인하는 핵심 요인이다.

2) 계통연계기준(한전)

- **배경**

  국내에서 해상풍력 발전사업을 추진하려면 최종적으로 한전(한국전력공사)의 송배전망에 전력계통을 연계해야 한다. 이때 한전 계통연계기준(Transmission Connection Requirements, Distribution Code 등)을 충족해야 한다. 대규모 석탄·원자력·복합발전 중심이었던 계통 규정이 재생에너지(특히 풍력, 태양광)의 급격한 확산에 맞추어 개정·보완되고 있다.

- **주요 적용사항**

  전압·주파수 허용범위는 해상풍력발전기의 경우 한전 계통 정격(주파수 60Hz ± 02Hz)에서 벗어났을 때도 일정 시간 운전 가능한 내성이 요구된다.(저전압 무발전 LVRT, 과전압 시 한시적 지속 등)

  출력제어는 발전소는 한전의 급전지시에 따라 필요시 출력을 억제하거나 무효전력을 조절해야 하며 이러한 기능(Active/Reactive power control)은 풍력발전단지 내부 전기설계에 필수적으로 구현되어야 한다.

  보호·계전시스템의 경우 해상에서 발생할 수 있는 단락사고, 지락사고 등에 대비해 보호계전기 동작 시나리오를 한전 기준과 일치시켜야 하며, 고장점 검출 후 신속 차단·격리가 가능해야 한다.

  고조파, 플리커, 전압변동 허용치는 대규모 전력변환장치(PCS)에서 발생하는 고조파

를 줄이기 위해 필터(LC Filter 등) 설계가 포함되고, 플리커(빛 깜빡임) 현상을 억제하기 위한 계통연계 안정화 장치를 추가하는 경우도 있다.

- **계통용량 고려와 인허가 절차**

  해상풍력 규모가 커질수록 한전 측에서 접속 가능 용량 평가를 시행하고, 회선 증설 혹은 변전소 확충 필요성 여부를 검토한다. 인허가 과정에서 발전사업자는 전력계통 영향평가(Load Flow, Short-circuit 등 시뮬레이션)를 수행해 안전성과 연계 가능성을 입증해야 하며 이 결과를 바탕으로 한전으로부터 연결 허가를 취득하게 된다.

3) 이 책의 구성 의도와 활용 방법

- **목적**

  이 책은 대규모 해상풍력단지의 전기설비를 계획·설계·시공·운영하려는 엔지니어, 설계자, 정책 입안자들을 위해 작성하였다. 국제표준(IEC, IEEE, DNV) 및 한국전기설비규정(KEC)·한전 계통연계기준 등 국·내외 핵심 법규와 기술지침을 체계적으로 정리하여, 프로젝트 실무에 바로 적용할 수 있는 종합 지침을 제시하고자 한다. 참고로 이 책을 이용하는 해상풍력발전 시스템 기획 및 설계자는 전기설계에 대한 기본적인 지식을 충분히 겸비한 것으로 보고 일반적인 전기 기술적 내용은 대부분 생략하였다. 이런 점을 참고하고 이용하기 바란다.

- **구성 개요**
  - **1장(서론)**: 해상풍력발전의 의의와 시장전망, 해상풍력 전기설계의 중요성, 본 지침서 활용법을 다루었다.
  - **2장 ~ 3장**: 해상풍력단지 기초설계(입지선정, 풍황분석, 환경영향평가)와 기초구조물(고정식·부유식) 개요, 계통연계 방향성을 다루었다.
  - **4장 ~ 7장**: 전기설계, 해상 변전소(변압기, 개폐기, 보호계전 등), 해저케이블·육상연계 기술, 전력품질·고장해석, 유지보수 전략 등을 다루었다.
  - **8장 ~ 부록**: 시공 및 유지보수와 경제성 등을 주로 다루었다.

- **실무 적용 방법**
  - **개발사·설계사**의 경우는 프로젝트 초기 기획부터 계통연계 시뮬레이션, 변전소·케이블·터빈 전기설계 등 전 과정을 종합적으로 검토하는 데 본 책을 참고하면 도움을 받을 수 있다.
  - **시공·운영사**의 경우 시공 단계에서 고려해야 할 안전기준, 시운전 절차, 유지보수

방식 등을 확인하고 각종 사례집과 체크리스트를 활용해 O&M 비용·시간을 절감할 수 있다.
- **정책입안자·인증기관**의 경우는 해상풍력 보급 촉진을 위한 기술 요건 설정, 표준 개정, 보조금 및 RPS 정책 설계 시 본 지침서의 내용을 바탕으로 국내외 기술 동향을 빠르게 파악할 수 있다.

1.5 에너지저장장치(ESS) 및 수소연계의 부상

에너지저장장치(ESS)와 그린 수소 연계는 해상풍력 발전단지의 효율적 운영과 전력계통 안정성을 높이기 위한 핵심 과제로 주목받고 있다. IEC, IEEE, NEC 등에서는 재생에너지와 ESS 간 결합, 연료전지 및 수소 생산시설과의 통합 운용에 대해 일부 가이드라인을 제시하고 있으나, 해상풍력 분야에서는 아직 명확히 정립되지 않은 영역도 많다. 그럼에도 해상에서 발생하는 변동성 전력을 가변 부하(ESS 충·방전, 수전해 등)에 할당해 전력망 부담을 완화하는 전략은 향후 보편화될 가능성이 높다.

신안 해상풍력 발전과 울산의 대규모 부유식 해상풍력 발전은 각각 6GW에서 8.2GW 이상의 거대한 발전용량을 목표로 하고 있다. 하지만 이러한 대규모 해상풍력 발전 설비는 현존하는 전력계통의 처리 능력을 초과하여 계통연계의 기술적, 경제적 난제를 초래할 수 있다. 이에 따라 전력계통의 부담을 효과적으로 관리하고 지속 가능한 신·재생에너지 활용을 촉진하기 위해 이제는 다양한 방안을 복합적으로 고려하여 한 테이블에서 검토해야 할 시점이라고 생각된다.

이를 위한 핵심적인 대안으로서 수전해 기술을 통한 수소 생산 및 이를 활용한 수소 밸류체인 구축이 적극적으로 추진되어야 한다. 수소 밸류체인은 전력계통의 과부하를 완화하고 나아가 국가 수소경제 육성에 핵심적인 역할을 담당할 것이다.

또한 수소 밸류체인이 본격적으로 구축되기 전의 중간단계로서, ESS(에너지저장장치)를 이용한 저장시스템과 더 나아가 ESS를 탑재한 컨테이너 선박을 활용하여 생산된 전력을 계통과 직접 연결하지 않고도 타 지역까지 효율적으로 전달하는 방법을 적극적으로 고려할 필요가 있다. 이러한 접근 방식은 대규모 발전소의 계통연계 부담을 크게 낮추고 지역적 전력 수급의 유연성을 높이는데 기여할 것이다.

아울러 해상풍력 발전 입지의 특성을 활용하여 해수 담수화 시설 구축도 함께 검토할 필요가 있다. 해수담수화 시설은 주변 지역의 물 부족 문제를 해결하는 동시에 수전해 공정에 필요한 깨끗한 용수를 지속적으로 공급할 수 있어 수소 생산의 안정성을 더욱 높여줄 것이다.

신안과 울산 등 대규모 해상풍력 발전의 성공적 추진을 위해서는 수전해 기반의 수소밸류체인 구축, ESS를 활용한 유연한 전력 저장 및 전송 방식, 해수담수화 시설 도입 등 다양한 방안을 동시에 종합적으로 고려하고, 이를 정책적으로 지원하는 통합적인 접근이 필요하다.

1) 해상풍력 + ESS 결합 개념 소개

■ **ESS 적용 목적**

▶ 출력 변동성 완화

풍력은 풍황(風況)에 따라 전력출력이 시시각각 달라지므로, 계통 안정성을 위해 무효전력 제어, 주파수 조정(Frequency regulation) 등의 기능이 요구된다. ESS는 잉여 전력을 저장했다가 피크시간대나 발전량 저하 시점에 재공급함으로써 계통 주파수·전압 변동을 줄이는 역할을 한다.

▶ 출력 제한(Curtailment) 방지

대규모 해상풍력 단지가 계통연계 용량을 초과할 경우, 잉여 전력은 현실적으로 버려질 수 있다. ESS를 통해 이 전력을 저장함으로써 프로젝트 경제성을 향상하고, 장기적으로 송전망 보강 시 추가 전력 판매를 가능하게 한다.

▶ 네트워크 서비스 제공

에너지저장장치는 단순 출력을 보완하는 수준을 넘어, 계통 운영자를 위한 2차·3차 예비력, 무효전력 보상, 블랙스타트 등의 보조 서비스를 제공할 수도 있다. IEEE 1547(배분전 설비의 계통연계 표준) 확장판이나 NEC Article 706(ESS 관련 조항)을 참고하면, 재생에너지 전원과 연계된 ESS 설계 및 보호 요건을 구체적으로 확인할 수 있다.

■ **ESS 구성 방식**

▶ 배터리형 ESS

리튬이온, 나트륨황(NaS), 레독스플로우 등 다양한 배터리 기술이 적용된다. IEC 62933 시리즈(에너지저장장치 표준)는 배터리 선택, 안전, 성능평가 절차를 다룬다. 해상환경에 적합한 방수·방식 설계가 필요하며, NEC 2023(Article 706) 등에서 화재·폭발 안전장치를 요구한다.

▶ 전력변환장치(PCS) 및 제어부

해상풍력의 변동 전력을 유연하게 제어하기 위해, PCS는 계통주파수 대응(프리퀀

시 레귤레이션) 기능과 빠른 응답속도를 갖춰야 한다. 이는 IEC 61400-21(풍력발전기 전력품질) 요구사항과 결합하여, ESS-PCS가 체계적으로 통합되도록 설계하는 것을 의미한다.

▶ 설치 위치

해상변전소 플랫폼 위에 ESS를 설치하거나, 인근 해상 구조물(부유식 바지선 등)에 설치하는 방식이 시험적으로 시도되고 있다. 육상 변전소에 ESS를 배치해 해상-육상 간 송전 제약을 완화하는 방법도 존재한다.

2) 그린 수소(수전해) 연계 왜 중요한가

그린 수소(수전해 방식으로 생산한 탄소 배출 없는 수소) 연계는 해상풍력 전력의 잉여분을 새로운 에너지원으로 전환함으로써, 전력망 부하 및 탄소중립 전략을 동시에 해결하는 방안이다. IEC 62282 시리즈(연료전지 기술)나 ISO 14687(수소 연료 품질) 등이 일부 기술 표준을 제공하지만, 해상풍력 직접 연계형 수소 생산은 아직 글로벌 가이드가 제한적이다.

■ 잉여전력 활용과 탈탄소 효과

▶ 잉여전력 수소화

해상풍력 발전단지에서 계통 수용 한계를 넘어서는 전력이 발생할 경우, 이를 이용해 전해조(Electrolyzer)를 구동한다. 그 결과 수소(H_2)와 산소(O_2)가 생산되며, 생산된 수소는 압축·액화하여 운송하거나 인근 산업 공정에 직접 공급할 수 있다.

▶ 탄소 배출 감축

석탄·가스 발전 등 화석연료를 대체해 그린 수소가 연료로 활용될 경우, 전력 부문뿐 아니라 산업·수송 부문까지 온실가스 감축 효과를 기대할 수 있다. 수소-연료전지 발전으로 재생에너지 변동성을 보완하는 2차 시나리오도 가능하다.

■ 해상 수전해 기술 이슈

▶ 해수 담수화

전해조는 순도 높은 물(H_2O)을 필요로 한다. 해상에서 직접 해수를 활용할 경우 담수화 설비(RO, 증류 등)가 추가되며, 부식이나 침전물이 전해조에 축적되지 않도록 유지·보수 전략이 필요하다. 그리고 앞으로 RE100 공단 등을 계획 할 경우 공업용수 등이 많이 필요할 텐데 피크시간대나 전력이 남아돌 때 해수 담수화 시설을 활용해 무한한 자원으로서의 해수를 활용하는 방법도 검토되어야 한다. 해수 담수화

설비는 가뭄 대비 능력과 국가 물 안보 증진, 대도시 안정적 물 공급, 지하수 고갈 방지, 지역경제 활성화 등 미래에는 반드시 가야 할 분야이다. 이를 사전에 준비하는 것 또한 아주 중요하다.

▶ 부유식 수소 플랫폼

수심이 깊은 원해(遠海) 지역에 부유식 해상풍력을 구축하면서, 부유식 플랫폼상에 전해조와 수소 저장탱크를 설치하는 개념이 시도되고 있다. 이는 부유식 구조물의 동적 안전성, 계류 설계, 방폭·방화 등 난이도가 매우 높아 관련 국제 표준화 연구가 초기 단계에 머물러 있다.

▶ 송전 대안

대규모 해상풍력 전력을 전기로 육지까지 전송하는 대신, 현지에서 수소 형태로 에너지를 전환·운송하는 방안이 대안이 될 수 있다. 고장전류나 계통 접속 문제를 완화한다는 장점이 있으나, 수소 수송(파이프라인, 선박) 관련 투자비와 안정성 확보가 과제다. 이 방안은 현재 우리나라가 처해 있는 계통 문제를 해결할 수 있는 대안으로 크게 떠오르고 있다. 일각에서는 이 방법이 시기상조라는 의견도 있으나 먼바다 대용량 풍력발전의 경우(신안, 울산 등) 이제 적극 검토해야 할 단계까지 왔다고 본다.

■ 계통연계 및 에너지 전환 전망

해상풍력과 수소 연계는 전 세계적으로 관심이 높아지고 있으며 유럽과 일본 등에서 실증 프로젝트가 진행 중이다. 이들 프로젝트는 해저케이블로 전력을 전송하되, 피크 시간대 잉여 전력을 전해조로 전환해 수소 등을 저장하는 방법을 활용하자는 것이다. 향후 ESS와 그린 수소가 결합되어, 해상풍력 단지가 장주기 에너지 저장(weeks ~ months)까지 담당하는 체계로 발전할 가능성도 제기되고 있다. 우리나라의 경우 전력계통에만 너무 의존하지 말고 이제부터는 하이브리드 방법 등을 적용할 준비를 적극적으로 검토해야 한다.

1.6 해상풍력 관련 법규 체계 정리

해상풍력발전단지의 전기설계를 수행할 때는 여러 국내 법령과 기준을 준수해야 한다. 이 책에서는 전기설비 설계 시 참고해야 할 주요 법령과 규정을 중심으로 체계적으로 정리한다. 각 규정은 상호 보완적이므로, 실제 프로젝트 진행 과정에서는 해당 법령들의 연관성을 종합적으로 검토해야 한다.

1) 전기사업법

전기사업법은 전기공급사업(발전·송전·배전 등)에 관한 기본법률이다. 해상풍력발전 사업자는 전기사업법에 따라 발전사업 허가를 받아야 하며, 전력 설비를 건설·운영할 때 요구되는 기술기준과 안전관리 의무를 충족해야 한다.

■ 주요 내용

발전사업 허가는 일정 규모 이상의 해상풍력 발전소를 건설하려면 전기사업법 시행령 및 시행규칙에서 정한 서류를 제출해 산업통상자원부 장관(또는 위임기관)의 허가를 받아야 한다.

그 용량과 관련 서류는 발전설비용량이 3,000kW를 초과하는 전기사업의 허가를 받고자 하는 경우 산업통상자원부 장관의 허가가 필요하다. 허가신청 시 전기사업허가신청서 및 아래 구비서류를 첨부하여 산업통상자원부 전기위원회에 신청하여야 한다. 신청서류 접수 후 전기사업법 제7조제2항에 따라 전기위원회 심의를 거쳐 허가를 받는다. 다만 300kW 이하의 경우는 시·도지사의 허가를 받는다.

전기설비기술기준은 과거 '전기설비기술기준'과 '전기설비기술기준의 판단기준 및 내선규정'을 근거로 운영되었으나, 현재는 한국전기설비규정(KEC)으로 전환되었다.

인·허가 절차의 경우 공유수면 사용·점용 허가, 환경영향평가 등 다른 법령과 연계되어 복합적인 인허가 과정을 거친다.

■ 전기설계 시 유의점

전기사업법과 전기안전관리법에서 요구하는 계통연계, 안전운전, 정기검사 등의 조건을 사업 초기에 반영해야 한다. 해상풍력은 대형 전력 시설로 분류되어, 추가 검토 사항(재난관리, 계통연계 영향평가 등)이 발생할 수 있다.

2) 전기안전관리법

전기안전관리법은 전기설비의 설치·운영 과정에서 안전관리를 강화하기 위한 법률이다. 해상풍력발전소의 운영자는 설비 규모에 따라 전기안전관리자를 선임하고, 정기검사를 받아야 한다.

■ 주요 내용

▶ 전기안전관리자 선임

발전소 용량(설비규모)에 따라 적정 자격을 갖춘 전기안전관리자를 배치하고, 유지·보수·점검 업무를 상시적으로 관리하도록 한다.

- ▶ 정기검사와 점검

  해상풍력 설비는 육상보다 접근이 어려워 유지보수 주기가 엄격하게 설정된다. 한국전기안전공사(KESCO) 등의 검사 주기와 범위가 확대되는 추세다.

- ▶ 사고보고 및 재발방지

  낙뢰, 지락, 화재 등 사고 발생 시 즉시 보고하고, 사고 원인 분석을 통한 재발 방지 대책을 수립해야 한다.

■ **전기설계 시 유의점**

운전단계에서 안전·점검 문제를 최소화하기 위해, 초기에 안전성(낙뢰·접지·화재·방폭 등)을 고려한 설계를 반영한다. 전기안전관리자의 권고 사항을 설계도서에 사전 기재하는 방식도 유익하다.

3) 한국전기설비규정(KEC)

KEC(Korean Electrical Code)는 2021년부터 본격 시행된 국내 전기설비 통합 규정으로, 국제표준(IEC)과 부합성을 높여 제정되었다. 기존 전기설비기술기준의 판단기준과 내선규정을 대체하는 규정으로 우리나라에서는 기술기준 역할을 수행한다. 그렇기 때문에 전기설계자와 시공자 그리고 공사감리자는 이를 반드시 지켜야 하기 때문에 해상풍력 전기설비 관련 조항을 완전히 이해하는 것이 필요하다. 그리고 공사가 완료된 후 한국전기안전공사 사용전검사를 받기 위해서는 KEC를 기반으로 한 KESC(한국전기안전규정, 전기안전공사 검사규정)을 함께 참고하는 것이 바람직하다.

■ **주요 내용**

- ▶ KEC 제5장 분산형전원설비

  풍력발전설비(530절)에서 요구되는 안전·설계 요건을 포함한다. 낙뢰보호, 제어장치, 시험 절차, 화재방호, 피뢰설비 등 세부 조항이 있으며 해상풍력에도 동일하게 적용한다.

- ▶ 접지·피뢰·절연 내량

  IEC 60364 시리즈를 근거로 한 설계 가이드라인을 포함해, 국내 상황에 맞춰 수정·보완한 형태이다.

- ▶ 사용전 검사

  KEC 준수 여부를 기반으로 전기사업법 시행규칙에 따른 한국전기안전공사에서 실시하는 사용전 검사(KESC)를 받아 합격해야만 전기를 공급할 수 있다.

■ 전기설계 시 유의점

KEC의 풍력발전설비 절(530절)에 해상풍력에 직접 언급되지 않은 부분이 있을 수 있으므로, IEC 61400 시리즈나 DNV, IEEE 등 해외 표준을 참조하여 보완한다. KEC가 기본 안전기준이므로 반드시 준수해야 하며, 부족한 사항은 국제표준으로 심화 설계를 진행한다.

4) 신·재생에너지법(신에너지·재생에너지 개발·이용·보급 촉진법)

신·재생에너지법은 해상풍력을 포함한 재생에너지 설비 보급을 촉진하기 위한 법률이다. 풍력설비 인증제도, 보조금 및 RPS(공급의무화) 제도 운영 근거가 된다.

■ 주요 내용

▶ 재생에너지 공급의무화(RPS)

일정 규모 이상의 발전사업자는 재생에너지를 의무적으로 도입해야 하며, 해상풍력 발전량에 대한 REC(재생에너지 공급인증서) 가중치 등이 부여된다.

▶ 설비 인증

정부가 지정한 인증기관에서 풍력발전기, 주요 부품(블레이드, 기어박스 등)에 대한 KS나 국제공인 인증을 받도록 권장하거나 의무화한다.

▶ 정부 지원 사업

실증단지 조성, 계통연계 보조금, 수소 연계 기술개발 지원 등 다양한 형태로 해상풍력 관련 프로젝트에 재정 지원이 가능하다.

■ 전기설계 시 유의점

인증 요건을 충족하는 기자재(예: 터빈·변압기·케이블)를 사용해야 REC 발급이나 정부 지원을 원활히 받을 수 있다. 전기설계 초기부터 신·재생에너지센터 등 관련 기관 지침을 파악해야 한다.

5) 해상풍력 보급촉진 및 산업육성에 관한 특별법

해상풍력 보급촉진 특별법은 국회 통과 후 시행되는 법률로서, 해상풍력 개발을 '원스톱' 인허가 체계로 지원하고 산업 생태계 육성을 촉진하는 것을 목표로 한다. 아직 세부 시행령·시행규칙이 확정되지 않았지만, 전기설계 측면에서도 추가 요구사항이 포함될 가능성이 있다.

- **주요 내용**
  - ▶ 계획입지제도

    국가가 해상풍력 개발 적지를 사전에 지정하고, 통합적 인·허가 절차를 제공한다.

  - ▶ 안전·환경 기준

    해상풍력 개발 기업이 준수해야 할 해상안전, 환경평가, 어업피해 보상 및 분쟁조정 절차 등이 포함될 수 있다.

  - ▶ 계통연계 비용 분담

    한전의 계통연계 인프라와 해상 변전설비, 송전망을 어떻게 분담할지에 대한 규정이 추가될 가능성이 있다.

- **전기설계 시 유의점**

  특별법이 본격 시행되면, 해상풍력 전기설비 표준이나 필수 검토사항이 법령 차원에서 강화될 수 있다. 해상변전소, 케이블, 터빈 내부 설비 등 세부 설계 가이드라인이 부칙으로 마련될 경우 이를 준수해야 한다.

6) 한전 계통연계기준(Grid Connection Requirements)

해상풍력발전소가 생산하는 전력을 한전 송배전망에 연결하기 위해 지켜야 하는 기술규정이다. 풍력발전기의 계통해석, 보호협조, 출력제어, 무효전력 공급 등 다양한 항목을 포함한다. 전기설계자는 반드시 한국전력공사에서 정하고 있는 계통연계기준을 완전히 이해한 후 계통 및 전기설비를 해야만 실수를 막을 수 있다.

- **주요 내용**
  - ▶ 전압·주파수 허용범위

    전력품질 유지와 계통안정화를 위한 유지·동작범위를 자세히 제시하고 있다.

  - ▶ LVRT/무효전력 제어

    풍력발전기를 포함한 대규모 재생에너지가 저전압 무발전(LVRT) 기능 및 무효전력 제어 기능을 갖추도록 요구하고 있다.

  - ▶ 고장전류, 보호계전, 고조파

    발전소 단지에서 발생할 수 있는 고조파, 과전류, 플리커 등을 한전 기준 이하로 제어하여야 하며, 이를 위한 필터링·보호기술을 설계에 반영해야 한다.

- **전기설계 시 유의점**

    한전이 제시하는 계통해석 모델과 시뮬레이션 요구를 만족해야 실제 계통 접속이 허가된다. 해상풍력 규모가 크면 육상 변전소의 보강, 추가 송전선 건설이 필요할 수 있으므로, 설계 초기단계부터 계통운영자와 협의를 진행해야 한다.

7) 기타 관련 법령 및 기준

- **공유수면관리 및 매립에 관한 법률**

    해상풍력 시설이 공유수면을 점·사용하기 위한 허가, 매립·점용 절차를 규정한다.

- **해양환경관리법**

    해상공사 시 해양오염 방지, 선박·해양생물 보호를 위한 관리 조치를 요구한다.

- **환경영향평가법**

    대규모 해상풍력단지는 사업계획 수립 단계에서 환경영향평가를 실시해야 하며, 이에 따른 보완·협의 과정을 거쳐야 한다. 해상풍력발전소 전기설계를 진행하려면 전기사업법, 전기안전관리법, KEC, 신·재생에너지법, 한전 계통연계기준 등 다수의 국내 법령과 기준을 동시에 검토해야 한다. KEC가 전기설비 안전의 기본 골격을 제시하며, 전기사업법과 전기안전관리법이 인·허가와 운영·점검 측면에서 구체적인 의무 사항을 부과한다. 해상풍력 보급촉진 특별법은 향후 제도적 기반을 정비해 인허가 절차를 간소화하고, 세부 설계 및 안전기준을 추가로 마련할 가능성이 있다. 한전 계통연계기준은 풍력발전단지와 공용 전력망 간 연계 요건을 정의하고, 출력 변동성, 고조파, 고장전류 등에 대한 구체적 제한치를 규정한다.

제**2**장

해상풍력발전의 이해

제2장 해상풍력발전의 이해

Electrical Infrastructure For Offshore Wind Farms

1. 해상풍력발전의 이해

해상풍력발전은 바다 위에 설치된 풍력터빈을 통해 전기를 생산하는 방식으로, 구조는 육상풍력과 유사하지만 **염분, 파랑, 조류 등 해양환경에 대응하도록 특화된 설계**가 적용된다. 시스템은 **풍력터빈, 배열망, 해상변전소, 해저송전케이블, 육상변전소**로 구성되며, 생산된 전력은 해상에서 집전·승압되어 육상 계통으로 송전 된다.

해상은 바람 조건이 우수해 발전 효율이 높고, 대규모 단지 조성이 가능하지만, **설치와 유지관리 비용이 높고 기술 난이도가 크다.** 따라서 구조물의 내구성, 부식 방지, 전력계통 연계 등을 종합적으로 고려한 설계가 필요하다. 그림 2-1은 풍력발전시스템의 구성 예이다.

1.1 풍력발전기의 구성과 기능

해상 풍력발전 시스템은 바람이라는 재생가능한 자원을 활용하여 전기를 생산하는 첨단 에너지 생산 설비로, 기술적으로 고도로 복합화된 구조를 갖고 있다. 특히 해상은 육상보다 바람의 세기가 강하고 일관되어 풍력발전에 유리한 환경을 제공하므로, 대규모 발전단지를 조성할 수 있는 잠재력이 높다. 해상풍력 시스템은 주로 블레이드(로터), 허브 및 로터축, 나셀(Nacelle), 기어박스, 발전기, 타워, 기초 구조, 통신 및 모니터링 시스템, 송전 설비, 변압 및 보호 장치, 운전 감시 설비 등으로 구성되어 있으며 해양 환경의 특성을 반영하여 부식 및 구조적 안정성 확보에 중점을 두고 설계된다.

1) 블레이드(로터)

해상풍력발전기의 가장 외부에 위치한 **블레이드**는 풍력발전의 시작점이다. 이는 바람의 운동에너지를 기계적 회전 에너지로 변환하는 역할을 수행하며, 구조적으로 항공역학적 설계가 적용되어 효율적인 에너지 변환이 가능하도록 만들어진다. 해상에서는 평균 풍속이 육상보다 크고 바람의 방향 변화가 적어, 보다 크고 무거운 블레이드를 사용하여 효율을 극대화한다. 또한 높은 풍속과 염분, 강한 자외선 등 가혹한 환경에 노출되므로 **복합재료**를 이용한 고강도, 고내구성 설계가 필수적이다.

2) 허브 및 로터축

블레이드에서 발생한 회전 운동은 **허브**를 거쳐 **로터축**으로 전달되며, 이 축은 나셀 내부로 회전력을 공급한다. 허브는 다수의 블레이드를 구조적으로 지지하고 동기 회전을 유도하는 장치이며, 회전 중심에서 발생하는 동적 하중을 견디도록 정밀하게 설계된다. 로터축은 기계적 회전을 나셀 내의 동력전달장치로 연결하는 매개체로서, 진동과 피로 하중에 강한 고강도 금속이 사용된다.

3) 나셀(Nacelle)

나셀은 풍력발전기의 두뇌이자 동력 변환 시스템이 집약된 핵심 장치로, 로터축에서 유입된 회전력을 전기 에너지로 변환하는 전 과정을 담당한다. 내부에는 **기어박스, 발전기, 브레이크 시스템, 윤활 및 냉각 시스템** 등이 내장되어 있다. 나셀은 타워 위에 설치되며, 강풍, 염분, 우수 등 외부 환경으로부터 핵심 장치를 보호하기 위해 밀폐형 구조로 설계된다. 최근에는 유지보수의 용이성과 효율성을 높이기 위해 **모듈형 구조**와 **진단 센서**가 탑재되는 경우가 많다.

4) 기어박스

기어박스는 로터축의 저속 회전을 발전기에 적합한 고속 회전으로 변환하는 장치로, 해상풍력의 높은 출력과 변동 하중에 대응하기 위해 **다단 기어**와 **윤활 냉각 시스템**이 적용된다. 다만 최근에는 기어박스를 생략한 **직결형**(Direct Drive) 시스템도 도입되고 있으며 이는 구조 단순화 및 유지관리 비용 절감에 기여한다.

5) 발전기

발전기는 회전 에너지를 전기 에너지로 변환하는 핵심 장치로, 해상에서는 고효율과 고출력을 동시에 달성할 수 있는 영구자석형 발전기(PMSG, Permanent Magnet Synchronous Generator)가 널리 사용된다. 이는 기계적 마찰 손실을 줄이고, 유지보수가 용이한 장점이 있으며 출력제어의 정밀도도 뛰어나다. 대형 터빈의 경우 수십 MW급의 발전기가 설치되며, 고압 전력을 안정적으로 공급할 수 있도록 설계된다.

6) 타워

타워는 블레이드와 나셀을 지면에서 높이 들어 올려 바람이 원활히 흐를 수 있도록 해주는 구조물이다. 해상에서는 바람과 파랑, 염분 등 다양한 외부 하중에 견뎌야 하므로, 고내식성 강재나 복합 소재를 적용하여 제작된다. 일반적으로 해상풍력 타워는 수십 미터에 이르며, 설치 위치에 따라 설계 하중 조건이 달라진다. 타워는 내부에 정비용 승강 설비와 케이블 라인을 포함하고 있어 점검 및 유지보수 시 활용된다.

7) 기초 구조

해상풍력발전기의 안정성을 확보하기 위해 해저에 설치되는 **기초 구조**는 해당 지역의 지반 특성, 수심, 파랑 조건 등을 종합적으로 고려하여 설계된다. 대표적인 형식으로는 **모노파일(Monopile), 자켓식(Jacket Type), 중력식(Gravity Base)** 등이 있으며 수심이 깊어질 경우 부유식(Floating Type) 구조가 사용되기도 한다. 이 구조물은 해저에 고정되거나 앵커링 방식으로 위치를 유지하며, 수십 년간의 내구성이 확보되어야 하므로 내식성과 구조 안정성 확보가 중요하다.

8) 통신 및 모니터링 시스템

풍력발전 시스템의 운전 상태는 **SCADA 시스템**을 통해 실시간으로 모니터링되며, **센서**와 **통신장비**를 통해 풍속, 출력, 설비 진동, 온도 등 다양한 데이터를 수집한다. 이 정보는 육상 관제센터로 전송되어 원격으로 시스템 상태를 점검하고 이상 상황 발생 시 즉각적인 제어 및 조치가 가능하도록 지원한다.

9) 송전 설비

생산된 전기는 해저케이블(Submarine Cable)을 통해 육상으로 송전되며, 이는 일반적으로 **HVAC(고압 교류)** 또는 **HVDC(고압 직류)** 방식이 적용된다. 해저 송전의 효율성과 손실 최소화를 위해 전력의 품질과 안정성을 유지하는 것이 중요하며, 케이블은 해저 환경에 적합한 절연 및 기계 보호 구조로 설계된다.

10) 변압기 및 보호 장치

해상에서 생산된 전력은 바로 계통에 연계되기 어렵기 때문에, 먼저 **변압기**를 통해 송전에 적합한 전압으로 승압 된다. 이후 **계통 보호 장치**와 함께 전력망 연계가 이루어진다. 고장 시 차단, 계통 이상 감지 및 제어 기능을 포함한 **계전 시스템**도 함께 설치되어 안정적인 전력 연계를 보장한다.

11) 운전 감시 시설

운전 감시 시스템은 풍속, 발전량, 회전 속도, 온도, 진동 등 설비 상태를 실시간으로 기록 및 분석하여 고장을 사전에 예측하고 유지보수를 최적화한다. 최근에는 인공지능 기반의 예측 진단 기술과 **디지털 트윈**을 적용하여 설비의 상태를 가상 시뮬레이션으로 예측하는 기술도 발전하고 있다.

12) 자기 소비 설비 및 유지보수 체계

풍력설비의 운전을 위해 필요한 통신, 조명, 센서, 냉각 시스템 등은 자체 전력을 일부 소비하는데, 이를 위한 **자기 소비 설비**가 블레이드 내부, 타워 내외부에 설치된다. 또한 해상은 접근이 어렵고 유지보수에 많은 시간이 소요되기 때문에 **드론, 원격 점검 시스템, 자율 항해 점검선, 예방 진단 시스템** 등이 도입되어 효율적인 유지관리를 지원하고 있다.

13) 환경 및 안정성 고려

해상 풍력발전 설비는 염분, 파도, 조류 등 극한 해양 환경에 노출되므로, 구조물의 부식 방지와 안정성 확보가 무엇보다 중요하다. 이를 위해 부식 방지 도료, 아연 희생 양극, 복합소재 사용 등이 적극적으로 활용되며, 설계 단계에서부터 20~30년의 수명을 보장하는 기준으로 제작된다.

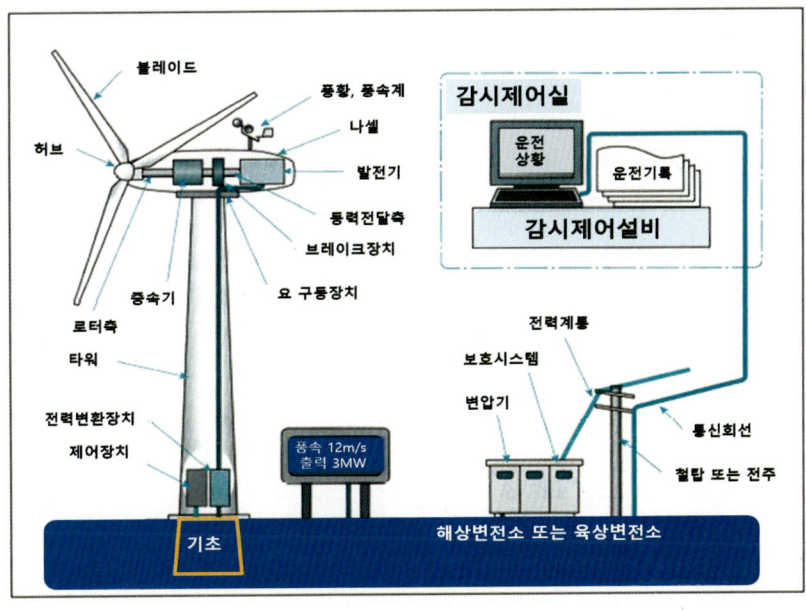

〈그림 2-1〉 풍력발전시스템 구성 예

〈그림 2-2〉 고정식과 부유식 종류

1.2 고정식 해상풍력(Fixed Offshore Wind)

고정식 해상풍력은 해저 기초 구조물로 터빈을 해저에 직접 고정하는 방식이며, 전 세계 상업용 해상풍력 시장에서 가장 널리 적용되고 있다. 모노파일(Monopile), 재킷(Jacket), 트라이파일(Tripile) 등 다양한 기초 형태가 사용되며, 각각의 형태는 수심, 해저지반 특성, 시공성, 해양환경 등을 종합적으로 고려해 선택한다. IEC 61400-3, DNV-ST-0126, ISO 19902 등 국제 표준은 이러한 고정식 구조물의 설계·검증 절차를 규정하고 있으며 전기설계 역시 기초 구조와 밀접히 연계된다.

〈표 2-1〉 고정식 해상풍력(Fixed Offshore Wind)

구분	구조 방식	수심 적용 범위	특징	전기설계 연계
모노파일	단일 말뚝(Pile)을 해저에 항타	~ 30m	구조 단순, 시공 빠름	중앙 관통 케이블 공간 확보 필수
재킷	트러스형 철골 구조 + 복수 말뚝	30 ~ 50m	파력·조류 분산에 유리, 고강도	케이블 트레이 경로 설계 필요
트라이파일/ 트라이포드	말뚝 3개 + 상부 구조물	30 ~ 60m	안정성 좋으나 운반·설치 복잡	접지경로, 전위차 설계 중요

※ 전기설계 연계
 케이블 루트 확보(J-tube, I-tube)
 접지망 설계(기초 구조물 활용 여부)
 부식 방지(CP 시스템과 접지망 간 간섭 조정)

1) 해저 기초 구조(모노파일, 재킷, 트라이파일 등)

- **모노파일(Monopile)**

　모노파일은 해상풍력 발전기 하부구조물로 널리 사용되는 구조 형식으로, 단일 강관 말뚝을 해저면에 직접 타설하여 터빈의 하중을 지지하는 방식이다. 일반적으로 지름 6~10m에 이르는 대구경 강관을 사용하며, 구조가 단순하고 시공 속도가 빠른 것이 특징이다. 특히 수심 30m 내외의 천해(shallow water) 지역에서 주로 적용되며, 별도의 굴착 작업 없이 대형 해상 말뚝 주입기(hammer)를 이용해 강관을 해저면에 직접 관입시키는 방식으로 시공된다.

　모노파일 방식은 시공 효율성과 구조 단순성에서 장점을 가지나, 지반의 강도가 낮거나 수심이 깊어질 경우 구조적 안정성을 확보하기 위해 파일의 직경과 두께를 증가시켜야 하므로, 이에 따른 재료비 및 시공비가 크게 상승할 수 있다는 단점이 있다. 따라서 해상 지반 조건과 수심에 따른 경제성과 구조 안정성에 대한 세심한 검토가 필수적이다.

　전기설계 측면에서는 모노파일 내부에 풍력터빈의 저압 전력선과 제어선, 그리고 해저에서 다른 터빈과 연결되는 배열망(inter-array) 케이블을 통합적으로 배치해야 하므로, 구조 설계 초기 단계에서부터 전기설계를 고려한 케이블 통과 공간 확보가 요구된다. 특히 케이블은 모노파일 중앙 공간을 통해 통과하거나 별도로 설치된 J-튜브(J-tube)를 이용하게 되며, 이로 인해 파일 직경과 두께, 내부 구조 배치 계획에 영향을 미친다. 전기설비의 유지보수성과 전자기적 간섭 방지, 열 방출 경로 등도 함께 고려되어야 하므로, 구조·전기 통합설계 관점에서 협업이 매우 중요하다.

- **재킷(Jacket)**

　재킷(Jacket) 구조는 석유·가스 해양플랫폼에서 발전된 형태로, 다각형의 철골 트러스(Truss) 구조물을 해저에 다수의 말뚝으로 고정하는 방식의 해상풍력 하부구조물이다. 주로 수심 50m 내외의 중심해(semi-deep water)에서 적용되며, 복잡한 철제 프레임이 특징이다. 하부 말뚝이 여러 개로 구성되어 있어 해양환경에서 발생하는 파랑 및 조류 하중을 분산시키는 데 효과적이다.

　이러한 재킷 구조는 시공 과정에서 복잡성과 비용 증가 요인이 존재하지만, 구조적 안정성이 높고 적용 가능한 수심 범위가 넓다는 점에서 큰 장점을 가진다. 특히 철골 트러스 구조 하부를 통해 조류가 자연스럽게 통과할 수 있어, 해양 동역학적 하중(파력, 조류력 등)을 효과적으로 줄일 수 있는 구조적 이점이 있다.

　전기설계 측면에서는 재킷 구조물 내외부에 설치되는 케이블 및 접지 설비에 대한 사전 계획이 필수적이다. 재킷 하부에는 케이블 이격 금지구역이나 서지 보호용 접지시스템을 설치해야 하므로, 구조와의 간섭을 피하기 위한 정밀한 배치 검토가 요구된다. 또한 복잡한 구조물 내부를 통해 케이블을 안전하고 효율적으로 배선하기 위해, 케이블 트레이, J-튜브, 전장 확보 등을 포함한 설치 경로를 초기 설계 단계부터 종합적으로 고려해야 한다. 구조물 내부의 빈 공간, 간섭 요소, 유지보수 가능성, 전자기 간섭 차폐 등의 요소까지 포함하여 전기설비의 신뢰성과 시공성, 유지관리성을 동시에 확보할 수 있는 통합설계 접근이 중요하다.

- **트라이파일(Tripile), 트라이포드(Tripod)**

트라이파일(Tripile)과 트라이포드(Tripod)는 여러 개의 말뚝 또는 다리부가 상부 구조물과 결합된 형식의 해상풍력 하부구조물로, 모노파일과 재킷 구조의 중간 형태로 분류된다. 이 구조는 단일 말뚝 구조보다 넓은 수심 범위에 적용 가능하며, 재킷보다 간단한 구조를 가지면서도 다중 말뚝 또는 다리부를 통해 하중을 분산시키는 방식이다.

설계 측면에서 트라이파일과 트라이포드는 하부 구조가 다중화되어 있기 때문에 시공 공정이 상대적으로 길어질 수 있으며 제작 및 운송 과정도 복잡할 수 있다. 특히 설치 시에는 대형 설치선(Heavy-lift vessel)과 특수 리프팅 장비가 필요하여, 전체 프로젝트의 설치 장비 계획 및 물류 전략에 영향을 준다. 그럼에도 불구하고 단일 말뚝 구조에 비해 구조적 안정성이 높고, 다양한 해저 지반 조건에 유연하게 대응할 수 있다는 점에서 구조적 장점이 있다.

전기설계와의 연관성 측면에서는, 특히 해저면 지반이 불균질하거나 단일 기초로 안정적인 지지력을 확보하기 어려운 경우 트라이파일 기초 구조가 적합하게 고려될 수 있다. 이 경우 각 말뚝 사이의 전위차(Potential Difference)로 인한 전기적 불균형, 접지(Grounding) 경로의 최적화, 그리고 케이블 통과 경로의 확보 및 보호 계획이 필수적이다. 케이블은 하부구조물 사이를 통과해야 하며, 케이블 트레이, J-튜브, 관통 보호관 등의 설비를 통해 설치되어야 하므로 구조 설계와 전기설계 간의 긴밀한 협력이 요구된다. 또한 접지설비가 말뚝 간에 분산될 수 있으므로 전기적 통합설계와 서지 보호(Surge Protection) 계획도 병행되어야 한다.

트라이파일 및 트라이포드 방식은 중간 수심대 해역에서의 적용 가능성을 높이며, 구조적 안정성과 전기설비의 기술적 조화가 핵심 설계 요소로 작용한다.

2) 수심, 해저지반, 환경영향 고려사항

■ 수심(Depth) 영향

천해(30m 이하)에서는 모노파일이 경제성이 높다. 수심이 깊어지면 파일 직경·길이가 커지므로, 재킷이나 트라이파일로 전환하는 경우가 많다.

수심이 깊어지면 파랑 하중, 조류 하중이 증가하고, 시공선박(Heavy-lift jack-up barge 등)의 접근 한계도 커진다.

IEC 61400-3에서 제시하는 수심별 하중 해석 방법과 DNV-ST 권고를 토대로 기초 구조물을 검증한다.

■ 해저지반 특성

모래, 점토, 자갈, 암반 등 지반 유형에 따라 파일 관입이 달라지고, 지지력 설계가 달라진다. 지반 조사를 통해 지지층 두께, 지하수위, 생흙(soft clay) 분포 등을 파악한다.

굴착 파일방식이 필요한 경암층이나 대규모 암반 지역은 프로젝트 비용과 시공 기간에 영향을 미친다. 지반식별 결과에 따라, 파일 설계(직경·길이·두께), 말뚝 두부 보강, 스커트 공법(재킷 주변 흙채움) 등을 채택한다.

■ 환경영향(EIA) 고려

해상 생태계 보호, 어업 활동과의 공존, 항로 및 해양교통 안전 등 환경영향평가(EIA) 요소를 종합적으로 검토한다. 기초 구조물 시공 시 해저면 교란, 탁도 증가, 소음·진동(Underwater Noise) 등 영향을 최소화하기 위한 공사 방식을 선택한다. 해양포유류 보호 규정과 공사시간 제한(예: 산란기)을 준수하며, 해양환경관리법, 공유수면법 등 국내외 법규를 검토한다.

3) 시공성 및 전기설계 시 기초 구조와 케이블 연계

■ 시공성(Constructability) 고려

모노파일의 경우, 해상 대형 해머(hydro hammer)로 항타 작업을 수행하며, 재킷·트라이파일은 말뚝을 사전에 설치한 뒤 상부 구조물을 크레인으로 내리는 방식(리프팅)이 일반적이다.

선박(설치선)의 크기와 리프팅 능력, 해상 날씨(풍속·파고), 조류 흐름 등을 시공 계획에 반영한다.

시공 기간 단축을 위해 공장에서 사전 제작(Modular construction) 후 현장에서 조립하는 방식을 선호한다.

■ 케이블 연계(Inter-array Cable, Export Cable)

해상풍력발전단지 내부배열망(inter-array)은 주로 33～66kV를 적용하며, 각 터빈을 연결해 해상변전소로 전력을 모은다. 고정식 기초 구조를 관통하거나 인접하게 설치할 때는 케이블 보호와 물리적 간섭 최소화가 중요하다.

기초 구조물 하부나 측면에 케이블 접속부(J-tube, I-tube)를 배치해 진동·충격을 완화하고, 해저케이블 매립 깊이(1～3m)와 트렌칭 또는 점성토 충전 방식을 병행한다.

IEC 63026(66kV 이하 해저케이블 표준)과 DNV-ST-0359(서브시 케이블 설계) 등을 참고하여 케이블 절연설계, 열발산, 조류·침식 등에 대한 대책을 마련한다.

■ 접지와 부식 방지(Corrosion Protection)

고정식 구조물은 해수와 접촉하는 철재를 보호하기 위해 캐소드 보호(Cathodic Protection, CP) 방식을 적용한다. 아연(Zn) 또는 알루미늄(Al) 합금 양극을 부착해 전식(electrolytic corrosion)을 방지한다. 전기설계 측면에서 기초 구조를 접지망 일부로 활용할 수 있으나, 부식 방지 시스템과 접지 간 상호 간섭이 없도록 설계해야 한다. IEC 61400-24(낙뢰 보호)와 IEC 60364-5-54(접지 보호) 등을 종합적으로 고려한다.

고정식 해상풍력(Fixed Offshore Wind)은 상대적으로 기술 성숙도가 높고, 세계 주요 해상풍력단지에서 일반적으로 채택되는 방식이다. 모노파일, 재킷, 트라이파일 등 다양한 기초 구조는 수심, 해저지반, 기후·환경 요인을 종합하여 선정한다. 시공 과정에서는 대형 설치선 활용, 말뚝 항타·리프팅 공정, 부식 방지 등 기술적 요소를 면밀히 검토해야 하며, 전기설계 역시 기초 구조와 밀접히 연계한다.

케이블 연계 방식은 배열망 내부와 해상변전소 간 전력 흐름을 결정하므로, 기초 설계 단계부터 케이블 통로, 접속부, 부식 방지 및 접지 요구사항을 포함해 종합적으로 계획한다. IEC 61400 시리즈, DNV-ST 권고, ISO 19902, IEC 63026 등 국제 표준과 국내 KEC 규정을 동시 검토해 구조·전기설계를 일관성 있게 진행할 필요가 있다. 이를 통해 안전성과 경제성을 모두 확보한 해상풍력발전단지를 구축할 수 있다.

1.3 부유식 해상풍력(Floating Offshore Wind)

부유식 해상풍력은 수심이 깊은 지역에서 풍력발전기를 설치하기 위해, 해저면에 직접 기초를 고정하지 않고 부유식 플랫폼(Floating Platform)을 계류(繫留) 장치로 해저와 연결하는 방식을 말한다. 수심 50~1,000m 이상 지역까지 확장이 가능해, 기존 고정식 해상풍력의 한계를 극복할 수 있다. 최근 전 세계적으로 수심이 깊은 심해(深海) 자원을 활용하기 위한 대규모 부유식 프로젝트가 증가하고 있으며 기술 표준은 아직 정립 초기 단계다. DNV-ST-0119, IEC 61400-3-2(부유식 풍력터빈 기술사양) 등에서 기본 설계 요구사항을 제시한다.

〈표 2-2〉 부유식 해상풍력(Floating Offshore Wind)

플랫폼 종류	수심 적용	구조 특징	적용 사례
SPAR	100m 이상	세로형 원통체, 무게중심 낮음	Hywind (노르웨이)
Semi-sub	50 ~ 200m	폰툰 부력체 + 덱	WindFloat Atlantic (포르투갈)
TLP	200 ~ 700m	계류줄(Tendon)로 수직 고정	실증 단계 (미국, 일본 등)

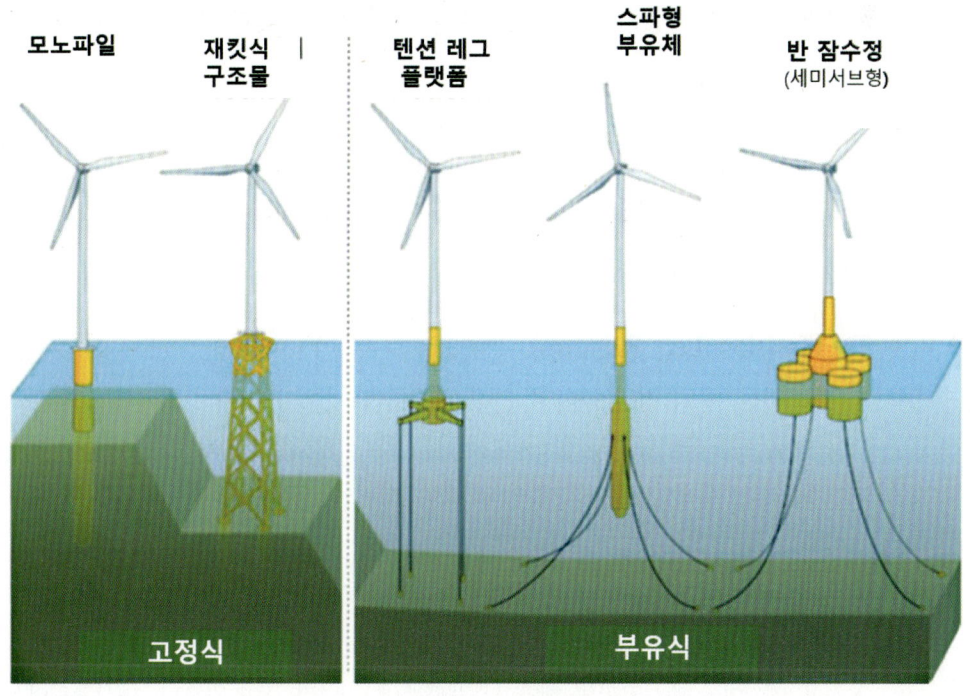

〈그림 2-3〉 해상풍력 하부구조물 종류

1) 부유식 플랫폼 유형(SPAR, Semi-sub, TLP 등)

부유식 플랫폼은 선박이나 해양구조물 설계 기술을 기반으로 하며, 풍력터빈이 설치되는 상부 구조를 해상에서 안정적으로 지지하는 역할을 한다. 플랫폼 유형은 해양 조건, 수심, 풍속, 파도 특성 등에 따라 선택된다.

- **SPAR(스파형)**
  - **구조 특성**: 원통형(또는 다각형) 긴 구조물이 세로로 수면 아래 깊이 잠겨, 부력과 중량의 균형으로 안정성을 확보한다. 해양유전 플랫폼에서 파생된 기술이다.
  - **장점**: 무게중심이 낮아 수직안정성이 크며, 파도 영향이 상대적으로 적다.
  - **단점**: 설치 시 대규모 수직 부유체가 필요하며, 수심 100m 이상에서 경제성이 높다.
  - **적용 예**: 노르웨이 Hywind 프로젝트가 대표적인 스파형 부유식 해상풍력단지 사례다.

- **Semi-sub(세미서브머저블형)**
  - **구조 특성**: 여러 개의 부유체(포톤)를 상호 연결해 상부 데크(Deck)를 지지하며, 물에 반쯤 잠기는 형태다. 해양굴착선(Drilling rig) 등 세미서브머저블 플랫폼 기술을 응용한다.
  - **장점**: 수심 50~200m 범위에서 적용이 가능하고, 파랑·조류에 대한 내성이 우수하다. 이동·조립이 비교적 용이하다는 평가가 있다.
  - **단점**: 해상에서 다중 포톤 연결부의 구조 해석이 복잡하고, 파랑 주기와 공진(Resonance) 현상에 따른 동요가 발생할 수 있다.
  - **적용 예**: 프랑스, 일본 등에서 시범단지가 운영 중이며, 포르투갈 WindFloat 프로젝트가 성공 사례로 꼽힌다.

- **TLP(Tension-Leg Platform)**
  - **구조 특성**: 수직 장력(張力)을 가진 계류줄(Tendon)을 해저 앵커에 고정해 플랫폼을 물속으로 끌어당기는 방식이다. 석유·가스 해상플랫폼의 TLP 기술이 기반이다.
  - **장점**: 수직 움직임(Heave)이 매우 작아 터빈 안정성이 높고, 토크·진동 제어가 용이하다.
  - **단점**: 텐던 설치공정이 복잡하고 수심이나 해저지형에 따라 설계 난이도가 높다. 수심 200~700m 범위에서 활용이 가능하다.
  - **적용 예**: 미국 멕시코만의 해양가스플랫폼에서 널리 쓰여 왔으나, 해상풍력에는 아직 초기 실증단계가 진행 중이다.

2) 계류 및 앵커 설계

부유식 플랫폼을 안정적으로 유지하기 위해서는 계류(Mooring) 라인과 앵커(Anchor) 시스템 설계가 핵심이다. DNV-ST-0119(부유식 풍력터빈 구조 설계)에서는 다양한 계류 방식과 해양조건별 해석 방법을 제시한다.

■ 계류 라인 종류

체인(Chain), 와이어 로프(Wire rope), 합성섬유 로프(Synthetic rope) 등 다양한 재질을 사용한다. 파랑, 조류, 바람 하중을 분산시키기 위해 3 ~ 6개 이상의 계류 라인을 등간격으로 배치하는 것이 일반적이다. 수심이 깊어질수록 합성섬유 로프 사용 비중이 높아지고, 플랫폼 동요에 대응하기 위해 세그넷형(노랑진, catenary) 혹은 텐셔너(장력조절장치)를 적용한다.

■ 앵커 종류

중력식 앵커(Gravity base), 스프레드 모어(Suction pile), 드래그 앵커(Drag embedment) 등이 대표적이다. 지반 조건(점토, 모래, 암반)에 따라 앵커 타입이 달라진다. 수심이 깊고 지반이 연약한 구간에는 스프레드 모어(suction anchor)나 드래그 앵커를 많이 사용한다. 앵커 위치와 설치 각도가 계류 라인의 장력분포와 플랫폼 동요 특성에 큰 영향을 미치므로, 계류 해석 소프트웨어(Orcaflex, DeepC 등)로 설계 시뮬레이션을 수행한다.

■ 계류 안전성 평가

정상 운전, 폭풍(태풍, 허리케인) 등 극한환경 하중을 적용해 플랫폼 운동(6자유도, 6-DoF) 분석과 계류 라인 장력 극값을 계산한다. 국부적으로 라인 장력이 과도하게 높아지지 않도록 라인 개수, 배치 각도를 최적화해야 한다. DNV GL, ABS, BV 등 국제 인증기관은 계류 설계 기준과 해석 절차에 대한 가이드라인을 제공하며, 프로젝트 승인 시 이행 여부를 엄격히 심사한다.

3) 동적 케이블(Dynamic Cable) 설계

부유식 해상풍력에서 전력 및 통신 케이블은 플랫폼의 움직임에 따라 장기간 반복 응력을 받는다. 이를 감안해 동적 케이블(Dynamic Cable)이 적용된다. IEC나 IEEE 표준에서도 동적 해저케이블에 대한 구체적 규범이 아직 미비해, 각 프로젝트가 기존 해양산업 경험과 권고를 참조해 설계한다.

- **구조 특성**

  일반 정적 해저케이블과 달리, 동적 케이블은 외부 갑피(armor) 구조가 유연하고, 내부 도체·절연층이 반복 굴곡(Fatigue)에 견딜 수 있도록 보강된다. 케이블 상단에는 굴곡완화장치(Bend stiffener, Bend restrictor) 등을 설치해 급격한 굴곡을 방지한다. 중간 수심에서 케이블이 느슨하게 아치(Free-hanging catenary) 형태를 이루거나, 부력체(Float)을 부착해 특정 깊이를 유지하기도 한다.

- **전압 등급**

  외국의 경우 대다수 부유식 단지에서는 33kV ~ 66kV급 배열망 케이블을 사용하지만 우리나라에서는 22.9kV, 154kV를 적용한다. 수십 기의 부유식 터빈을 해상변전소로 연결하고, 이후 육상까지는 22.9kV 또는 154kV급 해저케이블을 사용한다. IEC 63026은 66kV 이하 해저케이블 표준을 다루지만, 동적 특성을 별도로 세부 규정하지 않아 DNV-ST-0359, DNV-RP-F401 등 해양 케이블 가이드라인을 병행 검토한다.

- **피로수명 및 유지보수**

  부유식 플랫폼의 동요 주기에 맞춰 케이블에 주기적 굴곡과 장력이 반복되므로, 피로(Fatigue) 해석이 필수다. 해양 파랑·조류·바람에 대한 시간영역 시뮬레이션으로 케이블의 설계 수명을 예측한다. 해상 시운전 시 케이블 동적 구간의 계측센서(Strain gauge, Accelerometer) 설치를 권장하며, 장기 운영 중 변형·마모 징후를 모니터링한다. 유지보수는 일반 고정식 케이블보다 까다롭지만, 플랫폼에서 케이블을 인양하는 작업은 비교적 용이하다.(부유식 특성상 운송 선박 접근이 가능)

4) 국내외 부유식 시장·기술·정책 동향

- **국내 동향**

  제주 인근 해역, 동해 심해 지역 등을 중심으로 소규모 부유식 실증 프로젝트가 추진 중이다. 정부 차원에서 해상풍력 특별법 및 재생에너지 정책에 부유식 시범단지 지원 방안을 포함해, 국내 조선·해양플랜트 산업과 연계한 부유식 플랫폼 개발을 독려하고 있다. 수심이 깊은 동해에는 부유식 해상풍력이 경제적 대안으로 검토되고 있으나, 계류 시스템, 동적 케이블, 원전·석탄발전 계통연계 등 종합적 인프라 검토가 필요하다.

- **해외 동향**

  노르웨이, 영국, 포르투갈, 미국 서부 등 수심이 깊은 해역에서 대규모 시범단지가 이미 운영 중이다.(예: Hywind Scotland, WindFloat Atlantic), 일본은 태평양 연안을 중심으로 TLP, Semi-sub 등 부유식 플랫폼 실증을 진행해 왔으며, 해양국 특성상 향후 부유식 시장이 크게 성장할 것으로 예상된다. 국제 표준화단체(IEC, ISO, DNV, ABS 등)는 부유식 해상풍력 전용 인증 기준을 마련 중이며, 각국 정부도 부유식 활성화를 위한 세제 혜택, R&D 지원을 확대하고 있다.

■ 기술·정책 전망

대용량(15MW 이상) 부유식 풍력터빈이 개발됨에 따라, 단지 단위 규모가 수백 MW ~ 수 GW로 확대될 것으로 예측된다. 계류 기술 고도화, 동적 케이블 장수명화, 부유식 변전소(Offshore Floating Substation) 개발 등 혁신 분야가 부상하고 있다. 계통 연계 어려움 및 높은 초기 투자비가 단기 과제지만, 장기적으로 수심 무제한 해양 개발, 대형 터빈 적용에 따른 균등화 발전비용(LCOE) 하락 등이 예상된다. 탄소중립 목표에 맞춰 해상풍력 + 수소 연계, ESS 결합 등 새로운 활용 모델이 부상한다.

부유식 해상풍력(Floating Offshore Wind)은 수심 제약이 적고, 원해(遠海)의 고품질 바람자원을 활용할 수 있어 해상풍력 산업의 차세대 주자로 부상하고 있다. 스파(SPAR), 세미서브(Semi-sub), TLP 등 다양한 플랫폼 유형은 해양환경 조건과 시공성, 경제성을 토대로 선정된다. 계류·앵커 시스템은 플랫폼의 동요 안정성과 직결되며, 동적 케이블은 반복 굴곡응력에 견딜 수 있도록 특수 설계가 필요하다.

국내외 시장은 여전히 초기 실증단계이나, 대규모 프로젝트가 빠르게 늘고 있다. IEC, DNV, ABS 등 인증기관과 표준화단체가 관련 가이드를 발행하는 등 제도 정비가 진행 중이며, 정부 차원에서도 부유식 해상풍력을 미래 전략산업으로 육성하려는 움직임이 확산되고 있다. 안전성, 경제성, 계통연계 측면의 과제를 단계적으로 해결할 경우, 부유식 해상풍력은 해양에너지의 신시대를 열 잠재적 솔루션이 될 것으로 전망된다.

2. 풍력발전기 개요

풍력발전기는 바람 에너지를 이용해 회전력을 얻고, 이를 전기에너지로 변환하는 장치다. 해상풍력단지에서는 터빈 대형화와 환경 내구성이 중요하므로, 기계적·전기적 설계가 상호 보완적으로 이뤄진다. 이 장에서는 풍력발전기의 주요 기계적 구성 요소, 발전기 형식(유도발전기, 동기발전기, 영구자석형 등), 그리고 풍속·풍향·기상 변화에 따른 출력 특성을 개괄적으로 정리한다. 표 2-3은 풍력발전기 개요 및 발전기 형식 비교한 것이다.

〈표 2-3〉 풍력발전기 개요 및 발전기 형식 비교

구분	유도형(DFIG)	동기형	PMSG(영구자석형)
구조	슬립링, 브러시	권선 + 익사이터	브러시리스, 자석 회전자
장점	구조 단순, 저가	무효전력 제어 용이	고효율, 기어박스 삭제 가능
단점	유지보수 요함	익사이터 필요	무거운 자석, 고가
해상 적용	과거 중심	일부 중형	최근 대형 터빈 주력 채택

2.1 기계적 구성(블레이드, 허브, 기어박스 등) 및 전기적 특성

1) 블레이드(Blade)

바람의 운동에너지를 회전동력으로 변환하는 핵심 부품이다. 블레이드 형상(에어포일)은 양력 기반 설계를 통해 최대 회전력을 확보하도록 최적화된다.

재질은 유리섬유 강화플라스틱(GFRP), 탄소섬유 복합재(CFRP) 등이 많이 사용되며, 블레이드 길이(로터 직경)가 증가함에 따라 경량화와 강도를 동시에 추구한다.

블레이드 끝단 속도가 빨라질수록 공력학적 손실, 소음, 날개 흔들림(플랩핑) 등이 발생하므로, 제어장치(피치 제어, 블레이드 각도 조절)를 통해 최적 운전 영역을 유지한다.

2) 허브(Hub)

블레이드와 로터 샤프트를 연결하는 중심부로, 블레이드 피치각 제어용 액추에이터가 내장되는 경우가 많다.

허브 내부 구조는 회전력 전달에서 반복 하중(피로)와 진동을 견딜 수 있도록 설계되며, 해상풍력의 경우 내염·내수 대책이 보강된다.

블레이드를 2~3개 이상 사용하는 멀티블레이드 방식이 일반적이므로, 허브에는 피치제어기와 유압·전동 모터, 블레이드 뿌리(root)를 체결하는 대형 베어링 장치가 포함된다.

3) 드라이브 트레인(기어박스, 샤프트, 커플링 등)

고속회전의 발전기로 동력을 전달하기 위해 기어박스를 사용하는 방식(Gearbox-driven)과 직접구동(Direct Drive) 방식으로 나뉜다.

기어박스는 저속 로터 회전을 고속(최대 수백~수천 rpm)으로 변환하는 역할을 하며, 여러 단계의 유성기어·헬리컬기어를 통해 회전 속도를 증폭한다.

해상환경은 기어박스 윤활유 온도 관리와 누유 방지 대책이 필수이며, 기어박스 상태 모니터링(CMS)을 통해 진동·베어링 마모를 사전에 감지한다.

4) 발전기(Generator)와 전력변환장치(PCS)

풍력터빈 내부에 설치된 발전기(유도형, 동기형, 영구자석형 등)에서 교류 전력을 생산하고, 필요에 따라 전력변환장치(컨버터, 인버터)로 전압·주파수를 계통 요구사항에 맞게 조정한다.

해상풍력용 발전기는 염해, 진동, 습도에 견디도록 밀폐·냉각 방식을 강화하며, 정격 출력 5~15MW급 이상으로 대형화하는 추세다.

위 기계적 구성 요소는 전기적 특성과 긴밀히 연결된다. 블레이드 로터 회전수가 곧 발전기 회전수(또는 기어박스 출력축)와 직결되므로, 전력 주파수와 터빈 회전속도 제어가 하나의 시스템 안에서 작동한다. 제어장치(피치 제어, 요(Yaw) 제어 등)는 풍속·풍향에 따라 전체 로터 작동을 최적화해 계통으로 송출되는 전력품질을 높인다.

2.2 유도발전기, 동기발전기, PMSG(영구자석형) 비교

풍력발전용 발전기는 크게 유도발전기(IG), 동기발전기(SG), 영구자석형 동기발전기(PMSG) 등으로 구분된다. 표 2-4는 각 방식의 특징을 요약한 것이다.

〈표 2-4〉 발전기 종류 비교

구분	유도발전기(IG)	동기발전기(SG)	영구자석형(PMSG)
원리	회전자(로터)에 유도 전류가 발생하여 회전을 유도	회전자에 여자전류를 공급해 자기장을 형성	영구자석이 회전자 역할을 수행해 동기 속도로 회전
구조·복잡성	비교적 단순(슬립링, 브러시 사용 여부에 따라 다름)	별도 여자장치(익사이터) 필요	브러시리스, 별도 여자장치 불필요
장점	제작 비용이 저렴하고 구조가 간단함	계통연계 시 전압·위상 제어가 유연함	효율이 높고, 기어박스 삭제(직접 구동 시) 시 유지보수가 용이
단점	슬립(slip)에 의존해 주파수 제어가 제한적	브러시·권선 관리가 필요	초기 투자비가 상대적으로 크며, 대형화 시 무거운 자석 사용 문제 대두
해상풍력 적용	초기 소형 터빈에 주로 활용	대형 터빈에서 가변속 운전에 일부 적용	대형 직구동(DD) 터빈, 고효율 시스템에서 선호
예시	더블-피드 유도발전기(DFIG) 등	권선형 동기발전기	하이윈드(Hywind) 등 부유식에서 대형 PMSG 채택 사례

1) 더블-피드 유도발전기(DFIG)

로터에 슬립링이 있어 회전자 주파수를 별도 제어할 수 있으므로, 가변속 운전이 가능하다.

전력변환장치는 30~40% 용량만 필요해 비용이 절감되는 장점이 있으나, 슬립링·브러시 유지보수가 요구된다.

2) 직접 구동형 영구자석 발전기(Direct Drive PMSG)

기어박스 없이 로터와 발전기가 직접 연결되는 방식이며, 저속·고토크 회전이 가능하다. 보통 다극(Pole 수가 매우 많음) 구조로 설계되어, 바람속도의 변화에 따른 회전 속도 제어 폭이 넓다. 무거운 대형 영구자석과 대지(稀土) 가격 이슈 등이 있으나, 유지보수 간소화와 높은 에너지 효율로 시장에서 선호도가 올라가고 있다.

3) 권선형 동기발전기

별도의 여자전류 공급으로 큰 무효전력 제어 능력을 지니며, 계통연계 시 전압·주파수 지원에 유리하다. 브러시·슬립링 유지보수가 필요하고, PMSG 대비 효율이 낮을 수 있다. 해상풍력보다는 과거 고정식 육상풍력에서 주로 사용되었다.

2.3 풍속·풍향·기상변화에 따른 출력 특성

풍력터빈의 출력은 바람이 만들어내는 운동에너지를 회전력으로 전환하는 과정에 달려 있으며 이는 풍속, 풍향, 기상조건 변화에 크게 좌우된다. IEC 61400-12(풍력발전 성능측정) 등 국제 표준에서 전력곡선 측정 방법을 정의한다.

1) 정격풍속(Cut-in, Rated, Cut-out)

- Cut-in 풍속: 터빈이 최소한으로 구동을 시작하는 풍속(약 3~4m/s)
- Rated 풍속: 터빈이 최대 정격출력에 도달하는 풍속(8~13m/s 범위)
- Cut-out 풍속: 터빈이 과도한 하중을 피하기 위해 정지하는 풍속(25~30m/s 전후)

2) 풍향(Yaw 제어)

바람 방향에 따라 터빈의 나셀(Nacelle)을 회전시키는 요 제어(Yaw control)를 통해 로터면이 항상 바람을 정면으로 받도록 한다. 해상풍력 단지에서는 기상여건이 더 변화무쌍하므로, 정확한 풍향계 센서, 요 구동장치, 제어 알고리즘이 중요하다.

3) 기상변화(습도, 온도, 기압 등) 영향

해상풍력은 염분, 습도가 높고, 태풍이나 겨울철 저기압 같은 극한기상에 노출되므로, 로터·블레이드 하중이 육상보다 커질 수 있다. 기온·기압이 달라지면 대기 밀도가 변하고, 동일 풍속에서도 출력 편차가 생긴다. 해상풍력 설계 시 대기밀도(약 1.225kg/m³ 기준)를 기준으로 약 ±5% 범위 편차를 고려하기도 한다.

4) 출력제어와 전력품질

바람 강도가 Rated 풍속 이상으로 상승할 때 피치 제어를 통해 발전기를 일정 출력 이상으로 상승하지 않도록 조정한다.(액티브 스톨 혹은 피치 각도 제어) 무효전력 조절(전력변환장치)과 고조파 제어 필터로 계통 안정성·전력품질을 유지한다. 해상풍력단지 규모가 수백 MW를 넘어서면, 급격한 풍속 변화에 따른 집단 출력 변동이 계통에 영향을 주므로, ESS 연계나 출력제어 시스템을 설계한다.

풍력발전기는 기계적·전기적 설계가 밀접하게 연계되어 있으며 해상풍력에서는 대형 터빈과 열악한 해양환경에 적합한 내구성·신뢰성이 필수다. 블레이드·허브·기어박스 등 기계적 요소와 발전기(IG, SG, PMSG)·전력변환장치 등 전기적 요소는 바람 자원(풍속·풍향)의 변화에 대응하면서 효율적이고 안정적인 전력생산을 이끌어야 한다. 최근 해상풍력 시장에서는 직접 구동형 영구자석 발전기(PMSG) 방식이 고출력, 유지보수 간소화 장점으로 각광받고 있다.

바람 조건(풍속, 풍향, 기압 등)에 따라 터빈 출력이 달라지며, 제어장치(피치, 요, 전력변환)와 센서가 상호 작용해 최적 운전점을 찾아간다. 이러한 특성을 종합적으로 파악하면, 해상풍력발전단지의 전기설비(변압기, 케이블, 보호계전 시스템 등) 설계에도 유기적으로 연결할 수 있다. 앞으로의 장에서는 이러한 풍력발전기의 특성을 전력계통과 연동하기 위한 구체적인 해상 전기설비 설계 방법을 살펴본다.

3. 풍력발전기 용량산정

풍력발전기 용량을 적절히 산정하는 것은 해상풍력단지의 경제성과 계통연계 안정성, 프로젝트 성패를 결정하는 중요한 요소다. 일반적으로 연간 발전량(AEP, Annual Energy Production)을 추정하고, 풍황데이터와 단지 특성을 종합적으로 고려하여 개별 터빈의 정격용량, 로터지름, 전력밀도 등을 결정한다. 이 과정에서 장기 관측자료와 수치기상모델(Numerical Weather Model)을 활용해 풍속 분포와 에너지 잠재력을 평가한다. 이하에서는 AEP 계산 방법과 주요 고려 사항과 예시를 나타내고 구체적인 계산 과정은 생략하기로 한다. 그 이유는 풍력발전기를 직접 설계하는 것이 아니라 풍력발전단지의 전력계통연계와 관련된 부분을 다루기 때문이다.

3.1 AEP(Annual Energy Production) 계산 방법

1) 전력곡선(Power Curve) 활용

전력곡선(Power Curve)은 풍력발전기가 주어진 풍속 조건에서 얼마만큼의 전력을 순간적으로 생산할 수 있는지를 나타내는 곡선으로, 풍속(v)에 따른 출력(P)의 관계를 보여준다. 이 곡선은 풍력발전기의 성능을 평가하고 발전량을 예측하는 데 있어 가장 기초적이면서도 핵심적인 자료로 활용된다.

국제 표준인 IEC 61400-12-1에서는 전력곡선을 실측 기반으로 도출하기 위한 측정 장비의 위치, 데이터 수집 조건, 보정 절차 등을 규정하고 있으며 이를 통해 신뢰성 있는 전력곡선이 도출될 수 있도록 하고 있다.

전력곡선의 전형적인 형태는 다음과 같다. Cut-in 풍속(보통 3 ~ 4m/s 이하)에서는 풍력이 부족해 발전기가 작동하지 않으며 출력은 거의 0이다. 풍속이 증가하면 출력도 점차 증가하고, 정격풍속(Rated wind speed)에 도달하면 발전기는 정격출력(Rated Power)을 유지한다. 이후 풍속이 Cut-out 풍속(보통 20 ~ 25m/s 이상)을 초과하면 기계적 손상을 방지하기 위해 발전기를 정지시키는 보호운전이 이뤄진다.

전력곡선은 풍력단지의 설계와 입지 평가, 연간 발전량 예측, 수익성 분석, 계통 연계계획 수립 등 사업성과 기술적 타당성 검토에 직접적으로 활용되며, 터빈 제조사와 운영사 간 성능 보증 검증의 기준이 되기도 한다. 또한 실제 운영 중 측정된 출력과 전력곡선의 이론값을 비교함으로써 설비 이상 여부를 조기 탐지하는 유지관리 도구로도 활용된다.

2) 풍속 분포(Weibull, Rayleigh 등) 고려

풍속은 시간과 계절에 따라 확률분포 형태를 취한다. 대표적으로 웨이불(Weibull) 분포 함수를 이용해 풍속 분포를 모형화한다.

$f(v)$: 특정 풍속 구간에서 나타날 확률밀도 함수

실무에서는 10년 이상 장기 관측자료나 인근 해양기상 부이(Buoy) 자료, 수치모델

(Reanalysis Data)을 통해 두 매개변수(k, c)를 산정한다.

3) 연간 발전량(AEP) 추정

전력곡선과 풍속 분포를 결합하여, 이론상 연간에 생산 가능한 총 전력량을 적분 형태로 계산한다.

$$\text{AEP} = \int_0^\infty P(v)\,f(v)\,dv$$

실제 실무에서는 풍속 분포를 시간별(또는 구간별)로 나누어, 전력곡선에서 대응하는 출력값을 곱하고 시간(또는 빈도)을 합산하는 방식으로 계산한다.

- **보정항목**: 가용도(Availability), 손실(전선로 손실, 변압 손실, 계통제약에 의한 출력 제한), 온도·습도·기압 변화에 따른 오차 등을 고려해 실제 예측 AEP를 도출한다.

3.2 로터지름, 정격출력, 허용 전력밀도 등 종합적 고려

1) 로터지름(Rotor Diameter)

로터면적은 $\pi(D/2)^2$ 에 비례하며, 블레이드 길이가 길어질수록 낮은 풍속에서도 더 많은 에너지를 획득할 수 있다. 해상풍력 추세는 15~18MW급 터빈에서 로터 직경 220m 이상을 사용하는 초대형화 방향으로 가고 있으나, 설치선과 운송, 부유식 플랫폼의 안정성 등 실제 시공성도 검토해야 한다.

2) 정격출력(Rated Power) 선정

정격출력은 풍속이 충분히 클 때 터빈이 낼 수 있는 최대 전력이다. 정격출력을 무작정 높이면, 실제 풍황에서 해당 풍속 범위를 달성하기 어려워 설비 이용률이 낮을 수 있다. 반대로 정격출력이 너무 낮으면, 중·고풍속 영역에서 출력 잠재력이 제한된다. 각 프로젝트의 풍속 분포와 경제성을 종합하여 최적값을 찾는다.

3) 허용 전력밀도(Power Density)

단지 면적 대비 설치 가능한 최대 전력(예: MW/km^2)을 의미한다. 터빈 배치 간격, 로터 직경, 수심, 선박 운항로 등을 고려해 해상풍력단지 내부 배치 계획을 수립한다. 터빈 간 간섭(Wake Effect)을 최소화하기 위해 로터직경의 7~9배 이상 간격을 확보하는 것이 일반적이다. 이로 인해 단위 면적당 설치 가능한 터빈 수가 제한된다.

4) 단지 개념 설계(Stage 1)와 상세 설계(Stage 2)

개념 설계 단계에서는 로터지름, 정격용량, 배치밀도 등을 조합해 여러 시나리오의 추정 AEP·LCOE(균등화 발전비용)를 비교한다. 이후 타당성이 높은 안을 선정해 상세 설계로 진입하며, 해상풍력 전기설계(케이블 경로, 변전소 용량), 계통연계 가능성, 시공성 등을 종합 분석한다.

3.3 풍황데이터(장기 관측 자료)와 수치기상모델 활용

1) 장기 관측자료

해상 기상부이, 라이다(Lidar) 측정기, 해안 기상탑 등을 통해 풍속·풍향·기압·습도·온도 등을 최소 1년 이상 측정한다. 장기(5년 이상) 자료가 축적되어 있다면 계절별·연차별 변동성을 정확히 파악해 평균 풍속과 분포를 구할 수 있다. 해양 환경 특유의 태풍, 열대성 저기압, 한류·난류 경계 등에 따른 불규칙적 바람 패턴도 분석 대상이다.

2) 수치기상모델(Numerical Weather Prediction, NWP)

해안이나 원해(遠海)의 경우 장기간 관측 인프라가 부족할 수 있으므로, 수치기상모델(예: ECMWF ERA5, WRF, GFS)을 이용해 바람장(바람벡터장) 재분석 데이터를 확보한다. 해상풍력 사업자는 수치모델에서 추출한 자료를 현장 측정값(부이, 라이다 등)과 교정(Calibration)하여, 해당 해역의 전형적 풍속 분포를 도출한다. NWP 모델은 지형·수심·해양대류 등을 반영하는 고해상도(수km 격자) 시뮬레이션으로 수행되며, 월별·연별 바람조건 시나리오를 생성해 준다.

3) 결합 분석(Measurement + Modeling)

초기 단계에서 수치모델 데이터를 활용해 후보지 선정, 풍속 예측을 수행하고, 이후 설치된 기상탑이나 부이를 통해 실제 측정 데이터를 확보함으로써 오차를 줄인다. 장기 관측자료와 NWP 기반 자료를 결합해 풍황(風況)의 최대·최소·평균·빈도분포를 파악하면, AEP를 고도화하여 계산할 수 있다.

3.4 계산 예

다음은 간략화된 예시로, 실제 프로젝트에서는 훨씬 더 많은 변수를 고려한다.

1) 가정
- 수심 30~40m 지역의 해상풍력단지, 목표 터빈 정격출력: 8MW
- 풍속 분포: Weibull k=2.0, c=9.0m/s (연평균 풍속 약 8.0m/s)

2) 전력곡선(단순화 예)
- 0~3m/s: P=0
- 3~12m/s 구간: P가 선형으로 증가 (최대 8MW 도달)
- 12~25m/s: P=8MW 유지
- 25m/s 초과: P=0 (Cut-out)

3) 전력곡선-풍속분포 결합
1m/s 구간별 풍속 발생빈도와 발전기 출력값을 곱하여 연간합을 구한다. 예를 들어 3m/s에선 0.5MW, 6m/s에선 3MW, 9m/s에선 6MW, 12m/s 이상에서 8MW 정격 출력이 유지된다고 단순 가정한다.

4) AEP 계산
Weibull 확률분포 f(v)에 따라 각 구간(Δv=1m/s)의 발생 시간(=연간 시간 8760h × 빈도)을 구한다. 출력값 × 구간별 시간의 합으로 연간 총 발전량(kWh)을 도출한다. 가용도 95%, 케이블·변압 손실 3%를 추가 고려한다. 가령 결과가 약 32GWh/년 (=32,000MWh/년)이라고 한다면, 이는 단일 터빈(정격 8MW)에서 기대되는 연간 생산량이 된다.

5) 결과 해석
AEP 32GWh, 정격용량 8MW → 연간 이용률(Capacity Factor)은 약 45.7%에 해당한다.

경제성 평가 시 전력판매단가(또는 RPS REC, PPA 계약가격), 설치비, O&M비, 금융비 등을 반영해 LCOE를 추산한다. 실제 현장에서는 태풍, 도류, 극한기상, 안개, 결빙 등 변수로 인한 추가 손실이 발생할 수 있으며 측정·모델 오차를 보정해야 한다.

해상풍력발전기의 용량산정은 연간 발전량(AEP), 로터지름과 정격출력, 풍황데이터, 허용 전력밀도 등을 종합적으로 고려하는 과정이다. 풍력단지 설계자는 장기 관측자료와 수치기상모델을 활용해 풍속 분포를 정밀 추정하고, 전력곡선을 결합해 연간 발전량을 계산한다. 이후 경제성 분석 및 계통연계 여건을 검토해 최적의 터빈 사양(정

격용량, 블레이드 크기)을 결정한다.

해상풍력은 초기 투자비가 크고, 기상조건 영향이 크므로 AEP 예측 정확도가 프로젝트 성패를 좌우한다. 국제 표준(IEC 61400-12시리즈)과 모델링 기법(Weibull, Rayleigh, NWP) 등을 충실히 준수하고, 현장 실측으로 성능곡선을 검증함으로써 신뢰도 높은 용량 산정이 가능해진다. 이 과정에서 고려된 용량 정보는 전기설비(해저케이블, 변전소, 보호계전기) 설계에도 직접적으로 연동되므로, 학제적 협업이 필수적이다.

4. 풍력발전기 종류 및 용량별 특징

해상풍력단지에서 사용하는 풍력발전기는 용량별로 소형(1 ~ 3MW), 중형(4 ~ 10MW), 대형(10MW 이상)으로 분류할 수 있다. 최근에는 초대형급(15 ~ 20MW) 풍력터빈이 개발되어 해상 시범 운전이 추진되고 있으며 각 용량대별로 적정 적용 조건이 다르다. 단지 입지, 해수심, 설치비 및 유지보수(O&M) 전략 등을 종합 고려할 때, 고정식과 부유식에서 각각 최적의 터빈 용량이 달라질 수 있다.

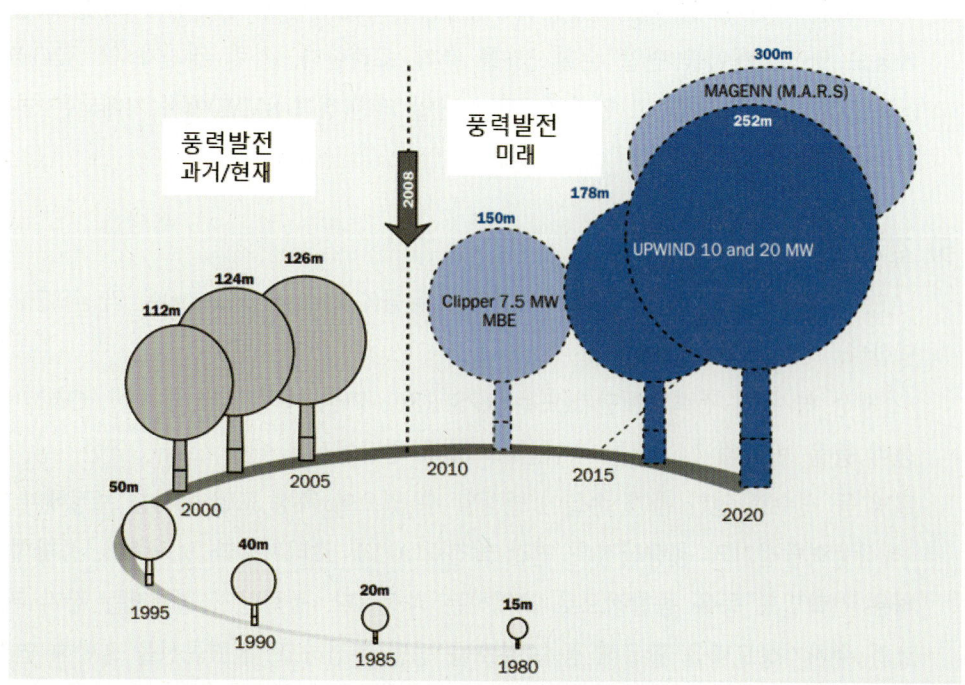

〈그림 2-4〉 풍력발전 터빈 용량 변화 (출처: Garrad Hassan)

4.1 소형(1 ~ 3MW) 풍력터빈

1) 주요 특징

초기 기술 도입기나 시범단지, 실증단지에서 사용되는 사례가 많으며, 설치·운영 비용이 상대적으로 낮다. 블레이드 직경이 60 ~ 100m 수준으로 중·대형 터빈 대비 로터면적이 작으므로, 중·고풍속 영역에서 발휘할 수 있는 발전량이 제한된다. 해상환경에서 낙뢰, 염해, 습기에 대한 대책이 필요하지만, 기계 부품 규모가 작아 정비 및 교체가 용이한 편이다.

2) 적용 장점

초기 투자비와 기술 리스크가 상대적으로 낮아, 지방 소규모 해상 프로젝트나 기술 실증 목적으로 적합하다. 해안가 근해(수심 10 ~ 20m)나 방파제 연계형 해상풍력 등에 시도되고 있으며 항만시설·어항구역에서 제한적으로 활용되기도 한다.

3) 한계

경제성 측면에서 대규모 해상풍력단지(수십 ~ 수백 MW) 구축 시, 소형 터빈은 단위면적당 발전량이 낮아 총공사비·O&M 비용이 비효율적일 수 있다. 시장은 중·대형급으로 빠르게 전환되고 있어, 소형 해상풍력 개발은 제한적 영역이나 특수 용도(실증, 마이크로그리드 등)에 국한될 가능성이 크다.

4.2 중형(4 ~ 10MW) 풍력터빈

1) 주요 특징

현재 해상풍력단지에서 가장 널리 상용화된 용량 범위다. 블레이드 직경 100 ~ 180m, 허브 높이 80 ~ 120m 수준이 일반적이다. 4 ~ 8MW급은 전 세계 해상풍력 설치량에서 절대적 비중을 차지하며, 유럽 북해 지역에서 축적된 시공·운영 경험이 풍부하다. 일반적으로 기어드(Geared) 방식의 DFIG(Double Fed Induction Generator)나 하이브리드형 동기발전기를 사용하며, 피치 제어와 전력변환장치(Full Converter)를 장착해 가변속 운전을 실현한다.

2) 적용 장점

기술 성숙도가 높고 공급망이 안정적이다. 해상풍력 제조사(지멘스가메사, Vestas,

GE, 중국 제조사 등)가 대량 생산체계를 갖추고 있어, 기자재 수급이 비교적 원활하다. 해상변전소, 설치선 등 인프라가 8 ~ 10MW급에 맞춰 발달해 있어, 시공과 O&M 측면에서도 리스크가 낮다.

전력계통 연계 시 단지 전체 발전량이 지나치게 큰 단일 기기에 의존하지 않으므로, 고장 시 피해 분산이 가능하다.

3) 한계

초대형(12 ~ 15MW 이상) 모델이 등장하면서 단위 설치비용(항타비·설치비·케이블 등) 대비 발전량이 다소 불리해질 수 있다. 부유식 프로젝트에서 10MW 전후 터빈 적용 사례가 증가하고 있지만, 부유식 특성(플랫폼 동요, 계류 설계)에 따라 성능 검증이 충분치 않은 부분이 있다.

4) 사례

유럽 북해(영국, 독일, 덴마크 등)의 대표적 해상풍력단지들이 6 ~ 8MW급 풍력터빈을 대량으로 도입해 안정적인 전력공급과 상업운전을 달성했다. 국내에서도 전북 서남해 시범단지, 제주 탐라 해상풍력 등에서 3 ~ 5MW 범위의 중소형 터빈이 실제 운전 중이며, 8MW급 이상 터빈 도입 사례가 점차 늘어날 전망이다.

4.3 대형(10MW 이상) 풍력터빈

1) 주요 특징

블레이드 직경 180 ~ 220m 이상, 허브 높이 120m 이상에 달하며, 해상 설치 시 단일 발전기로 최대 12 ~ 15MW 이상의 정격출력을 낼 수 있다. 기어박스를 간소화하거나 제거한 직접구동형 PMSG(영구자석 동기발전기)를 적용하는 사례가 많으며, 대용량 전력변환장치(컨버터, 인버터)와 복합 냉각시스템이 필수다. 터빈 한 기당 생산할 수 있는 전력이 커서, 단지 설치 면적은 줄이면서도 대규모 발전량 확보가 가능하다. 이를 통해 해저케이블, 해상변전소, 유지보수 선박 등 단지 기반시설 비용을 상대적으로 절감할 수 있다는 장점이 있다.

2) 초대형 터빈(15MW ~ 20MW) 개발 방향

글로벌 풍력 제조사(Vestas, SiemensGamesa, GE, 중국 CSSC 등)는 14 ~ 18MW급 프로토타입을 제작해 시범운전 중이다. 20MW급 모델까지 개발 로드맵이 공개된 상태다. 블레이드 길이가 100m를 넘어가고, 나셀 무게도 수백 톤에 달하므로, 해상운송 및 설치선(Heavy-lift vessel) 개선, 풍하중 해석, 타워 설계 강화 등이 동반 발전하고 있다. 해양플랫폼(예: 반잠수식(Semi-sub) 부유식)과 결합해 심해구역 개발 시에도 한 기당 대용량 수확이 가능할 것으로 기대된다.

3) 주요 고려사항

상부 구조물(나셀, 블레이드)의 무게가 증가해 타워, 기초 구조(고정식·부유식) 부담이 높아지므로, 강도·피로수명 분석을 세밀히 해야 한다. 유지보수 시에도 대형 크레인선 혹은 Jack-up 설치선이 요구되며, 작업 가능 일수가 극히 제한될 수 있다. 따라서 O&M 비용과 작업 효율성을 사전에 충분히 설계에 반영해야 한다. 국제 표준(IEC 61400 시리즈 등)으로 대형 터빈 인증을 진행하며, 제조사 자체 실증 프로젝트를 통해 프로토타입 성능 및 신뢰도를 검증한다.

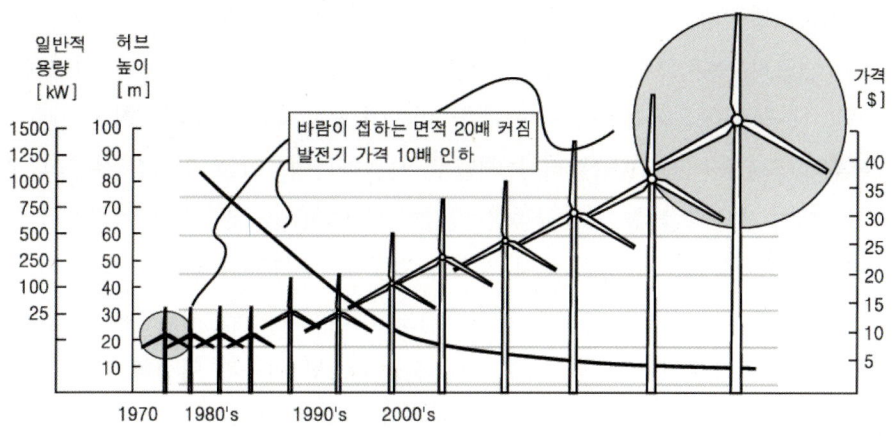

〈그림 2-5〉 풍력발전의 경제성 (출처: Jos Beurskens, ECN)

4.4 적용 사례(고정식·부유식 각각의 최적 터빈)

1) 고정식 해상풍력

유럽 북해를 중심으로 대형 터빈(8 ~ 15MW) 도입 사례가 빠르게 확대되고 있다. 수심 40m 이하 지역에서는 모노파일이나 재킷 기초에 대형 터빈을 설치하여, 단지 당 수백 MW ~ GW급으로 확장하는 추세다. 영국 Hornsea 프로젝트는 7 ~ 8MW급을 대규모 설치한 뒤, 차기 단계에서 10MW 이상급 모델로 확장해 단지 효율을 극대화한다. 독일 Borssele, 덴마크 Kriegers Flak 등도 8 ~ 10MW 터빈을 표준으로 채택했다. 국

내에서는 전남 신안·여수, 전북 서남해, 강원 양양 등지에 8MW 이상급 대형 고정식 해상풍력단지를 계획 중이며, 해상특성(태풍, 지반, 조류)을 고려한 파일 설계가 관건이다.

2) 부유식 해상풍력

부유식은 플랫폼 안정성과 계류 설계 한계를 감안해 10MW급 이상의 대형 또는 중대형(6~12MW) 터빈을 시범 적용하는 경향이 강하다. 노르웨이 Hywind Scotland(스파형)는 6MW, Hywind Tampen 프로젝트는 8MW급으로 운전 중이며, 프랑스 WindFloat Atlantic(세미서브형)은 8.4MW 터빈을 적용했다. 10MW 이상급 시범단지도 다수 계획 중이다. 대형화로 인한 플랫폼 무게, 동요 안정성 문제가 부각되지만, 해저케이블·변전소 등 인프라 최적화와 높은 발전량 확보를 위해 장기적으로 12~15MW급 터빈 채택이 예상된다.

해상풍력발전기는 용량 범위(1~3MW, 4~10MW, 10MW 이상)에 따라 경제성, 설치 인프라, 유지보수 전략이 달라진다. 소형 터빈은 실증이나 특수 환경에서 유용하지만, 대규모 해상단지에서는 중·대형 터빈이 보편화되고 있다. 최근 시장 트렌드는 초대형(15MW~20MW급) 터빈 개발로 수렴하는데, 이는 고정식·부유식 모두 설치 면적 대비 발전량을 높이고 균등화 발전비용(LCOE)을 낮추려는 목적에서 비롯된다. 고정식 해상풍력은 안정된 해저 기초와 결합해 8~15MW급 이상의 대형 터빈 상용화가 가속화되고 있으며 부유식 해상풍력도 10MW 이상급 시범단지 사례가 늘어나고 있다. 그러나 초대형 터빈의 무게·부식·진동·O&M 이슈가 여전히 남아 있으므로, 프로젝트별로 경제성·기술 위험도 분석을 종합 검토해 최적의 터빈 용량을 선정해야 한다.

제 **3** 장

해상풍력발전단지 계획 수립
(Planning & Feasibility)

제3장 해상풍력발전단지 계획 수립

Electrical Infrastructure For Offshore Wind Farms

해상풍력발전단지 계획 수립은 바람 자원, 해양 환경, 계통연계, 입지 규제 등을 종합적으로 고려하여 **경제적이고 기술적으로 최적의 풍력단지 위치와 구성**을 결정하는 과정이다. 이는 발전 효율뿐만 아니라 **장기적인 운전 안정성, 계통 수용성, 환경·어업과의 공존** 등을 사전에 확보하기 위한 필수 단계이며, 설계·시공·운영 전 주기의 **성공 가능성과 수익성 확보를 위한 기초 작업**이라 할 수 있다.

1. 풍황조사 및 분석

해상풍력발전단지를 설계하고 운영하기 위해서는 사업 예정지의 풍황(風況)을 정확히 파악해야 한다. 풍황조사 결과는 연간 발전량(AEP) 추정, 최적 터빈 용량 결정, 경제성 평가, 어로·환경 영향 검토 등 전 과정을 좌우한다. 이 장에서는 풍황조사와 관련된 주요 개념, 해상 관측 방법, 수치모델 활용, 자료 검증 절차 등을 정리한다.

1.1 풍황조사의 의의

1) 에너지 잠재력 평가

해상풍력발전의 경제성은 바람 에너지 밀도에 직접적으로 좌우된다. 풍속이 1m/s만 달라져도 연간 발전량이 10% 이상 변동할 수 있으므로, 고정식·부유식 구분 없이 정확한 풍황 데이터를 확보해야 한다.

2) 공학적·경제적 타당성 검증

설계 기준(IEC 61400-1, IEC 61400-3, DNV-ST 등)에 따르면 설계극한 하중(Extreme wind speed), 평균풍속, 난류 강도(Turbulence Intensity) 등을 면밀히 분석하여 구조·전기설비 안전성을 평가해야 한다. 경제성 시뮬레이션에서도 장기 풍속 분포가 핵심 입력값이다.

3) 계통연계 및 출력 변동성 예측

풍속 변동에 따른 출력 변화량을 사전에 파악하면, 계통연계 가능 용량, 무효전력 보상 설계, 에너지저장장치(ESS) 연계 필요성을 결정할 수 있다.

1.2 해상 풍황조사 방법

1) 고정형 측정탑(Met Mast)

고정형 해상 측정탑(Met Mast)은 해상풍력 개발 예정지의 풍황 데이터를 해안가나 섬등 고정된 구조물 위에 설치된 센서를 통해 **직접 측정하는 고정식 계측 시설**이다. 일반적으로 재킷(jacket) 구조물이나 모노파일과 같은 철골 기초를 해상에 시공하고, 그 위에 애너모미터(풍속계), 풍향계, 기온·기압 센서, 습도계, 낙뢰 보호 장치, 항공장애등, 데이터 저장 및 원격 송신 장치를 설치한다. 고도별 풍속을 측정하기 위해 일반적으로 3~5개 높이에 센서를 배치하며, 특히 터빈 허브 높이(80~150m)에 해당하는 고도는 필수 측정 대상이다.

이러한 고정형 측정탑은 장기간(1~3년) **풍속·풍향 데이터를 직접 계측**하기 때문에, 가장 정확하고 신뢰도 높은 풍황 정보를 제공하며, 풍력 발전량 예측, 발전사업 인허가, 투자심사 시 핵심 기준자료로 활용된다. 또한 IEC 61400-12-1에 따라 계측 정확도와 구조 안전성, 통신 안정성 등을 확보해야 하므로, **설치비용이 높고 수심 50m 이하의 고정식 해상풍력 예정지에서만 실현 가능**하다.

〈그림 3-1〉 육지나 섬에 설치한 풍황계측기 설치 사진

2) 해상 라이다(Lidar, Light Detection and Ranging)

해상 LiDAR는 레이저 펄스를 이용해 대기 중 입자로부터 반사되는 신호의 도플러 이동을 분석하여, 고도별 풍속과 풍향을 정밀하게 측정하는 원격 계측 기술이다. 특히 해상 풍력터빈의 허브 높이(80 ~ 150m)는 물론, 로터의 상·하부 영역까지 포함하는 최대 300m 고도까지의 바람 프로파일을 확보할 수 있어, 해상풍력 자원평가에 핵심적으로 활용된다.

해상 LiDAR는 부이(Floating Buoy)나 해상 플랫폼에 탑재되어 운용되며, 고정식 계측타워 대비 설치·철거가 용이하고 비용이 낮아 심해나 부유식 풍력 예정 해역에서도 효과적으로 활용된다. 부유식 방식의 경우 파랑과 조류에 따른 흔들림을 실시간으로 보정하기 위한 관성측정장치(IMU)와 정밀 보정 알고리즘이 함께 적용되며, 국제표준(IEC, OWA 등)에 따른 신뢰성 검증이 요구된다.

국내에서도 울산, 제주 등지의 부유식 실증단지와 시범 해역에서 해상 LiDAR가 운용 중이며, 정부와 연구기관 주도로 국산화 및 데이터 신뢰도 향상을 위한 기술개발이 지속되고 있다. 해상 LiDAR는 고도별 풍황 계측의 정확도와 운영 유연성을 갖춘 기술로, 특히 고정식 계측이 어려운 해역에서 해상풍력 입지 평가와 설계의 정밀도를 높이는 데 필수적이다.

〈표 3-1〉 해상 LiDAR 설치 형태 비교표

설치 형태	설명	주요 특징	활용 사례
부이 탑재형 (Floating LiDAR Buoy)	LiDAR 계측기를 해양 부표에 탑재하여 계류	- 설치·이동 용이 - 부이 운동 보정 필요 - IEC 기준 검증 대상	국내 울산, 제주 신안, 해역 실증 OWA 인증 모델 활용
플랫폼 탑재형 (Floating Platform-mounted)	바지선, 계류선박 등 부유 구조물에 LiDAR 설치	- 부이보다 안정성 우수 - 반고정적 설치 방식 - 중장기 관측에 적합	초기 실증용, 정온 해역
반고정형 구조물 설치 (Semi-fixed Structure)	파일 구조물, 해상 관측 타워 등 위에 LiDAR 설치	- 움직임 최소화 - 보정 간소화 - 설치비용 상대적으로 큼	해상 계측타워 대안
고정식 타워 설치 (Fixed Mast-mounted)	고정된 해상 타워에 LiDAR 장착	- 최고 정확도 - 설치비·공사비 높음	연안, 얕은 해역 중심

※ 대부분의 해상풍력 실증 및 예비 타당성 조사에는 부이 탑재형(Floating LiDAR)이 가장 널리 활용되며, 특히 **심해·부유식 해역에서 사실상 유일한 계측 수단**으로 자리잡고 있다.

〈그림 3-2〉 부유식 라이다 설치 사진

3) 해양기상 부이(Marine Meteorological Buoy)

부표 형태로 파랑·유속·기온·기압·기온·습도·수온·해류·해수 염분 등을 측정하며, 간단한 해상풍황(10m 높이 기준) 자료도 얻는다. 고도 80~120m 수준의 풍속 추정에 직접 활용하기 어려우므로, 로그법(로그바운더리층)이나 모멘텀 방정식을 적용해 허브 높이 풍속을 추정한다. 파랑·해류와 함께 종합적 해역 특성을 파악할 수 있으나, 측정 정확도와 해석 과정에서 추가 불확실성이 발생한다.

〈그림 3-3〉 해상기상 부이 설치 사례

〈표 3-2〉 측정 요소 및 주요 센서

측정 항목	센서 종류	활용 목적
풍속·풍향 (10m)	초음파 풍속계, 회전형 풍속계	기초 해상풍황 관측
파고·주기·방향	파센서, 수압센서	설계파 평가, 구조물 응답 해석
해류	ADCP(방향성 음향 도플러 유속계)	터빈 기초 설계, 케이블 응력 해석
기온·기압	온도센서, 압력센서	해상기상 예측 및 모델링 입력
수온·염분	CTD 센서	수온약층, 부식환경 분석 등

앞에서 설명한 바와 같이 측정 정확도를 보정하기 위하여 대부분의 해양기상 부이는 센서 설치 위치가 **해수면 기준 약 10m** 높이로 제한되어 있어, 해상풍력터빈의 허브 높이(보통 80~120m)에 해당하는 풍속과는 차이가 있다. 이에 따라 풍속 보정을 위한 수직 보강이 필요하기 때문에 로그법과 모멘텀 방정식을 사용하여 보정한다.

특히 해양기상부이는 파랑·조류 조건을 포함한 **해역 특성의 정량적 평가**에 매우 유용하며, 풍속 자료는 **다른 고도 계측(LiDAR, 타워) 또는 수치모델**과 병행하여 보완적으로 활용되어야 한다. 향후에는 **플로팅 LiDAR**와 통합된 스마트 부이 기술이 대안으로 주목받고 있다.

4) 위성 및 레이더 관측

해상풍황장(바람벡터)을 원격탐사 위성이나 해상 레이더로 관측할 수 있다. 대규모 해역 단위 바람 패턴 분석에 유용하나, 국지적·시간적 해상도가 낮은 경우가 많다. 장기 평균 풍속 추정 정도에 도움이 되며, 단기 풍속 변동이나 세밀한 터빈 배치 계획에는 한계가 있다.

위성 기반 관측은 마이크로파 산란계(Scatterometer), 합성개구레이다(SAR), GNSS 반사파(GNSS-R) 등을 활용하며, 장기 평균 풍속 추정과 대규모 해역의 풍황 분석에 유용하다. NASA, ESA, EUMETSAT 등 주요 기관이 운영하는 위성들은 전 지구 해역의 바람벡터 자료를 제공하고 있으며 우리나라 주변 해역 역시 이들 데이터의 적용 범위에 포함된다.

반면 해상 레이더(HF 및 X-band)는 연안 및 실증단지 중심으로 국지적 바람장, 해류 등을 고해상도로 실시간 관측할 수 있어, 풍력단지 설계 및 운영 단계에서 활용 가치가 크다. 위성 및 레이더 관측은 수치모델과 계측 데이터를 보완하는 수단으로, 해상풍력 자원평가의 정밀도 향상에 중요한 역할을 수행하고 있다.

<표 3-3> 주요 위성 기반 해상풍황 관측 시스템

위성명	운영기관	센서 종류	주요 활용
QuikSCAT	NASA	Scatterometer	해상 바람벡터 장기관측
Sentinel-1	ESA	SAR	고해상도 바람장 및 해상 구조물 모니터링
CYGNSS	NASA	GNSS-R	태풍지역 해상 바람속 측정
ASCAT	EUMETSAT	Scatterometer	전 지구 해상풍황 모니터링
CFOSAT	CNSA/CNES	SWIM + SCAT	바람·파랑 복합 관측

<표 3-4> 위성 기반 관측 vs 해상 레이더 관측 비교표

구분	위성 기반 관측	해상 레이더 관측
관측 방식	위성에서 전자기파(마이크로파, SAR, GNSS 반사 등)를 이용해 해수면 바람벡터를 추정	연안 또는 해상 구조물에 설치된 레이더로 전파 반사를 분석하여 바람, 해류, 파랑 등 관측
공간 범위	전 지구 해역 대상, 수백~수천 km 이상 광역 커버리지	수 km~수십 km 규모의 국지 해역 커버
시간 해상도	수 시간~수일 단위(위성 궤도에 따라 상이)	수분~수십분 단위의 실시간 또는 준실시간 관측 가능
공간 해상도	10~50km 수준 (SAR의 경우 수백 m까지 가능)	수백 m~수 km, 고해상도 국지 관측 가능
장점	- 대규모 해역 일괄 관측 가능 - 장기적 풍황 분석에 유리 - 초기 입지평가에 활용	- 국지 풍황, 해류, 파랑 등 고정밀 실시간 자료 확보 - 운영단계 풍력단지 모니터링 가능
한계	- 공간·시간 해상도 제한 - 해안 근접지역 정확도 낮음 - 구름, 강수 영향 가능성	- 설치 인프라 필요 - 관측 범위가 좁고 해안 중심에 한정
주요 활용 기관	NASA, ESA, EUMETSAT, JAXA, CNSA 등	국립해양조사원, KIOST, NOAA, EuroGOOS 등
대한민국 적용 사례	위성자료 기반 EEZ 풍황 분석, 기후 기반 풍력 자원 평가 등	제주, 울산 등 실증단지 주변 해양 환경 실시간 모니터링

※ 주요 NASA 데이터 포털
  PO.DAAC (Physical Oceanography Distributed Active Archive Center)
  Earthdata Search
  NASA Worldview (직관적 시각화 플랫폼)

1.3 수치기상모델(Numerical Weather Prediction) 및 재분석 자료 활용

1) NWP 모델(WRF, ECMWF, GFS 등)

기상청, 기상연구기관, 민간기상사에서 제공하는 수치예측모델로 바람장(풍속, 풍향), 온도, 기압 등을 시뮬레이션한다. 해상풍력 부지가 장기간 실측 데이터가 부족할 때, NWP 결과를 기반으로 가상 역사 데이터(과거 10~30년)를 추정해 풍속 분포를 분석한다. 격자 해상도(수 km~수십 km)와 물리모수화(파랑·해류·지형 영향)를 정확히 반영해야 하며, 현장 관측 데이터와 보정(Calibration)을 거쳐 오차를 줄인다.

2) 재분석자료(Reanalysis Data)

ECMWF(ERA5), NASA(MERRA2) 등 글로벌 재분석 프로젝트에서 제공하는 장기간(수십 년) 바람·기온·기압 자료를 활용한다. 수십~백 km 단위격자라서 해안선 근접 구역이나 복잡 해저지형에는 한계가 있지만, 장기 트렌드 확인과 평균 기후 조건 평가에 유용하다. 풍속 확률분포(Weibull 분포 매개변수 등)를 추정하고, 극값 통계(Exceedance Probability)를 산정할 수 있다.

3) 측정-모델 결합

해상 측정 자료(메트 마스트, 라이다 등)와 NWP 또는 재분석자료를 결합하면, 해역별 장기 풍황 시리즈(10년 이상 연속 시간 데이터)를 추정할 수 있다. 장기 평균·계절별 변동뿐 아니라, 태풍·장마·열대성 저기압 등에 의한 극단 풍속 이벤트 빈도를 가중 평가해 최대 하중 설계값을 도출한다. IEC 61400-3-1(해상풍력터빈 설계 요구사항)에 따라, 극한 풍속(50년 빈도, 100년 빈도)과 난류 강도를 산정해 구조 해석에 반영한다.

1.4 데이터 품질관리와 불확도(不確度) 분석

1) 데이터 품질검증(Quality Check)

측정센서의 점검·교정, 라이다 흔들림 보정, 해상부이 오염·생물 부착(따개비 등) 제거, 통신 장애 등으로 인한 결측 데이터를 선별한다. 측정값 이상치(Outlier)를 제거하거나 통계적 방법으로 보정한다. 예컨대 IEC 61400-12-1에 준하여 매달 센서 작동률이 90% 미만이면 해당 구간 데이터를 부분 폐기하거나 대체한다.

2) 장·단기 보정(MCP, Measure-Correlate-Predict 기법)

풍황관측 기간이 1 ~ 2년에 불과하더라도, 장기간 NWP 자료와 상관관계(MCP)를 찾아 통계적 스케일링으로 10년 이상 장기 자료를 재현한다. 이를 통해 측정 기간이 짧아도 장주기(長周期) 기후 변동을 반영해 연간 발전량(AEP) 예측의 신뢰도를 높인다.

3) 불확도(Uncertainty) 평가

측정 오차, 모델 오차, 장·단기 변동성, 기기·환경적 요인에 따라 실제 풍속 추정에는 ±5 ~ 10% 이상 불확도가 발생할 수 있다. 경제성 분석, 투자 판단 시 이러한 불확도를 고려해 보수적으로 AEP를 예측하고 민감도(Sensitivity)를 평가한다. DNV, BV, ABS 등 인증기관은 해상풍력 프로젝트의 풍황 데이터 품질과 불확도 평가를 감안해 IECRE 인증심사를 진행한다.

1.5 결과 해석과 계획 반영

1) 단지 설계 파라미터 도출

연평균 풍속(Mean wind speed), 풍속 분포(k, c 매개변수), 풍향장, 극한 바람(50년 빈도) 등을 구체화한다. 허브 높이별 풍속 추정, 바람장·난류 강도를 통해 풍력터빈 모델(정격 출력, 블레이드 직경) 선정에 반영한다.

2) AEP(Annual Energy Production) 예측

풍속 분포와 풍력발전기 전력곡선을 결합해 연간 발전량을 추정한다. 전손실(케이블·변압·예방정비·가용도) 보정을 거쳐 최종 유효 AEP를 산정한다. 해당 결과는 경제성(LCOE, IRR) 분석, 계통연계 시뮬레이션, 인허가 서류 작성 등에 활용된다.

3) 환경·경제·사회적 요인 종합 검토

풍황이 우수해도 해저지반(수심, 암반), 송전 경로, 어업권·항로 등 사회·환경 요인이 제약된다면 최적 입지 선정이 어려울 수 있다. 해상풍력 특별법(국내), 해양공간계획법, 공유수면 점·사용법, 환경영향평가법 등과 연계해 풍황조사 결과를 종합적으로 검토해 입지 확정을 진행한다. 해상풍력단지 계획에서 풍황조사는 사업 타당성과 설계 전 과정을 이끄는 핵심 단계다. 고정형 탑, 라이다 부이, 해양기상부이, 수치모델·재분석자료 등 다양한 방법으로 풍속·풍향·기압 등 기상데이터를 수집·분석한다. 이때

IEC, DNV, ABS 등 표준·인증 가이드를 준수해 데이터 품질과 불확도를 관리하고, 극한 기상과 장기 기후변동 영향까지 반영하는 것이 중요하다.

풍황조사 결과는 터빈 용량 산정, 배열망 설계, 계통연계 안정성 평가에 직접적으로 연결된다. 향후 해상풍력단지 설계를 진행할 때도 풍황 데이터를 기반으로 한 정밀 에너지생산 예측(AEP)과 구조·전기설비 계획 수립이 필수적이다. 정확한 풍황분석이 전기설비와 계통운영 모두에서 안전성과 경제성을 확보하는 출발점이 된다.

2. 입지선정 및 해저지형 조사

해상풍력발전단지 계획 수립에서 입지선정은 장기적 사업성 및 기술적 타당성을 결정하는 핵심 단계다. 풍황평가만으로 최적의 해역을 결정할 수 없으므로, 수심·지반조건, 조류 및 파랑 특성, 어업권·항로·군사구역 등 이해관계, 환경영향, 인·허가 절차 등을 종합적으로 검토해야 한다. 이 장에서는 입지 선정에 필요한 조사 항목과 주요 고려사항을 정리한다.

2.1 풍황평가(장기 바람자료)와 연계

1) 풍황데이터 확보

해상풍력단지는 충분한 바람자원이 필수이므로, 앞서 진행한 풍황조사 결과(고정형 측정탑, 라이다 부이, NWP·재분석자료)를 바탕으로 예상 연평균 풍속, 계절별 변동, 극한 풍속 등을 평가한다. 해역별 특징(풍향 주기성, 계절풍 패턴 등)을 고려하고, 블레이드 설치 높이에 맞춰 로그법 또는 전력법(power law)으로 수평·수직 보정을 진행한다.

2) 풍속·해상조건의 조합

풍황이 우수해도 수심이 너무 깊거나, 해저지반이 취약하면 공사비가 급등할 수 있다. 연평균 풍속뿐 아니라 편차(표준편차), 태풍·폭풍 등 극단 조건을 함께 고려해 상위 입지 후보지를 추린다. 일정 수준 이상(예: 연평균 풍속 7.5m/s, 정격풍속 범위 8~10m/s를 달성 가능한 해역)을 1차적으로 선별한 뒤 다른 요인과 종합 검토한다.

2.2 수심·지반·조류 속도 조사

1) 수심 조사

음향측심기(Multibeam Echo Sounder)를 활용해 해저면 수심 지도를 작성한다. 모노파일 등 고정식 기초를 적용하기에는 50m 이내가 보편적으로 경제성이 높고, 그 이상 수심에는 부유식 플랫폼 활용 가능성을 검토한다. 수심 편차가 큰 해역은 설치선 접근성과 기초 공법이 복잡해질 수 있으므로, 지형 경사·암반 노출 등을 파악해야 한다.

2) 해저지반(Geotechnical) 조사

시료 채취(코어링), 콘관입시험(CPT) 등 지반조사를 시행해 해저 퇴적층 두께, 지지력, 암반 분포, 연약지반(점토) 여부 등을 확인한다. 고정식 해상풍력 기초 설계(파일 직경·길이, 재킷 구조, 앵커 유형 등)나 부유식 계류 앵커(스프레드 모어, 드래그 앵커) 설계에 필수적인 데이터다. 지반 특성에 따라 기초 공사비가 크게 달라지므로, 예비 조사(Desk Study)와 상세 조사(해저 시추)를 단계적으로 진행한다.

3) 조류 및 파랑 특성

조류 속도가 강한 해역은 시공 윈도우가 줄어들고, 해저케이블 매설 안정성이나 기초의 수평하중 증가가 우려된다. 파랑 분석에서는 최고 파고(Hmax), 주기(Tp), 극단 조건(50년·100년 빈도 폭풍) 등의 통계자료를 활용한다. 해양동역학 시뮬레이션(예: MIKE21, SWAN)을 통해 조류·파랑이 해상풍력 기초 및 케이블 안정성에 미치는 영향을 평가한다.

2.3 어업권, 항로, 군사구역 등 이해관계 및 인·허가

1) 어업권 이해관계

해상풍력단지 예정지에 기존 어업활동(양식장, 저인망 어업, 정착 어망 등)이 존재하면 어업권 조정이나 보상 협의가 필요하다. 공유수면 관리·매립법, 해양수산부 지침 등에 따라 어업권 사용료·보상비 산출 기준이 달라진다. 현지 어민단체와 조기 협의로 갈등을 최소화해야 한다. 해상공사 시 회유어종, 산란장 보호, 방류 사업 등에 관한 조건부 허가가 붙을 수 있으며 시공 기간 중 어장 훼손을 줄이기 위한 시공 방법 개선이 요구될 수 있다.

2) 항로 및 해상교통

상선 항로, 여객선 항로, 어선 통항로 등이 해상풍력단지와 중첩되지 않도록 계획한다. 국제항해협약(IMO) 규정 및 국내 해사안전법에 따라 항로 이격거리, 등부표 설치, 항로표지 운영이 필요하다. 선박 통행량이 많은 해역에서는 충돌 위험성이 크므로 해상교통안전진단, 분류사회(해운) 검토 등을 통해 안전대책을 마련한다. 군함, 해경 함정 항로와 겹치는 구역도 사전 협의가 필수다.

3) 군사구역·통신케이블·해저 파이프라인 등

군사시설 보호구역, 해상사격훈련 구역, 레이더기지 감시 구역 등 방위 관련 규제가 걸린 해역이라면 국방부·관련 부대 협의가 필요하다. 레이더 전파 간섭 문제도 추가 검토 사항이다. 국제해저통신케이블, 해저 가스 파이프라인 등이 매설된 구역도 이격 거리를 두어 설치해야 하며, SCUK(Subsea Cables UK) 등에서 제시하는 국제 가이드라인을 참고한다.

4) 인·허가 절차

전기사업법에 근거한 발전사업 허가, 공유수면 점·사용 허가, 환경영향평가, 어업권 협의, 해양수산부·해경·지자체 등 다수 기관의 인·허가를 일괄 수행해야 한다. 해상풍력 보급촉진 특별법(국내) 시행 시, 입지 선정 및 원스톱 인·허가 지원 제도가 적용될 수 있어 행정절차가 간소화될 것으로 기대된다. 구체적으로 전기사업법상의 전기설비 기술기준(또는 KEC), 전기안전관리법, 해양환경관리법, 해상풍력 특별법(시행 시), 군사시설보호법 등과 연동된다. 국토계획법·도시계획법 등 육상 전력망 연결 지점(변전소, 송전선로)에 관한 인·허가도 동시 검토해야 한다.

입지선정과 해저지형 조사는 해상풍력단지 전반의 안전성과 경제성을 결정한다. 우수 풍황 확보를 최우선 목표로 삼되, 수심·지반·조류 속도 등 기술적 제약 요인과 어업권, 항로, 군사구역 등 이해관계를 종합적으로 검토해야 한다. 인·허가 과정에서 복수의 정부부처·기관을 거쳐야 하므로, 초기 단계부터 법률·행정 전문가와 협력해 사업 타당성, 환경·사회적 수용성, 계통연계 시나리오 등을 함께 마련한다.

수심이 얕고 지반이 단단하며, 바람자원이 풍부하고 주변 이해관계 충돌이 적은 해역이 이상적이지만, 실제 사업 추진 시에는 여러 제약을 절충한다. 해저지반이 연약하거나 항로가 중첩되는 경우, 다양한 대안(부유식 플랫폼, 우회 케이블 매설, 항로 조정 등)을 모색해 비용 대비 효과를 판단해야 한다. 이러한 종합적 접근이 해상풍력발전단지 입지선정의 핵심이다.

3. 프로젝트 경제성·타당성 분석

해상풍력발전단지의 사업성을 평가하기 위해서는 투자 비용, 운영 비용, 전력판매 수익, 정책 지원 등을 종합적으로 반영한 재무 분석이 필수적이다. 일반적으로 LCOE(Levelized Cost of Energy), IRR(Internal Rate of Return), NPV(Net Present Value) 등 지표를 활용하며, REC(재생에너지공급인증서), 탄소배출권, 정부 보조금 등 정책적 요소까지 고려해 시나리오별 타당성을 검토한다. 다음 내용은 경제성 평가의 핵심 지표와 분석 방안을 정리한다.

3.1 LCOE(Levelized Cost of Energy)

1) 개념

LCOE는 발전소가 전력 1kWh를 생산하는 데 필요한 평균 비용을 나타낸다. 건설비(CAPEX), 운영·유지보수비(O&M), 연료비(풍력은 해당 없음), 폐기 비용 등 전 주기 비용을 추정해, 전체 발전량으로 나누어 산출한다.

$$LCOE = \frac{\sum_{t=1}^{n}(I_t + O_t + M_t + D_t)}{\sum_{t=1}^{n}(E_t)}$$

(단, 적절한 할인율로 현재가치 계산)

여기서 I_t 는 투자비(건설비, 재금융비 등), O_t, M_t 는 운영·유지보수비, D_t 는 해체비, E_t 는 t년도 발전량을 의미한다. 해상풍력은 ESS, 그린수소 연계 시 추가 CAPEX가 발생할 수 있으며 이를 모두 반영해야 한다.

2) 구성 요소

- **CAPEX(Initial Investment):** 설계·기초시공·터빈·해상변전소·케이블·설치선 비용, 금융비(Loan, Equity) 등
- **OPEX(Operational Expenditure):** 정기 유지보수, 보험료, 해상 작업 선박·인력 비용, 임대료, 전기안전 검사 등
- **Decommissioning Cost:** 사업 종료 시 기초·변전소 철거, 해저케이블 인양 또는 방치 수리비(지역 법규에 따라 달라짐)

- Discount Rate: 자본조달비용(WACC, 가중평균자본비용)에 따라 현금흐름을 현재가치로 환산

3) 해상풍력 특성

육상풍력보다 초기 건설비와 O&M 비용이 높으나, 발전량(풍속이 좋고 이용률이 높음)이 크므로 대규모 단지에서 LCOE가 빠르게 낮아질 수 있다.

해상풍력 보급 확대 및 대형 터빈 상용화로 LCOE가 점진적으로 하락하는 추세며, 일부 선진 시장(유럽 북해 등)에서는 육상과 비슷한 수준까지 낮아졌다는 보고도 있다.

3.2 IRR(Internal Rate of Return), NPV(Net Present Value)

1) IRR

내부수익률(IRR)은 투자 비용과 미래 현금흐름(전력판매 수익 등)의 현재가치가 동일해지는 할인율이다. IRR이 투자자의 요구수익률(예: WACC)보다 높으면 경제성이 있다고 판단한다. 공공·민간 투자에서 요구되는 IRR 기준은 상이하나, 해상풍력 등 신·재생 프로젝트는 리스크를 반영해 약간 더 높은 IRR을 요구하는 경향이 있다.

2) NPV

순현재가치(NPV)는 일정 할인율(예: WACC)로 모든 연도 현금흐름을 할인했을 때, 초기 투자액 대비 초과이익이 얼마나 남는지를 수치로 나타낸다.

$$NPV = \sum_{t=0}^{n} \frac{CF_t}{(1+r)^t}$$

(단, CF0 는 음(-)의 투자비)

NPV>0이면 프로젝트가 경제성을 갖는다고 본다. IRR과 함께 많이 사용되는 지표이며, 투자 우선순위 결정 시 유용하다.

3) 민감도 분석(Sensitivity)

해상풍력은 태풍, 시공 지연, 유지보수 비용 변동, 전력판매단가 변동 등 불확실성이 크므로, 주요 변수(풍속, 투자비, 금리, REC 가격 등)에 대한 민감도 분석을 병행한다. 민감도 분석 결과에 따라 '풍속 -1m/s 시 시나리오', 'CAPEX 10% 상승 시 시나리오' 등 다양한 경우의 IRR·NPV 변화를 계산해 리스크를 평가한다.

3.3 REC 가중치, 탄소배출권, 정부 보조금 고려

1) REC(재생에너지 공급인증서) 가중치

신·재생에너지 공급의무화(RPS) 제도 하에서 해상풍력 발전소는 육상풍력보다 높은 REC 가중치(예: 2.0 ~ 3.5 수준)를 받는 경우가 많다. 국내에서는 해상풍력 특별법 또는 신·재생에너지법에 따라 세부 가중치가 확정된다. REC 가격은 시장 상황에 따라 변동될 수 있어, 수익 예측 시 REC 거래가격 시나리오를 설정한다. 장기 고정계약(FIT, CfD) 구조가 있다면 안정적 수익 창출이 가능하다.

2) 탄소배출권(ETS)

국가 온실가스 배출권 거래제(ETS) 하에서 재생에너지 발전량만큼 배출권 할당 여부가 달라질 수 있다. 사업자가 유상할당되는 배출권을 절약하거나, 필요하면 매매를 통해 이익을 얻을 수 있다. 탄소비용 상승 전망이 반영되면 재생에너지 프로젝트의 상대적 경제성이 향상된다.

3) 정부 보조금·융자지원

해상풍력 초기 활성화를 위해 정부가 보조금, 이자 지원, 세금 감면, 공공기관 투자 유치 등 다양한 혜택을 제공할 수 있다. 국내에서는 신·재생에너지 보급지원, 해상풍력 보급촉진 특별법 등을 통해 추진될 가능성이 있다. 보조금 지원을 받는 경우, CAPEX 부담이 감소해 IRR·NPV가 향상된다. 세액공제, R&D 지원 등 간접 혜택도 포함해 종합 계산한다.

3.4 다양한 시나리오별 재무 분석

1) 기초 시나리오(Base Case)

평균 풍속, 표준 CAPEX·OPEX, 현재 REC 가격, 합리적 할인율(예: WACC 5 ~ 8%)을 적용해 LCOE, IRR, NPV를 계산한다. 예시로, 500MW 해상풍력단지 CAPEX 2조 원, OPEX 연간 3% of CAPEX, 풍속 연평균 8m/s, 이용률 40%, 전력판매단가 150원/kWh, REC 가중치 2.5 등 가정한다.

2) 리스크 시나리오

시공비 증액(설치선 비용, 철강가격 상승, 인건비 상승), 태풍 피해, 계통접속 지연으

로 인한 수익 손실, O&M 비용 초과 등을 가정해 재무지표 변화를 본다. 풍황 편차(풍속 -1m/s)나 REC 가격 하락(예: 100원/kWh)에 따른 IRR, NPV 변동폭을 분석해 최악의 경우에도 사업 지속 가능성을 평가한다.

3) 정책 시나리오

REC 가중치 변화, FIT(고정가격) 제도 도입, 해상풍력 특별법에 따른 인허가 간소화와 사업기간 단축, 탄소배출권 가격 상승 등 정책적 요인을 반영한다. 수소 연계, ESS 설치 시 추가 투자비와 향후 수익(수소 판매, 전력피크 대응 보상)을 고려해 장기 시나리오를 구성한다.

4) 결론 도출 및 투자 결정

각 시나리오별 IRR, NPV, LCOE, 현금흐름(Cash Flow) 곡선을 제시해, 투자자(금융기관, 발전사, 민간 컨소시엄 등)가 판단할 수 있도록 한다. 해상풍력 프로젝트는 20~25년 장기 운영이므로, 중장기 전력시장 전망, 계통 여건, 에너지정책 동향을 종합 고려해 최종 투자 여부를 결정한다.

해상풍력발전단지의 경제성·타당성 분석은 LCOE, IRR, NPV 같은 재무 지표를 중심으로 진행하되, 재생에너지 지원 제도(REC, 보조금), 계통연계 비용, 해상 시공·O&M 위험성 등을 반영해야 한다. 풍황 데이터와 CAPEX·OPEX 추정의 정확도가 사업성 평가의 핵심이며, 불확도와 민감도 분석을 통해 다양한 시나리오를 검토함으로써 리스크를 통제할 수 있다.

투자자는 LCOE가 낮고 IRR이 높게 나올수록 유리하지만, 해상풍력 산업 특성상 초기에는 상대적으로 높은 투자비와 제도 의존도가 불가피하다. 정부 정책(REC 가중치, 탄소배출권 가격 등)이 사업성에 큰 영향을 미치므로, 정책 변화에 유연하게 대응할 수 있도록 여러 시나리오를 마련하는 것이 중요하다.

4. 환경영향평가(EIA) 및 주민 수용성

해상풍력발전단지 사업은 해양생태계, 어업 활동, 지역사회 경관 등에 다양한 영향을 미칠 수 있다. 이에 따라 국내외 법규에서는 대규모 해상풍력 개발 시 환경영향평가(EIA)와 이해관계자 협의를 필수적으로 요구한다. 이 장에서는 해양생태계 보호, 어민·주민 수용성 확보, 갈등 관리 방안 등을 살펴본다.

4.1 해양생태계 영향(어족, 해조류 등)

1) 어족자원(어류, 갑각류) 영향

해저 기초 시공 시 항타 소음(Underwater Noise)과 부유사 확산으로 인해 어류 산란장, 서식지 파괴가 우려될 수 있다. 서식지 교란과 수질 탁도가 올라가면 어종 분포와 어획량 변화로 이어질 가능성이 있어, 공사 기간·공법을 신중히 계획한다. 대형 모노파일 항타 시 소음 완화 공법(버블커튼, 소음차단 케이싱 등)을 적용하거나, 어족 산란·회유 기간에는 시공을 제한하는 계절적 공사 일정 조정이 권장된다.

2) 해조류·저서생물 영향

해상변전소 및 케이블 설치 구간 주변에서 저서생물 서식지가 훼손되거나 퇴적물 구성이 변할 수 있다. 공사 중 발생하는 부유물질(Suspended Solids)이 해초류·산호류의 광합성에 부정적 영향을 미칠 수 있으므로, 준설·매립 작업 범위와 시점을 최적화한다. 인공어초 효과도 고려할 수 있다. 해저 기초 구조물이 일정 시간이 흐르면 인공어초와 유사한 서식공간이 되어, 일부 종(홍합·멍게 등 부착생물)이 번식하는 사례가 보고되고 있다.

3) 조류·해양포유류 보호

해상풍력 지역을 통과하거나 주변에 서식하는 조류(갈매기류, 바닷새)와 해양포유류(고래, 돌고래 등)의 이동 경로와 충돌 가능성을 평가한다. 풍력터빈 블레이드 회전에 따른 조류 충돌 위험은 육상보다 상대적으로 작다는 연구도 있으나, 집단 번식지와 인접할 경우 영향이 클 수 있다. 해양포유류(고래, 물개, 해달 등)의 청각에 영향을 주는 저주파 소음을 평가하고, 공사 시 탐색·퇴피(Soft Start) 절차를 마련해 피해를 줄이는 방안을 모색한다.

4.2 소음·시각 영향, 어민·주민 협의

1) 소음 영향(Acoustic Impact)

해상풍력 터빈은 저주파 소음을 발생시키나, 육지로부터 일정 거리(수 km 이상) 떨어진 해역에서 건설하면 주민에게 직접적인 가청 소음 피해는 크지 않다. 공사 초기 항타·준설 소음이 가장 크므로, 주변 어민 활동과 시간대가 겹치지 않도록 공정 계획을 세운다. 일부 해역에서는 야간 공사를 제한하거나 버블커튼 등 소음 완화 방안을

시행한다.

2) 시각 영향(Visual Impact)

해상풍력 터빈의 높이가 100～200m 이상일 경우, 해안·섬 등에서 시계(視界)에 들어온다. 관광지나 경관 보호구역 인근에서는 주민 반대가 발생하기도 한다. 시뮬레이션(Visual Rendering)을 통해 터빈 배치와 높이가 해변 경관에 미치는 영향을 사전에 평가하고, 심미성·색상·패턴 등을 고려해 주민 의견을 수렴한다.

3) 어민·주민 협의

어민들은 해상풍력 단지 조성이 기존 어업권(어장) 축소, 조업로 이동, 어획량 감소로 이어질 것이라 우려한다. 초기 단계부터 어민 단체와 충분히 소통하고, 보상·지원 방안을 논의한다. 주민 설명회, 공청회, 의견수렴 창구를 마련해 해상풍력 사업의 장단점을 공유하고, 해상환경 모니터링 결과를 투명하게 공개한다. 해상풍력단지가 지역 경제 활성화(일자리 창출, 지역세수 증가)와 연결될 수 있는 협업 모델(漁-風 상생 프로그램, 해상관광 등)을 발굴해 참여를 유도한다.

4.3 갈등 관리 및 상생 방안

1) 법정 환경영향평가(EIA) 절차

국내 전기설비기술기준(KEC) 및 환경영향평가법에 따라, 대규모 해상풍력발전단지는 사전에 EIA를 수행해야 한다. 조사 범위(물리적 환경, 생태·자연환경, 인문사회환경), 평가 기간, 보완 절차 등을 거치며, 최종 환경영향평가서가 승인되어야 공사가 가능하다. 관계 행정기관(해양수산부, 환경부, 지자체) 및 주민 대표와 협의하여, 어업·해양생태 보호와 사업 시행 간 균형점을 찾는다.

2) 지역상생 및 보상 제도

어업권 보상: 법적 근거(공유수면법, 어업보상규정)에 따라 양식장·정착 어망 등 실질 피해를 입는 어민에게 적절한 보상금을 산정한다. 지역발전기금, 주민 지분투자(주민 참여형 풍력), 해상풍력단지 주변지역에 대한 재생에너지 이익공유제 등을 시행하면 갈등 완화에 효과적이다. 해상풍력 운영사(발전사업자)가 지역 어민과 장기 MOU를 체결해, 시공 중·운영 중 발생할 수 있는 분쟁에 대비하는 조정 기구를 운영한다.

3) 공익적 활용과 홍보

일부 국가(덴마크, 영국)에서는 해상풍력 단지를 관광자원화하거나, 어초 효과를 과학적으로 조사해 '해양생태 복원'을 홍보하는 사례도 있다. 민·관·학 협력으로 해양생태 모니터링 프로그램을 구축하고, 데이터(어류 개체수, 수질, 저서생물 변화)를 투명하게 공개하여 주민 신뢰를 높인다. 교육·홍보관을 설치해 청정에너지 전환, 탄소중립, 지역경제 활성화 측면에서 해상풍력 사업이 기여하는 가치를 알린다.

해상풍력발전단지의 환경영향평가(EIA)와 주민·어민 수용성 확보는 사업 추진의 성패에 직결된다. 해양생태계(어류, 해조류), 소음·시각 영향, 어업권 충돌 등에 대한 종합 대책이 필요하며, 법정 EIA 절차를 성실히 이행하면서 이해관계자와 지속적으로 소통·협의해야 한다.

해상 시공단계의 영향 최소화(소음 저감, 부유사 억제, 계절 조율)와 운영단계 모니터링(어획·생태 변화 추적), 보상 및 상생 프로그램을 병행하면 갈등을 완화할 수 있다. 실제로 주민과 어민이 해상풍력의 장점을 체감할 수 있는 경제·사회적 환원 체계를 구축하는 것이 핵심이며, 이를 통해 해상풍력 산업의 지속가능한 발전과 지역사회 동반 성장을 실현할 수 있다.

5. 전체 전력계통 구성 구상

해상풍력발전단지의 전력계통은 풍력발전기 및 부수 설비(ESS, 수소생산 설비 등)로부터 해상변전소를 거쳐 해저케이블로 육상변전소에 연결되고, 최종적으로 전력회사(송전사업자)의 주요 변전소나 계통망에 접속된다. 이 장에서는 각 단계별 구성 요소와 설계 고려사항, 전력계통 안정화 방안, Reserve Margin(계통예비력) 확보 전략 등을 살펴보지만 이보다 더 구체적인 기술적 사항에 대해서는 제4장 전기설비 설계를 참고하기 바란다.

5.1 해상풍력 발전단지 내부 구성

1) 풍력발전기(Wind Turbine Generator, WTG)

수십 기에서 수백 기의 터빈이 배열망(Inter-Array Cable)으로 연결되어 해상변전소(Offshore Substation)에 전력을 전송한다. 각 터빈은 33~66kV급 중전압 케이블을 통해 인접 터빈과 링(Loop) 또는 레이(Feeder) 형태로 묶이며, 해상풍력 단지 규모에 따라 다단(多段) 구성도 가능하다. 유도발전기(DFIG)나 영구자석 동기발전기(PMSG) 방식이 대표적이며, 전력변환장치(Converter, Inverter)를 통해 무효전력 제어, 전력 품질 개선을 수행한다.

2) 에너지저장장치(ESS)

배터리(리튬이온, 레독스플로우 등) 형태로 해상변전소나 인근 해상 구조물(부유식 플로팅 바지 등)에 설치해 잉여 전력을 저장하고, 계통상 전력 변동을 완화한다. 일부 프로젝트에서는 육상변전소 인근에 ESS를 두어 해저케이블 부하를 줄이기도 한다. PCS(전력변환장치)는 IEC 62933(ESS 표준), KS C 8562 등 국내·국제 기준에 맞춰 설계하며, 해상환경에 대비해 방염·방수·부식 방지 대책을 강화한다.

3) 수소생산 설비(그린 수소)

풍력단지에서 잉여 전력을 이용해 해상 또는 육상 전해조를 구동, 수소를 생산한다. 해상에서 직접 전해조를 운영하는 경우, 담수화(해수 정제) 시스템 및 수소저장·수송 인프라가 추가된다. 수소생산 설비는 전력망에 가변 부하로 작용하므로, 계통연계 시 부하관리 측면에서 주파수 안정에 기여할 수 있다.

5.2 해상변전소(Offshore Substation)

1) 역할 및 전압 승압

해상변전소는 배전급 전압(22.9kV ~ 154kV)으로 모인 발전단지 전력을 154kV ~ 345kV(교류) 또는 HVDC 변환기로 승압·변환하여 장거리 송전에 최적화한다. 주요 장비로는 메인 변압기, GIS(Gas Insulated Switchgear), 보호계전기, 무효전력 제어 설비(SVC, STATCOM), 계통연계용 차단기 등이 있다.

2) 플랫폼 구조

고정식(재킷, 모노파일) 또는 부유식(Spar, Semi-sub, TLP)으로 제작해 해저에 계류한다.

부유식 해상변전소는 수심이 깊거나 대규모 단지에서 HVDC를 사용할 때 실증 중이며, 해양 동요(6자유도)에 대비한 설계가 필수다.

3) 보호계전 및 SCADA

해상변전소 내 주제어실에서 단지 전체 SCADA(Supervisory Control and Data Acquisition)를 운영하고, 실시간 운영 데이터(풍속, 발전량, 고장 상태)를 모니터링한다. IEEE C37 시리즈(차단기·계전기) 및 IEC 60255 등 국제 표준을 준수하며, 한전 계통연계기준(Grid Code)에 따라 단락전류, 저전압 무발전(LVRT), 고조파 등을 관리한다.

5.3 해저케이블(Subsea Cable)

1) 교류(HVAC) vs 직류(HVDC)

해상변전소에서 육상변전소까지 거리가 50 ~ 100km 미만인 경우, 22.9 ~ 154kV급 HVAC 케이블이 일반적이다. 100 ~ 200km 이상인 원해(遠海) 단지나 수백 MW ~ GW급 초대형 프로젝트에서는 HVDC 케이블(±500 ~ ±1000kV)을 고려해 송전 손실과 전압강하를 줄이기도 한다.

2) 케이블 설계

해상풍력 발전에 사용되는 해저케이블은 국제표준인 IEC 63026, IEC 60840, IEC 62067 등을 기반으로 설계되며, 국내 해양환경과 시공 조건을 반영한 보완이 필요하다. 케이블 절연재는 주로 XLPE가 사용되며, 부유식 구조물 등 반복 굴곡이 많은 경우에는 EPR이 활용되기도 한다. 도체는 주로 동(Cu)이 사용되며, 전류 용량과 전압강하 등을 고려하여 적절한 단면적이 선정된다. 물리적 보호를 위해 아머(강선 아머)를 적용하며, 고정식은 단층, 부유식은 복층 구조가 일반적이다.

해저지반 조사 결과에 따라 케이블은 일반적으로 1.5 ~ 3m 깊이로 매설되며, 선박 닻이나 어망 등 외부 위험을 고려해 트렌칭, 보호관, 콘크리트 매트리스 등을 이용해 보호한다. 부유식 해상풍력의 경우에는 동적 해저케이블(Dynamic Cable)이 필요하며, 파랑과 조류에 따른 반복 피로 응력을 고려한 해석이 필수다. 이러한 시스템은 Bend Stiffener, Buoyancy Module 등의 보조구조와 함께 설계된다.

국내에서는 제주 탐라 해상풍력, 서남해 시범단지, 신안·울산 부유식 해상풍력 등 다양한 사업에서 관련 기술이 적용 또는 검토되고 있으며 향후에는 동적 케이블의 국산화와 장기 신뢰성 확보, 해양 환경에 최적화된 설계 가이드 마련이 핵심 과제로 부각되고 있다.

3) 중간 변환시설(Offshore Booster Station)

길이가 매우 긴 HVAC 케이블에서 무효전력 보상을 위해 해상 중계 변전소(리액터, SVC)나 해저 리액터를 설치하는 사례가 있다. HVDC 변환기의 경우 양단(해상변전소, 육상변전소)에 컨버터 스테이션을 별도로 둔다.

5.4 육상변전소(Onshore Substation)

1) 연계 목적

해저케이블로부터 송전된 전력을 국가 전력망(송전 계통)에 연결하기 위해 전압 변환, 보호·제어, 전력품질 관리를 수행한다. 한전(또는 국가망 운영사)의 기존 154/345/765kV 변전소에 접속하는 방안이 일반적이며, 일부 지역에서는 별도 신설 변전소가 필요하다.

2) 설비 구성

GIS 또는 AIS(Air Insulated Switchgear), 메인 변압기(22.9kV → 154kV, 345kV 등), 보호계전기, SCADA 인터페이스, 무효전력 보상(Shunt Reactor, SVC) 등이 설치된다. 해상에서 들어오는 전력 특성을 반영하여, 고조파 필터(Harmonic Filter), 주파수 안정화 설비(ESS 또는 동기조상기) 등을 고려한다.

3) 계통연계 영향

계통운영기관(송전망회사)과 협의해 단락용량, 안정도, 출력 변동성 등을 검토하고, 한전 계통연계기준(Grid Code)에 부합하도록 설계한다. 해상풍력 단지 규모가 수백 MW를 초과하면 주변 송전선로 증설, 변전소 용량 증강, 다른 재생에너지 연결요건 등을 종합 검토해야 한다.

5.5 전력회사 변전소 연계와 계통 안정화

1) 계통연계 및 안정화

대규모 해상풍력 출력 변동이 갑작스레 계통에 유입될 경우, 전압 변동·주파수 편차가 커질 수 있다. 무효전력 제어(풍력발전기 컨버터, SVC, STATCOM)와 ESS를 통해 출력 변동을 완화하고, 저전압 무발전(LVRT), 고조파 제한 등을 준수해야 한다. 예비력(Reserve Margin) 관리를 위해 발전사업자와 송전망 운영자 간 급전지시(출력제어), 주파수 응답(Frequency Response) 등 협조 체계를 마련한다.

2) Reserve Margin 고려

해상풍력은 재생에너지 특성상 간헐성이 존재하므로, 주력 발전원과 동일한 수준으로 예비력을 설정하기 어렵다. 전국 계통 차원에서 다른 발전원(가스터빈 등 유연성 전원), ESS, 수소연료전지 등으로 보조서비스를 확보하여, 해상풍력 출력 급변 시에도 계통 안정도를 유지한다. 국제적으로 Grid Forming 인버터, 가상 동기기(Virtual Synchronous Machine) 기술 등이 연구·도입되어, 계통 주파수·전압 지지력이 강화되고 있다.

3) 대규모 해상풍력의 계통 통합 모델

해상풍력의 발전 용량이 수 GW 규모로 확대됨에 따라, 기존의 단지별 개별 송전 방식은 계통 혼잡과 인프라 중복 투자라는 한계를 드러내고 있다. 이에 대응하여 등장한 개념이 바로 **계통 통합형 해상풍력 송전 모델**, 즉 Offshore Grid(해상 전력망)이다. 이 모델은 복수의 해상풍력단지를 하나의 전력망으로 묶고, 공용 해저케이블과 변전소를 통해 계통에 효율적으로 연계하는 구조를 갖는다. 단지 간 계통을 공유함으로써 설비 이용률을 높이고, 육상 계통의 병목을 완화할 수 있는 점에서 유럽을 중심으로 빠르게 확대되고 있다.

실제로 영국, 독일, 덴마크 등 북해 연안국가들은 이미 해상풍력 중심의 HVDC(고압 직류 송전) 인프라를 구축하고 있으며 이를 국가 간 연계까지 확장하는 '**Offshore Super Grid**' 개념을 추진하고 있다. 이들은 해상풍력을 자국의 전원 믹스를 넘어 유럽 전체의 에너지 네트워크 안정화 수단으로 활용하고 있다.

우리나라도 최근 **해상풍력 보급촉진 특별법 시행**을 계기로, 단지별 개별 송전 방식에서 벗어나, **전략적 입지 선정과 광역 계통 계획을 연계한 통합형 전력망 구축 방안**을 본격적으로 모색하고 있다. 특히 서해, 남해, 동해를 따라 조성 중인 대규모 해상풍력 단지를 하나의 전력망으로 통합하고, 계획된 변전소와 육상 계통에 단계적으로 연계하는 구조가 요구된다.

이러한 통합형 해상계통 모델을 실현하기 위해서는 몇 가지 기술적·계획적 요소가 필수적으로 고려되어야 한다.

첫째, 전압 및 송전 방식(HVAC 또는 HVDC)의 적절한 선택이 중요하다. 단지 규모가 작고 송전거리가 100km 이내인 경우에는 교류(HVAC) 방식이 유리하며, 거리가 길고 전송 용량이 큰 경우에는 손실이 적고 무효전력이 없는 직류(HVDC) 방식이 적

합하다. 이에 따라 해상변전소에서의 승압 전압, 육상변전소의 접속 전압, 해저케이블의 경제성 등을 종합적으로 분석해 최적의 송전 방식을 결정해야 한다.

둘째, 보호계전과 전력품질 관리 체계가 정밀하게 설계되어야 한다. 풍력발전은 출력 변동이 크고, 해저케이블 고장이나 낙뢰와 같은 비정상 상황도 고려해야 하므로, 무효 전력 보상장치(SVC, STATCOM), 고조파 필터, 보호계전기(차동, 거리, 지락 보호 등)의 적용이 필요하다. 설비 고장 시 일부 단지나 라인만을 차단하고, 나머지 설비는 계속 운전할 수 있도록 **고장 구분 및 보호협조 체계**를 갖추는 것이 핵심이다.

셋째, 계통 안정성 확보와 예비력 운영 방안이 병행되어야 한다. 대규모 해상풍력이 단기간에 대규모로 계통에 연계되면, 주파수와 전압의 안정성이 저하될 수 있다. 이를 보완하기 위해 풍력발전기의 **FRT(Fault Ride Through) 기능**과 함께, **ESS(에너지저장장치), 가스터빈 등 유연성 전원**, 그리고 **Grid Forming 인버터** 등의 첨단 계통 안정화 기술이 동시에 도입돼야 한다.

마지막으로 장기적인 통합 계획과 입지 전략이 중요하다. 해상풍력의 본격적 확산은 단지별 설계에 국한되지 않고, **국가 차원의 계통 인프라 구축과 중장기 연계 전략**이 함께 마련돼야 한다. 특히 계통 수용 여력이 낮은 지역이나 기존 송전망이 부족한 지역(예: 서해 중부, 호남권 등)에서는, 풍력 보급에 앞서 **육상 변전소 증설, 송전선로 확보, 접속 지점 계획**이 선제적으로 진행돼야 한다.

이와 같은 **대규모 해상풍력 계통 통합 모델**은 재생에너지의 안정적인 계통 연계를 가능케 하고, 나아가 전력계통의 유연성과 회복력을 강화하는 기반이 된다. 나아가 **해상풍력을 국가 주도의 에너지 전환 인프라로 확장**하기 위한 전략적 전력망 설계의 핵심 모델로 평가된다.

제4장

해상풍력발전 전기설비 설계

제4장 해상풍력발전 전기설비 설계

Electrical Infrastructure For Offshore Wind Farms

1. 계통연계 기술

대규모 해상풍력발전단지를 전력계통에 연계하는 것은 전기공학적으로 복합적인 도전과제를 안고 있다. 수백 MW에서 GW 규모에 달하는 해상풍력은 출력의 간헐성과 원거리 송전 이슈로 인해 기존 육상 발전원과는 다른 접근이 필요하다. 먼저 해상 풍황에 따라 발전 출력이 급변한다. 특히 출력이 급격히 떨어질 수 있어 **계통 안정도**와 **주파수 조정**에 영향을 미친다. 또한 해상풍력단지는 주로 연안으로부터 먼 해상에 위치하므로, 생산된 전력을 육지의 부하 중심까지 송전하기 위한 **장거리 송전망 구성**이 필요하다. 대규모 해상풍력 프로젝트 특성상 이러한 원거리 고용량 송전(예: 154kV ~ 345kV급 이상의 송변전 설비 구축)이 경제성 확보와 계통수용 능력 측면에서 핵심 요인으로 지목되고 있다.

해상 환경 자체의 특수성도 기술적 난제이다. 해상 플랫폼과 케이블은 **염분, 습기, 바람** 등 가혹한 환경에 노출되므로 절연 성능 저하와 부식 문제에 대비해야 한다. 아울러 해상풍력단지에서 육지로 전력을 보내는 긴 **해저케이블**은 상당한 정전용량을 가지며, 경부하 시 계통 전압 상승을 유발할 수 있어 무효전력 관리가 필요하다.

이러한 이유로 해상풍력 계통연계에는 **무효전력 보상**(예: 조상설비 설치)과 **전압제어 전략**이 중요하며, **송전 손실 최소화**와 신뢰도 확보(N-1 안정도)를 위한 다회선 구성 등도 검토되어야 한다. 만약 단일 회선에 모든 출력을 의존할 경우 회선 사고 시 대규모 발전 정지가 발생하므로 발전사측에서는 필수적으로 다중 경로 구성이나 출력 제어 방안을 대비하여야 한다. 요약하면 해상풍력을 대용량으로 계통에 연계하려면 **계통 수용성 증대, 전력품질 유지, 설비 내환경 견고화** 등의 과제를 종합적으로 검토하여 설계에 반영하여야 한다.

1.1 한국전력공사 계통연계기준 최신 개정 내용 요약

재생에너지 확대에 따라 한국전력공사는 최근 몇 년간 **계통연계 기준**을 지속 개정해 왔다. 이 계통연계기준은 해상풍력 등 신·재생 발전원이 안정적으로 한전 계통에 접속하기 위한 기술 요건을 규정한 것으로, 2021년 이후 2022년, 2023년, 2024년에 걸쳐 부분 개정이 이루어져 왔다. 최신 개정판에서는 대규모 풍력발전에 요구되는 **계통 지원 기능**과 **전압 등급별 접속 요건**이 더욱 구체화되었다.

가장 큰 변화 중 하나는 **재생에너지 발전기의 계통안정화 능력**을 명시적으로 요구한 점이다. 예를 들어 풍력발전기는 계통 고장 발생 시에도 계통연계 유지 능력(Fault Ride-Through)을 갖춰야 하며, 일정 시간(예: 고장 후 0.15초 이내)까지 전압 강하를 견디면서 계통에 남아 있어야 한다. 또한 고장 발생 **3사이클 이내**에 부족한 전압을 지원하기 위해 **무효전류를 즉각 공급**할 수 있는 능력을 구비해야 한다. 이를 통해 계통 고장 시 풍력단지가 순간적으로라도 **무효전력**을 공급하여 전압 회복을 도울 것을 요구하고 있다. 고장 후 계통전압이 복구되면 **5초 이내에 출력을 회복**하여 정상 상태로 돌아와야 하는 등 고장 전후의 **안정적 운전 지속**을 위한 상세 요건들이 반영되어 있다.

아울러 개정된 기준은 **유효·무효전력 제어 및 원격조정 시스템** 구축을 의무화하였다. 154kV 이상 송전계통에 접속되는 풍력·태양광 발전의 경우 한전과의 **실시간 감시·제어시스템**을 설치하여 출력, 무효전력, 전압 등을 원격에서 모니터링하고 제어할 수 있어야 한다. 특히 한전은 필요시 **출력제어 조건부로 접속을 허용**할 수 있다고 명시하여 계통 상황에 따라 풍력발전 출력제한이 가능함을 규정하고 있다. 이는 재생에너지 급증에 따른 계통 안전 확보를 위한 조치로서 발전사업자는 한전의 요청에 따라 발전기 제어시스템을 통해 출력을 조정하거나 무효전력 출력 모드를 전환하는 등의 협조 의무가 있다.

전압 등락 범위와 무효전력 공급능력에 대한 기준도 강화되었다. 계통연계 기준에 따르면 풍력 등 신·재생 발전기는 계통 운전전압 범위 0.9 ~ 1.1pu (90% ~ 110%) 내에서 연속 운전 가능해야 하며 이 범위 내에서 **정격출력의 약 33%에 해당하는 무효전력을 공급 또는 흡수**할 수 있는 능력을 갖춰야 한다. 즉 풍력발전기는 최대 출력 시 약 0.95의 역률(33% 무효전력)을 지원하고, 출력이 낮아지면 선형적으로 무효전력 공급 한도를 줄이도록 요구된다. 만일 발전기 자체로 이 요건을 만족하기 어려우면 **순동형 무효전력 보상장치**(STATCOM 등)를 추가로 설치해야 한다. 이러한 무효전력 운용 기준은 해상풍력단지의 전압안정화와 전력품질 유지를 위해 필수적인 요소이다. 실제

사례 연구에서도 전북 서남해 400MW 해상풍력단지를 345kV 공동접속선로로 계통연계할 때 0.9~1.1pu 전압 유지와 ±33% 무효전력 공급 요건을 만족시키기 위한 최적 무효전력 보상용량이 산정되었다.

그 외에도 **전력품질** 관련 사항으로 풍력발전기에서 유입되는 **고조파**와 **플리커**에 대한 제한치가 규정되었다. 송전계통에 접속되는 재생에너지의 경우 **전압 총 고조파 왜형률(THD) 5% 이하**를 만족해야 하며, 배전계통 연계 시에도 한전의 고조파 관리기준을 따라야 한다. 플리커나 3상 불평형률도 별도의 전력품질 기준 이내로 유지하도록 명시되어 있다. 마지막으로 **접지방식 선정, 보호시스템 동작 협조, 발전기 모델 데이터 제출** 등 실무적인 요건들도 상세히 포함되어 있어 발전사업자는 계통연계 전 단계에서 관련 자료를 한전에 제출하고 검토받아야 한다. 개정된 한전 계통연계기준은 대규모 해상풍력의 안정적 운전 성능(FRT, 전압제어)부터 **원격 제어 및 전력품질 관리**까지 포괄적으로 다루고 있으며 이는 실무 엔지니어들이 반드시 준수해야 할 기술 지침이다.

1.2 전압 등급별 연결 방식 및 기술 특성

대용량 해상풍력은 계획 용량에 따라 **연계 전압 등급**을 달리하여 접속한다. 한국전력공사의 송·배전설비 이용규정에 따르면 발전 설비 용량에 따라 적정 연계 전압이 권고되며, 일반적으로 **20MW 이하**는 배전(22.9kV), **20MW 초과~500MW 이하**는 송전(154kV), **500MW 초과**는 초고압 송전(345kV)으로 연계하는 것을 원칙으로 하고 있다. 다만 여러 단지가 모여 500MW를 넘거나 154kV 연계가 현실적으로 어려운 경우에는 500MW 이하라도 345kV 연계를 고려할 수 있으며 1GW 이상의 초대형 프로젝트에서는 필요시 345kV 적용도 검토된다. 아래에서는 전압 등급별 해상풍력 연계 방식과 기술적 특성을 정리한다.

1) 22.9kV 배전계통 연계

해상풍력단지를 22.9kV 배전전압으로 연계하는 경우는 주로 **소규모 해상풍력** 또는 연안에 인접한 비교적 출력이 작은 프로젝트(수십 MW 이하)에 해당된다. 이 경우 해상풍력단지에서 생산된 전력을 육상의 배전용 변전소까지 22.9kV로 송전하며, **전용 배전선로**를 구축하는 것이 일반적이다. 한전 기준에 따르면 단일 배전선로에 연결되는 풍력발전 총 용량은 변전소 용량에 따라 제한되는데, 예를 들어 22.9kV **45/60MVA급 변압기**를 가진 배전변전소의 경우 최대 약 40MW까지, **30/40MVA급 변압기**인 경우 최대 20MW까지 접속이 허용된다. 이처럼 배전계통 연계 시에는 **변전소 주변압기의 용량**과 **차단기 차단용량** 등을 고려하여 접속 가능 용량을 산정한다. 만약 소규모 단위 풍력단지 여러 개가 동일 변전소에 연계되어 총 용량이 증가하면 차단기 용량 초과나 보호협조 문제를 막기 위해 일부 발전기에 **고장전류 억제대책**(계통분할 등)을 적용하거나 상위 전압으로 연계를 검토하게 된다.

22.9kV로 해상풍력이 연계될 때 **계통 구성**은 보통 다음과 같다. 풍력터빈들은 0.6~0.69kV 등 저압에서 발전하여 내부적으로 22.9kV 또는 154kV급으로 승압한다. **해상변전소**는 소규모라면 생략하고 해저케이블을 통해 여러 회선의 배전선로를 육지 변전소로 연결한다. 이때 계통은 **N-1 기준**에 따라 20MW 이하라도 가급적 2회선 구성을 권장하며 필요시 발전사업자의 요청과 계통여건에 따라 1회선만 구축을 하기도 한다. 기술적인 특성으로 배전연계 해상풍력은 **배전계통의 전압변동**과 **보호협조**에 유의해야 한다. 배전망은 송전망보다 임피던스가 크고 용량이 작아 풍력 출력 변동이 배전전압을 출렁이게 하거나 플리커를 유발할 가능성이 있다. 이에 풍력 인버터 제어기를 통해 출력 변화율을 제한하고 필요하면 **유연한 전압조정 장치**(예: 배전 STATCOM 또는 온로드탭변압기 제어)로 전압 변화를 보상해야 한다. 또한 배전선로 고장 시 풍력발전기가 섬모드(고립운전)로 남아있지 않도록 **안전 차단**(anti-islanding) 기능을 구현하는 것이 중요하다. 일반적으로 한전 배전계통의 보호방식(과전류 계전 등)에 맞춰 풍력측 보호계전기도 **순시차단, 재폐로** 등에 협조되도록 설정해야 한다. 예를 들어 배전선로에 고장이 발생하면 풍력단지 인버터는 일정시간 내 계통에서 분리되어야 하며, 재폐로 후 신속히 재동기화하도록 설계된다. 마지막으로 해상~육상을 22.9kV로 연결하는 케이블은 해저 구간이 길어질 경우 **전압강하**와 **손실**이 커질 수 있으므로 경로 길이가 짧은 연안 등에 주로 적용된다. 장거리 또는 수십 MW 이상 규모에서는 다음의 154kV급 송전 연계로의 전환이 필요하다.

2) 154kV 송전계통 연계

154kV는 전력망에서 흔히 사용하는 고압 송전 등급으로 중대형 해상풍력발전단지 다수가 이 전압으로 연결되고 있다. **수십 MW에서 수백 MW급** 프로젝트들은 보통 154kV를 통해 육지 계통으로 전력을 송전하며 풍력단지 내부에 해상변전소(Offshore Substation)를 건설하여 22.9kV 전압을 154kV로 승압하는 경우가 대부분이다. 그다음 154kV **해저송전케이블**을 통해 육상으로 전력을 보내고, **연계점 변전소**에서 한전의 154kV 계통과 접속하게 된다. 만약 인근에 적절한 용량의 기존 154kV 변전소가 없다면 발전사업자와 한전이 신규 **연계용 변전소**(grid interconnection substation)를 구축하여 접속을 이루기도 한다.

154kV 연계방식은 해상풍력의 **기본 송전방식**으로 자리잡고 있는데, 기술적 특징으

로 **변전소 및 설비의 절연 등급 향상**과 **무효전력 관리 이슈**가 나타나고 있다. 해상 변전소의 154kV 차단기, 모선 등은 염무 환경에서 안정적으로 동작해야 하므로, 대개 GIS(Gas Insulated Switchgear) 방식으로 설치하여 염해를 방지한다. 154kV 해저케이블은 수십 km에 달할 수 있는데, 이 케이블은 자체 **정전용량에 의한 무효전류**를 발생시켜 경부하 시 육상변전소 측 전압을 상승시키는 경향이 있다. 따라서 154kV로 여러 풍력단지가 연계되는 경우 분로리액터(Shunt Reactor)를 육상 변전소에 설치하여 케이블의 용량성 무효전력을 상쇄하고 평시 계통전압을 억제한다. 예컨대 국내 한 해상풍력 연계 검토에서 45km 길이의 345kV 송전선로(해저케이블 + 가공 혼합)를 통해 풍력 400MW를 연계할 때도 이러한 케이블 충전무효에 대한 보상용량 산정이 이루어진 바 있다.(154kV 대비 345kV는 정전용량도 커지므로, 무효전력 보상은 더욱 중요함)

154kV 연계 시 **송전선로 구성**은 단지 용량에 따라 달라진다. 통상 40MW를 초과하는 풍력단지는 154kV **이중 회선** 구성을 기본으로 하며, 154kV 2회선으로도 송전이 어려울 정도의 대용량(예: 300~500MW급)은 154kV 다회선 혹은 345kV 연계를 검토한다. 예를 들어 500MW 미만의 중규모 단지는 154kV 2회선으로 계통에 연결하는 것이 일반적이지만, 인접해 있는 다른 풍력 사업과 **공동접속**하여 합계 용량이 500MW를 넘는다면 한전은 345kV급 공동망 구축을 권고하고 있다. 최근 실무에서는 여러 해상풍력 사업자가 컨소시엄을 구성하여 **공용 해상송전망**을 구축하는 사례가 늘고 있는데, 이는 육상에 다수의 154kV 선로가 중복 설치되는 것을 피하고 하나의 345kV 허브로 통합하려는 움직인다. 실제로 전북 서남해안 일대의 2.4GW 해상풍력과 전남 신안 지역 8.2GW 해상풍력을 연계하기 위해 한전이 **345kV 공동접속설비**를 계획하여 주변 광역 변전소(신정읍 등)에 연계하려는 프로젝트가 진행 중이다. 이런 접근은 해상풍력의 단계적 개발에 맞춰 송전설비를 최적화하는 **계통 인프라 공유 전략**으로서, 154kV와 345kV 연계를 병행 운용하는 형태로 나타난다.

보호 및 제어 측면에서, 154kV 해상풍력 연결선은 **송전계통 표준 보호방식**인 거리계전, 차동계전 등을 적용한다. 해저케이블과 가공선로가 혼재된 경우, 광섬유 통신망을 이용한 **송전선로 차동보호**를 적용하여 해상육상 변전소 간 고장을 신속 검출한다. 풍력단지 변압기 보호, 내부 집전망 보호도 154kV 보호계전시스템과 협조를 이루도록 설정하며, 풍력발전기의 전력변환장치 특성상 고장전류가 제한되므로 보호정책에 그 특성을 반영해야 한다. 예를 들어 풍력 인버터의 최대 고장전류 출력이 1.1~1.5pu 수준으로 제한되기 때문에 계전기 설정시 과전류 한계치 등을 재검토해야 한다. 또한 계통연계 기준에 따라 풍력발전기는 저전압 발생 시 자체 보호로 급격히 탈락하지 않고 LVRT 요건을 충족해야 하므로, 보호계전기와 발전기 제어기의 협조(coordination)를 통해 계통 고장 시 발전기 분리 한계시간을 맞추는 것이 중요하다. 정리하면, 154kV 연계는 해상풍력을 본격적으로 대형화하기 위한 핵심 단계로서 송전선로 설계, 절연/무효전력 대책, 보호협조가 주요 기술 이슈이다. 그림 4-1은 154kV 변전소 사진이다.

〈그림 4-1〉 154kV 변전소

3) 345kV 송전계통 연계

345kV는 초대형 해상풍력 단지나 복수의 대형 단지를 묶어 연결할 때 사용되는 초고압 송전 등급이다. 용량이 수백 MW를 훌쩍 넘는 프로젝트(예: 단일 단지 500MW 이상 또는 여러 단지 합산 GW급)는 345kV로 직접 연계하여 대용량 전력을 광역 계통으로 송전하게 된다. 345kV 연계의 대표적 사례로 앞서 언급한 서남해 해상풍력 공동접속망을 들 수 있는데, 이 경우 해상 풍력단지들의 전력을 모아 해상 변전소에서

345kV로 승압한 후 육지로 전송하여 기존 345kV 변전소에 접속한다. 345kV는 154kV 대비 송전용량이 4배 이상 높아 동일 용량을 전송할 때 선로 대수를 크게 줄일 수 있는 장점이 있다. 실제 한전 규정상 500MW 초과~1000MW급 발전소를 154kV로 연결하려면 154kV 2회선으로(총 4회선) 해야 하지만 345kV로 연계해야 하므로 2회선만으로도 가능하여 효율적이다. 다만 건설비용과 변전소 설비비용이 높고 경과지 주민 수용성 문제로 지중화 등이 필요한 경우가 많아 **계획 및 인허가에 오랜 시간**이 걸릴 수 있다.

345kV 해상풍력 연계는 기술적으로 **초고압 해상변전소 구현과 장거리 송전 안정도** 이슈가 핵심이다. 해상 플랫폼에 345kV GIS 및 대용량 변압기를 설치하려면 플랫폼 규모가 커지고 건설 난이도가 상승한다. 국내에서는 **한국형 해상변전소** 기술개발을 통해 345kV급 기자재의 해상 설치를 추진 중이다. 345kV 해저케이블 역시 154kV 대비 굵고 무거우며, 길이가 길어질 경우 **충전용량**이 상당하여 무효전력 관리가 더욱 까다롭다. 예컨대 345kV 해저케이블 1km당 수십 kVAr의 충전무효가 발생하므로, 수십 km 해저연계 시 수백 MVAr 급의 분로리액터 투입이 필요하다. 앞서 소개한 연구에서는 400MW 풍력단지의 345kV 공동연계선로(45km 길이)를 가정하여 시뮬레이션 한 결과, 계통전압 1.023pu 기준으로 풍력단지가 약 330MVAr의 무효전력을 흡수해야 하는 경우가 생긴다. 이를 통해 345kV 연계 시 **무효전력 보상설비 용량**을 적정 산정하는 것이 안정도 확보에 매우 중요함을 알 수 있다. 필요에 따라 해상변전소나 육상변전소에 가변형 분로리액터(유지가능한 전압범위 내에서 자동 조정)나 **STATCOM**을 설치하여, 송전전압을 엄격히 관리한다.

345kV급으로 풍력을 연계할 때 **계통 안정도 평가**도 필수이다. 대용량 단일전원이기 때문에 계통 차원에서 **발전단 탈락사고**를 견딜 수 있는지 **과도안정도**는 확보되는지를 검토해야 한다. 예를 들어 700MW 풍력단지(345kV 1회선 연결)가 갑자기 탈락하면 주변 계통 주파수와 전압에 충격을 줄 수 있으므로, 한전과 전력거래소는 이런 대규모 출력 변동을 흡수할 수 있는 **계통보강**(예: 인근에 ESS 설치나 예비력 확보)을 병행한다. 이에 따라 일부 대규모 해상풍력에는 출력 일부를 조절하거나 ESS를 설치하여 출력 변동속도를 완화하는 조건이 붙기도 한다. 보호방식은 345kV 송전선로에 표준적인 **거리계전/차동계전**이 적용되고 변전소 간 통신을 통한 보호동기화로 고장 시 **고속차단**이 이루어진다. 345kV 설비의 **절연설계**는 특히 중요하여 뇌임펄스 내전압 기준 약 1050kV급(IEC 표준에 따름)의 절연강도를 유지하도록 기기들을 선정하고 절연협조를 수행한다. 염분에 의한 오손 등으로부터 절연거리를 추가로 여유 두는 설계도 필요하며, 접지 시스템도 해상/육상 모두 안정적 계통접지(중성점 접지 방식)를 채택한다.

요약하면 345kV 해상풍력 연계는 **초대형 풍력단지의 핵심 인프라로 송전선로 경로 확보, 초고압 해상변전 기술, 무효전력 및 안정도 대책**이 종합적으로 요구된다. 우리나라에서도 2030년대 대규모 해상풍력 목표 달성을 위해 345kV AC망과 함께 직류 송전(HVDC)까지 검토되고 있어 향후에는 장거리 해상풍력의 경우 HVDC 연계로 전환되는 기술 동향도 주목된다. 그림 4-2는 345kV 변전소 사진이다.

〈그림 4-2〉 345kV 변전소

1.3 전기설계 시 고려해야 할 주요 사항

해상풍력발전단지를 설계·계획할 때는 위에서 언급한 전압별 특성과 함께 공통적으로 다음과 같은 전기설계 이슈들을 면밀히 검토해야 한다.

1) 절연 설계 및 절연협조

해상풍력 설비는 해풍에 의한 염해와 습기로부터 절연물의 성능이 저하되지 않도록 설계해야 한다. 전압 등급별로 적정 절연레벨(BIL)을 만족시키는 변압기, 차단기, 케

이블을 선정하고, 특히 옥외 노출부에는 내오손형 절연물과 충분한 크리페이지 거리를 확보한다. 해상변전소에는 GIS를 채택하여 소금기 있는 공기에 노출되는 부분을 최소화하고, 케이블 단말 등 취약부에는 방전 방지용 코팅과 열수축튜브 등의 보강을 한다. 또한 절연협조를 통해 뇌서지 및 개폐서지에 대한 보호도 수행해야 한다. 피뢰기 설치 위치와 정격을 선정하고 각 설비의 충격내전압을 비교하여 계통 내 서지가 안전하게 소멸되도록 조정한다. 육상 변전소에서도 해상에서 유입되는 서지를 대비해 서지흡수기를 배치하고 접지계통을 연계 설계한다. 이러한 절연 설계는 결국 장기간 신뢰도와 직결되므로, KEC 등 국내 전기설비기준과 IEC 60076, 60071 등의 국제표준을 모두 충족하도록 검증해야 한다.

2) 고장전류 계산 및 차단기 용량

풍력단지 계통연계 시 단락용량의 변화 분석은 필수적이다. 풍력발전기는 유형에 따라 고장전류 기여도가 상이하지만(완전한 인버터형의 경우 고장전류가 1 ~ 2pu 이내로 제한됨), 여러 대가 모이면 집단적으로는 주변 계통의 단락용량을 증가시킬 수 있다. 예를 들어 배전계통에 풍력 20MW를 연계하면 해당 피더의 3상 단락전류가 상승하여 기존 차단기의 차단용량 한계를 넘지 않는지 확인해야 한다. 만약 초과한다면 차단기 교체나 풍력 측 고장전류 제한 대책이 필요하다. 송전계통에서는 풍력단지 자체의 고장전류보다는 연계점 주변 계통으로부터 유입되는 고장전류가 지배적일 수 있다. 이때 풍력변전소의 계통 차단기 정격을 최악의 고장시나리오(인근 대형 발전소와 동시 운전 중 고장 등)를 반영하여 선정해야 한다. 더불어 변압기 투입 돌입전류나 케이블 충전전류 등의 초과 도통 전류(inrush)도 계산하여 차단기의 계통 투입/차단 순간 허용치 내인지 검토한다. 설계단계에서 SKM, ETAP, PSS/E 등의 전기해석 소프트웨어로 단락용량 계산을 시행하고 그 결과를 한국전력공사와 협의하여 최종 결정하여야 한다.

3) 보호계전 및 계통보호 협조

해상풍력단지와 계통 간의 보호계전 시스템은 사고 발생 시 신속하면서도 선택적으로 동작하도록 구성해야 한다. 배전 연계의 경우 풍력단지 인버터가 배전선로의 재폐로 사이클에 맞춰 동기화 재투입이 가능하도록 함과 동시에 독립 운전 발생 시 능동탈조(Fault Detection & Trip) 기능을 갖춰야 한다. 예를 들어 인버터 제어로 무전압 검출 및 주파수/위상 이상 감지시 0.5초 이내 자체 차단하는 방식 등이 적용된다. 송전 연계에서는 기본적으로 계전기 설정값을 계통에 맞춰 맞추는 것이 중요하다. 풍력

변전소 ~ 계통변전소 간 송전선로는 **거리방향 보호(21 계전기)** 및 **전류차동 보호**를 이중 적용하고 바다 케이블 구간의 고장 검출 민감도를 충분히 높여야 한다. 풍력단지 내부적으로는 집전선로별로 OC, EF 등의 계전기를 두어 터빈이나 간선 케이블 고장 시 본 해상변전소 차단기가 개방되도록 한다. 특히 풍력발전기의 FRT 요구사항으로 인해 저전압시 즉각 차단하지 않고 버티도록 되어 있으므로 계통보호 측면에서는 **계전기-인버터 동작 협조**를 위한 시험을 거친다. 보호계전 설계에서는 **통신시스템**도 중요한데, 해상-육상 간 광통신망을 구축하여 계전기 간 신호전달 지연을 최소화하고 필요시 중앙 연동 보호제어(예: SPS)를 통해 광역정전 예방책을 마련한다.

4) 전압강하와 전압제어

해상풍력에서 육지까지의 송전 경로를 따라 전압강하(또는 상승)를 평가하고 정상상태 및 과도상태 전압제어 전략을 수립해야 한다. 예를 들어 해상풍력 단지에서 154kV 변전소까지 50km를 송전할 경우 송전선 임피던스에 의한 **전압강하**로 인해 말단 전압이 낮아질 수 있다. 이를 보상하기 위해 풍력발전기들은 계통연계점 전압을 모니터링하여 **자동 전압조정(AVR) 모드**로 동작하며, 부족한 무효전력은 풍력터빈의 컨버터를 통해 공급한다. 반대로 바람이 불지 않아 풍력발전기가 멈추거나 발전이 너무 낮아질 경우 케이블 충전효과로 **무부하 전압상승**이 우려되므로 변전소에서 분로리액터 투입이나 풍력단지의 SVC/STATCOM으로 이를 억제한다. 한전 계통운영지침에 따르면 154kV 계통 전압은 ±10%, 345kV는 ±5% 범위로 유지되어야 하므로 해상풍력 연계후에도 이 범위 내 전압이 유지되도록 출력-무효전력 관리계획을 세운다. 구체적으로, 풍력발전기는 **일정 역률 제어모드**나 **전압제어모드**로 운용하면서 필요시 무효전력을 자동 조정하게 되는데, 이러한 제어 모드 전환과 설정값은 사전에 한전과 협의하여 결정한다. 전압강하 해석은 부하유류곡선과 발전출력 시나리오별로 수행하며 과도안정도 검토를 통해 단락사고 후 **전압 복원 능력**도 점검한다.

5) 무효전력 보상 및 전력품질 관리

대규모 해상풍력에는 **무효전력 관리**가 매우 중요하다. 앞서 여러 차례 언급했듯, 해저케이블의 충전 무효전류로 인한 전압 상승을 억제하고 풍력발전기 출력에 따른 역률을 조정하기 위해 **무효전력 보상설비**를 적절히 배치해야 한다. 일반적인 설계에서는 육상 변전소에 **분로리액터**를 두어 경부하 시 전압 상승을 막고, 최대 출력 시에는 풍력단지 인버터가 **무효전력 흡수**를 최소화하여 역률을 약간 지상으로 운전함으로써 송전 전압강하를 상쇄한다. 또한 필요하면 풍력단지내에 **커패시터 뱅크**나 **조상기**를 설치

하여 부족한 무효전력을 공급한다. 예컨대 터빈 기동이나 저전압시 **전압 지지**를 수행한다. 계통연계 기준에서는 일정 무효전력 출력 모드, 일정 역률 모드, 전압제어 모드 등 **3가지 운전 모드**를 모두 구현하도록 요구하고 있어 발전단 제어시스템은 이들 모드를 전환하며 계통요구에 대응해야 한다.

한편 **전력품질** 유지도 병행 과제로 풍력 인버터의 스위칭에 따른 고조파 성분과 출력 변동에 따른 플리커 현상을 제어해야 한다. 인버터 자체 필터링을 강화하고 필요한 경우 L-C 필터나 능동필터를 추가하여 **고조파 왜형률 5% 이하** 기준을 만족시킨다. 또한 풍력단지가 다수 터빈으로 구성되어 3상 평형도가 높지만, 만약 불평형이 우려되면 병렬 보상 또는 제어로 3상 전류를 평형화한다. 종합적으로 무효전력과 품질 관리 대책은 해상풍력의 **계통친화적 운영**에 필수이며, KERI 등에서 제시한 해상풍력용 전력보완장치 기술을 참고하여 적용할 수 있다.

1.4 관련 사례 및 최신 기술 동향

국내외 해상풍력 계통연계 분야에서는 위와 같은 기술 요소들을 실제 프로젝트에 적용하면서 얻은 경험이 축적되고 있다. 우리나라의 경우, **서남해 2.4GW 시범단지**와 **신안 8.2GW 대단지** 계획을 계기로 **공동접속설비** 개념이 대두되었다. 이는 여러 해상풍력단지에서 하나의 초고압 송전망으로 합류하는 방식으로, 이미 **전북 서남해 400MW급 단지의 345kV 공동연계 사례**에 대한 연구가 수행되었다. 해당 연구에서는 345kV 신정읍 변전소로 해상풍력을 연계할 때 요구되는 무효전력 보상량을 계산하고, 0.9pu ~ 1.1pu 전압 범위 내에서 풍력단지가 안정적으로 운전하도록 **최적 리액터 용량**을 산정하였다. 이처럼 실증 기반의 해석을 통해 대용량 해상풍력의 계통 영향 평가와 대책 수립이 활발히 이루어지고 있다.

기술 동향 측면에서는, **초고압 해상변전 기술**과 **직류 송전 기술**이 주목받고 있다. 해상풍력을 100km 이상 원거리에서 송전해야 하는 경우, 기존 AC 345kV 방식 대신 **VSC-HVDC**와 같은 직류연계 방안이 검토되고 있다. 직류는 무효전력 문제를 근본적으로 회피하고 대규모 전력을 손실 적게 송전할 수 있으나 초기 투자비가 높아 현재는 권역 간 연계나 섬지역 연계에 제한적으로 논의되고 있다. 다만 2030년 이후 풍력 규모가 폭증하면 해저케이블 다회선보다 경제적일 수 있어 정부와 한전이 **해상풍력 송전망 중장기 계획**에서 DC 도입 여부를 검토 중이다. 한편 에너지저장장치(ESS)를 풍력단지와 연계하여 출력 변동성을 보완하고 계통 주파수조정에 기여하게 하는 추세도 있다.

예를 들어 영국 등에서는 풍력 인근에 대형 배터리를 설치해 풍력 출력 급변 시 충격을 흡수하거나 풍력단지 자체를 가상발전소(VPP)로 운영하여 계통안정 서비스(FR, 충전제어 등)를 제공하고 있다. 국내 해상풍력에도 RFP 단계에서 ESS 연계를 요구하는 사례가 나타나고 있어 설계자는 풍력 + ESS 복합 단지의 계통연계 영향도 검토해야 한다.

〈표 4-1〉 한전 계통연계기준 별표 5의 가

발전소 최대송전용량	연계전압	비고

40MW 이하	22.9kV	1) 계통여건상 문제점이 없고, 고객이 직접 송전망에 접속할 경우에 한함
		2) 다음의 경우에는 40MW 이하에 대하여 154kV 적용 가능
		  ○ 타 사업자와 접속설비를 공동이용하여 총 발전용량이 40MW를 초과하는 경우
		  ○ 고객이 154kV로 연계를 희망하는 변전소 및 발전소 최인근 변전소에 22.9kV 연계가 불가능한 경우
		  단, 전력수급기본계획 및 발전사업허가증 등에 비추어 접속설비의 추가활용 가능성이 없는 경우 후속 발전사업자와의 공동접속설비 활용 의무화 동의 조건(의무화 불이행 시 본 규정 제72조에 준용하여 이용정지, 공동접속설비에 대한 접속비용은 본 규정 제65조 4항 준용)
		3) 연계되는 변전소 45/60MVA 주변압기 1Bank당 접속하는 총 발전기용량이 50MW 이하까지 22.9kV 적용 가능
		4) 연계되는 변전소 30/40MVA 주변압기 1Bank당 접속하는 총 발전기용량이 30MW 이하까지 22.9kV 적용 가능
		5) 연계되는 변전소 60/80MVA 주변압기 1Bank당 접속하는 총 발전기용량이 60MW 이하까지 22.9kV 적용 가능
		6) 1개 발전고객이 22.9kV로 접속가능용량은 45/60MVA 이상 주변압기를 사용하는 변전소의 경우 40MW까지, 30/40MVA 주변압기를 사용하는 변전소의 경우 20MW까지 적용 가능
		7) 22.9kV 전용배전선로로 접속하는 분산형전원이 변전소의 변압기 병렬운전 또는 타 변전소의 배전선로 전환 등에 의해 해당 배전용변전소의 차단기 차단용량이 초과된다고 판단되는 경우에는 분산형전원에 고장전류억제 대책(한류리액터 설치 등)을 강구할 경우에 한해 적용 가능
		8) 변전소 최종 규모에 도달 시, 접속용량이 변전소 전체 접속가능 용량을 초과하고 계통 여건 상 문제점이 없을 경우 변전소 최소부하, 발전기 최대이용률 가중평균, 주변압기 상정고장 및 역률 등을 고려하여 변전소별 22.9kV 접속 가능 용량을 별도 산정하여 적용 가능

40MW 초과 ~ 500MW	154kV	계통 여건상 문제점이 없을 경우 다음의 경우에는 40MW 초과 500MW 이하에 대하여 345kV 적용가능

발전소 최대송전용량	연계전압	비고
이하		○ 타 사업자와 접속설비를 공동이용하여 총 발전용량이 500MW를 초과하는 경우 ○ 고객이 345kV로 연계를 희망하는 변전소 및 발전소 최인근 변전소에 154kV 연계가 불가능한 경우 단, 전력수급기본계획 및 발전사업허가증 등에 비추어 접속설비의 추가활용 가능성이 없는 경우 후속 발전사업자와의 공동접속설비 활용 의무화 동의 조건(의무화 불이행 시 본 규정 제72조에 준용하여 이용정지, 공동접속설비에 대한 접속비용은 본 규정 제65조 4항 준용)
500MW 초과 ~ 1,000MW 이하	345kV 또는 154kV	-
1,000MW 초과	345kV 이상	-

〈표 4-2〉 한전 계통연계기준 별표 5의 가

발전소 최대송전용량	접속선로
40MW 이하	1) 20MW 이하의 경우 22.9kV 전용선로(송전능력이 계약전력 이상의 전선) 2회선(단, 고객이 희망하고 계통여건상 문제가 없을 경우에는 1회선으로 구성 가능 2) 20MW 초과 40MW 이하로서 22.9kV 전압으로 공급하는 고객은 22.9kV 전용선로 2회선 이상(송전능력이 계약전력 이상)
40MW 초과 ~ 500MW 이하	1) 154kV 송전선로(송전능력이 계약전력 이상의 전선) 2회선 2) 발전사업자가 희망하고 계통에 문제가 없을 경우에는 1회선으로 구성 가능
500MW 초과 ~ 1,000MW 이하	1) 345kV 송전선로(ACSR480㎟×2B, 또는 동등 송전능력 이상의 전선) 2회선 2) 154kV 송전선로(ACSR410㎟×2B, 또는 동등 송전능력 이상의 전선) 2회선 2개 루트
1,000MW 초과 ~ 2,000MW 이하	1) 345kV 송전선로(ACSR480㎟×4B) 2회선 2) 상기 '1)' 동등 송전능력 이상의 전선 2회선
2,000MW 초과 ~ 3,000MW 이하	회선당 송전용량 3,000MW 규모의 345kV 송전선로 (STACIR 480㎟×4B 등) 2회선
3,000MW 초과	1) 765kV 송전선로(ACSR480㎟×6B, 또는 동등 송전능력 이상) 2회선 이상 2) 345kV 송전선로(ACSR480㎟×4B, 또는 동등 송전능력 이상) 2회선 2개 루트

'(*)' 고압직류 송전선로(HVDC)로 연계 시 AC와 동등 송전능력 이상 확보

2. 해상풍력발전 설계

2.1 발전기(Generator) 설계 및 특성

해상풍력발전단지에서 사용되는 발전기는 육상풍력보다 훨씬 높은 염분, 습도, 진동·충격 환경에 노출되므로, 구조적·전기적 설계가 한층 강화된다. 발전기 유형으로는 크게 유도형(Induction Generator), 동기형(Synchronous Generator), 영구자석형(PMSG, Permanent Magnet Synchronous Generator)이 있으며 정격출력, 냉각방식, 방염·부식 대책 등을 종합적으로 고려해야 한다. IEC 61400-4, IEC 60034, DNV-ST-0125 등 국제 표준·권고 사항이 해상환경에 특화된 발전기설계 지침을 제공한다.

참고로 이 책은 전기설비 설계자를 위한 책으로 발전기를 직접 설계하거나 제작하기 위한 것이 아니다. 그렇기 때문에 발전기 등에 관해서는 일반적인 사항만 다루고 전기설비 설계자를 위한 기술 중심으로 정리하도록 하겠다.

1) 유도형, 동기형, 영구자석형 발전기의 구조·특징

- **유도형 발전기(Induction Generator, IG)**
  - **구조**: 회전자(로터)가 유도 원리에 의해 전류를 발생해 회전토크를 생성하는 방식으로 권선형(슬립링·브러시) 또는 농형(스크럴 케이지) 형태가 있다.
  - **특징**: 상대적으로 구조가 단순하고 제작 비용이 낮다. 전력변환장치(컨버터)를 병행하면 가변속 운전이 가능하며, 더블-피드 유도발전기(DFIG) 형태가 해상풍력에서도 일부 채택되고 있다. 슬립링·브러시 유지보수가 필요해 해상환경의 염해·습기 문제를 주의해야 한다.
  - **적용 사례**: 중·소형 해상풍력터빈에서 DFIG 시스템으로 채택된 예가 존재하며, 5~8MW급까지 상용화된 사례가 있다.

- **동기형 발전기(Synchronous Generator, SG)**
  - **구조**: 회전자에 여자전류를 공급해 일정 자기장을 형성하고, 회전 속도가 전력망 주파수와 동기화되는 방식. 권선형(회전자 권선)과 브러시리스(별도 익사이터) 유형이 있다.
  - **특징**: 계통연계 시 무효전력 제어가 용이하고, Grid Forming 기능을 갖출 수 있어

전압·주파수 지지에 유리하다. 별도 여자장치(익사이터)가 필요하고, 구조가 상대적으로 복잡하다. 브러시 마모, 제어계통 유지보수를 고려해야 한다.
- **적용 사례**: 대형 해상풍력터빈에서 일부 적용되며, 무효전력 지원 능력이 강조되거나 특수 계통 안정화가 요구되는 경우 선호되기도 한다.

■ **영구자석형 동기발전기(PMSG, Permanent Magnet Synchronous Generator)**
- **구조**: 회전자에 영구자석(Permanent Magnet)을 배치해 별도 여자전류가 필요 없고, 회전 속도와 망 주파수가 동기화되는 방식이다.
- **특징**: 직구동(Direct Drive) 또는 저단(低段) 기어드 방식으로 응용되며, 고효율·고출력화가 용이하다. 브러시·슬립링이 없어 해상환경 부식 위험을 줄이고 유지보수가 비교적 단순하나, 대형 자석 비용과 무게가 증가한다. 최근 10MW 이상 대형 터빈에 널리 사용되며, 향후 15~20MW 초대형 모델까지 확대 적용된다.
- **적용사례**: 해상풍력 산업의 주류로 자리잡고 있으며 글로벌 제조사(Vestas, Siemens-Gamesa, GE 등)가 대형 PMSG 모델을 출시·운영한다.

2) 정격출력, 냉각방식, 부식방지 대책

■ **정격출력(Rated Power) 및 설계 범위**

해상풍력 발전기는 최근 8~15MW, 일부는 18~20MW급까지 개발되고 있어, 고출력·저속 운영 환경에 적합한 대형 발전기로 설계되고 있다. 저속 회전(약 10~20rpm 수준)에서 고토크를 발생하기 위해 직경이 큰 로터와 다극 발전기를 채택하며, 이는 기어박스(또는 직접구동) 설계와 연동된다. IEC 61400-4, IEC 61400-22 인증 지침에 따라, 극한 풍속(태풍, 허리케인), 고습·염분 환경 등 해양 조건에서 정격출력 및 과부하 내구성을 검증받아야 한다.

■ **냉각방식(Cooling Method)**
- **공랭식(Air-cooling)**: 나셀 내부로 외기를 유입해 열을 방출하거나, 밀폐형 열교환기를 통해 간접적으로 냉각하는 방식이다. 염분·습기 유입 방지 필터 설계가 중요하다.
- **수냉식(Water-cooling)**: 발전기 권선·베어링 등에 냉각수 파이프를 배치해 냉각 효율을 높인다. 해수 직사용 대신 담수(부동액 혼합) 순환 방식으로 운영하며, 열교환기를 통해 열을 해수로 방출할 수도 있다.
- **오일냉각(Oil-cooling)**: 기어박스 윤활유와 발전기를 통합 냉각하거나, 별도 유냉식 코일을 설치할 수 있다. 오염·누유 방지가 중요하다.

- **부식방지(Corrosion Protection) 대책**
  - **방염·내염 코팅:** 외함, 플랜지(Flange), 베어링 하우징 등에 부식 방지 코팅(페인트, 금속도금)을 실시한다. IEC 61892, DNV 등 해양 표준을 참고해 내염(Coastal Corrosivity C5-M 등급) 규격을 준수한다.
  - **IP 등급(IP54 이상):** 밀폐형·반밀폐형 외함을 적용해 염분, 습기, 먼지 침투를 최소화한다. 나셀 내부의 제습기·히터로 결로 현상을 방지하기도 한다.
  - **건식 절연·권선 보호:** 발전기 권선 절연재를 해상환경(습기, 염해)에 적합한 등급(예: 폴리이미드, 에폭시 처리)으로 선정하고, 부분방전 시험을 거쳐 신뢰도를 높인다.
  - **재질 선택:** 축·샤프트, 베어링 등 회전 부품은 스테인리스 합금(SUS), 내염 합금강, 방청 처리된 강재를 사용해 갈바닉 부식을 방지한다.

해상풍력발전기설계는 기어박스, 나셀, 블레이드 등 기계부품과 밀접히 연동되지만, 전기적 관점에서 발전기 유형(유도형, 동기형, 영구자석형)마다 장단점이 뚜렷하다. 최근 초대형 해상풍력 발전기 시장에서는 영구자석형(PMSG) 또는 고효율 동기형(브러시리스) 방식이 대세를 이룬다. 정격출력 증가, 저속·고토크 운전, 내염·내습 설계가 강조되며, 수냉·오일냉 등을 조합한 냉각방식과 고내식 코팅, 밀폐구조(IP등급)을 적용해 해양환경에서도 장기 신뢰성을 유지한다. 설계 엔지니어는 IEC, DNV, ABS 등 인증기준에 부합하는 전기·기계적 안정성을 확보해야 하며, 풍속·파랑 하중, 염분 부식, 태풍·허리케인 등의 극한조건 시나리오를 충분히 고려해 발전기 구성요소(권선, 베어링, 슬립링 등)를 보강한다. 이 과정을 통해 해상풍력발전단지의 핵심 설비인 발전기를 안전하고 효율적으로 운영할 수 있다.

3. 해상풍력발전 타워 배치

해상풍력발전단지에서 개별 터빈 타워(나셀 포함)를 어떻게 배치하느냐는 전기설비 및 전체 발전효율에 큰 영향을 미친다. 일반적으로 '터빈 간 간격'과 '배열(레이아웃) 패턴'을 결정하는 과정을 단지 배치(풍향·풍속·해저지형·케이블 경로 등 종합 고려)라고 하며, 이를 통해 발전량(AEP) 및 전력품질, 시공성, 유지보수 효율, 해상 교통안전 등을 최적화한다. 그림 4-3은 해상에 풍력발전기를 설치한 사진이다.

〈그림 4-3〉 풍력발전기 배치 사진 (출처 : 위키디아)

3.1 배치 설계 개요

1) 풍향·풍속 분포

주요 풍향이 일정하게 형성되는 지역(예: 서·남풍이 강한 해역)의 경우, 터빈을 바람 방향에 대해 적절히 오프셋(Off-axis) 배치하여 후류(Wake) 손실을 최소화한다. 계절별·연차별 풍향 변동 폭이 큰 곳은 복합적인 레이아웃이 필요하며, 풍향 로즈(Wind Rose) 분석을 통해 주요 바람 방향을 식별한다.

2) 터빈 간 간격(Spacing)

일반적으로 로터 직경(D)의 7~10배 정도를 권장하며, 후류(Wake)로 인한 출력 저하를 줄이기 위해 배치 방향(Downwind)이 더 큰 간격을 필요로 한다. 해상 공간 효율을 높이기 위해 간격을 줄이면 단위면적당 설치량은 늘어나지만, 인접 터빈의 출력 감소와 내구성 문제(추가적인 난류 하중)가 발생할 수 있다.

3) 해저지형·수심·항로 고려

수심이 급변하거나 암반이 분포하는 구역은 설치 비용이 크게 증가할 수 있다. 따라서 부정형 해역이라도, 시공성을 높이기 위해 비교적 평탄한 지형을 따라 터빈을 배치하는 사례가 많다. 해상 교통로(항로) 또는 군사훈련구역이 있으면 법적 이격거리를 두고, 사고·충돌 위험을 최소화한다.

3.2 배열망(Inter-Array) 케이블 및 전기설비 관점

1) 배열망 전압과 연결 형태

해상풍력발전단지의 내부 전압은 33~66kV가 일반적이며, 각 터빈 간 케이블 연결(Feeder)은 **레이(Radial)형, 링(Loop)형**, 또는 혼합 구조로 구성된다. 전기적 손실과 설치비를 저감하기 위해 구역(Cluster)별로 케이블 망을 최적화하고, 해상변전소(Offshore Substation) 위치를 중심으로 주변 터빈을 구획화한다.

2) 케이블 경로 및 후류 영향

케이블은 주로 해저 매립(1~3m)이나 보호관, 매트리스를 통해 보호되므로, 기초 구조물(모노파일·재킷 등) 하부나 측면에 설치되는 J-튜브(J-tube)를 통해 터빈 내부에 연결된다. 케이블 경로를 짧게 하여 전압강하와 시공비를 줄이려면, 터빈 배치가 어느 정도 밀집되어야 하지만, 이는 터빈 후류 간섭 증가로 이어진다. 전기·공력 양 측면에서 균형점을 찾아야 한다.

3) 고장 분리 및 안전성

전기설계 측면에서, 터빈 하나가 고장이나 유지보수로 정지되어도 전체 단지에 영향을 주지 않도록, **N-1 기준** 혹은 우회(Backup) 경로를 일부 고려한다. 링(Loop) 구성의 경우, 한 터빈이나 케이블 구간에서 고장이 발생해도 반대편으로 전력을 흐르게 해 단지 내부 전력 전송을 유지할 수 있다. 다만 설치비가 증가한다.

3.3 후류(Wake) 현상과 공력(空力) 시뮬레이션

1) 후류(Wake) 손실 메커니즘

풍력터빈 회전 후 바람의 에너지가 감소하고 난류(Intensity)가 증가하여, 다운스트림의 터빈 출력이 감소하는 현상을 말한다. 해상풍력은 바람의 난류도가 육상보다 상대적으로 낮고, 평균 풍속이 높지만, 단지 규모가 크면 후류 간섭이 누적되어 전체 발전량이 상당히 줄어들 수 있다.

2) 레이아웃 시뮬레이션

CFD(전산유체역학) 소프트웨어 또는 **전문 풍력배열 해석툴**(예: WindFarmer, FUGA, OpenFOAM 등)을 이용해, 터빈 배치안에 따른 후류발생 및 에너지 손실을 예측한

다. 단순한 파크(Park) 모델, 에디 점성(Eddy Viscosity) 모델 등으로 초기 검토 후, 대규모 단지는 RANS(Reynolds-Averaged Navier-Stokes) 기반 고정밀 시뮬레이션으로 세분화한다.

3) 최적화 설계

배치변수(가로·세로 간격, 열·행(Row·Column) 간 차등, 오프셋 각도 등)와 비용모델(해저케이블 길이, 기초시공비 등)을 종합한 **최적화 알고리즘**을 적용하기도 한다. 풍향 변동범위가 크면, 정형격자(Grid) 배치가 아니라 비정형(Offset rows, Staggered layout) 방식을 고려하여 연평균 AEP를 최대화한다.

NOTE

■ **기본 개념 및 권장 간격**

일반적으로 풍력터빈의 간격은 다음과 같이 설정된다.

방향	권장 간격(터빈 로터 직경 D 기준)	목적
풍하방(Downwind)	7 ~ 10D	Wake effect(후류 영향) 감소
측방(Crosswind)	3 ~ 5D	공간 효율 고려, 간섭 최소화

후류(Wake Effect)의 영향

풍력터빈은 바람을 받아 에너지를 생산하면서 바람의 속도를 감소시키고 난류(turbulence)를 발생시킨다.

이로 인해 **뒤쪽 터빈의 발전 출력은 감소하고, 구조물에 추가 하중이 발생**하게 된다. 간격을 너무 좁히면, 터빈당 평균 출력이 감소하고 유지관리 비용이 증가하게 된다.

■ **기술 기준 및 문헌 근거**

- [IEC 61400-1] - Wind Turbines - Design Requirements
  국제전기기술위원회(IEC)의 풍력터빈 설계 표준
  직접 간격을 명시하진 않지만, 후류의 영향, 난류 강도 증가 등에 따른 구조 설계 고려가 필요하다고 명시

- [DNV-ST-0119] - Floating Wind Turbine Installations
  해상(특히 부유식) 풍력 구조물 설계 기준.
  간격 설계를 위해 CFD(전산유체역학) 해석 또는 풍동 시험을 활용할 것을 권장.
  배열 최적화(layout optimization)는 후류 감소와 LCOE(균등화 발전비용) 최소화를 위한 핵심 설계 인자로 간주.

- [IEA Wind Task 31, WakeBench]
  풍력 후류 해석을 위한 벤치마킹 프로젝트.
  다양한 간격에 따른 후류 모델 정확도, 터빈 성능 감소 등을 연구.
  Downwind spacing이 7 ~ 10D 이하인 경우 후류 영향이 심각하게 나타남을 실증적으로 제시.

■ 실제 해상풍력 사례 및 설계 기준

프로젝트	Downwind 간격	Rotor 직경(D) 기준
Horns Rev 1 (덴마크)	약 7D	Vestas V80
Walney Extension (영국)	약 8 ~ 10D	Siemens SWT-7.0
국내 신안 해상풍력 예비설계	8 ~ 10D	SG 14-222 DD 등

※ 일부 프로젝트는 경제성이나 해상공간 제약 등으로 인해 **6D 이하로 배치**되기도 하지만, 이는 출력 손실을 감수한 선택이다.

■ 간격 축소 시 영향 요약

항목	영향
출력	터빈 간 간섭으로 평균 출력 감소 (최대 20 ~ 40%까지 감소 가능)
피로 하중	난류 강도 증가로 구조물 피로 수명 단축
유지관리비	Blade, Tower 등 손상 위험 증가로 O&M 비용 증가
전력 품질	변동성 증가로 계통 연계 불리함

■ 결론 및 정책적 시사점

풍력터빈 간 간격은 **단순한 공간 배치 문제가 아니라, 출력 효율·경제성·구조 안전성과 직결**되는 복합적 요소이다. 국제적으로는 '7 ~ 10D (Downwind 기준)'이 기술적, 실증적, 경제적 균형점으로 간주되며 이를 근거로 국내 가이드라인도 마련되고 있다. 향후 해상공간의 효율적 활용을 위한 **후류 제어 기술(Wake Steering), 인공지능 기반 배열 최적화, 부유식 기술** 등과 연계한 연구가 강화되어야 한다.

■ 국제 표준 및 설계 지침

- IEC 61400-1: 풍력터빈 설계 요구사항
  이 표준은 풍력터빈의 설계 및 설치에 대한 일반적인 요구사항을 규정한다.
  특히 Annex D에서는 후류(Wake)로 인한 난류 강도 증가와 이에 따른 구조물 하중 증가를 고려하여, 터빈 간 간격을 적절히 설정할 것을 권장하고 있다.

- DNV-ST-0119: 부유식 풍력터빈 구조물 설계
  이 표준은 부유식 풍력터빈 구조물의 설계 원칙과 요구사항을 규정한다.
  터빈 간 간격은 후류 효과를 최소화하고, 구조물의 안전성을 확보하기 위해 중요한 요소로 다루어진다.

■ 실증 연구 및 사례

- Anholt 해상풍력단지 사례
  덴마크의 Anholt 해상풍력단지에서는 터빈 간 간격을 5D에서 11D까지 다양하게 설정하여 운영하였다. SCADA 데이터를 분석한 결과, 간격이 좁을수록 후류로 인한 출력 감소와 구조물 하중 증가가 관찰되었다.

- DTU 연구: 간격에 따른 출력 손실
  덴마크 기술대학교(DTU)의 연구에 따르면, 터빈 간 간격을 7D에서 10.4D로 늘릴 경우, 후류로 인한 출력 손실이 약 33% 감소하는 것으로 나타났다.

■ 축소 시 고려사항

항목	영향 및 고려사항
출력 감소	후류로 인한 바람 속도 감소로 터빈 출력 저하 발생
구조물 하중 증가	난류 강도 증가로 인해 타워 및 블레이드에 가해지는 피로 하중 증가
유지보수 비용 증가	구조물 손상 위험 증가로 유지보수 빈도 및 비용 상승
전력 품질 저하	출력 변동성 증가로 계통 연계 시 전력 품질 저하 가능성

해상풍력발전 설비에서 터빈 간 간격을 설정할 때, 후류 효과와 구조물 하중을 고려하여 로터 직경의 7~10배 정도의 간격을 유지하는 것이 국제 표준과 실증 데이터를 통해 권장되고 있다. 간격을 줄일 경우 설치 밀도는 높아지지만, 출력 감소와 구조물 하중 증가로 인한 부정적인 영향이 발생할 수 있으므로, 이러한 요소들을 종합적으로 고려하여 설계하는 것이 중요하다.

3.4 시공·운영 측면에서의 배치 고려사항

1) 시공성(Constructability)

해상 크레인선(Jack-up barge)과 설치선박이 접근하기 용이하도록, 터빈 간 간격을 일정 이상 확보해야 한다. 공사 순서를 효율적으로 계획하기 위해, 단지 내부를 몇 개 구역으로 나누고, 연차별·계절별 공정계획을 수립한다. 조수간만차나 조류 흐름도 무시할 수 없다.

2) 유지보수(O&M) 접근성

해상풍력 운영단계에서, 유지보수 선박(SOV) 또는 헬리콥터 접근이 원활하도록 각 터빈의 위치와 교통로 확보가 중요하다. 터빈과 터빈 간 간격이 지나치게 좁으면 항해 위험이 증가하고, 작업 효율이 떨어진다. 현대에는 터빈 높이가 커져 항공 접근(헬리데크, 호이스트장비)도 고려하며, 타워 간 교통편의성 역시 배치 설계에 영향을 줄 수 있다.

3) 구조적 상호작용

해저기초 시공 시, 서로 인접한 말뚝(모노파일) 타격 진동이 주변 파일에 영향을 줄 수 있으므로, 순차 시공 계획과 위치 간격이 충돌되지 않도록 점검한다. 부유식 해상풍력의 경우, 계류 라인 간섭 가능성을 사전에 해석해, 계류 각도, 안전 이격거리 등을 배치 계획과 함께 설계한다.

3.5 예시 배치 패턴

1) 격자(Grid)형 배치

가장 일반적인 직사격자 형태. 주풍향(WD)에 맞춰 전·후열(Row) 간 간격을 크게 두고, 좌·우열(Column) 간 간격을 약간 좁히는 방식이다. 시뮬레이션이 단순하며, 케이블 레이아웃 구성도 비교적 간단하다. 풍향 변동이 심한 해역에서는 전방향 후류가 고려되어야 한다.

2) 오프셋(Staggered) 배치

2열 또는 다열 배치에서 한 열의 터빈이 뒷열의 중간 지점에 오도록 (지그재그) 배치한다. 난류 구역이 균등하게 분산되어, 평균 손실이 줄어드는 이점이 있다. 케이블 시공 시, 비정형 경로가 늘어나거나, O&M 동선이 복잡해질 수 있으므로 전기·공학·경제적 타협점을 찾아야 한다.

3) 클러스터(Cluster) 구분

수백 기 이상의 초대형 단지에서, 지형(수심), 풍황, 케이블 경로, 해상변전소 위치 등을 종합해 소단위 블록(Cluster)으로 나눈 뒤, 각 클러스터 내부는 독립적으로 최적 배치한다. 여러 개의 해상변전소를 두거나, 부유식과 고정식을 혼용하는 복합 단지도 가능하다.

해상풍력발전 타워(터빈) 배치는 풍황·해저지형·항로·전기설비 등을 종합적으로 고려해야 한다. 터빈 간 간격(D의 7~10배), 배열망(Inter-Array) 케이블 설계, 후류(Wake) 손실 최소화, 시공·O&M 접근성 등이 핵심 변수로 작용한다. 배치 방식은 정형 격자형, 오프셋형, 클러스터 구분형 등 다양하며, CFD 기반 후류 해석과 전기적 손실·경제성 모델을 결합한 최적화 접근이 점차 보편화되고 있다.

배치 결정은 단지 초기 설계 단계에서 이뤄지며, 이후 구체 설계(기초 구조, 케이블 경로, 해상변전소 위치)를 세분화하면서 재조정될 수 있다. 후류 시뮬레이션 결과, 시공 제한, 항로·군사구역 등 외부 제약을 종합해 최종 레이아웃이 확정되며, 이 레이아웃은 해상풍력단지의 장기 운영 수익성과 안전을 결정짓는 핵심 요소가 된다.

4. 풍력발전기 전력변환장치

해상풍력발전 단지에서 사용하는 풍력발전기는, 바람의 기계에너지를 회전축 동력으로 변환하고 이를 전기출력으로 만들어 내는데, 이 과정에서 전력변환장치(Power Converter, PCS)가 중요한 역할을 한다. PCS는 발전기와 계통(또는 단지 내부망) 간 전압·주파수를 맞추고, 무효전력·고조파 제어 등 계통연계 요건을 충족하도록 한다. 최근 해상풍력 대형화 추세에 따라, 전력변환기의 용량과 기능이 더욱 고도화되고 있다.

4.1 AC/DC, DC/AC 변환원리 및 설계 이슈

1) 일반 구성

풍력터빈 내부 전력변환은 크게 두 단계를 거친다.
AC/DC 변환(정류, Rectifier)
DC/AC 변환(인버터, Inverter)
발전기 출력(유도형, 동기형, 영구자석형 등)은 주로 3상 교류(AC) 형태이지만, 회전속도가 계통 주파수와 직접 연동되지 않도록 전력변환을 통해 가변속 운전이 가능해진다.

2) AC/DC 정류부

발전기에서 나온 3상 AC를 정류기(다이오드, IGBT 등)를 사용해 DC로 변환한다.

유도발전기(DFIG) 방식에서는 로터 회로에 양방향 컨버터(Back-to-back Converter)를 배치해, 로터 쪽 전력을 DC로 정류 후 필요한 무효전력을 제어한다. 영구자석 동기발전기(PMSG)나 전부 컨버터(Full Converter) 타입에서는 전체 출력이 전력변환장치를 거쳐 DC로 전환된다.

3) DC 링크

중간에 DC 링크 커패시터나 DC 버스가 존재해, 정류단과 인버터단을 분리한다. DC 링크 전압은 터빈 정격출력·발전기 전압·전류 한계 등을 고려해 수백~수천 V로 설정한다. DC 링크의 크기와 제어 로직에 따라, 발전기 회전속도 변동 시에도 AC 출력의 전압·주파수 안정도가 달라진다.

4) DC/AC 인버터부

DC 전원을 3상 AC로 재변환하며, PWM(Pulse Width Modulation) 또는 SVM(Space Vector Modulation) 기법을 사용한다. 무효전력(Var) 제어, 고조파 저감, 역률 조절, 주파수 응답 기능이 구현된다. 해상풍력 계통에서는 LVRT(Low Voltage Ride Through)와 FRT(Fault Ride Through)를 만족해야 하므로, 인버터가 단락사고 등 계통이상 상황에도 일정 시간 운전을 지속·제어할 수 있어야 한다.

5) 설계 이슈

IGBT, SiC MOSFET 등 스위칭 소자의 과전압·과열 보호가 중요하며, 해상환경(습도, 염분)에 맞는 밀폐·냉각·부식 방지 설계를 적용한다. 전력 변환 시 스위칭 손실과 각종 필터(LC필터 등)에서의 손실이 발생하므로, 효율·발열·부피·무게를 균형 있게 고려해야 한다. 대형 해상풍력터빈(10MW 이상)은 수냉식 전력변환장치가 많으며, 내부 각종 전력반과 변압기가 나셀 안에 탑재되기도 한다.

4.2 전압·주파수·무효전력 제어

1) 가변속 운전

풍속 변동에 따라 발전기 회전속도도 변하지만, 전력변환기로 인해 계통에 공급되는 주파수는 일정하게 유지된다. 저풍속 구간에서는 회전속도를 낮춰 효율을 높이고, 정격 풍속 이상에서는 블레이드 피치 제어와 함께 출력을 제한한다.

2) 전압 제어

인버터 단계에서 무효전력(Var)을 공급하거나 흡수함으로써 단지 내부 전압을 일정하게 유지한다. 계통연계 시, 송전망 운영자가 요구하는 전압 기준(예: ±5%)을 만족해야 하며, 고압/중압 내부망(33 ~ 66kV)에서 전압보상을 수행한다. 해상변전소의 주변압기, SVC(Static Var Compensator)와 협조하여 전체 전압 프로파일을 안정화한다.

3) 주파수 지원

대규모 해상풍력단지가 계통 주파수에 영향을 줄 수 있으므로, 일정 범위 내에서 능동출력(P) 조절을 통해 주파수를 지원한다. 일부 설계는 Grid Forming 인버터 개념을 도입해, 단지 자체가 계통에 능동적으로 주파수·전압을 형성하는 역할을 수행할 수 있도록 추진 중이다.

4) 무효전력 및 역률 제어

전력변환장치는 역률을 0.9 ~ 1.0 범위에서 조정 가능하며, 계통 안정을 위해 필요시 무효전력을 발생시켜(오버엑사이트) 전압 상승을 방지하거나, 무효전력을 흡수(언더엑사이트)해 전압을 지지하기도 한다. IEEE, IEC, 한전 계통규정(Grid Code) 등에서 정한 무효전력 제어 곡선(Q-V, P-Q 곡선)을 터빈 수준에서 구현해야 한다.

4.3 고조파 저감 대책

1) 스위칭 고조파

인버터 스위칭 과정에서 발생하는 고주파 성분이 단지 내부망 또는 계통으로 유입되면, 변압기·케이블·기타 기기의 열화나 통신 간섭, 보호계전기 오동작 등의 문제가 생긴다. PWM, 다중레벨(Multilevel) 인버터, LCL 필터 등을 적용해 고조파를 저감한다.

2) 필터 설계

해상풍력 단지에서 LC, LCL, RLC 등의 고조파 필터를 해상변전소에 설치하거나, 터빈별로 소형 필터를 분산 배치하기도 한다. IEC 61400-21(풍력발전기 전력품질), IEEE 519(고조파 가이드라인), 한전 계통연계기준 등에서 허용 고조파 범위를 명시하고 있다.

3) 병렬 공진·시스템 해석

단지 내부망의 케이블 리액턴스, 변압기 리액턴스와 필터·커패시터 간 상호작용으로, 특정 주파수에서 공진이 발생할 수 있다. 전력계통 해석 프로그램(EMTP, DIgSILENT 등)으로 **주파수 스캔**(Frequency Scan) 분석을 실시해, 공진점이 계통 운전구간과 겹치지 않도록 필터 파라미터를 조정한다.

풍력발전기의 전력변환장치는 **가변속 운전, 전압·주파수 제어, 무효전력 공급, 고조파 저감** 등의 기능을 수행함으로써 계통과의 안정된 연계를 가능케 한다. 해상풍력 환경에서는 고출력(10MW ~ 20MW 이상), 고염분·고습도, 대형 전력변환장치 냉각·부식 방지 등의 특수 요구사항이 따른다.

AC/DC + DC/AC 단계를 통해 발전기 주파수를 계통 주파수와 분리해 조절하고, 무효전력 제어로 전력품질을 유지한다. 해상풍력의 전력변환부는 **LVRT, FRT, 무효전력 제어 등 Grid Code 요구사항**을 만족해야 하며, 대규모 단지에서는 고조파·공진 방지를 위한 종합 설계가 필수다.

스위칭 소자와 냉각·보호 장치의 견고한 설계가 중요하며, 최근 IGBT·SiC 등 고성능 소자의 도입으로 효율과 출력밀도가 점차 향상되는 추세다. 이로써 전력변환장치는 해상풍력발전 단지에서 **계통친화적 운전과 고효율 에너지 변환**을 실현하는 핵심 요소가 된다.

5. 변압기 시스템

해상풍력발전 단지에서 각 풍력발전기 출력(수 kV 수준)을 22.9kV로 승압해 전력망으로 송전하거나, 해상변전소에서 154 ~ 345kV으로 승압하는 경우가 많다. 이때 사용되는 변압기는 발전기와 가까이 위치하는 **타워 내부 탑재형**과 해상변전소에 집중 배치하는 **분산형/집중형** 방식으로 나눌 수 있다. 해상환경의 염분·습도·온도 변화에 대응하기 위해, 절연 방식(절연유, 건식, 몰드식, 유입 등)과 내염·내습 설계가 강화된다는 점이 육상변압기와의 가장 큰 차이다.

〈그림 4-4〉 변압기

5.1 타워 내부 탑재형 vs 해상변전소 설치형

1) 타워 내부 탑재형(Top-Box or Tower-Base Transformer)

풍력터빈 기둥(타워) 내 저부(Base) 또는 상부에 소형 승압변압기를 설치해, 발전기 출력(690V ~ 1kV대)을 22.9kV으로 올린 뒤 배열망으로 송전하는 방식이다.

- **장점**

  개별 풍력터빈에서 고압으로 승압하므로, 해상 변전소까지 저전압 큰 전류를 끌어올 필요가 없어 케이블 손실이 줄어든다. 분산 배치로 변압기 고장 시 해당 터빈만 영향을 받고, 나머지 터빈은 독립 운전 가능하다.

- **단점**

  타워 내부 공간이 제한적이며, 변압기의 무게와 부피가 증가할수록 구조 보강, 냉각 및 유지보수 접근성이 복잡해진다. 염분·습도에 노출되거나 진동(로터·기어박스) 영향이 커, 변압기 내부 절연 열화와 사고 위험이 높아질 수 있다. 유지보수 시 사람과 장비가 터빈 탑 내부까지 진입해야 하므로 작업 시간이 길어지고 안전 리스크가 생긴다.

2) 해상변전소 설치형(Conventional Offshore Substation)

해상변전소(Offshore Substation) 플랫폼에 고압 변압기를 집중 배치하여, 여러 풍력터빈의 저압(또는 중압) 출력을 한꺼번에 승압한다.

■ **장점**

발전기 출력이 먼저 저압(690V 등)으로 배열망을 형성하고, 해상변전소에서 22.9kV, 154kV, 345kV 등으로 재승압할 수 있어 변압기 대형화·집중화가 가능하다. 변압기를 플랫폼에 설치하면, O&M 인력이 헬리콥터 또는 작업선 등을 통해 접근하여 유지보수하기 용이하고, 플랫폼 자체를 공장제작(Modular) 후 현장 설치가 가능하다. 변압기와 개폐기, 보호계전기, 통신·SCADA 설비를 한곳에 모아 종합 운용할 수 있다.

■ **단점**

해상변전소 플랫폼 건설비가 커지고, 해저케이블 구성이 복잡해질 수 있다.(저압 또는 중압 배열망으로 다수의 피더 케이블 연결) 변전소 고장 시 다수의 터빈이 동시에 영향을 받을 수 있다. 하지만, 최근에는 해상풍력 규모가 대단위로 개발되고 있기 때문에 대형 해상변전소 설치를 검토할 필요가 있다.

5.2 절연유/건식/유입 변압기 구조와 장단점

해상풍력 변압기는 내염·내습·방폭 요구가 높아, 절연 방식 및 냉각구조를 육상용과 달리 최적화해야 한다. 일반적으로 유입 변압기(Oil-Immersed), 건식 변압기(Dry-type), 에스터 절연유(에코 절연유) 등이 검토되고 있다.

1) 유입 변압기(Oil-Immersed)

변압기 코일과 철심을 절연유(광유)로 채운 탱크에 담그고, 외부 라디에이터/쿨러로 열을 방출하는 구조이다.

■ **장점**

전통적으로 신뢰성이 높고, 절연 내력과 냉각 성능이 우수해 대형·고전압 변압기에 적합하다. 해상변전소와 같은 플랫폼에 설치 시, 대규모(수십 ~ 수백 MVA) 용량에서도 안정적인 운전 가능하다. 또한 염해 등에 안정적으로 운전할 수 있어 대용량 변압기로 해상변전소에 많이 쓰인다.

- **단점**

    누유(油漏) 시 해양오염 위험이 존재하며, 화재·폭발사고 대비 방폭설계를 강화해야 한다. 무게·부피가 커지고, 광유는 인화점이 상대적으로 낮아 화재 리스크가 있다.

2) 건식 변압기(Dry-type), 또는 몰드변압기

권선과 철심을 절연수지(에폭시 등)나 공기절연으로 보호하며, 탱크 내 절연유 없이 공기(또는 고체수지)로 냉각하는 방식이다.

- **장점**

    누유·오염 위험이 없고, 화재·폭발 위험이 상대적으로 낮으며, 메인터넌스가 단순하다. 타워 내부 탑재형에 적합하며, 소용량(수 MVA) 변압기에서는 관리가 비교적 용이하다.

- **단점**

    대용량·고전압(수십 ~ 수백 MVA, 66kV 이상) 적용 시 부피와 무게, 열 문제로 비효율적일 수 있다. 해상환경의 염분·습기에 직접 노출되면 절연수지가 손상될 수 있으므로, 밀폐형(Enclosed) 구조와 제습·방염 대책을 갖춰야 한다.

3) 에스터 절연유(에코 절연유)

천연 에스터(식물성 기유)나 합성 에스터를 절연 매질을 사용하는 변압기이다.

- **장점**

    인화점이 광유보다 훨씬 높아 화재 위험이 낮고, 생분해도가 높아 누출 시 환경피해가 적다. 해상풍력 변압기에 친환경 안전성을 부여하여, 국제 인증이나 환경규제 대응에 유리하다.

- **단점**

    광유 대비 비용이 높고, 점도가 높아 냉각 효율이 약간 떨어질 수 있다. 여전히 탱크·배출구·오일팬 설계가 필요하며, 완전 무누유를 보장하는 것은 아니다.

⟨표 4-3⟩ 표준 승압 변압기 용량

구분	1차 전압(kV)	2차 전압(kV)	정격 용량(MVA)	비고
소형 단지용	22.9	154	20 ~ 30	10기 이내 소규모 풍력단지
중형 단지용	22.9	154	50 ~ 60	20 ~ 30기 규모 풍력단지
대형 단지용	22.9	154	75 ~ 100	30기 이상 대규모 풍력단지
초대형 단지용	22.9	154	125 ~ 160	복수기 운전 및 예비 용량 고려
특수 맞춤형	22.9	154	200 이상	해상 변전소 내 주 변압기, 맞춤 설계 필요

⟨표 4-4⟩ 3권선, 4권선 변압기

변압기 유형	구성 권선	설명	적용 목적
3권선 변압기	22.9kV (회로 A) + 22.9kV (회로 B) → 154kV (1권선)	발전기에서 오는 2개 수집선로(보통 각 10 ~ 15기 터빈 연결)를 하나의 154kV로 승압 후 계통 연계	수집선로 집약, 변압기 수 최소화
4권선 변압기	22.9kV (회로 A) + 22.9kV (회로 B) + 22.9kV (회로 C) → 154kV (1권선)	3개 수집선로를 하나의 변압기에 연결하여 154kV로 승압, 대규모 단지(30기 이상)에 주로 적용	구조 간소화, 해상변전소 면적 최적화

⟨표 4-5⟩ 적용 예시

풍력단지 규모	수집 회로 수	변압기 구성	용량 범위
중형 단지 (20 ~ 30기)	2회선	3권선 변압기	60 ~ 100 MVA
대형 단지 (30 ~ 45기)	3회선	4권선 변압기	100 ~ 160 MVA
초대형 단지 (>45기)	복수 그룹화	복수 4권선 변압기 또는 HVDC 연계	160 MVA 이상

5.3 내염·내습에 대한 절연 및 방열 설계

1) 내염(Corrosion Protection)

변압기 탱크와 라디에이터 표면에 특수 방청 코팅(C5-M 수준), 노출부를 스테인리스나 합금강으로 제작해 염분에 의한 부식을 최소화한다. 밀폐형 변압기를 적용하거나, 외부 기기(부싱, 탭체인저) 등도 IP등급(예: IP56 이상)으로 선정한다. 해상변전소 내부에 설치되더라도 습도·염분 유입이 우려되므로, HVAC(공조·제습) 시스템으로 실내를 일정 온도·습도로 유지한다.

2) 내습(습도 제어)

타워 내부 탑재형 변압기는 결로(Condensation) 문제가 심각할 수 있으므로, 배기 팬과 히터, 제습장치 등을 두어 습도를 조절한다. 건식 변압기 권선의 수지면에 염분이 축적되지 않도록 정기 점검 및 세척이 필요하다. 변압기 내부 절연유(또는 에스터유) 수분 함량이 높아지면 절연 파괴 위험이 증가하므로, 습도 센서와 필터(흡착제)로 유지 관리한다.

3) 방열 및 냉각(Cooling)

변압기는 운전 중 발열이 상당하므로, 해상변전소나 터빈 내부에서 열을 효과적으로 배출해야 한다.

- **방열 방식**: ONAN(유입 자냉), ONAF(유입 풍냉), KNAN(에스터유 자냉) 등 다양한 표준이 있으며 대용량일수록 냉각 팬이나 수냉식 열교환기 사용이 늘어난다. 열해석(Computational Fluid Dynamics, 열 시뮬레이션)을 통해, 변압기 탱크 주변 공기흐름, 염분·습도 집적 여부를 예측해 설계를 최적화한다.

  해상풍력발전 단지의 변압기는 출력 전압을 상승시켜 케이블 손실을 줄이는 데 핵심적이다.

- **위치 선정**: 터빈 타워 내부에 소형 변압기를 분산 배치할지, 해상변전소에 집중 배치할지는 프로젝트 규모, 시공·유지보수 전략, 전기적 손실 등 종합 요소로 결정된다.

- **절연 방식**: 유입 변압기, 건식 변압기, 몰드변압기, 에스터 절연유 등 각기 장단점이 있으며 해상환경의 염분·습도·부식 위험을 반영해 선택한다.

- **내염·내습·방열 설계**: 코팅, IP등급, HVAC, 냉각 시스템 등으로 부식을 억제하고 열안정성을 확보한다. 대규모 해상풍력단지에서는 대부분 해상변전소에 대형 변압기를 집중 배치하고, 최근 일부 개발사는 타워 내부 소형 승압변압기를 선호하기도 한다. 기술·경제성을 균형 있게 평가해, 안전성과 효율성을 동시에 만족하는 변압기 솔루션을 채택하는 것이 중요하다.

6. GIS 변전소

6.1 GIS 변전소 채택 배경 및 특징

해상풍력에서 GIS(Gas Insulated Switchgear) 변전소는 공간 효율성과 해양 환경 적응력을 고려하여 채택되는 핵심 인프라이다. 기존 AIS(Air Insulated Switchgear)에 비해 부피가 작고, 내환경성이 뛰어나 해상 구조물에 적합하다. 해상 구조물은 설치 공간이 제한적이며 유지보수가 어려워 고신뢰성과 컴팩트한 설계가 요구된다. GIS는 절연 매체로 SF_6 가스를 사용하여 외부 환경의 영향을 최소화하고 안정적인 절연 성능을 제공한다.

해상풍력의 송전 전압은 보통 154kV 이상이므로 고전압 절연 성능이 중요한데, GIS는 이에 효과적이다. 특히 염분, 습기, 바람 등 해상 환경의 부식성과 오염도를 고려할 때 GIS는 유지보수 주기를 줄일 수 있다. 또한 구조적으로 밀폐형이기 때문에 기계적 손상 및 외부 충격에도 강한 내구성을 가진다.

공간 절약 외에도 설치 기간 단축 및 시공 품질 확보에 유리하여 전체 프로젝트 일정 관리에 유리하다. 장기적으로는 유지보수 비용 절감과 안정적 운영으로 경제성이 확보된다. 이러한 이유로 해상풍력 변전소에는 GIS가 표준적인 솔루션으로 자리잡고 있다. 그림 4-5는 GIS 변전소 배치도이다.

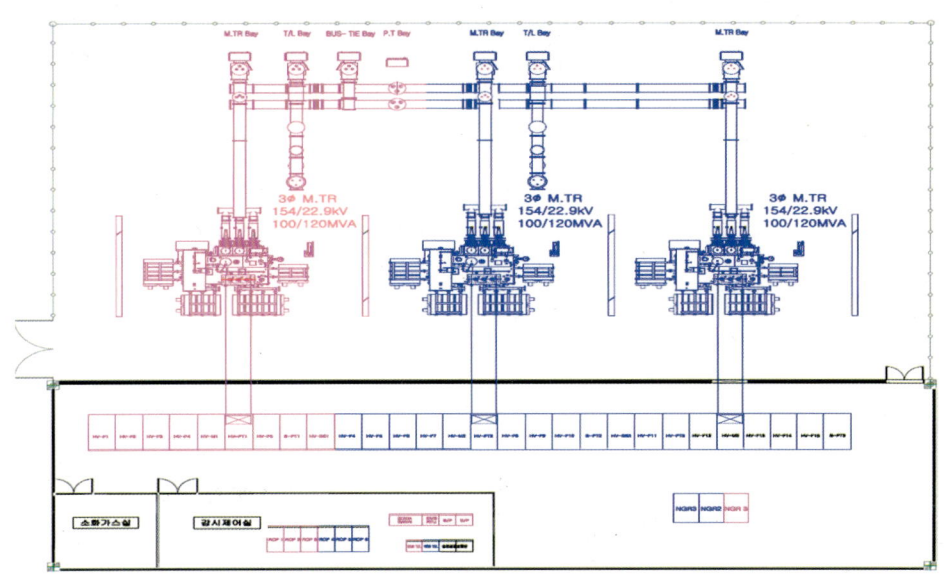

〈그림 4-5〉 GIS 변전소 배치도

1) 공간 절감과 내환경성

■ 공간 효율
SF$_6$(또는 대체 가스)을 절연 매체로 사용하는 밀폐형 구조라서 AIS 대비 절연거리를 크게 줄일 수 있고, 설치 면적과 무게를 절감한다. 해상변전소 플랫폼(재킷·모노파일·부유식)에서 공간·중량 문제는 매우 중요하므로 GIS가 선호된다.

■ 해양환경 대응
AIS는 습기·염분에 직접 노출되어 녹·오염 플래시오버 가능성이 높지만, GIS는 금속 밀폐용기에 절연가스가 충전되어 외부 환경 영향을 최소화한다.

〈그림 4-6〉 GIS 변전소 설치 사진

2) 높은 신뢰도와 유지보수 편의
해상 현장은 접근이 어렵고 정비 비용이 육상보다 2~3배 높으므로, 고장·오염사고 발생 빈도가 적은 GIS가 O&M 측면에서 유리하다. 그러나 SF$_6$ 가스 누설이나 내부 부분방전 등 고장 발생 시 수리 난이도가 높으므로, **예측 정비**와 **부분방전 모니터링**이 중요하다.

3) 비용 및 복잡성
초기 투자비는 AIS보다 높으며, SF$_6$ 가스 취급 장비·기술(가스충전, 누출 모니터링 등)이 필요하다. 대형 해상변전소에서는 GIS가 표준에 가까워졌지만, 소규모 프로젝트에서 경제성 이슈로 AIS(내환경 보강)가 검토되기도 한다.

6.2 주요 구성과 설계 포인트

GIS 변전소는 일반적으로 회로차단기(CB), 단로기(DS), 계기용 변압기(CT/VT), 버스(Bus), 피뢰기, 가스 모니터링 등을 하나의 밀폐 금속 용기에 통합하는 모듈형이다.

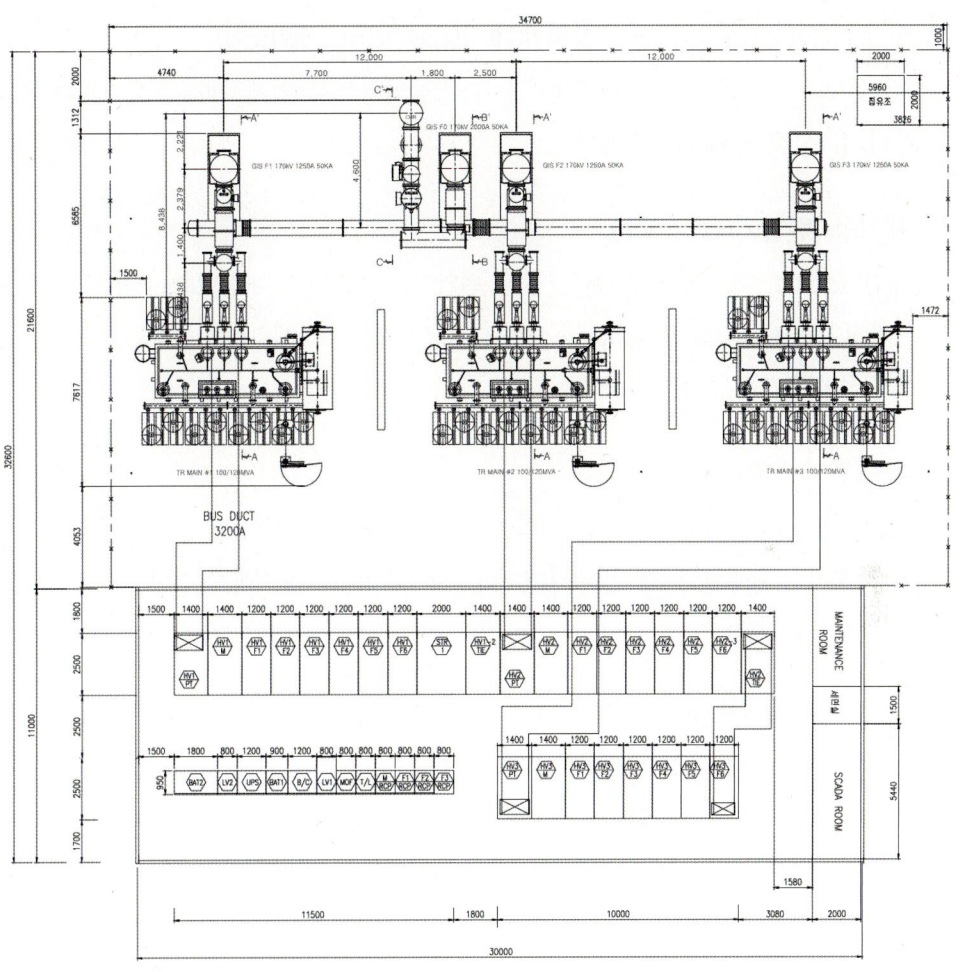

〈그림 4-7〉 300MVA GIS 변전소 배치도

1) 가스 절연부(Gas Compartment)

SF_6 가스를 사용해 3상 또는 단상별로 구획(Segmentation)한다. 기기 간 연결부(버스)는 밀폐형 도관으로 설계되며, 가스 농도·압력 센서 부착해 누설·압력저하 감시를 한다.

2) 회로차단기(Circuit Breaker)

해상변전소는 대개 154~345kV급까지 적용. GIS는 SF_6 가스를 이용한 고속 소호(아크 소멸) 방식을 적용하고, 차단 용량·정격 전류를 해상풍력 계통의 단락전류(고장전류)와 여유도를 감안해 선정한다.

3) 단로기(Disconnector), 접지개폐기(Earthing Switch)

GIS 모듈 내 단로기, 접지개폐기도 가스절연형으로 일체화하고, 유지보수 시 회로 분리/접지, 안전조치를 수행한다.

4) 계기용 변압기(CT, VT)

변전소 보호·계측을 위한 전류/전압 변압기. GIS 탱크 내장형(초소형)으로 하고, 부분방전 진단(Partial Discharge Sensor) 센서를 부착해 내부 절연 건전성을 실시간으로 검사할 수 있도록 한다.

5) 버스부·피뢰기

고압 버스(Bus Bar)도 가스절연형. 탱크 모듈을 플랜지·보강재로 연결하고, 낙뢰서지·개폐서지 대응을 위해 피뢰기(Surge Arrester)도 내부에 설치하거나 출입 부싱에 장착하여야 한다.

6) 전력 케이블 연결(출입구)

해상변전소는 해저케이블(154kV ~ 345kV)와 GIS를 연결하는 케이블 접속함이 필요하며, 케이블 보호, 방수 시스 설계를 하여야 한다. 육상 측 HVDC/HVAC 케이블 또는 단지 내부(Inter-array) 케이블을 GIS 인입(Plug-In 형식)으로 검토한다.

7) 가스 모니터링 및 환기

SF_6 가스 압력·온도 센서, 수분(H_2O)·분해가스 모니터링으로 누설·열화 징후 파악하도록 하고, 해상변전소 내부는 염분·습기 제거 위한 에어컨·제습기 작동, GIS 자체는 밀폐 구조로 외부공기와 격리시켜야 한다.

6.3 해상환경 적용 시 이점과 과제

1) 이점

- **공간 절감**: AIS 대비 30~70% 정도 부피·면적 축소, 해상플랫폼 비용 절감 등이 있다.
- **내환경성**: SF_6로 절연된 금속 케이스가 해양 염분·습기 영향을 차단, 오염플래시오버·염해 부식 사고가 크게 줄어든다.
- **고신뢰도**: 해상 O&M 비용 높아서 한 번 설치하면 고장 없이 오랜 기간 운전이 유리하다.

2) 과제

- **높은 초기 비용**: AIS보다 1.2~1.5배 이상 투자비 상승(장비·조립·SF_6 취급), 해상 인양 시 무거운 장비 모듈이 해결 과제이다.
- **SF_6 가스 환경규제**: GWP(지구온난화지수) 매우 높아 EU 등에서 대체가스(혼합가스)로 전환을 시도해야 한다.
- **유지보수 시**: 밀폐구역 분해·가스 재충전·전문 인력·장비 필요, 해상접근성을 고려해야 한다.

6.4 154kV GIS 해상변전소 구성이해

1) 주요 구성 블록

- **변압기(메인트랜스)**: 22.9kV → 154kV 승압, 해상환경 고려 내염도·도장·냉각 시스템으로 구성된다.
- **GIS 개폐장치**: 차단기(CB), 단로기(DS), 계기용 변압기(CT/VT), 피뢰기(Surge Arrester)가 SF_6 탱크 내 모듈화로 구성 된다.
- **보호·제어반**: 보호계전기(과전류, 거리, 차동), SCADA/통신 설비, 무효전력 보상장치(SVC/STATCOM) 제어반 등으로 구성된다.
- **보조설비**: 소내전력(AC 380/690V), UPS, HVAC(냉난방·제습), 소방(가스·분말), 폐수처리 등도 함께 구성된다.

2) 단선계통 예시

(1) 해상변전소 GIS 버스 A/B

(2) 변압기 1차(22.9kV) 측 GIS 구역, 2차(154kV) 측 GIS 구역

(3) 해저송전케이블 연결(Incoming/Outgoing) 모듈

(4) 여유 발전기(비상디젤), SVC/STATCOM 모듈 별도 구획

3) 가스절연 모듈 구조

회로차단기 + 단로기(DS) + 접지개폐기(Earthing Switch) + 버스(Bus) + CT/VT가 일체 모듈로 체결하도록 하고 금속 엔클로저(밀폐 탱크) 내부 압력·온도 센서, SF_6 누설 감시기도 장착하도록 한다.

6.5 전기설계자가 알아야 할 핵심 포인트

1) 절연 계급 및 정격 선정

154kV 계통 정격은 차단기 정격전류(최대운전전류), 차단용량(20kA ~ 40kA) 결정, 서지(개폐/낙뢰)레벨, BIL(Basic Insulation Level) 확인한다. 해상풍력 계통의 단락전류 특성(인버터 기반)은 낮을 수 있으나, 육상 계통으로부터 큰 고장전류가 역류할 가능성을 고려해야 한다.

2) 밀폐 구조와 가스 모니터링

SF_6 가스 압력, 온도, 수분 농도 센서 설계. 부분방전 모니터링 장치(UHF 센서 등)로 내부 절연 건전성 평가을 하고, 밀폐 플랜지·가스켓 등 해양 염분·습기에 강한 자재, 도장 처리. 누설 시 유지보수 절차 숙지(가스 회수·재충전)한다.

3) 배열망(22.9kV)과 변압기 연계

수십 ~ 수백 MW 규모 풍력 단지가 22.9kV로 묶여 해상변전소로 들어온다. 변압기 용량(수백 MVA급), 냉각(Oil/에스터), 중성점 접지 방식을 결정한다. 대형 변압기·GIS 설치 시 플랫폼 하중·동적 모션, 충격에 대한 부분을 철저히 검토한다. 그림 4-8은 GIS 22.9/154kV, TR 100/120MVA × 3대를 배치한 설계도이다.

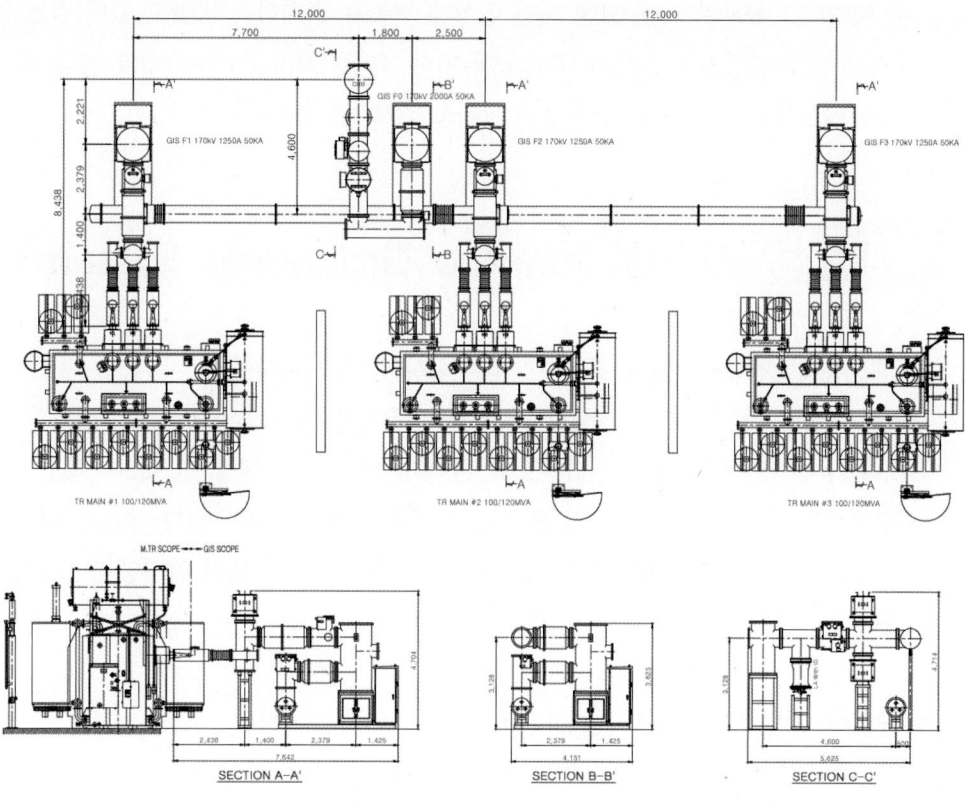

〈그림 4-8〉 GIS 22.9/154kV, TR 100/120MVA × 3대 설치도

4) 내환경성(염해·습기) 대책

GIS 외함(C5-M 등급 도장), 해양용 스테인리스 나사·볼트, 방수 등급(IP54 ~ IP56 이상) 구조를 설도서나 시방서 등에 명기하고 전기방폭구역(Ex) 분류에 대해서는 변압기 유출유·가스, SF_6 누출 가능성 구역에 방폭 등급 장비를 적용하도록 한다.

5) SCADA/통신 연계

GIS 스위치·차단기 상태, SF_6 압력, 보호계전기 동작을 해상 SCADA/제어실에서 실시간 감시가 가능하도록 설계에 반영하는데, IEC 61850 기반 디지털 변전소 구성이 일반적이므로 해상~육상 간 광케이블 통신에 대해서도 적극 검토한다.

6) 무효전력 보상·배전구조

해상케이블 커패시브(Capacitive) 전류, 무효전력 변동 등 해상풍력 특성을 반영하여야 한다. SVC/STATCOM 장비도 GIS 모듈 인근에 설치 또는 통합 운영하여야 한

다. 만약 그 규모가 너무 크게 되면 육상에 별도로 설치하는 방안도 함께 검토해 볼만 하다. 해상 변전소의 규모나 중요도에 따라 소내전력(400V/690V)의 공급 방법이나 UPS/비상용발전기, 조명·소방전원 설계도 함께 검토되어야 한다.

7. 해상접지시스템(Offshore Grounding System)

해상풍력발전단지에서의 접지시스템은 육상과 달리 바닷물(해수), 금속 구조물(타워·재킷), 해저지반 등이 복합적으로 작용하는 환경을 다룬다. 일반적인 육상 접지 설계보다 부식·전위상승·해양 전기전도도 관리가 까다롭고, 해상 변전소나 해상구조물의 대형화로 인해 접지·피뢰·전식 방호가 긴밀하게 연계되어야 한다. 이 장에서는 해상 접지시스템의 개념, 해상구조물 접지 설계, 지락 보호 및 해저 접지망 구성, 접지저항 관리 방안 등을 정리한다.

7.1 해상구조물 접지 설계 개요

1) 해양환경 특수성

해수는 염분 때문에 전기전도도가 높아, 구조물 표면을 통한 전류 확산이 육상보다 훨씬 유리해 보이지만, 실제로는 전식(Corrosion)과 해저지반 특성이 얽혀 있어 단순하지 않다. 해상풍력 기초 구조물(모노파일, 재킷)은 크게 노출되어 있으나, 부식 방지용 캐소드 보호(Cathodic Protection) 장치도 병행해야 하므로 접지와 부식방호 사이의 상호 간섭이 문제될 수 있다.

2) 기본 개념

집단 접지(Collective Grounding)를 통해 풍력터빈, 해상 변전소, 해저케이블 차폐층 등 단지 전체를 등전위(Equipotential)로 묶는다. 지락 사고(Flashover, Fault)나 낙뢰(IEC 61400-24, IEC 62305 규정 준수) 발생 시, 전류가 안전하게 해수 또는 해저지반으로 분산되어 인명·설비 보호가 이뤄지도록 설계한다.

3) 국제 표준 및 참고 지침

IEC 60364(전기설비), IEC 61892(Offshore Installation), DNV-ST-0145(해상변전소), DNV-RP-B401(해양구조물 부식방호) 등에서 해상 접지·부식 보호를 언급한

다. 실제 프로젝트에선 CDEGS, ETAP 등의 시뮬레이션 툴로 해상 접지망 전위상승, 지락전류 분포 등을 해석해 최적 설계를 찾는다.

7.2 지락 보호와 시스템 구성

1) 지락 사고 시 전류 경로

터빈이나 해상 변전소에서 1상 지락이 발생하면, 접지망을 통해 대지(해수·해저지반)로 전류가 흘러 계통 중성점 또는 인접 구조물과 회로를 이룬다. 이때 해수 표면·해저면의 전위상승(GPR, Ground Potential Rise)을 평가해, 인접 터빈·케이블·인명에 위험이 없도록 한다.

2) 본딩(Bonding)과 등전위

풍력터빈의 메인 프레임, nacelle, 탑 내부 철 구조, 해상 변전소 철골, 케이블 차폐층·아머(armor)를 일괄 접속해 등전위망을 구성한다. 해저케이블의 금속 차폐와 구조물 지점 사이를 일관되게 본딩하면, 단지 전체가 하나의 접지망처럼 기능할 수 있다.

3) 계통접지 방식

해상풍력 단지 내부망(33 ~ 66kV)은 중성점 직접 접지(Solidly Grounded), 소호리액터 접지, 저항 접지 등 여러 방식이 검토 가능하다. 인버터·컨버터가 존재하는 가변속 풍력 계통에서는, 전력변환장치의 내부 보호와 외부 지락 보호가 중첩되어 고장 검출이 복잡해질 수 있다.

한전 계통연계(154 ~ 220kV급)에서도 중성점 접지 여부와 보호협조를 맞추어 지락 사고 시 빠르고 안전한 고장 차단이 이뤄지도록 한다.

7.3 해저 접지망 구성 및 전위상승 관리

1) 자연 접지 활용

해저 기초 구조(모노파일, 재킷)의 거대한 강재 면적을 통해 해수와 접촉하는 자연 접지를 확보할 수 있다. 전식(CP) 시스템(아연·알루미늄 양극)이 설치된 상태에서, 접지 목적으로 구조물에 고전류가 흐르면 부식전위가 변해 CP 시스템과 상호 간섭이 발생한다.

• **설계 방안**: 설계 단계부터 CP vs 접지 사용 조건을 협의하고, CP 음극 설치 패턴을

해석해 전식 보호 및 접지의 동시 목표를 달성한다.

2) 해저 접지전극·어스 매트

필요 시 해저면에 고저항이 예상되거나 구조물만으로 부족할 경우, 해저 접지전극(전극봉, 메쉬 등)을 부착·매설한다. 분산 전극을 여러 점에 배치해 전류가 해수·퇴적층으로 분산되도록 한다. 고강도 부식성 재료(스테인리스, 티타늄 도금 전극, 구리도금 강봉 등)를 채택해야 한다.

거대단지(수백 MW ~ GW)에서는 해상변전소 주변에 Earthing Mat를 깔고, 케이블 차폐·단지 메탈 구조와 병렬 연계해 접지 저항값을 낮춘다.

3) 접지저항 목표값

육상과 달리 해상은 상대적으로 1Ω 이하로 설계할 수 있다는 인식이 있지만, 정확한 해저 지반·염분 농도·설치 방식 등에 따라 달라진다. IEC, IEEE, DNV 지침에서 절대 기준치를 제시하기보다 지락전류·공용안전(접촉전압·선박 안전)을 종합 고려하여 '실무적 목표 예: 0.5 ~ 2Ω 이하' 수준을 권장하기도 한다. 해저케이블·터빈 고장전류 크기를 감안해, 지락 시 Touch Voltage를 인체 허용치 이하로 제어하는 것이 핵심이다.

4) 전위상승(GPR) 및 EMF 영향

지락 고장 시 해상변전소나 터빈 주변 해수와 구조물 표면에서 전위가 급상승(GPR)해, 인근 선박·다이버·어망 등에 전격 위험이 생길 수 있다. 전기자유도(Conductivity) 시뮬레이션으로 전류분포·전위 분포를 해석하고, 접근 제한, 절연구역 지정, SPD(서지 보호장치), RCD(잔류전류 차단기) 등을 마련한다.

7.4 해상 접지·피뢰·전식 방호 연계

1) 피뢰설비와 접지 병행

해상풍력단지는 높은 피뢰 위험에 노출되므로, IEC 61400-24(낙뢰 보호)를 준수해 블레이드 피뢰 시스템(도체, 서지 보호기)와 타워 접지망을 연계해야 한다. 낙뢰 유도 시 전류가 타워-재킷-해저지반 경로로 흐르며, 일부는 케이블 차폐·해상변전소 등으로 분산될 수 있다. 낙뢰 고전류가 CP 시스템이나 나셀 전기장치에 영향을 주지 않도록, 접지 회로를 통해 신속 방전이 이뤄지게 한다.

2) 전식(Cathodic Protection)과 상호 간섭

CP 시스템(갈바닉 희생 양극, ICCP(Impressed Current CP) 등)은 구조물을 전기 음성적으로 보호해 부식을 줄인다. 접지와 CP가 공유하는 바닷물/해저면 전극을 통해, 대전류 흐름 시 CP 설계가 엇갈려 과보호나 부실보호 발생 가능성이 있다. 사전 해석 및 시공 후 모니터링으로, 접지·CP 모두 정상 동작하도록 양극 배치, 시스템 전위 설정 등을 최적화한다.

3) 특수 환경(부유식 플랫폼)

부유식 해상풍력(스파, 세미서브, TLP)은 계류 라인·앵커·동적 케이블 등을 통해 접지가 형성되며, 큰 파랑·동요로 반복 접촉이 생길 수 있다. 계류선(Chain, Wire)에 전식 방호와 접지가 동시에 관여하므로, 양극 설치·절연 조인트·계류 인장력 모니터링이 필요하다.

해상접지시스템(Offshore Grounding System)은 해상풍력발전단지의 전기안전과 구조물 부식방호, 낙뢰·지락 사고 대응의 핵심 요소다. 육상접지와 달리 해수·해저지반이 높은 전도성을 갖지만, 부식(Corrosion), CP(Cathodic Protection) 간섭, 전위상승(GPR), 케이블 차폐 설계 등 고유의 문제를 해결해야 한다.

- **등전위망**: 터빈, 해상변전소, 케이블 차폐·아머, 철구조물을 일체화해 공통접지망을 구성하고, 지락·낙뢰 시 안전하게 전류를 해수나 해저면으로 분산한다.
- **CP 시스템 연계**: 구조물 자연접지를 활용하되, 부식방호(양극, ICCP)와 접지 사용의 상호 간섭을 고려해 전식해석과 전기해석을 동시 시행한다.
- **해저 접지전극**: 필요 시 별도 전극(매트, 전극봉 등)을 매설해 접지저항을 낮추고, 대형 단지에서 전위상승 위험을 관리한다.
- **시뮬레이션 및 모니터링**: CDEGS, ETAP 등 소프트웨어로 GPR, 전류분포, 공진·간섭 등을 분석하고, 시스템 운전 중에 부식·접지상태 모니터링을 수행한다.

이러한 복합 설계를 통해 해상풍력 설비의 안정성, 인명·설비 보호, 해양 생태 보호(오일·전식 사고 예방) 등의 요구를 충족할 수 있다.

> **NOTE**
>
> 해상풍력발전단지 내 해상변전소(offshore substation)의 접지(Grounding) 시스템에 대한 개념적 설계 및 기술 해석 내용을 담고 있다. 해당 이미지를 바탕으로 구성된 보고서는 실제 해상 구조물의 전기적 안정성과 인체 보호를 위한 접지설계 방향을 시각적으로 설명하고, 관련 기준 및

시뮬레이션 기반 해석 요소를 포함한다.

1. 시스템 구성 개요

- **플랫폼 형식**: Jacket 타입 해상변전소 구조물
- **주요 구성**
  해상변전소 상부 플랫폼(변압기, GIS, 보호장치 포함)
  해저케이블 연결(HVAC/HVDC)
  해수면 아래 구조물 접지망 및 부식 방호 시스템

2. 접지 시스템 구성 요소

- **주 접지망(Grounding Grid)**
  구조물 하부 재킷(Jacket Structure)과 일체형으로 설치
  도전성 강재 및 고부식 저항 피복 구리 도체 사용
  수평 및 수직 도체를 해양 구조물 내부에 내장하거나 외부에 고정

- **해수 기반 접지 전극(Sea Water Grounding Electrode)**
  구조물과 해수 간 임피던스를 최소화하도록 배치
  해수 저항률(ρ ≒ 0.2 ~ 0.5 $\Omega \cdot m$)을 고려하여 설계

- **부식 방호 시스템(Cathodic Protection)**
  희생양극(Sacrificial Anode): 아연 또는 알루미늄 기반
  IEC 61892 및 DNV-RP-B401 기준 만족

- 연결 구성
  전력설비(변압기, GIS 등)의 금속 케이싱과 본딩
  케이블 쉴드 및 메탈 트레이와 연계 본딩 구조

3. 전기적 해석 요소

- 전위 상승(GPR: Ground Potential Rise)
  고장 시 접지망을 통해 흐르는 지락전류에 의해 발생
  안전 기준: 접촉 전압 및 보폭 전압이 허용치 이내 유지 (IEC 60364, IEEE Std 80)

- 지락전류 분포 분석
  CDEGS를 통해 해수 내 전류 분포 및 구조물 전위 분포 해석
  구조물 간 유도 전류(EMC 영향) 포함 고려

- 부식 방호 및 전기 간섭 고려
  희생양극 전류가 접지망과 간섭을 일으키지 않도록 절연 인터페이스 설계

4. 시뮬레이션 및 설계 도구 활용

- CDEGS: 전위 상승, 지락전류 분포, 전계 해석
- ETAP Ground Grid Module: 기본 접지망 저항 계산 및 안전 전압 분석
- COMSOL(보조 도구): 다중물리 기반 부식 전류 경로 시각화

해상변전소의 접지 설계는 단순 전기적 접지 개념을 넘어서, 구조물 전위, 해수 저항률, 부식 방호 요소까지 통합적으로 고려되어야 한다. 고장 시 인체 보호 확보와 함께 전기-기계 구조의 장기 내구성 확보를 위한 시뮬레이션 기반 설계 최적화가 필수적이다. 향후 국내 해상풍력 프로젝트에서도 CDEGS 기반 고급 해석과 IEC/DNV 기준을 통합한 기술 표준이 마련되어야 할 것이다.

8. 소내전력

해상풍력발전단지에서는 일반적으로 터빈이 발전하는 전력 일부를 소내전력으로 사용하여 터빈의 제어, 감시, 냉난방, 통신설비 등 필수 시스템을 유지한다. 정상 운전 시에는 풍력터빈이 자체적으로 생산한 전기를 이용하여 소내전력을 충당할 수 있으나 모든 경우가 자체 전력으로만 충족될 수 있는 것은 아니다.

특히 바람이 불지 않는 상황이나 터빈 고장, 계획된 점검 및 정지 운전과 같은 경우

에는 터빈이 전기를 생산하지 못하기 때문에 소내전력 수요를 충족하기 위해 반드시 외부 전력계통(Grid)과 연결되어야 한다. 따라서 해상풍력단지는 단순히 자체 발전만을 의존하는 구조가 아니라 외부 전력망과의 안정적 연계를 필수적으로 고려해야 한다.

이러한 안정적 소내전력 공급을 위해 해상풍력단지 내부 변전소(Offshore Substation, OSS)에는 별도의 소내전력용 변압기(Auxiliary Transformer)가 설치된다. 이 변압기는 본래 풍력발전 전력을 송전하기 위해 설치된 주 변압기(Main Power Transformer)와는 별도로 운용된다. 일반적으로 해상풍력단지 내 배전망은 22.9kV 또는 154kV로 구성되어 있으며 소내전력 변압기는 이 전압을 220V/380V, 440V 또는 690V로 낮추어 터빈 변전소 내 주요 설비, SCADA 시스템, 항해등, 항공장해등 등 다양한 소내 부하에 전력을 공급한다.

또한 소내전력 사용에 따른 전력 정산 문제도 명확히 관리되어야 한다. 해상풍력단지에서 사용하는 소내전력은 단지 전체 발전량과 별도로 계량(Metering)되어야 하며, 이를 위해 전용 계량기를 설치하여 외부 전력회사(예: 한국전력공사)와 별도 계약을 체결한다. 국내의 경우 여러 발전단지에서는 '자가소비용 전력' 또는 '산업용 전력'으로 분류하여 별도의 계량기 부착 및 정산 체계를 운영하고 있다. 이처럼 소내전력에 대한 정확한 계량과 별도 정산은 발전단지의 수익성 분석, 전력시장 거래, 회계처리 등의 관점에서도 필수적으로 요구된다.

요약하면 해상풍력발전단지의 소내전력은 정상 운영 시 자체 생산 전력으로 충당할 수 있지만, 비정상 상황에서도 안정적이고 연속적인 운영을 보장하기 위해 외부 전력계통과 항상 연결되어 있어야 하며, 이를 위한 별도의 전력변환 및 계량 체계가 설계·운영되어야 한다. 참고로 외부 전력계통과 연계되지 않고 수소를 생산하는 수전해방식일 경우 자체 소내전력 공급용 UPS나 ESS 시스템을 반드시 구비하여야 한다.

8.1 소내 부하(Auxiliary Loads)

해상풍력 발전설비는 전력을 외부로 송전하는 것 외에도, 자체 운영과 안전 유지, 설비 운용을 위한 소내 부하(Auxiliary Loads)가 필수적으로 구성되어야 한다. 이러한 부하는 크게 운영부하, 안전부하, 예비부하로 구분할 수 있다.

우선 운영부하는 터빈과 변전설비의 정상 운전을 위한 기본 전력으로, PLC/SCADA 등 제어 시스템, 피치 및 요 제어장치, 냉각팬, 기어박스 윤활펌프, 수배전반 전원 공급 등이 이에 해당된다. 발전기의 동작을 실시간으로 감시하고 조정하는 데 사용되는 핵심 부하이다.

안전부하는 긴급 상황 또는 위험 구역에서의 안전 확보를 위한 부하로, **소화펌프, 방폭구역 환기팬, 피뢰 및 접지 장치의 운전 전원 등**이 포함된다. 이 부하는 정전 시에도 비상전원(UPS, 배터리, 디젤 발전기 등)을 통해 유지되어야 하며, 시스템 보호와 인명 안전 확보를 위한 필수 항목이다.

예비부하는 부수적 설비에 해당하지만, 해상운영의 편의성과 기능 유지에 중요한 역할을 한다. **설비 조명, 통신 및 IT 장비, 항로표지등, 헬리데크 설비 등**이 이에 포함되며, 장기 운용 시에도 안정적인 전원 공급이 필요하다.

소내 부하는 전체 설비의 **자율 운전 및 비상 대응 능력 확보**에 중요한 요소로, 전력 공급의 안정성, 이중화 구성, 정전 대비 대응 전략까지 포함하여 설계되어야 한다.

8.2 특징(해상풍력)

해상풍력발전은 다수의 풍력터빈이 넓은 해상에 **분산 배열**되는 구조를 가지므로, **각 터빈별로 개별적인 소내전력 공급체계가 필요**하며, 동시에 해상변전소에도 별도의 **운영·제어·안전 설비용 소내전력**이 별도로 마련되어야 한다. 이처럼 시스템 전체가 분산되어 구성되기 때문에, 각 설비별로 독립적이면서도 상호 연계된 소내전력 운용 체계가 요구된다.

계통이 정상적으로 연계된 상태에서는, 풍력터빈이 발전 중인 경우 **자가발전을 통해 자체 소내전력을 우선 공급**하며, 부족할 경우에는 **계통으로부터 역송되는 전력을 일정 범위 내에서 활용**할 수 있다. 이러한 방식은 터빈의 동작과 제어, 변전소 설비의 연속 운전을 유지하는 데 효과적이다.

반면 무풍 상태나 계통 단절 상황(고립운전 발생 시 포함)에는 풍력 발전기에서 자가 전원이 공급되지 않기 때문에, **UPS, 축전지, 비상발전기** 등을 통해 **필수 부하**(제어, 통신, 안전설비 등)에 대해 **비상전력을 확보**해야 한다. 이는 기상 악화, 해상 고장 등 비상상황에서도 최소한의 안전 운전과 긴급 대응이 가능하도록 하는 핵심 설계 요소이다.

8.3 표준·규격

KEC(한국전기설비규정), IEC 61400-1/3 등 풍력터빈 설계기준, IEC 61892(Offshore installations)를 참고하고, 계통운영규정(Grid Code)에서 소내전력이 계통 정전 시에도 안전기능을 유지하도록 하고 있다.

8.4 소내전압 수준

해상풍력단지 내부에서 주로 LV(220V/380V440V//690V) 또는 MV(6.6kV/11kV) 등으로 소내 계통을 구성한다. 터빈 내부는 보통 690V급, 해상변전소·대형 펌프·기계용 등은 380~690V, 특수 대형 설비는 3.3~6.6kV 적용하는 방안도 검토한다.

1) 배전반(Auxiliary Switchboard)

소내전력용 메인 배전반을 해상변전소/육상변전소에 두고, 각 터빈·부하로 케이블을 분기한다. 각 터빈 내부에 LV 배전반(AC380~690V), 제어반이 존재하고, 해상변전소 소내전력회로와 연계한다.

2) 소내 변압기(Aux Transformer)

대규모 해상변전소에서는 주회로(22.9kV, 154kV 등)에서 소내변압기를 통해 저압(220/380~690V) 공급하도록 구성한다. 터빈 내부 또는 재킷/타워 베이스에 탑재된 보조 변압기(LV/LV, MV/LV) 설치도 검토한다. 소내 전력용 변압기의 용량은 표4-6과 같이 1.5~2%정도 차지하고 있으나 실제 설계 시 필요 부하를 조사하여 최종 확인하여 설계에 반영하여야 한다.

〈표 4-6〉 소내 전력 비율 예 (다수 국제 사례 및 연구 보고서 검증 기준)

구분	비율	근거 자료
일반 평균치	약 1%~2%	DNV, BVG Associates, Carbon Trust 자료
보수적 상한치	최대 3%	특히 냉난방부하, 큰 스케일 단지일 경우
설계 안전계수 적용 시	약 2% 설계 고려	상업운전 설계 기준
Shutdown mode	최소 0.1~0.5% 지속 소비	대기상태 유지 목적

※ 최신 터빈(Vestas V236, SG14-222 DD 등)에서는 고효율 시스템 적용으로 1.5% 수준으로 낮춰가고 있음.

8.5 주전원·예비전원 구성

1) 주전원(정상 공급)

- **발전기 자체 전력**: 풍력터빈이 운전 중이면 일부 출력을 내부 부하로 사용한다.(인버터·제어회로)

- **계통 역송**: 풍력발전이 정지 중일 때, 육상 계통에서 역으로 소내전력을 공급. 해상 변전소 소내부하도 마찬가지로 육상 계통에서 공급받는다.
- **동기화·보호**: 계통/터빈 간 상호 역전류·고장 시 보호계전기 연동한다.

2) 비상전원(Backup Power)

- **UPS(무정전 전원장치)**: 터빈 제어, 보호계통, SCADA, 통신·항로등 등 필수 부하에 공급 (수 분 ~ 수십 분 커버)하기 위해 구성한다.
- **디젤발전기(비상발전기)**: 해상변전소·대형 단지에서는 짧은 기상원도우에도 운영 안전 확보. 계통정전, 터빈정지 시 소방펌프·구명시스템을 가동할 수 있도록 해야 하기 때문에 설치를 검토한다.
- **ESS(배터리)**: 일부 해상프로젝트에서 배터리를 비상전원으로 간주, 짧은 급전이 가능(주파수·전압 지지 목적과 병행)하다.

3) 블랙스타트(Black Start)

해상풍력 일부 VSC-HVDC, 인버터가 블랙스타트 능력을 갖출 수도 있으나, 여전히 신뢰성·용량 문제로 별도 비상발전기를 선호하는 경향이 많다. 하이브리드 모드(ESS + 인버터)로 자기 기동이 가능한 시범사례가 존재한다.

8.6 부하 분류 및 신뢰도 설계

해상풍력 설비는 외부 접근이 어렵고 고장 복구에 시간이 오래 걸리는 특성이 있으므로, 운영 안정성과 안전 확보를 위한 부하 분류 및 신뢰도 설계가 필수적이다. 부하의 중요도에 따라 필수부하, 중요부하, 일반부하로 구분되며, 각각의 특성에 따라 전원 공급 방식과 이중화 수준이 다르게 설계된다.

필수부하(Essential Loads)는 피치제어, 요 제어, 제어반, 통신, 소방설비, 항로표지 등, 안전시스템 등과 같이 설비의 안전운전과 인명 보호에 직접적으로 관련된 부하로, 정전이 발생하더라도 반드시 유지되어야 하므로 UPS(무정전 전원장치)와 비상발전기 등을 통해 이중화된 전원 공급이 적용된다.

중요부하(Important Loads)는 필수는 아니지만 운영 유지에 필수적인 기계펌프, 환기시스템 등으로, 예비전원이 확보되는 경우 우선적으로 공급되어야 할 대상이다. 일부 부하는 절체 방식으로 주전원이 복구될 때까지 비상전원으로 운용될 수 있다.

일반부하(Non-essential Loads)는 조명, 냉난방 등과 같이 설비의 기본 편의 기능에

해당하며, 계통 정전 시 일시적인 공급 중단이 허용될 수 있는 부하로 분류된다.

신뢰도 확보를 위한 설계 측면에서는, 이중 케이블 구성, 2회선 소내전력 공급, 또는 중복 배전반과 UPS 설치 등을 통해 한쪽 회로나 장비에 고장이 발생하더라도 다른 라인을 통해 연속적으로 전원이 공급될 수 있도록 설계한다. 해상환경은 접근성이 낮고 기상 제약으로 인해 수리까지의 시간이 길어질 수 있으므로, N-1 또는 Spare 기반의 여유 설계가 필수적이다.

이러한 부하 분류와 이중화 설계는 해상풍력 설비의 운영 신뢰도, 인명 안전, 사고 시 복구 능력을 확보하는 데 핵심적 역할을 한다.

8.7 케이블 및 배전기기 내환경성

1) 해상환경 부식·습기 대책

해상풍력 설비는 연중 염분과 습기에 지속적으로 노출되는 가혹한 환경에서 운영되므로, 소내전력 시스템 또한 부식 및 절연 열화에 대한 대책이 필수적이다. 특히 소내전력용 전력케이블은 해상 구조물 내부를 통과하거나 외기 접점 부에 설치되기 때문에, 도체 재질, 절연체, 시스(외피) 재질 모두 내염성과 내습성을 고려하여 선정되어야 한다. 일반적으로 해양용 인증을 받은 XLPE 절연, PE 또는 LSZH 시스, 동 또는 알루미늄 도체가 사용된다.

또한 분전반, 접속함(Junction Box), 변압기, 계장제어반 등 소내 장비는 외부 습기 및 염분 침투를 방지하기 위해 IP44 ~ IP56 수준 이상의 방수·방진 등급(IP 등급)을 갖추어야 하며, 장비의 설치 위치나 위험도에 따라 방염 및 방폭(Ex) 구역 설정이 함께 이루어진다. 이때 방폭 구역에서는 해당 인증을 받은 방폭 전기기기만을 사용해야 하며, 도어·배선관·덕트 등에는 기밀성과 씰링 성능이 요구된다.

결국 소내전력계통의 부식·습기 대책은 단순한 소재 선택을 넘어, 설비 배치, 기밀 설계, 운전 조건 대응력까지 포함하는 종합적인 환경 대응 전략으로 접근해야 하며, 이는 장기적인 운전 안정성과 유지관리 비용 절감에 중요한 영향을 미친다.

2) 기계적 보호

해상풍력 설비의 전력 및 제어 케이블은 파랑, 진동, 반복적 기계 하중 등 해양 환경 특유의 영향을 지속적으로 받기 때문에, 기계적 손상 방지를 위한 구조적 보호 대책이 필수적이다.

해상변전소 내부에서는 케이블을 케이블 트레이(Tray)나 덕트(Duct)를 통해 고정 배치하여 외부 충격이나 낙하물로부터 보호하며, 케이블 포설 시에는 제조사 기준에 따른 최소 굴곡 반경(Bending Radius)을 반드시 고려하여 절연 파괴나 내부 도체 단선이 발생하지 않도록 설계해야 한다.

풍력터빈의 타워 내부에서는, 케이블이 수직 방향으로 장거리 포설되며 지속적인 진동과 회전운동(요, 피치)에 노출되므로, 고정 클램프, 진동완충재, 보호 슬리브 등을 사용해 마모 및 피로 파손을 방지한다. 특히 상하 진동이나 케이블 흔들림에 의한 금속 마찰, 꺾임, 쓸림 현상이 발생하지 않도록 배선 방향과 고정부 위치를 정밀하게 설계해야 하며, 고정 장치 간 간격도 규정에 따라 유지되어야 한다.

이러한 기계적 보호는 케이블의 전기적 수명뿐 아니라 해상 설비의 안전성과 유지관리 효율에 직접적인 영향을 미치므로, 초기 설계 단계에서부터 구조물 형상, 하중 조건, 운전 진동 특성 등을 종합적으로 고려해야 한다.

3) 전압강하, 배전손실

해상변전소 소내전력 전송길이(수십 ~ 수백 m)가 길어지더라도 전압강하는 2 ~ 5% 내로 관리하여야 한다.

8.8 발전기(터빈) 내부 소내전력 관리

1) 인버터·컨버터 보조전원

풍력터빈의 인버터 및 컨버터는 전력 변환 외에도 피치 모터, 요 모터, 냉각팬, 윤활 펌프, 센서 등 보조장치의 전원을 함께 공급한다. 특히 제어시스템(PLC, SCADA RTU 등)은 정전 시에도 운전을 유지해야 하므로, UPS와 배터리를 통해 단기 전원 유지가 가능하도록 설계된다. 이 보조전원 체계는 비상 정지, 제어 유지, 안전운전 확보를 위한 핵심 구성 요소이다.

2) 기상 악조건 시

바람이 극도로 약하거나 태풍 등으로 풍력터빈이 정지되는 경우, 터빈 자가발전이 불가능하므로 육상 계통에서 소내전력을 역송해 공급해야 한다. 이때에도 터빈 냉각 장치, 블레이드 잠금장치, 항로표지등·장애등 등 필수 설비는 지속적으로 가동되어야 하며, 시스템 안전성과 항해 안전을 확보하기 위해 중단 없는 전원 공급 체계가 필수다.

8.9 종합 설계 포인트

1) 소내전력 부하 산정

소내전력 부하는 풍력터빈 및 해상변전소 운영에 필요한 전력을 의미하며, 터빈 1기당 수십 kW에서 수백 kW 수준의 기본 부하를 기준으로 전체 터빈 수를 곱해 총 부하를 산정한다. 여기에 해상변전소의 소내전력(수백 kW에서 수 MW 수준)을 합산하여 시스템 전체의 소내부하 총량을 결정한다. 산정 시에는 모든 설비가 동시에 동작하는 최대 부하 시나리오와, 정지 상태에서 최소 기능만 유지하는 최소 부하 시나리오를 함께 고려해 정격 용량과 비상 전원 설계 기준을 설정한다.

2) 전원 공급 경로

해상풍력 설비의 소내전력은 정상 운전 시에는 계통에서 역송되거나 터빈 자체 발전으로 공급된다. 하지만 정전이나 고장 시에는 UPS를 통해 수분~수십 분간 핵심 제어·안전설비에 비상 전원을 공급하고, 이후에는 디젤 발전기 등을 통해 장기 전원을 유지하는 구조로 설계된다. 유지보수 중에는 작업 선박의 발전기를 임시로 연결해 전원을 공급하는 경우도 있으며 이는 계획 정지나 계통 분리 상황에서 활용된다.

3) 안전·신뢰도

해상풍력발전 설비의 소내전력은 터빈과 해상변전소의 운전, 제어, 안전 기능을 유지하는 핵심 전력원으로, 설비의 지속운전성과 사고 대응력을 확보하기 위해 정밀하고 신뢰성 높은 설계가 요구된다. 해상은 기상 변화와 접근성 제약으로 인해 고장이 발생하면 복구까지 시간이 오래 걸리고 유지보수 비용이 크게 증가할 수 있으므로, 초기 단계에서부터 종합적인 고려가 필요하다.

첫째, 부하 규모 산정과 전압 등급 선정이 우선되어야 한다. 터빈, 해상변전소, 육상변전소 간 소내부하를 세밀하게 산정하고, 이를 기반으로 일반적으로 400~690V급 또는 그 이상의 저압 배분전 방식이 결정된다.

둘째, 주전원과 비상전원의 이중 구성이 중요하다. 풍력 발전기 자체 공급을 우선 활용하되, 부족하거나 정지 시에는 계통 역송 전력, 그리고 비상 상황에 대비한 UPS(단기), 디젤발전기 또는 ESS(장기)를 함께 구성하여 연속적인 전원 공급을 확보해야 한다.

셋째, 이중화 및 신뢰성 확보가 필수적이다. 해상 환경은 유지보수가 제한되므로, N-1 기준의 예비 설계, 중복 배전반, 이중 케이블 라인 등을 통해 단일 고장 발생 시에도 시스템이 지속 운전될 수 있도록 설계해야 한다. 특히 헬리콥터 접근 등 긴급 대응 수단 확보도 함께 고려되어야 한다.

넷째, 환경 대응성이 중요하다. 염분, 습도, 강풍 등의 해상 조건을 반영해 **내염·내습 설계, 방폭구역 분리, 방수(IP 등급) 보호, 케이블 방화 규정** 등을 준수해야 하며, **변압기실이나 SF$_6$·유출유 위험 구역은 방폭 기준에 따라 전기설비를 분리**해 설치해야 한다.

마지막으로 운영 시나리오 기반 설계가 필요하다. 바람이 약하거나 계통이 단절되는 상황에서도 **피치 제어, SCADA, 통신, 소방 등 필수 설비가 지속 운전될 수 있도록**, 비상전원(UPS/디젤발전기 등)의 용량과 절체 체계를 확보해야 한다.

이러한 요소를 통합적으로 반영한 소내전력 설계를 통해 해상풍력 설비는 **장기적 안정성, 안전성, 유지보수 효율성**을 확보할 수 있으며 결과적으로 **운영 비용 절감과 사고 리스크 최소화**에 크게 기여하게 된다.

9. 항공장애등의 필요성

1) 높은 구조물에 대한 항공 안전 확보

해상풍력 터빈은 타워 높이가 100m 이상, 블레이드 팁까지 150～200m에 달하는 초고층 구조물로 분류된다. 야간·악천후 시 항공기(헬리콥터, 군·민간 항공기 등)가 해상 상공을 비행할 때 충돌 위험을 줄이려면 표시등(Obstruction Light)이 필수적이다.

2) 국내외 항공법 및 국제 기준

국제민간항공기구(ICAO) Annex 14, FAA(미국연방항공국) 규정, 국내 항공법, 관련 시행규칙 등에서 고도 60～150m 이상 구조물에 항공장애등 설치를 요구한다. 해상풍력처럼 연안·원해에서 고도장애물이 되는 시설에는 **적색·백색 점멸등** 또는 **전용 LED등** 등급 별 설계가 필요하다.

3) 해상 환경 특수성

해상 교통뿐 아니라, 해안경계·해양구조 헬리콥터(군·해경 등) 비행이 발생할 수 있어, 시야가 제한된 야간·흑야(无月/안개) 상황에서의 충돌 예방을 목적으로 한다.

9.1 관련 규정 및 설치 지침

1) ICAO(Annex 14) & FAA Advisory Circular

높이가 60~150m, 150~315m, 315m 이상 등급에 따라 장비되는 장애등 밝기·점멸주기·색상(주간 백색, 야간 적색 등) 규정하고 있다. 일반적으로 150m 이하 터빈은 적색등, 그 이상은 중간 점멸·고광도 등으로 구분한다. FAA(미국) 기준: L-864 적색 섬광등, L-865 고광도 백색 점멸등, 점멸빈도 20~30회/분 등 세부 요건이 존재한다.

2) 국내 항공법 및 항공장애 표식 규정

국내에서는 국토교통부의 '항공안전법' 및 시행규칙, 항공장애등 기준(고시)에서 터빈에 대한 장애등 설치·밝기·색상·점멸방식(동기화)을 요구한다. 해상풍력특유의 군사작전구역(해군·해경 항공)이나 헬리패드가 있는 경우, 해군·해양경찰청 지침도 추가적으로 검토한다.

3) Marine Aids to Navigation

해상 구조물 표시등(항해장애등)과 항공장애등 규정이 중복되는 경우가 많다. 해상항로표지법(항로표지 설치기준)에 따라 해상풍력 주변 해양표지(등부표 등)를 요구하기도 한다.

9.2 설계·설치 방식

1) 설치 위치와 수량

일반적으로 **나셀 상부**(터빈 최고점)에 주 항공장애등을 설치하고, 타워 중간 혹은 블레이드 회전반경 근접 위치에 추가 보조등(중간 표지등)을 설치한다. 높은 터빈(150m 이상)은 중간 고도 1~2개 층에 장애등을 배치하여 360° 모든 방향에서 식별 가능하게 한다.

2) 조도(광도)·색상·점멸주기

야간용 적색등: 광도 수천 Cd(Candela)~수만 Cd. 대형 구조물일수록 광도 높은 장애등을 설치하여야 한다. 필요시 백색 점멸등(주간/야간 겸용)도 적용. 점멸주기~20~30 fpm(Flashes Per Minute)으로 한다. LED등을 사용해 수명(5~10년), 소비

전력·유지보수 절감, 자동 점멸 제어(광감지·시간제어)가 가능하다.

3) 동기점멸(Synchronization) 기법

여러 터빈이 군집해 있는 경우, 동기화(Sync) 하여 동시에 점멸함으로써 조망·항공 식별을 쉽게 하고, 빛공해 문제도 줄일 수 있다. 무선 또는 유선통신(광케이블)에 기반한 마스터-슬레이브 방식으로 점멸 타이밍을 동기화 한다.

4) 전원·제어

소내전력(AC 230 ~ 400V) 공급 후 내부 DC 드라이버로 LED 점등을 한다. SCADA/PLC 연동 통해 상태 모니터링(등 고장, 광도 저하) 및 점멸제어가 가능하다. 비상전원(UPS) 지원해 계통정전 시에도 일정 시간 유지해야 한다.

9.3 유지보수 및 안전 관리

1) 주기적 점검

(1) LED 모듈 출력·광도 측정
(2) 점멸 컨트롤러 정상동작
(3) 케이블·단자 부식 확인

해상염분·진동으로 인한 커넥터·나사 풀림 유의. 바람·파고가 낮은 기상윈도우를 활용해 접근(선박, 헬기) 보수

2) 고장 시 대책

장애등 고장(점등불량)은 항공 안전에 직접영향이므로, SCADA 알람 → 즉각 교체
일부 단지에서는 장애등 2중화(메인 + 백업 램프) 구성. 한쪽 고장 시 자동 전환
등기구 교체는 타워 상부 작업이기 때문에 추락방지, 보호장비 착용, 사전 안전절차 필수

3) 항공기관 보고

고장 지속 시 관계 항공기관(국토교통부, 항공교통본부 등)에 통보 의무
빠른 수리로 정상 점등 복구, 미복구 시 임시 대체 방안(예비 램프, 임시 표지) 필요

9.4 최신 경향 및 추가 고려 사항

1) 지능형 장애등

AI 센서, 레이더로 항공기 접근을 감지해, 실제 접근할 때만 밝기를 높이거나 점멸 시작하는 시스템(비행체 감지 시스템)

육상풍력 일부 지역에서 빛공해·민원 줄이기 위해 도입되는 추세, 해상풍력도 선박·해상항공 혼재 구역에서 적용 가능성

2) 해양환경 부식 방지

등기구·브래킷을 스테인리스(SS316L), 알루미늄 합금 등으로 제작, 방수등급(IP66이상), 방염코팅

밀폐 가스켓, 해수분무 시험(IEC 60068-2-52) 준수로 내염성 확보

3) 블레이드 끝단 조명

일부 국가 규정(예: 독일 BSH)에서 블레이드 최외각(상단) 위치 표시등 요구하는 경우도 있으나, 정비난이도가 매우 높아 국제 공통 기준은 아님

4) 해상풍력발전단지에서 항공장애등(Aviation Obstruction Light)은 높이 수십~수백 미터에 달하는 터빈 구조물이 해상 항공안전(군·민항·해경) 면에서 위험이 될 수 있으므로 필수적으로 설치된다.

- **국제·국내 규정 준수**

    ICAO Annex 14, FAA, 국내 항공안전법 준용해 설치 위치, 광도, 색상(적색/백색), 점멸 패턴 등을 결정

- **설치 방식**

    터빈 nacelle 상부(최고점)에 주요 장치를 두고, 장대 터빈은 중간 레벨 표시등 추가. LED 기반 고광도 장치 사용, 동기점멸(Synchronization)으로 군집 깜빡임 제공

- **유지보수**

    해상 염분·높은 위치 작업 리스크 때문에 정기점검과 신속 교체 체계 마련이 중요. SCADA 알람, 이중화(메인 + 백업) 구성 등 안전장치도 적용

- **추가 트렌드**

  레이더 감지 기술(비행체 접근 시 점멸), 블레이드 끝단 표시, 항로표지(항해등)와 항공장애등 통합 운영 등

  이를 통해 해상풍력 터빈이 야간·기상악화 시에도 항공기에 명확히 식별되어 사고 위험을 줄이고, 법적·기술적 요구사항을 충족하게 된다.

10. 해상풍력 부식 특성

1) 염분·습도 높은 환경

해상·연안 풍력은 바닷물 비말(스프레이)과 염분에 상시 노출되어, 금속 부식(철, 알루미늄 합금 등)이 크게 촉진된다.

수심 깊은 영역(재킷·모노파일 하부)에서도 담수 대비 염분농도 높은 해수로 인한 전해 부식(전기화학 반응)이 발생.

2) 풍속·파랑·조류 영향

높은 바람 속도에 의해 바닷물 입자가 터빈 상부까지 운반됨.
조류(潮流)·파랑으로 구조물 표면이 반복 타격을 받아 코팅이 마모되거나 균열 발생 가능.

3) 온도·주변 기상 변화

기온 변동, 습도 변동, 일몰·일출 시 결로(結露) 현상이 부식 환경을 가속.
태풍·폭풍 시 철 구조물 표면이 더욱 심한 충격·염분 접촉을 받는다.

10.1 부식 방지대책 개요

1) 도장(Painting)·코팅(Coating) 시스템

해상풍력 구조물은 염분, 습기, 자외선 등에 지속적으로 노출되므로, 고내식성 도장·코팅 시스템을 통해 장기적인 부식 방지와 내환경 성능을 확보해야 한다. 일반적으로는 다층 방청 도장 시스템이 적용되며, 프라이머(아연 에폭시), 중간 코트(에폭시), 상도(폴리우레탄 또는 폴리실록산) 등 총 3~5회에 걸친 도장 공정이 수행된다.

적용 기준은 국제 부식환경 등급 C5-M(해양/연안 대기 고위험) 수준에 해당하며, ISO 12944, DNV-RP 등 국제 규격을 따라 설계되고 시공된다. 또한 도장 전에는 반드시 샌드블라스팅 등 표면 전처리를 수행하고, 각 도장층의 건조 도막 두께(DFT)를 정밀하게 관리해야 한다.

운영 중에는 도막 손상 부위에 대한 정기 점검과 재도장 계획이 병행되어야 하며, 이는 구조물의 수명을 좌우하는 핵심 유지관리 항목 중 하나이다.

2) 캐소드 보호(Cathodic Protection, CP)

해상풍력 구조물은 해수에 지속적으로 노출되어 금속 부식 위험이 크기 때문에, 구조물의 내구성과 수명을 확보하기 위해 캐소드 보호(CP) 시스템이 필수적으로 적용된다. CP는 금속 구조물의 부식 전위를 낮추어 부식을 전기화학적으로 억제하는 방식이며, 크게 두 가지 방식으로 구분된다.

희생양극법(Sacrificial Anode Method)은 아연(Zn), 알루미늄(Al) 합금 등 전기화학적 전위가 더 낮은 금속을 구조물에 부착하여, 구조물 대신 희생양극에서 부식이 일어나도록 유도하는 수동적 방식이다. 유지가 간편하고 외부 전원이 필요 없으며, 재킷, 모노파일 등 고정식 기초 구조물의 수중 부위에 주로 적용된다.

반면 인위전류법(ICCP: Impressed Current Cathodic Protection)은 외부 직류(DC) 전원을 이용해 구조물에 음극 전위를 부여함으로써, 부식 반응을 억제하는 능동적 보호 방식이다. 제어 가능성이 높고 대형 구조물에 효과적이며, 수심이 깊거나 양극 효율을 정밀하게 제어해야 하는 구간에서 주로 사용된다.

CP 설계 시에는 전체 구조물의 예상 부식량을 고려해 설비 수명(20~25년 이상) 동안 충분한 보호를 제공할 수 있도록 양극재 용량, ICCP 제어장치, 전류 분포, 유지관리 체계 등을 종합적으로 고려해야 한다.

3) 재질선정 및 방수·방폭 설계

해상풍력 설비는 고염분, 고습도, 강풍 등 해양환경에 지속 노출되므로, 내해성(耐海性)이 우수한 재료와 구조 설계가 필수적이다. 주요 구조물과 전기기기는 스테인리스강(예: SS316L), 고내식성 알루미늄 합금, 해양 전용 방수 페인트 및 가스켓 등을 사용하여 장기 부식을 방지한다.

또한 해상변전소 및 주요 전기설비는 IP56 이상의 방수·방진 등급을 갖추어야 하며, 가연성 가스나 절연유, SF_6 가스 등이 존재할 수 있는 구역은 IEC 60079 기준에 따라 방폭(Ex) 설계가 적용된다.

특히 볼트, 너트, 용접부, 모서리부 등 국부적 부식에 취약한 지점은 추가적인 방청 처리나 코팅 보강을 통해 수명 저하를 방지해야 하며, 정기적인 점검과 유지보수 계획도 함께 수립되어야 한다.

4) 부식 모니터링

해상풍력 구조물은 장기적인 부식 노출에 대응하기 위해 정기적이고 정량적인 부식 모니터링 체계를 갖추어야 한다. 이를 위해 부식 센서(전위 측정, CP 전류 모니터링), 도장막 두께 측정 장비, ROV(수중로봇)를 이용한 외관 검사 등을 활용하여 구조물의 부식 진행 상태를 지속적으로 감시한다.

캐소드 보호(CP) 시스템의 성능도 주기적으로 점검하며, 양극 소모량, 보호 전위, 전류량 등을 분석해 보호효과를 평가한다. 필요 시에는 양극 교체 또는 추가, ICCP 시스템의 제어 전류 조정 등을 통해 보호 성능을 유지·보완한다.

이러한 모니터링 체계는 해상 구조물의 수명 예측, 유지보수 계획 수립, 사고 예방에 필수적이다.

10.2 구조물별 세부 대책

1) 터빈 타워·블레이드

해상풍력 터빈의 타워와 블레이드는 염분, 습기, 자외선, 마모 등에 지속적으로 노출되므로, 부식 방지와 구조 보호를 위한 정밀한 설계와 코팅 체계가 필요하다.

타워 외벽은 해양 대기 조건에 적합한 C5-M 등급 고내식 도장체계를 적용하며, 특히 리브(보강재) 내부나 음영부위도 도장 품질을 철저히 유지해야 한다. 플랜지와 접합부는 부식 취약 부위이므로, 아연도금 처리된 와셔 및 볼트, 방수 실런트, 에폭시 퍼티를 이용한 틈새 밀봉으로 구조적 신뢰성과 방수성을 확보한다.

블레이드는 주로 FRP(섬유강화플라스틱)로 제작되지만, 뿌리부 금속 피팅이나 리딩엣지(Leading Edge)와 같이 마모나 염분 노출이 심한 부위에는 내염성 특수 코팅을 적용한다. 리딩엣지에는 침식 보호용 코팅 또는 테이프가 사용되며, 블레이드 전체 수명을 결정짓는 주요 유지관리 대상이다.

2) 재킷/모노파일 기초

재킷과 모노파일 기초 구조물은 해수에 직접 노출되는 수중 및 조간대 구간에서 부식이 가장 심각하게 발생하므로, 이 구간은 고내식 도장과 캐소드 보호(CP)를 병행 적용

하는 것이 해상풍력 구조물의 표준 설계 방식이다.

희생양극 방식(Sacrificial Anode)을 적용할 경우에는 아연 또는 알루미늄 합금 양극재를 구조물에 부착하며, 이때 양극의 위치, 개수, 배치 방식, 총 용량을 설계 단계에서 정밀하게 산정하고, 20년 이상의 설계 수명을 보장해야 한다. 양극은 점검 및 교체가 가능한 위치에 설치되며, 전기화학적 보호 범위가 구조물 전체를 아우르도록 배치된다.

인위전류 방식(ICCP)을 도입하는 경우, 외부 전원장치, 전위 제어장치, 배선, 참조전극(전위 측정용 센서) 등이 포함된 시스템으로 구성되며, 전류를 정밀하게 제어해 부식을 억제한다. 이 경우 전선관, 동적 케이블 연결부, 밀폐 구역 및 방폭구역과의 접속 등도 함께 고려해야 하며, 전기설비 안전성과 구조물 보호 효과를 동시에 확보하는 설계가 필요하다.

이러한 복합적인 부식 방지 시스템은 기초 구조물의 장기 신뢰성 확보와 유지관리 비용 절감에 핵심적인 역할을 한다.

3) 해상변전소 플랫폼

해상변전소 플랫폼은 해양환경에 장기 노출되므로, 구조물과 전기기기의 부식 방지와 환경 제어가 핵심 설계 요소다. 철골 메인 구조는 고내식 도장체계(C5-M 등급)를 적용하고, 수중에 잠기는 하부 구조물에는 캐소드 보호(CP) 시스템을 병행하여 장기 내구성을 확보한다.

상부 데크 및 장비실은 밀폐 구조로 설계되며, 내부에는 환기 및 제습 장치를 설치해 습기·염분 축적을 방지하고 전기설비의 절연 신뢰성을 유지한다.

또한 변압기, GIS 외함, 금속 배관, 레일 등은 방청 페인트로 마감하며, 주기적인 세척과 염분 제거 작업을 통해 도막 손상 및 국부 부식 발생을 억제한다. 이러한 설계는 플랫폼의 운영 안정성과 유지관리 효율성을 높이는 데 필수적이다.

4) 전기·기계설비

해상풍력 설비의 전기·기계 구성품은 염분, 습기, 부식성 기체 등에 장기 노출되므로, 이를 견딜 수 있는 내환경 설계와 정기 유지관리 체계가 필수적이다.

케이블과 접속함(Junction Box)은 내염성이 우수한 PE 또는 PVC 시스를 적용하고, 철재함은 IP66 이상의 방수·방진 등급을 만족해야 한다. 접속부에는 실리콘 실링재를 사용해 기밀성을 확보하고, 내부로의 부식성 기체와 수분 침투를 차단한다.

기어박스와 베어링 등 기계장치는 윤활유의 교환 주기를 엄격히 관리해야 하며, 해수 침투를 방지하는 다중 실링 구조를 갖추고, 터빈 내부에는 제습 장치를 설치해 내부 결로와 습기 누적으로 인한 마모 및 부식을 예방한다.

이러한 설계는 해상에서의 설비 수명 연장과 고장 예방, 나아가 운전 신뢰성 확보에 중요한 기반이 된다.

10.3 유지보수 및 수명관리

1) 정기점검(Preventive Maintenance)

해상풍력 설비의 장기적 신뢰성과 구조 건전성을 유지하기 위해서는 정기점검을 통한 선제적 유지관리가 필수적이다. 주요 항목으로는 도장 박리, 균열, 녹 발생 여부에 대한 시각점검, 초음파를 이용한 부식 심도 측정, 희생양극의 소모 상태 확인 등이 포함된다.

특히 타워 상부와 재킷 하부 등 접근이 어려운 구간은 해상크레인, 작업선, 드론 또는 ROV(수중 로봇) 등을 활용해 1~3년 주기로 정밀 점검을 수행하며, 구조물 손상이나 부식 진행 상황을 조기에 식별해 유지보수 계획에 반영해야 한다.

이러한 정기점검은 고장 예방과 함께 설비 수명 연장, 사고 리스크 저감, 유지관리 비용 최적화에 기여한다.

2) 재도장 및 양극 교체

해상풍력 구조물에 적용되는 C5-M 등급 고내식 도장 시스템이라 하더라도, 해풍·자외선·마모 등으로 인해 10~15년 주기로 성능 저하가 발생하므로, 장기 운영을 위한 재도장 계획이 필요하다. 손상된 부위는 Spot Repair(선별 보수) 방식으로 국부 보수할 수 있으며 심한 마모나 도막 열화가 광범위할 경우 전면 재도장도 고려된다.

캐소드 보호(CP) 시스템의 희생양극은 일반적으로 20~25년의 설계 수명을 기준으로 설치되지만, 실제 해양환경 조건에 따라 중간 보강 또는 조기 교체가 필요할 수 있다. 반면 인위전류 방식(ICCP)은 제어 전류를 조정함으로써 보호 성능을 보완할 수 있으나, 주기적인 전위 측정과 제어장치 유지관리가 병행되어야 한다.

이러한 유지관리 활동은 구조물의 내구성과 기능성을 장기적으로 유지하기 위한 핵심 절차로, 계획 수립과 이력 관리가 체계적으로 이루어져야 한다.

3) 비용·경제성

해상풍력발전 설비는 염분, 습기, 파랑 등 가혹한 환경에 지속 노출되며, 이에 따른 부식은 유지보수 비용 상승과 구조물 수명 단축의 주요 원인이 된다. 실제로 해상

O&M(운영·정비) 비용은 육상 대비 **2~3배 이상 높으며**, 이 중 상당 부분이 부식 관련 유지관리에서 발생한다.

따라서 부식 방지 대책은 **설비의 신뢰성, 수명, 안전성에 직결되는 핵심 과제**이며, 이를 사전에 고려한 고품질 설계를 통해 **장기 유지비용과 사고 리스크를 크게 줄일 수 있다**.

주요 대응 방안으로는 다음과 같다.

- **도장 체계**: C5-M 등급 고내식 도료를 사용한 다층 코팅(프라이머~상도)과 함께, 재도장 주기 및 보수 계획을 사전에 수립한다.
- **캐소드 보호(CP)**: 희생양극 또는 ICCP 방식으로 수중 구조물(재킷, 모노파일, 해상 변전소 등)의 부식을 억제하며, 설계 수명(20~25년)을 고려한 용량 산정이 필수이다.
- **재질 선정**: 스테인리스강, 방청 합금 등 내염성 재료를 활용하고, **IP등급 외함, 실링, 방폭 설계** 등도 적용해 부식에 강한 부품과 구조로 구성한다.
- **모니터링 및 점검**: ROV, 드론, 센서 등을 활용해 **도장 박리, 부식 심도, CP 전위** 등을 정기적으로 추적하고, **보수·교체 시기를 정확히 판단**해 대응한다.

이러한 방식을 종합적으로 적용하면, 해상풍력 설비는 장기간 **구조 건전성을 유지하며** 안정적으로 운전할 수 있고, 결과적으로 **프로젝트 전체의 경제성과 수익성을 향상**시킬 수 있다.

제 **5** 장

해저케이블 설계 및 시공
(Subsea Cable Engineering)

제5장 해저케이블 설계 및 시공

Electrical Infrastructure For Offshore Wind Farms

해저케이블 설계 및 시공은 해상풍력발전소에서 생산된 전력을 **육상 계통으로 안전하게 송전하기 위해**, 해저를 따라 설치되는 **고전압 전력케이블의 기술적 계획과 시공 절차**를 의미한다. 설계 단계에서는 **송전 용량, 거리, 수심, 해저 지반 조건, 기상환경** 등을 고려하여 케이블의 전기적 특성(절연, 정격 전압)과 기계적 구조(외피, 장갑, 방수층)를 결정하며, 시공 단계에서는 **케이블 포설선, ROV, 케이블 매설기 등을 활용해 해저면에 안정적으로 설치하고 매설**한다.

이 과정은 **전력 손실 최소화, 기계적 손상 방지, 해양 환경 대응**을 목표로 하며, 장기적 운용 신뢰성과 유지관리 용이성을 확보하는 것이 핵심이다.

1. 해저케이블 종류 및 규격

해상풍력발전단지에서 해저케이블은 발전기(또는 해상변전소)부터 육상 계통 변전소까지 전력을 송전하는 핵심 설비이며, 배전급부터 초고압급까지 다양한 전압과 구조가 사용된다. 또한 교류·직류, 동적·정적 케이블 등 목적과 환경 조건에 따라 사양이 달라진다. 이 장에서는 주요 전압별 케이블 구조, 절연·차폐·방호 재질, 교류·직류 방식, 동적 vs 정적 케이블 특성, 케이블 허용전류(Ampacity) 등을 살펴본다.

1.1 전압별 케이블 구조

해상풍력 해저케이블은 주로 22.9kV ~ 154kV 수준의 배열망(Inter-array) 케이블과, 154kV ~ 345kV급 송전(Export) 케이블로 구분된다. 해상환경에 노출되는 특수 조건 때문에, 육상 케이블과 달리 기계적 보강(아머)과 수분·염분 차단 구조가 필수적이다.

1) 22.9kV ~ 154kV급

22.9kV에서 154kV급의 해저케이블은 해상풍력 발전단지 내에서 **각 풍력터빈과 해**

상변전소 또는 배전 모듈을 상호 연결하는 배열망(Inter-array) 용도로 주로 사용된다. 이 케이블은 해양 환경에서도 안정적인 전력 송전을 위해 높은 절연 성능과 기계적 강도, 방수·내식성을 갖춰야 하며, 특히 6kV ~ 66kV급 케이블은 IEC 63026 표준에 따라 **절연 재료, 구조 사양, 시험요건** 등이 규정된다.

전형적인 해저 전력케이블 구조는 다음과 같은 층으로 구성된다.
도체는 구리(Cu) 또는 알루미늄(Al) 압축연선이 사용되며, 전류를 효율적으로 전달한다. 그리고 **내·외부 반도전층**은 도체와 절연층 사이, 절연층 외부에 반도체 재질을 코팅해 전계 분포를 균일하게 유지한다. 또한 **절연층**은 XLPE(가교폴리에틸렌) 또는 EPR(에틸렌프로필렌고무)을 사용하여 고전압 절연을 구현한다. **금속 차폐층**은 심선별 혹은 집합 차폐 방식으로 적용되며, 고장 시 고장전류를 안전하게 흘려보내고 전자파 차단 기능도 수행한다. **아머(Armor):** 외부 기계적 충격, 압력, 끌림에 견디기 위해 아연도금 강선(Galvanized Steel Wire) 또는 강철 테이프가 적용된다. **외피(Sheath):** 최외곽은 폴리에틸렌(PE) 등의 재질로 구성되어 **방수, 내염, 내유 기능**을 수행하며, 해저 환경에 대한 장기적인 보호를 담당한다.
이러한 구조는 해저에서의 **전기적 안정성, 기계적 내구성, 내환경 성능**을 종합적으로 고려하여 설계되며, 시공과 운전 중 발생할 수 있는 외부 하중, 침수, 염분 침투 등에 효과적으로 대응할 수 있도록 구성된다.

2) 154kV ~ 345kV급

해상풍력에서 해상변전소(66 ~ 220kV)에서 육상 변전소(154 ~ 220kV)까지 중장거리 송전에 사용한다. IEC 60840(30 ~ 150kV)나 IEC 62067(150kV ~ 500kV) 등 초고압 케이블 표준을 준용하며, 절연재로는 주로 **XLPE**가 적용된다. 해상 대형 프로젝트에서 가장 흔히 쓰이는 수준으로, 케이블 구조가 두꺼워지고 아머도 한 층 또는 이중 레이어가 적용되어 해저 설치 시 기계적 강도를 확보한다.

3) 345kV급 이상

해상풍력 규모가 수백 MW ~ GW로 커지면, HVDC ±320 ~ ±525kV 혹은 HVAC 345kV급 케이블로 장거리 송전하는 방안이 대두된다. 345kV 교류 케이블은 케이블 리액턴스와 무효전력 보상 문제로, 100 ~ 200km 이상 구간 적용이 어려울 수 있다. HVDC는 장거리(수백 km) 송전에 효율적이어서, 해상풍력 대형 프로젝트(북해, 동해 원해)에서 검토되는 추세다.

1.2 교류(AC) 케이블 vs 직류(DC) 케이블

1) 교류 해저케이블 (AC Cable)

교류 해저케이블은 해상풍력 발전소에서 생산된 전력을 교류(AC) 형태로 육상 계통에 연결하는 방식으로, 주로 중거리 송전 구간(100km 이내)에서 널리 적용된다. 이 방식은 기존의 변압기, 개폐기, 보호계전기 등과 기술적으로 호환성이 뛰어나며, 해상변전소에서 승압한 전력을 별도의 변환 과정 없이 바로 교류 송전망에 연계할 수 있다는 장점이 있다.

하지만 송전 거리 증가에 따라 커패시턴스(정전용량)와 리액턴스(유도 리액턴스)로 인해 무효전력 손실이 커지고, 전압강하 및 전력 손실이 심화된다는 단점이 존재한다. 또한 케이블 내부에서 발생하는 유전체 손실과 열 축적 문제도 거리와 용량이 증가할수록 커진다.

이러한 특성으로 인해 교류 해저케이블은 일반적으로 수십 ~ 수백 MW급 해상풍력 프로젝트에 사용되며, 100km 이내의 해상 ~ 육상 간 중거리 구간에 가장 적합한 송전 방식으로 활용된다.

2) 직류 해저케이블 (DC Cable)

직류 해저케이블은 해상풍력 발전소에서 생산된 전력을 고압 직류(HVDC) 형태로 변환하여 육상까지 송전하는 방식으로, 특히 장거리·대용량 송전에 적합한 기술이다. 이 방식은 교류 송전에 비해 무효전력 손실이 없고, 커패시턴스에 의한 전력 손실이 발생하지 않기 때문에 송전 효율이 높으며, 수백 킬로미터 이상 거리에서도 안정적인 전력 전달이 가능하다.

이러한 특성으로 인해 직류 해저케이블은 대규모 원해(遠海) 해상풍력단지, 혹은 국가 간 전력연계 프로젝트 등에 널리 활용되고 있다. 특히 ±320kV, ±400kV급의 XLPE(가교폴리에틸렌) 절연 직류케이블 기술이 상용화되면서, 기술적 실현 가능성과 운용 신뢰성도 빠르게 높아지고 있다.

다만 직류 방식은 송전 전·후단에 각각 HVDC 변환설비(컨버터 스테이션)가 필요하며, 이에 따른 초기 투자비 증가와 시스템 구성의 복잡도가 단점으로 지적된다. 해상변전소에 컨버터를 설치해야 하기 때문에 구조물 중량과 공간, 냉각 설비 부담도 함께 고려되어야 한다.

결과적으로 DC 해저케이블은 초기 투자비는 크지만, 장거리 고효율 송전이 가능하다는 장점으로 인해 향후 초대형 해상풍력단지 개발에 필수적인 핵심 인프라로 자리잡고 있다. 다음 그림 5-1은 전압 종류별 해저케이블이다.

직류(DC) 해저케이블

교류(AC) 해저케이블

〈그림 5-1〉 해저케이블 종류

1.3 도체(동·알루미늄), 절연체(XLPE 등), 차폐·방호 재질

1) 도체 재질

해저케이블 및 지중케이블 설계에서 도체 재질 선택은 전기적 성능, 시공성, 경제성에 직접적인 영향을 미치는 중요한 요소이다. 일반적으로 도체는 동(Copper) 또는 알루미늄(Aluminum)이 사용되며, 각각의 물리적·전기적 특성에 따라 적용 환경이 달라진다.

동(Cu)은 전기전도도가 알루미늄보다 높아, 동일 전류 용량을 처리할 때 도체의 단면적을 작게 설계할 수 있는 장점이 있다. 이로 인해 설치 공간이 제한된 경우나, 굴곡이 많은 구간에서 유리하다. 다만 단가가 높고 무게가 무거워 케이블 전체의 중량이 증가하고, 시공 및 지지 구조물의 부담이 커질 수 있다.

반면 알루미늄(Al)은 가볍고 재료비가 상대적으로 저렴하여, 특히 대형 해상풍력단지처럼 길이와 규모가 큰 프로젝트에서 무게 및 비용 절감 효과가 크다. 단점으로는 전도도가 동보다 낮아 동일한 전류를 처리하려면 더 큰 도체 단면적이 필요하다는 점이 있으나, 최근에는 제작 기술이 고도화되고 단가 경쟁력이 높아지면서 알루미늄 도체의 선호도도 증가하는 추세이다.

결론적으로 도체 재질은 **전류 용량, 설치 조건, 프로젝트 규모, 예산** 등을 종합적으로 고려하여 선택해야 하며, 각 재질의 장단점을 이해한 합리적 판단이 필요하다.

2) 절연체

해저전력케이블에서 사용되는 절연재는 전기적 절연 성능뿐만 아니라 **해양 환경에서의 열적 안정성과 장기 내구성**을 함께 갖추어야 하며, 이에 따라 주로 XLPE(가교폴리에틸렌)와 EPR(에틸렌프로필렌고무)가 사용된다.

XLPE는 **열경화성 절연재**로, 고온 환경에서도 절연 특성이 안정적으로 유지되며, **전기적 내압성, 내열성, 장기 절연 신뢰성**이 우수하여 **해저전력케이블의 산업 표준**으로 자리잡고 있다. 특히 고전압·초고전압 케이블에 폭넓게 적용되며, ±320kV 이상의 HVDC 케이블에도 사용되는 대표 소재이다.

EPR은 상대적으로 **유연성이 뛰어난 고무계 절연재**로, 33~66kV급 중전압 배열망 등에서 일부 사용된다. 케이블 포설 시 굴곡이 많은 구간이나 공간 제약이 있는 경우 적합하며, 단락 시 열 안정성도 우수한 편이다.

최근에는 **자체 치유(Self-healing) 특성**을 갖춘 P-Laser 등 고급 절연재도 개발되고 있으나, 산업계에서의 광범위한 적용성과 검증 수준, 비용 측면 등을 고려할 때, 현재까지는 **XLPE가 가장 널리 사용되는 주류 절연재**로 유지되고 있다.

3) 차폐(Shield)·방호(Armor)

금속 차폐층(심선별 구리 테이프, 동선 차폐, 알루미늄 라미네이트 등)을 두어 전계를 균등화하며 서지·고장전류 경로를 제공한다.

아머(Armor): 해저 매립, 트렌치, 로키한 해저지형, 선박 닻이나 어망 위험 등에 견디기 위해 강선·와이어 아머를 적용한다. 2중 아머 구조도 가능.

외부 피복(Sheath)은 내마모·내염·내유성을 고려해 **PE(폴리에틸렌), PVC, 폴리우레탄** 등을 사용한다. 다음 표 5-1은 해저케이블 구성을 나타낸다.

〈표 5-1〉 해저케이블 구성 비교표(Subsea Cable Configuration Comparison Table)
(AC vs DC / Static vs Dynamic)

분류(Category)	교류 케이블 (AC Cable)	직류 케이블 (DC Cable)
적용 전압 Voltage Level	22.9kV / 154kV / 345kV	±320kV / ±525kV (VSC-HVDC 기준)
절연 구조 Insulation	XLPE 중심 다층 구조 (전도체 - 절연 - 차폐 - 아머)	두꺼운 절연층(DC stress 대응) 심선 수 감소(2심 또는 단심)
전력 흐름 제어 Power Control	전압, 주파수 제어 / 무효전력 포함	단순 전압 제어 / 무효전력 거의 없음
고장 검출·복구 Fault Handling	보호계전기 + 고장점 식별 상대 용이	고장 시 전체 차단·복구 복잡 (중간 개폐 불가)
적용 위치 Application	20 ~ 100km 이내 중거리 (육상연계 단지)	장거리 (>100km) 대용량 연계 (HVDC 변환소 필요)
국내 적용 사례 Domestic Use	서남해, 신안 단지 AC 케이블 다수	일부 HVDC 실증 및 대규모 적용 논의 중 (예: 울산 해역)

1.4 동적(Dynamic) 케이블 vs 정적(Static) 케이블 특성

해상풍력 발전에 사용되는 해저케이블은 크게 정적(Static) 케이블과 동적(Dynamic) 케이블로 구분된다. 정적 케이블은 설치된 이후 위치 변화나 구조적 변형이 거의 없는 환경에서 사용된다. 주로 해상 변전소와 육상 변전소 간의 연결 또는 여러 풍력 터빈 간의 전력망을 구성하는 데 사용되며, 장기간 동안 기계적 안정성과 전기 절연 성능을 유지하는 것이 가장 중요한 설계 목표이다. 이 케이블은 외부 충격에 대한 보호를 위해 아머(Armor)층이 적용되며, 선박의 앵커나 어망 등 외부 요인으로부터의 손상을 방지하는 기능이 강조된다.

반면 동적 케이블은 그림 5-2와 같이 해상 환경에서 파랑, 조류, 그리고 부유식 플랫폼의 움직임 등으로 인해 지속적이고 반복적인 굽힘, 인장, 비틀림 하중을 받는 구조물이다. 특히 부유식 해상풍력(floating offshore wind) 시스템에서는 터빈과 부유 플랫폼, 부유 플랫폼과 해저 간을 연결하는 데 필수적으로 사용된다. 동적 케이블은 반복 하중에 견디기 위한 높은 피로 수명(fatigue life)을 확보해야 하며, 굽힘과 인장에 대한 내구성을 동시에 만족해야 한다. 이를 위해 다중 아머층, 벤드 스티프너(Bend Stiffener), 부력 모듈(Buoyancy Module) 등 다양한 보강 구조를 적용해 유연성과 강도를 정밀하게 조화시킨다.

동적 케이블은 설계 및 제작 비용이 정적 케이블에 비해 훨씬 높지만, 부유식 해상풍력 기술의 상업화와 확장성 확보를 위해 필수적인 기술 요소이다. 두 케이블 모두 적용 환경, 해저 지질 조건, 설계 수명 등을 종합적으로 고려하여 최적화된 설계와 검증이 필요하다. 그림 5-2는 부유식 해상풍력 발전용 다이내믹 해저케이블 시공 사례를 나타낸다.

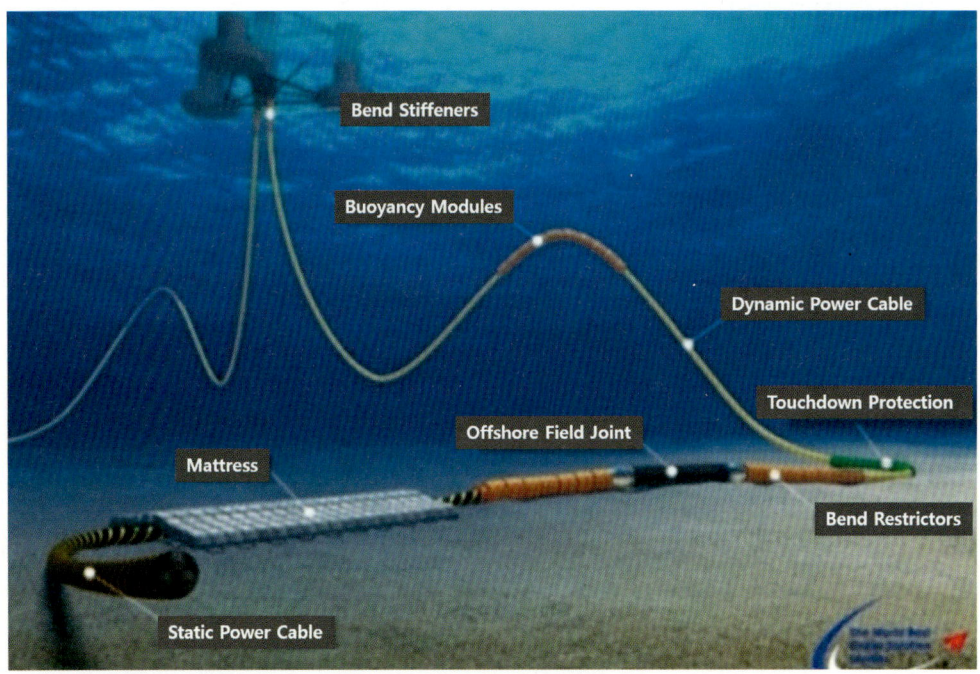

〈그림 5-2〉 부유식 해상풍력 발전용 다이내믹 해저케이블 (자료출처 : 연합인포맥스-한국전력 제공)

※ 그림 해설

- Static Power Cable
  보통 해저 바닥(Seabed) 위 혹은 아래(매설 상태)에 비교적 '고정' 상태로 배치되는 전력 케이블을 뜻한다. 파도나 해양 구조물의 움직임보다는, 해저에서 육상 변전소 혹은 해상 변전설비까지 상대적으로 움직임이 적은 '정적(Static)' 구간을 담당한다.

- Mattress
  케이블 위를 보호하거나, 케이블이 지나가는 구간을 지지/고정하기 위해 해저에 설치하는 매트(Protection Mattress)이다. 해류나 물리적 충격으로부터 케이블이 손상되지 않도록 보호용으로 사용된다.

- Offshore Field Joint
  해상(Offshore)에서 동적 케이블과 정적 케이블을 연결하는 이음새(Joint)이다. 케이블 간 접속부를 단단히 밀봉하고, 전기적·기계적 안정성을 보장하도록 특별히 설계된다.

- Dynamic Power Cable
  부유식 해양 구조물(플로팅 플랫폼, 부표, 파력발전기 등)의 움직임을 따라 유연하게 움직일 수 있도록 제작된 '동적(Dynamic)' 특성을 갖춘 전력 케이블이다. 파랑, 조류, 바람 등에 의해 계속 움직이는 상부 구조물과 해저 바닥 사이를 연결한다.

- **Touchdown Protection**
  Dynamic Cable이 해저에 닿는(Touchdown) 지점 또는 그 인근을 보호하기 위한 장치이다. 케이블이 굴곡 되거나 마모되는 것을 최소화하며, 케이블과 해저 간 마찰로 인한 손상도 줄여준다.

- **Bend Restrictors**
  케이블이 특정 각도 이상으로 꺾이지 않도록(과도한 굴곡 방지) 제한하는 물리적 보호 장치이다. 케이블의 최대 굴곡 한계를 넘지 않게 하여 내부 전선이나 외피가 손상되지 않도록 해준다.

- **Buoyancy Modules**
  케이블 일부 구간을 물 위로 띄우거나 특정 수심에서 안정적으로 부유하도록 해주는 부력체(Flotation Module)이다. 케이블 전 구간에 걸쳐 장력을 일정하게 유지하도록 설계되어, 동적 케이블이 과하게 침하되지 않도록 한다.

- **Bend Stiffeners**
  케이블 시작점(예: 해상 구조물 연결부) 또는 다른 주요 지점에서 급격한 굴곡이 일어나지 않도록 강성을 부여하는 보강재이다. Bend Restrictor와 유사하지만, Stiffener는 특정 구간에 굴곡 강도를 높여 케이블이 자연스럽게 곡률을 유지하도록 만들어준다.

〈표 5-2〉 정적 및 동적 케이블 비교표

분류(Category)	정적 케이블 (Static Cable)	동적 케이블 (Dynamic Cable)
설치 위치 Installation Zone	고정식 구조물 ~ 해상변전소 (불동요 구간)	부유식 구조물 ~ 계류점/변전소 (해상 동요 수반 구간)
기계적 구조 Structure	외장 아머(Armour)층 포함 절연/도체의 강도 보통	굴곡 피로에 대비한 보강층 추가 Bend Restrictor/Stiffener 부착
응력/피로 특성 Fatigue Properties	장기적 응력 변화 적음	반복 굴곡·장력 변화에 노출됨
설계 기준 Design Standards	IEC 63026, DNV-ST-0359	DNV-RP-F401, API RP 17B 등 해양용 권고 기준 중심
시공 방법 Installation	Jet Trenching, Plough 등 일반적 매설 방식	수중 아치형(Catenary) 구성 + 부력체 이용 설치 복잡도 높음
적용 사례 Application Example	고정식 단지 (신안, 제주)	부유식 단지 (울산, 노르웨이 Hywind 등)

1.5 케이블의 허용전류(Ampacity)

1) 열적 환경과 전류 용량

해저케이블은 전력을 전송할 때 전류에 의한 I^2R 손실(전력 손실)로 인해 열이 발생하며, 이 열은 주로 주변 해수와 해저 지반을 통해 자연 냉각된다. 케이블의 허용전류(Ampacity)는 이 열이 적절히 방출되어 절연체의 온도 한계를 넘지 않도록 보장할 수 있는 전류의 최대치를 의미한다.

허용전류는 케이블의 절연재 특성, 도체 단면적, 매립 깊이, 외피 구조, 그리고 특히 해저 열전도도(퇴적물의 구성, 수분 함량 등)에 따라 크게 달라진다. 열이 축적되면 절연 열화와 수명 단축으로 이어지므로, 케이블의 온도 균형 해석은 매우 중요하다.

국제 표준 IEC 60287은 정상상태에서의 케이블 허용전류를 계산하기 위한 공식을 제시하고 있으며 이에는 케이블 내부 구조, 전열저항, 주변 열전도율 등 열전달 요소가 포함된다. 그러나 해저 환경은 지역별로 지반 특성, 설치 방식(매립, 로킹, 트렌치, 보호관 등)이 상이하므로, 실제 설계 시에는 현장 여건에 따른 실무 보정(thermal resistivity 계수 등)이 필수적이다.

결과적으로 해저케이블의 열적 설계는 단순 전류 산정 이상의 정밀한 열해석이 요구되며, 이는 케이블 수명과 계통 신뢰도, 장기 운용 경제성에 직접적인 영향을 미친다.

2) 전력손실·전압강하 고려

해저케이블 설계 시 케이블 도체의 단면적 선정은 전압강하와 전력손실, 열적 안정성, 시공 경제성에 직결되는 핵심 요소이다. 케이블의 단면적이 과도하게 작으면, I^2R 손실 증가와 전압강하가 심화되어 열적 과부하와 절연 열화가 발생하고, 이는 곧 케이블 수명 단축으로 이어진다. 반대로 단면적을 과도하게 크게 설계하면 재료비와 케이블 무게 증가로 인한 설치 비용 상승이 불가피해진다.

특히 대규모 해상풍력단지는 전력량이 크고 송전거리가 수십에서 수백 km에 이르기 때문에, 단면적 결정은 전체 프로젝트의 경제성과 직결되는 설계 변수이다. 따라서 케이블 설계 시에는 전력손실과 전압강하를 최소화하면서도, 초기 투자비와 시공성, 유지 관리성을 균형 있게 고려한 최적 단면적 산정이 중요하다.

이 과정에서는 전압 수준, 송전거리, 부하 전류, 허용 손실율 등을 바탕으로 기술적 계산이 수행되며, 필요한 경우 경제적 최소화(LCC: Life Cycle Cost) 관점에서 최적 설계를 도출하게 된다.

3) 교류 vs 직류 허용전류

해저케이블의 허용전류(Ampacity)는 도체에 흐르는 전류로 인해 발생하는 열을 주변 환경이 얼마나 효과적으로 방출할 수 있는지에 따라 결정되며, 전송 방식에 따라 허용전류 특성에도 중요한 차이가 나타난다.

교류(AC) 케이블의 경우, 도체 내에서 표피효과(Skin Effect)와 근접효과(Proximity Effect)로 인해 전류가 도체 표면에 집중되고, 인접한 도체들 사이에서 자기장 상호작용(자화효과)이 발생하여 전류 분포가 비균일해지고 전기 저항이 증가한다. 또한 고정상 상태에서의 전기장 편향(건식 효과) 역시 전류 흐름과 절연체 응력에 영향을 줄 수 있어, 이러한 복합적인 요소들이 AC 케이블의 Ampacity를 상대적으로 낮추는 원인이 된다.

반면 직류(DC) 케이블은 교류 전류에서 나타나는 주기적 장력과 교번 자기장이 존재하지 않기 때문에, 도체 전류 분포가 균일하게 유지되고 표피효과가 발생하지 않는다. 따라서 동일 단면적 조건에서는 일반적으로 DC 케이블이 더 높은 허용전류를 갖는 경향이 있다. 그러나 DC 케이블도 결국 도체 온도 한계, 절연 재료의 열 특성, 외부 냉각 조건에 따라 제한을 받기 때문에, AC와 마찬가지로 열적 해석이 필요하다.

또한 HVDC(고압 직류) 케이블은 구조상 정전용량(Capacitance)이 작고, 무효전력이 발생하지 않아 장거리 송전에 유리한 특성이 있으며 절연체 내 전위구배(Electric Field Gradient) 분포가 AC와는 다르게 형성되기 때문에, 절연 설계 시 이를 반영한 전계 분포 해석과 절연 두께 최적화가 요구된다.

결론적으로 DC 케이블은 전류 분포가 균일하고 전력 손실이 적은 장점이 있으나, 열적 설계 관점에서는 도체 온도와 절연 한계를 고려한 정밀 해석이 여전히 필요하며, AC 케이블은 복합적인 전자기 영향으로 Ampacity가 낮아질 수 있으므로 보다 보수적인 설계 접근이 필요하다.

4) 허용전류와 전압강하의 관계

케이블에 전류가 흐르면 도체의 저항에 의해 전압이 일부 손실되며, 이를 전압강하라고 한다. 전류가 클수록 I^2R 손실과 전압강하가 함께 증가하게 되며, 이로 인해 절연체 온도가 상승하고 케이블의 허용전류(Ampacity) 한계에 가까워질 수 있다. 반대로 허용전류를 기준 이상으로 설정하거나 도체 단면적이 부족할 경우, 전압강하가 심해져 부하 설비에 공급되는 전압이 기준 이하로 떨어질 수 있다. 따라서 전압강하를 허용 범위 내로 유지하면서도, 허용전류를 초과하지 않도록 도체 크기와 케이블 길이를 함께 고려한 설계가 필수적이다. 표 5-3은 해저케이블 주요 제조사를 소개한 자료이니 참고용으로 활용하기 바란다.

〈표 5-3〉 해저케이블 주요 제조사 비교(국내 및 외국)

항목	LS전선	대한전선	Nexans (넥상스)	Prysmian Group (프리즈미안 그룹)	Sumitomo Electric (스미토모 전기)	General Cable (제너럴 케이블)	ZTT (중국)	LS Cable & System (중국 지사)
설립 연도	1962년	1953년	1897년	1878년	1897년	1927년	2003년	2006년
국가	한국	한국	프랑스	이탈리아	일본	미국	중국	중국
주요 제품	- HVDC 및 AC 해저 케이블	- HVDC 및 AC 해저 케이블	- HVDC 및 AC 해저 케이블	- HVDC 및 AC 해저 케이블	- HVDC 및 AC 해저 케이블	- HVDC 및 AC 해저 케이블	- HVDC 및 AC 해저 케이블	- HVDC 및 AC 해저 케이블
전선 사이즈	1x240 mm² ~ 1x1200 mm², 2500 mm²	1x240 mm² ~ 1x800 mm², 2500 mm²	240 mm² ~ 2500 mm²	240 mm² ~ 2500 mm²	240 mm² ~ 2500 mm²	240 mm² ~ 2500 mm²	240 mm² ~ 2500 mm²	240 mm² ~ 2500 mm²
주요 프로 젝트	- 제주 1~3연계 해저케이블	- 영광 낙월 해상풍력 발전사업	- NordLink (Norway-Germany HVDC Link)	- DolWin6 HVDC (Germany Offshore Wind)	- TANAP (Turkey-Azerbaijan Pipeline)	- Atlantic Wind (USA)	- China-Taiwan Interconnection	- China-South Korea Interconnection
	- 영광 안마 해상풍력단지 해저케이블	- 독일 380kV 초고압 지중 전력망 프로젝트	- Iberdrola (Spain Offshore Wind)	- East Anglia One (UK Offshore Wind)	- Japan's Offshore Wind Projects	- West Coast (USA)	- China-South Korea (China-Korea HVDC)	- Chinese Offshore Wind Projects
기술력	- HVDC 및 AC 해저케이블 기술력 보유	- HVDC 및 AC 해저케이블 기술력 보유	- 해상풍력 및 HVDC 해저케이블 전문	- 해상풍력 및 초고압 HVDC 해저케이블	- 고전압 AC/DC 해저케이블 기술 보유	- 고전압 AC/DC 해저케이블 기술 보유	- HVDC 및 AC 해저케이블 기술력 보유	- HVDC 및 AC 해저케이블 기술 보유
전압 등급	110kV ~ 800kV	110kV ~ 500kV	110kV ~ 800kV	110kV ~ 600kV	110kV ~ 600kV	110kV ~ 600kV	110kV ~ 500kV	110kV ~ 500kV
주요 사용 분야	- 해상풍력 및 국제 전력망 연결	- 해상풍력 및 국제 전력망 연결	- 해상풍력 및 국제 전력망 연결	- 해상풍력 및 전력망 연결	- 해상풍력 및 국제 전력망 연결	- 해상풍력 및 전력망 연결	- 해상풍력 및 국제 전력망 연결	- 해상풍력 및 국제 전력망 연결
해저 케이블 용도	- HVDC, AC 송전, 해상풍력 연결	- HVDC, AC 송전, 해상풍력 연결	- HVDC, AC 송전, 해상풍력 연결	- HVDC, AC 송전, 초고압 전력망	- HVDC, AC 송전, 해상풍력 연결	- HVDC, AC 송전, 초고압 송전	- HVDC, AC 송전, 해상풍력 연결	- HVDC, AC 송전, 해상풍력 연결
제조 및 시공 능력	- 해저케이블 제조 및 시공 전문	- 해저케이블 제조 및 시공 전문	- 해저 케이블 제조 및 시공 전문	- 해저케이블 제조 및 시공 전문	- 해저케이블 제조 및 시공 전문	- 해저케이블 제조 및 시공 전문	- 해저케이블 제조 및 시공 전문	- 해저케이블 제조 및 시공 전문
기타 특징	- NordLink, Iberdrola와 같은 대형 프로젝트 참여	- HVDC 해저케이블 및 해상풍력 전문	- TANAP와 같은 국제 전력망 프로젝트 참여	- 미국 및 유럽 해상풍력 프로젝트 참여	- 중국-대만 해상풍력 프로젝트 참여	- 중국-한국 해저케이블 프로젝트		

※ 주요 비교 사항 요약
- 설립 연도: Nexans, Sumitomo Electric은 1897년에 설립되었으며, Prysmian Group은 1878년, General Cable은 1927년, ZTT는 2003년, LS Cable & System은 2006년에 설립되었다.
- 전선 사이즈: 각 메이커들은 2500mm² 전선을 포함한 240 mm² ~ 2500 mm² 전선 사이즈를 제조하고 있으며 고전압 전송을 위한 다양한 전선 제품을 제공한다.
- 주요 프로젝트: 각 제조사들은 해상풍력 및 HVDC 연결 프로젝트에 참여하며, 전국 및 국제 전력망 연결, 고전압 해저케이블 프로젝트 등을 수행하고 있다.
- 기술력: 각 회사는 HVDC 및 AC 해저케이블 분야에서 선도적인 기술력을 보유하고 있으며 해상풍력과 초고압 송전에 강점을 가지고 있다.
- 국가: Nexans, Prysmian Group, Sumitomo Electric, General Cable은 각각 프랑스, 이탈리아, 일본, 미국에 본사를 두고 있으며 ZTT와 LS Cable & System은 중국에서 활발히 활동하고 있다.

2. 전압강하(Voltage Drop)

해상풍력단지에서 해저케이블을 통해 전력을 송전할 때는, 전류가 흐르는 동안 케이블의 도체 및 기타 구성에서 발생하는 저항·리액턴스로 인해 전압이 감소한다. 이를 전압강하(Voltage Drop)라고 하며, 대규모·장거리 해상송전일수록 전압강하가 심화되어 발전 효율과 계통 운용에 영향을 준다. 본 장에서는 전압강하의 기본 개념과 계산 방식, 주요 영향요소, 최소화 방안 등을 살펴본다.

2.1 전압강하의 개념과 중요성

1) 개념

케이블에 전류 I가 흐를 때, 케이블 임피던스(저항 R, 리액턴스 X)에 의해 전압이 떨어지는 현상이다. 교류(AC) 계통에서는 단순 저항 성분뿐 아니라, 인덕턴스·커패시턴스에 의해 복합 전압강하가 발생한다. 직류(DC) 계통의 경우 주로 도체 저항에 의한 전압강하가 지배적이다.

2) 중요성

장거리·대용량 송전에서 전압강하가 커지면, 단지 전체 발전 효율이 떨어지고, 기기의 정격전압 운전이 어려워질 수 있다. 해상풍력 배열망(Inter-array)에서 터빈이 멀리 떨어질수록 저전압 문제가 발생해 터빈 출력 저하, 발전손실로 이어진다. 전압강하가 과도하면 계통 운영(계전기 보호, 무효전력 제어)에 지장이 생기며, 국제 표준 및 Grid Code가 제시하는 규정(예: ±5% 이내)을 만족해야 한다.

〈표 5-4〉 전압강하 범위

구분	기준/기관	허용 전압강하 (정격 운전 기준)	상세 검증 사항 및 출처
한국	산업통상자원부, 신·재생에너지센터 (2023년 풍력발전단지 표준설계지침)	5% 이하 (전체 계통)	출처: 산업부 신·재생에너지센터 고시 세부사항 - 터빈집전반 1.5 ~ 2% - 집전반해상변전소 2 ~ 3% - 해상변전소육상 1 ~ 2% 한전 연계지침에서도 5% 이하 권장
국제	IEC 61400-9-2, IEC 61892-7	5% 이하 권장	IEC 61400-9-2: 해상풍력 송전 설계 가이드라인 IEC 61892-7: 해상전력설비 표준 상세 - 터빈 내부 1% 이하 - 집전케이블 2% 이하 - 변전소 이후 1 ~ 2% 가능
영국	OFTO Technical Standards (Crown Estate, OFGEM)	3 ~ 5% 권장 (총합)	Crown Estate 해상풍력 가이드라인 OFTO 송전사업자 기준: - AC 송전시 최대 5% - DC 송전(VSC-HVDC) 시 경로별 최적화, 전체 3% 이내 추천
미국	FERC, BOEM, IEEE Std 1547, NREL 가이드라인	5% 이하	FERC Grid Connection 규정 BOEM 해상풍력 지침 IEEE 1547: 분산자원 연계 기준 미국은 해상풍력 육상 연계부 송전망에서도 5% 이내를 권고

2.2 전압강하 계산 방식

1) 교류(AC) 케이블

일반적으로 복소 임피던스 $Z = R + jXZ$를 고려하여, $\Delta V = I \times Z$(선간 전압 기준) 선로전류 I, 케이블 길이 L, 도체 단면적 A, 재질(동·알루미늄) 저항률, 인덕턴스 등이 주요 파라미터다. 상세한 전압강하 해석은 IEC 60287(전력케이블 전류용량 계산)이나 전력계통 시뮬레이션(Load Flow) 툴(PSSE, DIgSILENT 등)로 수행할 수 있다. 무효전력 흐름, 역률(또는 무효전력 제어)에 따라 실제 전압강하가 달라지므로, 터빈 컨버터·무효전력 제어모드(Var Control)와 함께 종합 평가한다.

2) 직류(DC) 케이블

도체저항에 의한 단순 전압차, $\Delta V = I \times R_d$ 케이블 구조(도체 단면적, 재질), 온도에 따른 저항 변화를 고려해 길이가 늘어날수록 비례적으로 전압강하가 증가한다. 초고압 HVDC ±320 ~ 525kV급 해저케이블에서는 전압강하보다 전류에 의한 열 손실(전력 손실)이 주로 문제지만, 변환기 양단간 운전 전압도 일정 범위를 초과하면 효율에 영향을 준다.

3) 배열망 vs 수출망(Export Cable)

- 배전망 또는 배열망(22.9 ~ 154kV): 여러 터빈이 연결되어 전압이 순차적으로 떨어질 수 있으므로 라인별 전압강하를 누적 계산한다.
- 송전망(〉154kV ~ 345kV 이상): 해상변전소에서 육상 변전소까지 장거리 고압 송전 시, 무효전력 보상(AC) 또는 DC 변환(DC 케이블)에 따른 계산이 필요하다.

2.3 전압강하 영향 요소

1) 도체 단면적

도체(동·알루미늄) 단면적이 커질수록 전선 저항이 감소하여 전압강하가 줄어든다. 단면적을 과도하게 키우면 케이블 무게·비용이 증가하므로, 최적 설계를 찾기 위해 경제성 평가(LCOE, NPV)와 병행 검토가 필요하다.

2) 전류 크기와 역률

풍력단지에서 발전 전류가 클수록, 역률(무효전력 보상 상태)이 낮을수록 유효전압강하가 심화된다. 무효전력(Var) 제어 능력이 있는 터빈 인버터·SVC·STATCOM 등을 적절히 활용해 전압 안정성을 유지한다.

3) 케이블 길이·설치경로

해상변전소, 터빈 배열망 레이아웃에 따라 케이블 길이가 늘어나면 전압강하가 누적된다. 지그재그 경로, 우회 경로가 많으면 추가 길이만큼 손실이 증가한다.

4) 교류 리액턴스, 자기적 영향

AC 케이블은 인덕턴스·커패시턴스 성분이 전압강하에 기여 할 수 있다.(특히 장거리) 인접 케이블 상호 간 자화(Coupling)나 3상 배치 등에 따라 전압강하 특성이 미묘하

게 달라질 수 있다.

2.4 전압강하로 인한 영향

1) 발전효율 저하

터빈 측 전압이 낮아지면 발전기 인버터가 목표 출력에 도달하기 어려워지고, 무효전력 공급이 늘어 부하손실이 증가한다. 결과적으로 연간 발전량(AEP)이 감소하고, LCOE 상승 요인으로 작용한다.

2) 계통품질 문제

육상 변전소에서 정격 전압 관리가 불안정해지며, 일부 구간에서 규정(±5% 등)보다 큰 전압 편차가 발생할 수 있다. 고장 시 계전기 동작 범위가 애매해져, 보호협조가 복잡해진다. 전압이 일정 수준 이하로 떨어지면 풍력터빈이 정지하거나, 저전압무발전(LVRT) 기동 등이 잦아져 계통 혼란을 야기할 수 있다.

3) 다른 설비와의 간섭

ESS(배터리), 수소생산 전해조, 동적케이블(부유식)에 전압이 불안정 공급되면 부품 과열, 출력 변동성 증가 등 추가 문제를 일으킬 수 있다.

2.5 전압강하 최소화 방안

1) 도체 단면적 최적화

케이블 사이즈를 충분히 확보해 저항을 낮추는 가장 직접적 방법이다. 초기 투자비 vs 전압강하 손실에 따른 발전소 수익 변화(장기 운영)를 비교하여, 경제적 최적점을 선정한다.

2) 배열망(Inter-array) 전압 상향

해상풍력발전의 경우 대용량으로 개발 되기 때문에 22.9kV에서부터 154kV, 345kV까지 올리면 동일 전력 송전 시 전류가 줄어, 전압강하·열손실을 줄일 수 있다. 단지 규모가 커질수록 전압 등급을 상향해도 추가 비용 대비 절감 효과가 크다는 것이 유럽 사례에서 입증되고 있으니 설계 시 현장 실정에 맞도록 충분히 시뮬레이션을 한 후 최종 결정하여야 한다.

3) 무효전력 보상·전압제어 장치

풍력터빈의 전력변환장치(인버터)로 무효전력을 공급(Over-excitation)하거나, 해상 변전소에 SVC/STATCOM을 배치해 실시간 전압제어를 한다. 송전선로가 길면 Reacter/Capacitor로 무효전력을 조정해 전압프로파일을 안정화할 수 있다.

4) HVDC 적용

장거리(100km 이상) 대용량 송전에서는, AC 케이블에서 발생하는 무효전력 손실과 전압강하 문제가 심각해질 수 있다. **HVDC 변환**을 도입하면, 직류 전송으로 무효전력 문제를 제거하고, 장거리 전압강하가 상대적으로 작아진다.(도체 저항 외 영향이 거의 없음)

5) 케이블 경로 최적화

케이블 설치 시, 불필요하게 경로가 길어지지 않도록 배치 레이아웃을 개선한다. 해저 지형, 암반, 항로, 군사구역 회피 등과 타협점을 찾으면서, 케이블 물리적 길이를 최소화한다.

해상풍력 해저케이블에서 발생하는 전압강하는 프로젝트의 전력손실과 계통운영 안정성에 직결된다. **교류 케이블**은 저항·리액턴스 성분을 포함해 복합 전압강하가 생기며, 단지 배치, 무효전력 보상, 케이블 단면적, 전압등급 상향 등을 통해 완화한다. **직류 케이블**은 도체저항만 고려하면 되지만, HVDC 변환 설비가 필요하여 초기투자비가 커진다.

배열망 전압상향(154kV), 굵은 단면적 선정, SVC/STATCOM 무효전력 제어 등 다양한 기술을 조합해 전압강하를 허용치 이내로 관리하고, 해상풍력단지 효율을 극대화한다. 이러한 전압강하 관리 기법들은 해상풍력단지 전체 전기설비 설계 과정에서 **Load Flow 시뮬레이션**, **경제성 평가**와 함께 종합 검토되어야 하며, 각국 Grid Code 및 단지 규모·입지 특성에 따라 적용 우선순위가 달라진다.

전선 굵기 계산 예

해상풍력발전 총 200MW를 시설 하는데, 전압은 154kV이고, 거리는 22km이다. 전압강하는 5% 이내로 하여 케이블의 굵기를 선정한다.

■ 기본 설계 조건

    총 설비용량: 200MW
    전송 전압: 154kV (한전 계통 연계 기준)
    송전 거리: 약 22km
    전송방식: 지중 송전 또는 해저케이블 + 지중 케이블
    운전방식: 삼상 3선식 AC 송전
    전력인자(PF): 0.95 (lagging) 가정
    케이블 형식: XLPE 절연 154kV급 송전용 케이블 사용

■ 전압강하 기준 (한전 및 일반 설계 관례)

    한전 연계 시 전압강하 기준
일반적으로 정격전압의 ±5% 이내(단, 풍력발전단지 등은 ±3% 이내로 설계하는 경우 많음)
송전계통에서 발전기측부터 변전소까지의 전체 전압강하를 3% 이내로 유지하는 것이 안전하다.

■ 계산식 개요 (선로 전압강하)

3상 송전의 경우, 전압강하 계산은 다음과 같은 식을 사용한다.

$$\Delta V = \sqrt{3} \cdot I \cdot (R \cdot \cos\phi + X \cdot \sin\phi)$$

    I: 선로 전류
    R: 선로의 저항 (Ω/km\Omega/kmΩ/km)
    X: 선로의 리액턴스 (Ω/km\Omega/kmΩ/km)
    $\cos\phi$: 역률 (여기선 0.95)
    송전거리 L=22km

■ 전류 계산

200MW를 154kV로 송전할 때, 선로당 전류는

$$I = \frac{P}{\sqrt{3} \cdot V \cdot \cos\phi} = \frac{200 \times 10^6}{\sqrt{3} \cdot 154 \times 10^3 \cdot 0.95} \approx 801.3 \text{ A}$$

■ 케이블 사양 (예: 154kV급 1C x 2500㎟ Cu XLPE)

저항 R≈0.0093 Ω/km

리액턴스 X≈0.12 Ω/km(실제 매설 방식에 따라 ±20% 변동 가능)

■ 전압강하 계산

$$\Delta V = \sqrt{3} \cdot 801.3 \cdot \left(0.0093 \cdot 22 \cdot 0.95 + 0.12 \cdot 22 \cdot \sqrt{1 - 0.95^2}\right)$$

ΔV=3

R=0.0093・22=0.2046 Ω

X=0.12・22=2.64 Ω

cosφ=0.95, sinφ≈0.312

ΔV=√3 ×801.3×(0.2046×0.95+2.64×0.312) ≈ √3 ×801.3×(0.194+0.823)≈
√3 ×801.3×1.017   ΔV=1.732×801.3×1.017≈1410.4 V

참고) '전압강하의 크기(%)'만 구하는 것이기 때문에 j를 떼고 '스칼라(실수)-형식'으로 계산 했음.

■ 전압강하 (%)

$$\frac{1410.4}{154000} \times 100 \approx 0.916\%$$

■ 결론

전압강하 약 0.92% → 기준(3%)을 충분히 만족

케이블 크기: Cu 2500㎟, 1C, XLPE, 154kV급

케이블 수: 3상 단심 케이블 3조 (필요 시 병렬)

■ 추가 고려 사항

항목	고려사항
단락전류 및 열적용량	고속 차단기 대응, 지락 전류에 대한 절연 설계
충전전류 및 정전용량	장거리 해저케이블은 충전전류 증가 고려 필요
반사파 및 계통 안정성	FACTS 또는 STATCOM 고려 가능
해저케이블 전환지점 설계	접속함, 육상 접속 방식 등

■ 검산

- 케이블의 허용 전류 용량으로 굵기 선정

KSC IEC 60287 또는 KEPCO 지중 케이블 설계 기준에 따라, 154kV급 지중 단심 케이블(Cu)의 허용 전류는 다음과 같다.(일반적인 조건 기준)

단면적 (㎟)	허용 전류 (A) [지중]
800㎟	약 470A
1000㎟	약 530A
1600㎟	약 670A
2000㎟	약 750A
2500㎟	약 830 ~ 850A

(※ 실제는 매설깊이, 접지상태, 온도조건에 따라 보정계수 적용 필요)

- 필요 전류 ≥ 허용 전류 만족 검토
  필요한 전류: 801.3A
  케이블 허용 전류:
  2000㎟ → 약 750A → 부족
  2500㎟ → 약 830A → 충분

- 결론
  2500㎟ Cu XLPE 단심 케이블이 필요한 이유는, 801.3A라는 요구 전류를 만족할 수 있는 굵기이기 때문이다.

- 참고
  케이블 선택 시 고려 요소
  정격 전압: 154kV 이상
  허용 전류: 부하 전류보다 높을 것
  전압강하: 기준 이내 (보통 3% 이하)
  단락전류 허용 용량: 최대 고장전류 견딜 수 있어야 함
  열적 여유: 여름, 연속부하에도 열적 안정성 확보
  시공성: 굴착공간, 곡률반경 등 고려

- 고급 설계 옵션
  케이블 병렬 시: 2회선 구성으로 굵기 낮추기 가능
  고전압 → HVDC 고려: 장거리·대용량 전송 시 유리
  STATCOM 등 보상기기: 전압 유지 및 역률 개선

3. 해저케이블 루트조사 및 최적루트 선정

해상풍력발전단지에서 해저케이블을 성공적으로 설치·운영하기 위해서는 케이블 루트를 체계적으로 조사하고 최적의 경로를 선정하는 과정이 필수적이다. 이 장에서는 해저지질조사, 해저 루트에 대한 기초조사 방법, 장애물 회피 전략, 최적루트 결정 시 작성해야 할 RPL(Route Position List) 등 주요 절차를 설명한다.

〈그림 5-3〉 해상풍력단지에 케이블을 공급하는 모습 (자료출처 : LS전선)

3.1 해저루트 조사의 의의

1) 케이블 안전성과 신뢰성 확보

케이블이 암반·모래언덕·선박닻 위험 구역 등을 지나면 손상 위험이 크게 증가한다. 루트조사를 통해 지질·장애물을 파악하여 안전한 구간을 선택하면, 장기적인 케이블 운용 신뢰도를 높일 수 있다.

2) 시공·유지보수 효율

해저 지형·퇴적물 분포, 장애물 등은 매립·트렌칭 공법과 비용에 직접 영향을 준다. 공사 난이도가 낮은 경로를 찾으면 시공 기간과 비용을 줄이고, 추후 유지보수 접근도 수월해진다.

3) 환경·법규 준수

항로, 어업구역, 군사구역, 기존 파이프라인·케이블 보호구역 등 법·제도적 제약이 많은 해양에서는 충돌 가능성을 최소화하는 루트가 필수적이다. 환경영향평가, 공유수면법, 해양공간계획 등 각종 인허가 절차에서도 케이블 경로가 적절히 설정되었는지 검토한다.

3.2 해저 지질조사와 루트 탐색 방법

1) 해양지질·지형 조사

- **수심 측량(Multibeam Echo Sounder, MBES)**: 해저면의 지형(Depth Map)과 장애물(어망, 침몰선 등)을 파악한다.
- **측면주사소나(Side Scan Sonar, SSS)**: 해저면의 표층 상태, 암반 노출·침식구역, 장애물 등을 고해상도로 탐지한다.
- **아성층 조사(Sub-bottom Profiling)**: 해저퇴적층 두께 및 구성(점토, 모래, 자갈층 등)을 파악하여 매립·트렌칭 난이도 예측.
- **시추 코어링, CPT(콘관입시험)**: 루트 부근의 실제 지반정수를 확보해 케이블 매설 깊이와 공법을 결정한다.

2) 장애물·교차물 조사

침몰선, 폐그물, 암초, 파이프라인·통신케이블 등 케이블 시공에 방해가 되는 요소를 식별한다. 필요 시 ROV(Remotely Operated Vehicle)나 다이버 조사를 실시해 실제 상태를 확인하고, 회피 또는 교차(Crossing) 설계에 반영한다.

3) GIS·위성자료 활용

해양측량 결과를 GIS(지리정보시스템) 상에 중첩해 해양환경정보, 항로, 군사·어업구역, 환경보호구역 등을 종합 분석한다. 예비 루트 후보를 설정하고 현장 조사(지질, 기상해양) 결과와 결합해 최종 루트를 결정한다.

3.3 RPL(Route Position List) 작성

1) RPL 개념

RPL(Route Position List)은 해저케이블의 중심선(Centerline)을 구간별로 구체적

좌표(위도·경도, WGS84 등), 수심, 지질 상태, 장애물 정보를 목록화한 문서다. 케이블 시공팀, 선박, 관련 기관이 동일 좌표계를 참조해 작업할 수 있도록, 구간별 변곡점(회전점), 교차물 위치 등을 명시한다.

2) 구성 요소

KP(Kilometer Point) 혹은 Chainage: 루트 시작점(0 KP)부터 누적 거리를 기입해 세부 구간을 정의한다.

- **해저특성**: 지형(수심, 음영구역), 해저지질(점토·모래·자갈·암반), 해류·조류 정보, 해저면 경사도 등.
- **주요 좌표**: 턴 포인트(TP), 교차 포인트(Crossing), 착저점, 인접 구조물 등 좌표를 표준 형식으로 기재한다.
- **권고 공법**: 매립방법(플라우, 제트팅, 트렌칭, 매트리스 등), 교차 방법(암거, 보호관), 설계 매립 깊이 등이 제시된다.

3) 업데이트와 승인

측량·시공을 진행하면서 최신 결과(편차, 수정 공법)를 반영해 RPL을 갱신하고, 최종본은 'As-Built' 형태로 인허가 기관과 발전사업자, 시공사가 공유한다.

3.4 장애물 회피 및 안전거리 확보

1) 장애물 및 교차 설계

- **암초(암반 노두)**: 케이블이 손상받지 않도록 우회하거나, 암반을 부분 제거·파쇄 후 보호재(로킹)로 덮을 수 있다.
- **해저 파이프라인·기존 케이블**: 교차부는 높이차·보호패드(콘크리트 매트, 스페이서)를 삽입해 상호간 손상을 방지한다. 교차협약(Crossing Agreement)을 사전에 체결해야 한다.
- **침몰선·어망**: 법정 문화재거나 어민활동이 활발한 구역은 회피 경로를 검토하고, 부득이한 경우 별도 인·허가·보상을 진행한다.

2) 항로·군사구역·어업구역 회피

왕래가 잦은 상선 항로와는 충분한 안전거리를 두어 닻(Anchor) 투하 위험을 줄이

고, 어업권 지역은 어민협의를 통해 구역 중첩 최소화를 모색한다. 군사구역, 사격훈련구역, 해상레이더구역 등은 전담 기관(국방부·해군)과 조율해 루트 변경, 지하화 또는 보호시설 설치 방안을 협의한다.

3) 표준 안전거리

국가별·기관별로 규정된 최소 이격거리(예: 50~200m)를 준수하거나, 실무상 더 넓은 안전구역을 설정해 운영한다. 시공 과정에서 루트 편차가 발생해도, 안전거리 내로 침범하지 않도록 해상 GPS, ROV 모니터링 등 정밀 위치제어가 필요하다.

해저케이블 루트조사와 최적 경로 선정은 시공 성공 여부와 케이블 장기 신뢰성을 결정짓는 핵심 단계다.
해저지질·지형조사(MBES, SSS, Sub-bottom, 시추·CPT)를 통해 매립 난이도와 장애물 유무를 파악하고, 암초·침몰선·기존 파이프라인·어업구역 등 위험 요소를 식별·회피한다.
RPL(Route Position List) 작성 시, 구간별 좌표·수심·지반 상태·장애물 대응 방안을 명시해 시공선박과 관련 기관이 동일 자료를 사용하도록 한다.
안전거리와 교차공법을 마련해 파이프라인·항로·군사구역 등 제약을 극복하고, 공사와 운용 안정성을 확보한다.
이 과정을 통해 해상풍력발전단지의 해저케이블이 안전하고 경제적으로 배치될 수 있으며 이후 단계인 매립·트렌칭 시공, 보호공법 적용, 유지보수 전략 수립 등에 기초 정보로 활용된다.

4. 해저케이블 부설 방법

해상풍력발전단지에서 해저케이블을 안전하고 효율적으로 부설하기 위해서는 케이블의 구조·루트 환경·수심·지질 등에 맞춰 적절한 공법을 선정해야 한다. 대표적으로 Ploughing, Jet Trenching, ROV Burial, Rock Dumping 등이 사용되며, 시공속도·비용·안전성·환경영향 관점에서 각각 장단점이 있다. 고정식 풍력과 부유식 풍력은 케이블 부착·인출 방식에서 차이가 있으므로, 부설 방식도 달라진다. 참고로 그림 5-4는 해저케이블 설치 사진이다.

〈그림 5-4〉 해저케이블 설치 사진 (자료출처 : 미래한국)

4.1 Ploughing

1) 개념

케이블 매립용 쟁기(Plough, 플라우징 장비)를 해저면에 끌며 트렌치를 형성하고, 동시에 케이블을 투입·매립한다. 일반적으로 강·사질토 해저지반에서 널리 사용되며 점토나 완만한 자갈층에서도 적용 가능하다.(해저면을 갈아 케이블을 매립하는 장비)

2) 장점

시공속도가 비교적 빠르다(하루 수 km ~ 수십 km), 해저면 교란을 국소화하며 매립 깊이를 균일하게 확보할 수 있다. 케이블을 한 번에 설치·매립해 시공 효율이 높고, 장비 인원이 상대적으로 적다.

3) 단점

암반·자갈이 많은 지역에서는 플라우가 잘 진행되지 않거나 손상될 수 있다. 굴곡이 심한 지형, 수심 변화가 큰 구간에는 적용이 까다롭고, 선박의 견인력과 해양조건(파랑·조류)에 영향받는다.

4) 환경 영향

해저면에 쟁기를 끌어 침전물에 교란이 발생하지만, 전체 면적이 제한적이라 주변

생태계 영향은 상대적으로 중간 수준이다. 점토나 연약지반에서는 부유사(Sediment plume)가 발생할 수 있으므로 시공 시기·방식의 조정이 필요하다.

4.2 제트식 굴착(Jet Trenching)

1) 개념

고압 워터젯(물 분사)을 이용해 해저 퇴적물을 분산·부유시켜 트렌치를 형성하고, 케이블이 자연 침하 또는 인입되도록 유도한다. 트렌칭(Remotely Operated Trench Machine) 장비가 케이블 위를 이동하며, 바닷물 분사로 지반을 유동화시켜 매립 깊이를 맞춘다.

2) 장점

사질토·점토 등 연약지반에서 효과적이다. 암반이 아닌 이상 대부분 지반에 적용 가능하며, 곡률이 있는 루트도 비교적 유연하게 대응한다. ROV(Remotely Operated Vehicle)와 결합해 정밀 시공이 가능하며, 배관·기존 구조물 회피 시에도 유용하다.

3) 단점

분사 과정에서 부유사가 많이 발생하므로, 수질·해양생태계(특히 산호·해초 등)에 일시적 영향을 줄 수 있다. 조류가 강한 해역에서는 토사가 다시 유실돼 원하는 깊이가 확보되지 않을 위험이 있다. 암반 구간에서는 거의 적용 불가능해, 다른 공법(암반 파쇄, Rock dumping 등)과 병행해야 한다.

4) 환경 영향

트렌치 구간 주변에 부유사 농도가 일시적으로 증가하여, 어류·저서생물 서식이 교란될 수 있으나, 회복 속도는 비교적 빠른 편이다. 시공 속도가 Ploughing보다 느릴 수 있으며 필요한 경우 공사 시점을 어종 산란기 회피 등으로 조정한다.

4.3 원격 조정 잠수정 매설(ROV Burial)

1) 개념

무인잠수정(ROV)이 케이블을 따라 이동하면서, 제트팅(Jetting) 또는 소형 커터·흡입 장비를 구동해 해저면에 트렌치를 형성하고 케이블을 묻는다. Jet Trenching 기법의 일종이지만, ROV가 원격 조정된다는 점이 특징이다.

2) 장점

정밀제어가 가능해, 교차지점(파이프라인·기존 케이블 등)이나 암초 회피에 유리하다. 수심이 깊은 해역, 복잡 지형에서도 접근성이 높다. 시공 중 비상상황 시 신속 철수 가능하고, 설치선의 크기가 비교적 작은 선박으로도 운용 가능하다.

3) 단점

장비·운용 비용이 고가이며, 시공속도가 비교적 느리다. 강지반·암반 구역에서는 커터 시스템이 추가 필요하며, 효과가 제한적일 수 있다.

4) 환경 영향

Jet Trenching과 유사한 부유사 발생 패턴이나, ROV의 정밀 제어로 인근 생태계 영향이 다소 줄어들 수 있다. 작업 시간(노출 기간)이 길어질 수 있으므로, 공사 스케줄·해양기상 고려가 중요하다.

4.4 암석투하(Rock Dumping)

1) 개념

케이블을 해저면에 그대로 깔거나 얕게 매립한 뒤, 그 위에 자갈·돌맹이·암석 파쇄물 등을 덮어 보호층(Rock Berm)을 형성한다. 암반 굴착이 불가능하거나, 지반이 초연약·강조류 구역 등에서 케이블이 매립 고정을 유지하기 어려울 때 사용한다.

2) 장점

단단한 보호층을 형성해 앵커, 어망 등 물리적 충격에 대응할 수 있다. 암반구간, 해저 굴곡이 큰 구역에서도 별도 트렌칭 공사 없이 케이블 보호 가능.

3) 단점

돌이나 자갈을 운반·투하할 전용 선박이 필요하고, 재료 비용·로지스틱스가 높다. 바닥면 높이가 상승해 해양교통, 어업 활동과의 충돌 가능성이 생길 수 있다. 완전 매립과 달리 케이블이 바닥 표면에 가까워 해류나 침식에 노출될 가능성이 남는다.

4) 환경 영향

인공 암석사면 형성이 주변 해저환경과 이질적일 수 있으며 저서생물 서식지를 물리적으로 변경한다. 투하 시 부유사나 암석 먼지가 일시적으로 발생하고, 장기적으로는 인공 암반 서식 생태계가 형성되기도 한다.

4.5 시공속도·비용·안전성·환경영향 비교

해저케이블 시공은 일반 육상보다 시공 속도가 느리며, 고비용과 고난도의 기술이 요구된다. 안전성 확보를 위해 정밀한 해양조사와 시공장비 운용이 필수이며, 기상이변에 따른 리스크가 존재한다. 환경영향 측면에서는 해저 생태계 교란 가능성이 있으며 이를 최소화하는 시공기술이 필요하다.

〈표 5-5〉 시공속도·비용·안전성·환경영향 비교

공법	시공속도	비용	안전성(물리보호)	환경영향
Ploughing	빠름(수 km/일)	중간	매립 깊이 균일	중간(해저면 국소교란)
Jet Trenching	중간(몇 백m ~ 1km/일)	중간 ~ 높음	충분히 매립 시 안정	중간 ~ 다소 높음(부유사 발생)
ROV Burial	느림	높음	정밀매립 가능	중간(정밀 제어 가능)
Rock Dumping	중간	중간 ~ 높음	상부 덮개로 보호	중간(인공 암반 형성)

- **시공속도:** Ploughing이 가장 빠른 편이며, ROV Burial은 가장 느린 공법으로 꼽힌다.
- **비용:** 각 해역 특성, 장비 임대료, 재료(암석) 조달 비용에 따라 다르지만, ROV Burial과 Rock Dumping이 상대적으로 비용 부담이 크다.
- **안전성:** 제대로 매립이 이뤄지면 Ploughing·Jet Trenching·ROV Burial 모두 물리적 보호가 우수하지만, Rock Dumping은 매립 대신 덮개를 얹는 방식으로 앵커·어선 침적을 완화할 수 있다.
- **환경영향:** 해저면 교란, 부유사 발생이 공법마다 차이가 있으나, 전체적으로는 Ploughing·Jet Trenching·ROV Burial 모두 해저면 교란이 일시적으로 발생한다. Rock Dumping은 장기적으로 인공 암반을 형성해 생태계 변화를 일으킬 수 있다.

4.6 고정식과 부유식 해상풍력 케이블 시공 차이

1) 고정식 해상풍력

터빈·해상변전소가 모노파일·재킷 등에 고정되어, 케이블은 정적(Static) 케이블로 설계된다.

케이블 종단부(터빈 하부 구조)까지 연결 후 Ploughing·Jetting 등으로 해저 매립이 주류 공법, 플랫폼 높낮이가 거의 변동되지 않으므로, 케이블 장력 관리가 단순하다.

2) 부유식 해상풍력

부유식 플랫폼이 파랑·조류에 따라 동요(Heave, Pitch, Roll)하므로, 케이블은 동적(Dynamic) 설계가 필수다. 수직 구간이나 catenary 형상 부근(플랫폼 인근)은 ROV Burial 또는 Rock Dumping보다 동적 케이블 부력체 + 해저 정적 구간 혼합 방식을 쓰는 경우가 많다. 계류시스템과 케이블이 얽히지 않도록 루트·편심이 중요하며, 부유식 특성상 상시 굴곡·인장 하중이 케이블에 걸린다.

해상풍력발전단지의 해저케이블 부설은 Ploughing, Jet Trenching, ROV Burial, Rock Dumping 등 다양한 공법을 병행해 최적화해야 한다.

지반·지형이 단순하고 장거리 시공 속도를 중요시하면 Ploughing이 적합하며, 암반·복잡 지반이면 ROV Burial·Rock Dumping을 조합한다.

시공속도 vs 환경영향 vs 비용을 균형 있게 고려하고, 각 법규(군사·어업·환경), 루트조사(장애물), 해저면 상태 등을 종합하여 공법을 결정한다.

고정식 해상풍력은 주로 정적 케이블에 매립 공법을 적용하고, 부유식은 동적케이블 설계와 해상구조 동요 대응 방안을 추가로 마련해야 한다.

적절한 공법 선정과 시공 관리를 통해 해저케이블을 안정적으로 보호하고, 장기 운용 시 유지보수 부담을 낮출 수 있다.

5. 케이블 인입장력

특별고압(154kV 이상)의 전력 케이블을 지중화하여 배관(덕트, 관로 등)을 통해 포설할 때 반대편 맨홀(Manhole)에서 케이블을 잡아당기는 방식은 대표적인 견인 포설(Tension Pulling) 기법이며, 이때 케이블에는 축방향 장력(Tensile Force)뿐 아니라 측압(Lateral Pressure 또는 Sidewall Pressure)이 발생한다. 측압은 특히 굴곡(벤딩)부에서 집중되며, 케이블 손상 또는 수명 단축의 주요 원인이 된다.

5.1 측압(Sidewall Pressure)의 정의

측압은 케이블이 굴곡부(Radius Bend)를 통과할 때, 케이블이 곡률에 의해 관 벽이나 롤러에 눌리는 힘을 말한다. 이 압력은 장력(T)과 곡률 반지름(R)에 비례하여 발생한다.

$$P = T/R$$

P: 측압 (Sidewall Pressure) [N/m 또는 N/mm]
T: 견인 장력 (Pulling Tension) [N]
R: 곡률 반지름 (Bend Radius) [m 또는 mm]

5.2 설계 기준 및 허용 기준

일반적인 측압 허용값(Sidewall Bearing Pressure Limit)은 케이블 제조사에서 제시하며, 케이블 종류(절연 방식, 도체 구조, 차폐 구조 등)에 따라 다르다. 표 5-6은 XLPE 절연 특별고압 케이블 측압 허용 기준을 나타낸다.

〈표 5-6〉 XLPE 절연 특별고압 케이블 측압 허용 기준은

케이블 종류	일반 허용 측압 (N/mm)	비고
154kV XLPE	300~500 N/m (약 0.3~0.5 N/mm)	굴절부 제한 필요
345kV XLPE	200~400 N/m (약 0.2~0.4 N/mm)	고장력 시 더 엄격
OF 케이블	더 낮은 기준 (~0.2 N/mm 이하)	오일 누유 우려

일반적으로 **0.3 N/mm (300 N/m)** 이하를 기준으로 설계에 반영한다.

5.3 관련 표준 및 기술 가이드라인

1) KEPCO 지침

한국전력공사에서는 '특별고압 지중 송전케이블 시공지침' 등에서 **굴곡부 반경 및 견인력 제한 기준**과 함께 측압 계산을 통한 검토를 요구한다.

2) IEEE 576-2000

'IEEE Guide for the Design of Cable System Installations'에서는 측압 계산 공식과 함께 케이블 포설 경로 내 곡률 반경과 장력의 관리 방안을 제시하고 있다.

3) NEMA WC 70 / ICEA S-95-658

중고압 케이블 적용 가이드이지만, 케이블 기계적 보호와 포설 한계 관련 기준 참고 가능하다.

5.4 설계 및 시공 시 고려사항

1) 곡률 반경 확보

곡률 반경은 케이블 외경의 20 ~ 25배 이상 확보해야 한다.(예: 154kV 케이블 외경이 100mm → 최소 반경 2m 이상)

2) 굴절부 측압 분산

롤러 설치, 윤활제(Lubricant) 적용, 포설 속도 제어를 한다.

3) 포설 시뮬레이션 (Cable Pulling Calculation)

각 구간별 장력과 측압 계산하여 사전에 검토한다. CAD 기반 포설 시뮬레이션 툴을 사용한다. (ex. Pull-Planner 3D 등)

5.5 참고 예시 계산

케이블 견인장력: 4,000 N
곡률 반지름: 2 m (2000 mm)

$$P = \frac{4000}{2000} = 2\,\text{N/mm}$$

허용 기준(0.3 ~ 0.5 N/mm)을 초과하므로, 장력 분산 또는 곡률 반경 확대가 필요하다.

〈그림 5-5〉 LS전선 해저케이블

6. 케이블 방호(Protection) 방법

해저케이블이 해저면에 설치된 뒤에는, 선박 앵커·어망·암반·조류 침식 등 다양한 외부 충격으로부터 손상을 방지하기 위해 충분한 보호조치를 취해야 한다. 해상풍력 발전단지에서는 케이블 방호 수단으로 매설 깊이 관리, 덮개(콘크리트 매트, 보호관 등), 암반구간 처리, 선박 앵커·어업 충돌 방지 등 방안을 적용한다. 이는 해저케이블의 장기 신뢰성과 유지보수 비용 절감에 직결되므로, 설계·시공·운영 단계에서 종합적으로 고려해야 한다.

6.1 매설 깊이

1) 표준 매설 깊이

일반적으로 해저케이블은 1~3m 깊이로 매립하여 어망·앵커 등 일상적인 충돌 위험을 최소화한다. 각국 법규와 업계 가이드(CIGRE, DNV-ST-0359 등)에서 권고하는 최소 매립 깊이는 해저지형, 선박 통항량, 어업 활동, 지질 특성 등을 종합해 결정된다. 해안 접근부(해안선 인근)는 조수간만차나 해변 침식 등을 고려해 추가 매립 또는 관통(예: HDD 공법)으로 보호하기도 한다.

2) 매립 공법 선택

플라우잉(Ploughing), 제트 트렌칭(Jet Trenching), ROV Burial 등으로 매립 깊이를 달성한다. 매립 검사(As-Laid/As-Built Survey)는 ROV나 다중빔 음향측심기를 통해 매립 깊이와 케이블 위치를 확인하고, 규정된 기준보다 얕은 구간은 재작업(리트렌칭)한다.

3) 지속적 모니터링

해저 지형 변화(침식·퇴적)나 조류 흐름 등으로 인해, 일부 구간이 시간이 지남에 따라 노출되는 경우가 있다. 정기 점검(ROV, 사이드스캔소나 등)으로 노출 구간을 파악해 추가 매립·Rock Dumping 등 보강 방안을 적용한다.

6.2 덮개(콘크리트 매트·보호관)

1) 콘크리트 매트(Concrete Mattress)

매립이 어려운 암반 지역 또는 해저지형이 복잡해 케이블이 표면에 노출될 수밖에 없는 구역에서는 콘크리트 매트를 상부에 덮어 보호한다. 매트는 사각 패널 형태로, 케이블 양측에 걸쳐 설치해 선박 닻·어망이 직접 케이블을 긁지 못하도록 방어한다. 매트 간 겹침(Overlap)이나 연결 방식을 통해 연속 보호구역을 구성 가능하며, 해양 생물이 서식할 수 있는 인공구조물 역할도 한다. 참고로 콘크리트 매트나 보호관 등은 다양한 방법들이 시공되고 있다.

2) 보호관(Protection Pipe)

해저면에 짧은 관(스틸 파이프, HDPE 파이프 등)을 설치하고, 그 안에 케이블을 통과시키는 방식이다. 해안 접근 구간, 방파제 주변, 교차부(기존 케이블·파이프라인) 등 국지적으로 취약한 구간에 사용한다. 암초나 암반을 살짝 깎아 홈을 낸 뒤, 보호관을 매립·고정해 물리적 충격을 방지할 수도 있다.

3) 장단점

- **콘크리트 매트**: 설치가 비교적 간단하며, 대형 매트는 무게로 케이블을 확실히 눌러준다. 다만 해저면 높이를 증가시켜 항로·어업 간섭이 생길 수 있다.

- **보호관**: 구간적으로는 강력 보호가 가능하지만, 길이가 길어질수록 시공 비용과 시간이 커진다.

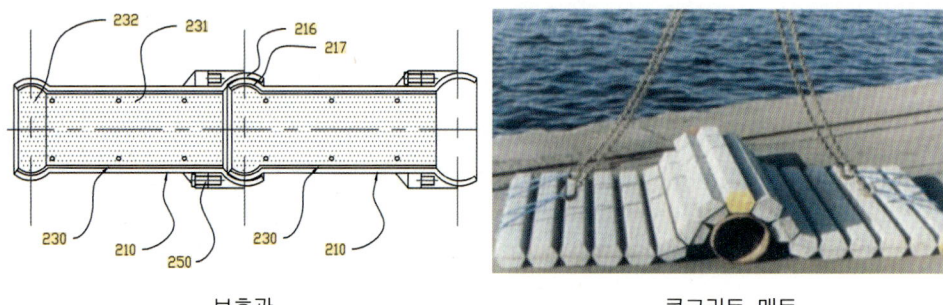

보호관　　　　　　　　　　콘크리트 매트

〈그림 5-6〉 해저케이블 보호관

6.3 암반구간 처리

1) 암반 구간의 문제점

Ploughing·제트 트렌칭 등 표준 매립 공법으로는 암반을 파내기 어려워 케이블이 노출될 위험이 크다. 돌출 암반은 케이블 마모, 굴곡, 스파킹(Sparking)을 유발할 수 있어 추가 대책이 필수다.

2) 암반 절삭/파쇄

ROV에 커터, 프라이머(굴착기), 수중 드릴 등을 장착해 국지적으로 암반을 절삭·파쇄하고 얕은 트렌치를 만든다. 공정 비용이 높고 작업 속도가 느리며, 소음·수질혼탁 등의 환경 영향이 있다.

3) Rock Dumping·콘크리트 매트 병행

암반 구간을 피할 수 없다면, 케이블을 표면에 깔고 그 위에 Rock Dumping 또는 콘크리트 매트를 덮어 보호한다. 이 방식은 전적으로 매립 대신 상부 덮개로 보호하는 것이므로, 어업·항해 안전거리를 재확보해야 한다.

6.4 선박 앵커·저인망 어업에 대한 충돌 방지

1) 앵커링 위험

선박(화물선, 어선, 해군 함정 등)이 해상풍력단지 주변에서 닻을 내릴 경우, 매립 깊이가 얕거나 케이블이 노출된 구간을 건드릴 수 있다. 물리적 충돌 시 케이블 절손, 전력차단, 수리 비용 상승 등 대형 사고로 이어질 수 있다.

2) 저인망·트롤 어업

저인망, 트롤 어업은 바닥을 긁으며 조업하기 때문에, 해저케이블 노출 구간이 있으면 쉽게 손상될 우려가 있다. 해양수산부 등 관할 기관과 협의해 어업권·조업구역을 설정하고, 케이블 루트 정보 제공, 충분한 매립·보호로 충돌을 예방한다.

3) 방지 대책

- **해도(海圖)·항행 경고**: 케이블 루트를 국제항로표지(IHO)와 해도에 명시해, 선박·어선이 주의할 수 있도록 알린다.
- **AIS 모니터링**: 해상풍력단지 주변에서 AIS(Automatic Identification System)를 활용해 선박 동향을 추적, 앵커링 위험도를 실시간 모니터링한다.
- **보호구역 설정**: 케이블 좌우 일정 범위(50 ~ 500m 등)를 선박 금지구역으로 설정하거나, 어망 사용 제한구역을 운영한다.
- **매설·덮개 보강**: 해상조류·파랑·침식·수심변화로 케이블 노출이 발생하지 않도록 정기 점검과 보강 작업(Backfilling)을 수행한다.

해저케이블 방호(Protection)는 장기 운용과 안전을 위해 필수적인 단계로, **매립 깊이 확보, 덮개(콘크리트 매트·보호관), 암반구간 처리, 선박 앵커·어망 충돌 방지** 등을 통해 케이블 손상을 최소화한다.

- **매설 깊이**: 1 ~ 3m 수준이 일반적이나, 지형·법규에 따라 달라질 수 있으며 주기적 모니터링으로 노출 구간을 재보강한다.
- **덮개(콘크리트 매트·보호관)**: 매립 어려운 구간에 인공 구조물을 씌워 보호하며, 공사 비용과 해양활동 영향 등을 고려해야 한다.
- **암반구간**: 암반 절삭·파쇄, Rock Dumping·매트로 덮는 방식으로 케이블 마모·노출을 예방한다.
- **앵커·어망 대응**: 충분한 매립·보호, 해도 및 AIS 경고, 보호구역 설정으로 어망·앵커로 인한 충돌을 줄인다. 이러한 보호조치는 해상풍력 단지의 안정적 전력송전과 설비 수명연장에 직결되므로, 시공 전 단계에서 루트조사·환경분석·법규 검토를 통해 최적 방안을 선택하고, 운영 중 정기점검으로 안전성을 유지해야 한다.

7. 시공관리(QA/QC) 및 시공 후 시험

해상풍력발전단지의 해저케이블 시공은 해양환경 특성상 변수가 많으므로, 철저한 시공관리(QA/QC)와 시공 후 시험이 필수적이다. 시공 중에는 케이블 상태, 부설궤적, 장비 동작을 실시간 모니터링하여 품질을 보증하고, 설치가 끝난 후에는 절연·연결 상태를 점검하는 시험(Hi-Pot, 절연진단 등)을 수행해 계통연계 전 결함을 조기에 확인한다. 이 장에서는 케이블 설치 중 검사, 고장 사례와 예방법, 시공 후 시험 절차 등을 정리한다.

7.1 케이블 설치 중 검사(QA/QC)

1) ROV 영상 모니터링

케이블 부설 선박에서 ROV(Remotely Operated Vehicle)를 투입해, 케이블이 계획된 루트(Route)와 매립 깊이를 따라 정확히 시공되고 있는지 확인한다. 매립 각도, 굴곡, 잠재적 장애물 등을 실시간으로 감시하고, 예상치 못한 장애가 발견되면 즉시 시공을 중단해 조치한다.

2) 트랙 진입각도 및 장비 동작 관리

플라우잉(Plough), 트렌칭(Trencher), ROV Burial 장비는 설정한 각도와 깊이를 유지해야 한다. 시공 중 장비가 암반이나 자갈층에 부딪히면 깊이가 변동될 수 있으므로, 장비 센서와 CCTV로 상황을 모니터링한다. 케이블 풀어내는 장치(Drum, Tensioner)에서 장력이 과도하게 걸리지 않도록 제어해 케이블 피복 손상을 방지한다.

3) 전기적 연속성·절연 점검

시공 도중 케이블 절연 파괴 또는 피복 손상이 발생하면 즉각 조치가 필요하다. 간단한 저항 측정(DC loop test)이나 절연저항(메거) 측정을 통해 시공 중 이상 여부를 수시로 점검한다.

예정된 구간별 시공이 끝날 때마다 간단한 테스트를 진행하면, 대규모 재작업을 예방할 수 있다.

4) 기록·보고 체계(QA 문서화)

케이블 부설 선박에는 QA/QC 엔지니어를 배치해, 모든 매립·설치 파라미터(장비 설정값, 케이블 인출속도, 수심, 매립깊이 등)를 실시간으로 데이터화한다. 플라우나 ROV 장비가 GPS·USBL(Underwater Sound Based Locator) 등으로 위치 추적되며, 최종 보고서에 'As-Laid' 기록(실제 부설 궤적, 매립 상태)을 첨부한다.

7.2 고장사례(단선, 절연파괴) 및 예방법

1) 단선(Open circuit)

시공 중 과도한 인장(Over tension)으로 도체가 단선되거나, 케이블 연결부(Splice)에서 결합이 약해 파단될 수 있다. 예방: 시공 장비의 텐션 모니터링(하중계 설치), 급격한 굴곡(Bend Radius 초과)을 피하고, 운영 매뉴얼을 준수한다.

2) 절연파괴(Insulation breakdown)

물리적 찍힘, 장비 충돌, 날카로운 암반 등으로 절연층이 손상되면 바닷물 침투로 절연 열화가 가속되어 고장 발생.
예방: 암반 구간 보호(커터, Rock Dumping), 콘크리트 매트, 보호관 등을 적용해 충격·마찰을 줄이고, 시공 후 절연저항·부분방전 등 초기 시험을 철저히 수행한다.

3) 피복 손상(Sheath damage)

어망 또는 선박 닻에 걸려 외피가 벗겨져 차폐·절연층까지 손상 가능.
예방: 규정된 매립 깊이 확보, 루트 회피구역 설정(항로, 군사구역), 조업어민에게 협의·고지, 주기적인 점검 등으로 노출 구간을 최소화한다.

4) 수리 사례

해저케이블 손상 시 ROV나 전문 수리 선박을 이용해, 파손 구간 절단 후 예비 케이블로 연결(Splicing)한다. 수리 구간은 재매립 또는 보호관·Rock Dumping 등으로 재보호해야 하므로, 작업 기간과 비용이 크다. 사전 예방이 가장 효과적인 비용 절감 수단이다.

7.3 부설 후 계통연계 전 시험

1) Hi-Pot(High Potential) 테스트

고전압 시험기(AC 또는 DC)로 케이블에 정격 이상의 전압을 일정 시간 가해, 절연 특성이 정상인지 확인한다. IEC 60502, IEC 60840, IEC 62067, 또는 프로젝트별 표준 절차에 따라 테스트 전압과 시간을 설정한다. 이 테스트에서 미세 절연 결함이 있으면 부분방전이나 절연파괴가 유발되어 조기 발견이 가능하다.

2) 절연진단(Insulation Diagnostic) 시험

VLF(Very Low Frequency), TD(Tan Delta), PD(Partial Discharge) 측정 등 진단 방식을 적용해 케이블 절연체의 열화 수준을 평가한다. 부분방전(Partial Discharge) 시험은 케이블 접합부(Splice), 종단부(Termination) 등에서 발생하는 국부적 절연 열화를 조기 감지한다.

3) 연속성 및 접지 저항 측정

각 도체와 차폐(Shield), 갑피(Armor) 간의 연속성을 측정해, 시공 중 배선 오류나 단선이 없는지 최종 확인한다. 접지망(Armor, 구조물)과 중성선 등에서 원하는 범위 내의 접지저항(Offshore Grounding)인지 확인해 지락사고 대비한다.

4) 통신·광섬유 시험(옵션)

케이블에 광섬유 코어가 포함된 경우, OTDR(Optical Time-Domain Reflectometer)로 광손실 분포를 측정해, 터빈·변전소 간 통신 상태를 점검한다. 터빈 모니터링·SCADA용 이더넷 연결도 중간 점검하며, 계통접속 전 통합 테스트에 반영한다.

5) 계통연계 시 운전시험(Commissioning)

최종적으로 해상풍력발전소 계통에 연결해 발전·송전 운전을 시작하기 전, 소규모 단계별 시운전으로 각 구간의 전압·전류·신호 상태를 확인한다. ESS·수소연계 설비가 있으면, 연계 시나리오(급전 지시·출력 제어 등)까지 점검해 계통 충격과 안전성 여부를 최종 평가한다.

해저케이블 시공관리(QA/QC)와 시공 후 시험은 해상풍력발전단지 전기설비의 안전과 장기 신뢰성을 확보하는 핵심 절차다.

- **시공 중 검사:** ROV 영상, 트랙 진입각도, 장비 텐션 모니터링, 저항·절연점검 등을 통해 설치오류와 조기 결함을 줄인다.
- **고장사례 예방:** 인장·굴곡, 절연파괴, 피복 손상에 주의하며, 보호공법(매립·덮개)과 시공 절차 준수로 위험을 최소화한다.
- **시공 후 시험:** Hi-Pot, 절연진단(부분방전 등), 접지·광섬유 연속성 시험을 실시해 케이블의 전기적 완전성을 검증한다. 이 과정을 거쳐야 계통연계(Commissioning)에 들어갈 수 있다.

이러한 QA/QC 체계를 통해 해상풍력 해저케이블 설치 품질을 높이고, 운전 중 고장으로 인한 비용·시간 손실을 크게 줄일 수 있다.

8. 운영·유지관리(O&M) 전략

해저케이블은 해상풍력발전단지의 전력수송을 책임지는 핵심 인프라이므로, 시공 후에도 체계적인 운영·유지관리(O&M) 전략을 수립해야 한다. 해저 환경은 파랑, 조류, 어업 활동, 해저 침식, 선박 닻 등 다양한 위험 요소가 존재하므로, 주기적 점검(ROV 검사, 실시간 모니터링)과 예측정비(Predictive Maintenance) 기법이 필요하다. 고장 발생 시에는 빠른 수리·교체 절차를 확보해 전력손실과 비용을 줄인다.

8.1 주기적 ROV 검사 및 실시간 모니터링

1) 정기 ROV 검사

- **주기:** 일반적으로 1~3년 주기로 ROV(Remotely Operated Vehicle)를 투입해 해저케이블의 매립 상태, 노출 여부, 손상 징후(피복 마모, 스cour, Rock dumping 변형 등)를 확인한다.
- **범위:** 교차 지점(타 파이프라인·케이블), 암반 구간, 어업 활동이 활발한 구간, 해안 접근부 등 취약 지점을 우선적으로 검사한다.
- **장비:** ROV에 고화질 카메라, 사이드스캔소나(SSS), 초음파센서 등을 장착해 케이블 위치·매립 깊이를 정밀 측정한다.

- **기록 관리**: 검사 영상 및 측정 데이터를 GIS(지리정보시스템)에 반영해, 이력관리와 향후 보강 시점 예측에 활용한다.

2) 실시간 모니터링 기법

- **해양환경 센서**: 파랑·조류·수심 변화 등을 측정하는 해양 부이, ADCP(음향 도플러 유속계) 자료를 통해 케이블 주변 침식·퇴적을 추적한다.
- **전기적 모니터링**: 케이블도체 온도·절연저항·부분방전(PD) 등을 상시 감시하는 계측 시스템을 도입해, 초기 열화나 이상징후를 파악한다(Online PD Monitoring 등).
- **AIS 추적**: 해저케이블 주변 항로에서 선박 앵커 투하 위험을 사전에 감지해, 선박 충돌 방지 경고를 보낼 수도 있다.

8.2 케이블 손상 시 수리·교체 절차

1) 손상 징후 및 대처

- **부분 방전·절연저항 이상**: 케이블 절연 파괴 전 단계에서 국부 열화 징후가 나타나면, 예측정비(Predictive Maintenance)로 조기 교체를 계획한다.
- **도체 단선·피복 파열**: 계통 이상(고장, 지락) 신호나 통신 광섬유 단절 등으로 발견되면, 즉시 수리 작업에 착수한다.

2) 수리 장비·전용 선박

케이블 수리선(Cable Repair Vessel), ROV, 크레인 등 전문 설비가 필요하며, 예비 케이블(Spare cable)이 육상 기지에 보관되어 있어야 한다.

파손 구간을 찾기 위해 TDR(Time Domain Reflectometry), ROV 탐사, 지락 전류 측정 등을 종합해 위치를 특정한다.

3) 수리 절차

(1) 손상 구간 정확히 절단 및 인양
(2) 손상되지 않은 양단에 새 케이블을 접속(Splicing), 절연·차폐·아머를 재구성
(3) 해저면에 재설치 후 매립 또는 보호관·Rock Dumping 등 방어조치

- **핵심**: 수리 구간이 길어지면 Cable Joint가 여러 개 생겨, 향후 취약부위가 될 수 있으므로 시공 품질이 중요하다.

4) 교체 계획

심각하게 열화된 장기간(20 ~ 30년 이상) 케이블은 부분 수리보다 전면 교체가 경제적일 수 있다. 교체는 사실상 초기 시공에 준하는 공정 비용이 소요되므로, 장기 O&M 재무계획에 반영해야 한다.

8.3 예측정비(Predictive Maintenance) 기법

1) 개념

기존의 계획정비(주기적 검사) 방식에서 더 나아가, **실제 데이터를 이용해 고장확률이 높아지는 시점을 사전에 예측**하고 부품·구간 교체 등을 실시한다. 빅데이터, AI 분석으로 해저환경 변화(조류, 침식), 케이블 온도·진단시험 결과, PD 트렌드 등을 종합하여 수명주기를 추정한다.

2) 주요 요소

- **실시간 모니터링**

  케이블 도체 온도, 절연저항, PD 센서 등을 해석해 이상 징후 감지 시점 파악.

- **환경·부하 모델**

  풍력발전 단지 출력 변동, 해저온도·퇴적물 전열특성(케이블 열저항), 침식량 등을 시뮬레이션해 가혹운전 구간 식별.

- **이력관리 플랫폼**

  과거 ROV 검사 결과, 수리 기록, 부분방전 로그를 DB화하고, AI 알고리즘으로 열화 속도를 모델링한다.

3) 효과

불필요한 주기적 교체·점검을 줄이고, 고장 리스크가 커지는 구간만 선별 보수함으로써 **O&M 비용 절감**과 **계통 안정성**을 동시에 달성한다. 해저케이블이 고장 날 경우 수리비와 단지 출력손실이 매우 크므로, 고장 전 사전 정비로 손실을 최소화한다.

해저케이블의 운영·유지관리(O&M) 전략은 **주기적 ROV 검사, 실시간 모니터링**을 기반으로 **고장 예방**과 **예측정비**를 핵심 축으로 삼는다.

- **주기적 ROV 검사:** 매립 상태와 손상·노출 유무 점검, 루트·교차부 취약 구간 확인
- **실시간 모니터링:** 전기적·물리적 센서 데이터를 통해 초기 열화나 위험 징후를 조기 포착
- **수리·교체 절차:** 손상 시 전문 수리선, 스페어 케이블, 정확한 위치 탐색 장비 등을 갖춰 빠른 대응
- **예측정비:** 빅데이터·AI 분석을 활용해 케이블 열화 추세를 파악, 고장 전 교체·보수로 비용·위험을 줄이는 정비 전략

이러한 통합적인 O&M 체계를 갖추면, 해상풍력단지 해저케이블의 고장 위험을 크게 낮추고, 장기적으로 안정적인 전력공급을 보장할 수 있다.

제**6**장

해상변전소·육상변전소· 변환소 설계

제6장 해상변전소·육상변전소·변환소 설계

Electrical Infrastructure For Offshore Wind Farms

해상풍력발전단지의 전력을 효율적이고 안정적으로 송전하기 위해서는 **해상변전소, 육상변전소, 변환소의 설계가 핵심 인프라 역할**을 한다. 해상변전소는 분산된 터빈에서 생산된 전력을 모아 **집전하고 승압**한 후 육상으로 송전하는 기능을 수행하며, **파랑·풍속·염분 등 해양환경에 견딜 수 있는 구조 설계와 전기설비 배치**가 요구된다.

육상변전소는 해저케이블을 통해 전달된 전력을 **계통과 연계 가능한 형태로 변환·분배**하는 역할을 하며, 계통 보호, 무효전력 보상, SCADA 연동 등을 고려한 설계가 이루어진다. 변환소(HVDC 변환소)는 대규모 송전을 위해 직류방식을 사용하는 경우 설치되며, **전력을 직류로 변환하거나 다시 교류로 환원**하는 기능을 담당한다. 고전압·대전류 설비가 포함되므로 **절연, 냉각, 방폭구획** 등 고신뢰 설계가 필수적이다.

이러한 전력 인프라의 설계는 전체 해상풍력 시스템의 **안정성, 계통 연계 효율, 유지관리성**에 직결되므로 초기 단계에서부터 최적화된 계획이 필요하다.

1. 해상변전소(Offshore Substation) 설계

해상변전소는 해상풍력발전 단지 내에서 전력계통의 중심 허브 역할을 수행하는 핵심 기반시설이다. 개별 해상풍력터빈에서 생산된 전력을 수집하여 고전압으로 승압한 후 육상으로 송전하는 기능을 수행하며, 송전 효율을 높이고 전력 품질을 유지하기 위해 무효전력 보상장치 및 보호·제어 설비가 집약된 공간이다.

해상변전소는 해양이라는 극한 환경에 설치되므로, 구조적 안정성과 내환경성 확보가 필수적이다. 이에 따라 기계설비와 건축, 토목, 해양 조선 설계 전반에 걸쳐 고도의 통합적 접근이 요구되며 이는 안전하고 효율적인 유지·운영을 위한 핵심 조건이라 할 수 있다.

그림 6-1은 미래의 해상변전소와 수소 생산시설을 포함한 에너지 인공섬 복합시설의 개념도를 나타낸다. 우리나라도 향후 서해안이나 동해안 등지에 이와 같은 인공 에너지섬을 조성함으로써 원거리 해상에서 대규모 해상풍력발전을 통해 생산된 전력을

활용해 바다 위에서 직접 수소를 생산하는 시스템을 구축할 수 있을 것이다. 이를 통해 전력 산업은 물론 수소 산업의 동반 활성화를 도모할 수 있으며 해양 에너지 인프라의 미래 지향적 모델로 자리매김할 수 있을 것이다.

〈그림 6-1〉 해상변전소 및 수소 생산시설을 포함한 에너지 인공섬

1.1 전력설비 구성 및 전기적 고려사항

1) 전력 흐름 및 승압 기능

해상변전소는 보통 22.9kV 또는 154kV로 해상풍력터빈에서 모아진 전력을 수전받아 이를 154kV 혹은 345kV 수준으로 승압시킨 후 해저케이블(Subsea Cable)을 통해 육상 계통으로 송전한다. 이를 위해 대용량 변압기(Power Transformer)가 중심에 배치되며, 해상에서는 공간 제약 및 염분 부식 등의 이유로 GIS(Gas Insulated Switchgear) 방식이 일반적이다.

2) 전력품질 및 무효전력 보상

해상풍력발전은 출력 변동성이 크고, 육상까지 장거리 송전을 필요로 하기 때문에, 계통 내 전압 변동과 무효전력 불균형이 발생하기 쉽다. 이러한 특성은 전력품질 저하와 계통 불안정으로 이어질 수 있으므로, 전압 유지와 무효전력 조정 기능을 갖춘 설비의 설치가 필수적이다.

이를 위해 해상변전소나 육상변전소에는 STATCOM(정지형 동기 보상기) 또는 SVC

(정지형 무효전력 보상장치)와 같은 설비가 적용된다. 이들은 계통 전압 상태를 실시간으로 감지하고, 필요한 무효전력을 빠르게 공급하거나 흡수함으로써 전압 안정화와 플리커 억제, 무효전력 흐름 제어에 기여한다.

특히 HVDC(고압직류송전) 방식이 도입되는 경우, 컨버터 스테이션이 계통과 연계되어 주파수·전압·무효전력 흐름에 직접적인 영향을 주므로, 보상 장치와의 협조 운용이 설계 단계에서부터 고려되어야 한다. 결과적으로 무효전력 보상 설비는 해상풍력의 전력 품질 확보와 계통 안정성 유지를 위한 핵심 기반 설비이다.

3) 보호계전 및 제어시스템

해상풍력 발전설비는 고장 발생 시 신속하고 정확한 계통 보호를 위해 디지털 보호계전 시스템을 중심으로 한 통합 보호·제어 체계를 갖추어야 한다. 이를 위해 과전류, 지락, 거리, 차동 보호 등 다양한 보호기능을 수행하는 디지털 계전기가 적용되며, 실시간 감시 및 원격 제어를 위한 SCADA(감시제어 및 데이터 수집 시스템)와 RTU(원격단말장치)가 연계되어야 한다.

이러한 시스템은 발전 설비의 상태를 계통 운영자와 실시간으로 공유하고, 이상 상황 시 즉시 제어 명령을 내려 계통과 발전기의 안전을 동시에 확보할 수 있어야 한다. 특히 해상풍력의 경우, 인력 접근이 제한된 환경 특성상 무인운전 또는 원격제어 기반의 시스템 구성이 일반화되고 있으며 자가 진단 기능과 자동 복구 로직이 포함된 고신뢰 자동화 시스템 설계가 점차 확대되고 있다. 보호계전 및 제어시스템은 해상풍력 설비의 운영 안정성, 계통 연계 신뢰성, 사고 대응력을 좌우하는 핵심 요소로서, 디지털 기반의 통합 설계가 필수적이다.

1.2 구조 설계 및 하중 고려

1) 기초 구조형식

해상변전소는 수백 톤 규모의 변압기, 개폐장치, 제어설비 등 중량 전력기기를 안전하게 지지하고, 해양환경에서 장기간 안정적으로 운용되어야 하기 때문에, 기초 구조와 상부 구조를 연결하는 초 구조형식의 설계가 매우 중요하다. 이러한 구조형식은 설치 지점의 수심, 해저 지반 조건, 환경 하중(파랑·조류 등)에 따라 결정되며, 기계적 강도와 시공성, 유지관리성 등을 종합적으로 고려하여 선택된다.

일반적으로 수심 30~60m 구간에서는 재킷 구조(Jacket Structure)가 가장 널리 적용된다. 재킷 구조는 다리 형태의 강재 트러스 구조물로 구성되며, 말뚝으로 해저면에 고정되어 높은 안정성과 하중 지지 능력을 제공한다. 시공성이 검증되어 있고, 대형 크레인을 통해 상부 변전소 모듈과 연결이 용이하다는 장점이 있다.

중수심 이하(약 30m 미만)에서는 간단한 시공과 경제성을 고려하여 **모노파일(Monopile)** 방식이 적용되기도 하며, 해저 지반이 단단하고 파랑 조건이 비교적 온화한 지역에서 적합하다. 한편 수심이 매우 깊거나 고정식 기초 설치가 어려운 지역에서는 드물지만 **부유식 플랫폼(Floating Substation)** 형식도 적용될 수 있다. 이 경우, 부유체와 계류 시스템을 통해 위치를 유지하며, 해저케이블 연계 및 파랑 대응성이 설계의 핵심이 된다.

이처럼 해상변전소의 초 구조형식은 전체 시스템의 **기초 안정성, 시공 비용, 운용 신뢰성**에 직결되므로, 설계 초기 단계에서 환경 조건을 철저히 반영하여 최적의 형식을 선정하는 것이 필수적이다.

2) 하중 및 내환경 설계

- **풍하중:** 태풍에 대비하여 순간 최대 풍속 70m/s 이상의 하중 설계를 적용하며, IEC 61400-3의 풍력 해상 구조물 기준이 적용된다.

- **파랑하중:** 최대 유의파고(Hs), 파주기(Tp), 파향 등의 데이터를 기반으로 동적 응답 해석을 수행하여 구조의 동특성을 분석한다.

- **지진하중:** 해저 단층대 인접 지역일 경우 내진 설계가 필수로, 구조물 자체의 주기 및 고유 진동수를 고려한 지진응답계수 설정이 필요하다.

- **전력기기 하중:** 변압기(수백 톤), GIS, STATCOM 등 고중량 설비의 하중이 기초구조에 집중되기 때문에 정하중 및 동하중 분포 해석이 필수이다.

1.3 건축적 및 설비적 고려사항

1) 공간배치 및 유지보수성

해상변전소는 전력설비의 집약적 운용과 유지관리를 위해 **기계적·전기적 배치뿐 아니라 인체 동선과 작업 효율을 고려한 공간 설계가 필수적**이다. 일반적으로 해상변전소의 상부 플랫폼은 **최소 20m × 30m 이상의 면적**을 확보하며, 이는 고용량 변압기, GIS, 제어반 등 주요 전력설비 외에도 **통제실, 통신실, 보조설비 공간**, 그리고 **작업자 통로와 유지보수 구역**을 포함할 수 있어야 한다.

설비 간 배치 간격은 **점검 및 수리 시 안전 확보, 장비 접근성, 긴급 탈출 경로 확보**

등을 고려하여 계획되며, 각 기기는 유지보수 작업에 필요한 최소 작업 반경을 기준으로 배치된다. 특히 중량 설비가 많고 해상 작업이 제한적인 특성을 고려해, 상부 플랫폼에는 크레인 또는 리프팅 장비가 설치되며, 해당 장비의 작업 반경과 중량물 이동 경로는 안전성과 작업 효율을 최우선으로 고려하여 설계되어야 한다.

또한 장비 교체 또는 이송이 필요한 경우를 대비해, 개방형 슬래브 구조 또는 이송용 트랙, 모듈 교체가 가능한 출입구 구조, 내부 천장 높이 확보 등도 설계에 반영되며, 이는 장기 운전 시 정비성과 접근성 확보에 직접적인 영향을 준다. 이처럼 해상변전소의 공간배치는 단순한 설치 효율을 넘어, 장기적 운용 안정성과 인력 안전 확보를 위한 핵심 설계 요소로 간주된다.

2) 환기 및 냉방, 방폭설비

해상변전소는 고온, 고습, 염분, 먼지 등 해양환경 특성에 지속적으로 노출되기 때문에, 내부 전력설비의 안정적인 운전과 수명을 보장하기 위해 전용 환기 및 냉방 설비(HVAC: Heating, Ventilation and Air Conditioning)가 반드시 설치되어야 한다. 이 시스템은 단순한 온도 조절 기능을 넘어서, 염분과 수분의 실내 유입을 제어하고 부식 및 절연 열화를 방지하는 역할을 수행한다.

특히 해상변전소 내부에는 변압기, 리액터, 무효전력 보상장치 등에서 발생하는 열을 지속적으로 처리해야 하므로, 해당 공간의 공랭 또는 수랭 방식이 병행 적용된다. 공랭 방식은 필터를 통한 외부 공기 유입과 내부 열 배출을 통해 실내 온도를 유지하며, 수랭 방식은 냉각수를 순환시켜 열 교환기로부터 설비 발열을 직접 제거하는 방식으로, 고용량 장비에서 자주 사용된다.

더불어 해상변전소는 가연성 가스나 아크 발생 가능성이 있는 전기설비가 밀폐된 공간에 설치되는 경우가 많기 때문에, 방폭구역 설정 및 방폭등급(예: EX d, EX e 등)을 만족하는 전기기기와 통신장비를 적용해야 한다. 환기 팬, 조명, 콘센트, 센서 등은 해당 구역의 방폭요구 조건에 부합하는 제품으로 설계되어야 하며, 이 기준은 국내 전기설비기술기준과 국제 방폭 규격(IEC 60079 시리즈 등)을 함께 준용한다.

결과적으로 해상변전소의 환기 및 냉방, 방폭설비는 내부 설비의 안정성과 인명 안전 확보를 동시에 달성하기 위한 핵심 환경제어 요소이며, 설계 단계에서부터 환경 조건, 열 발생량, 위험물 존재 여부 등을 종합적으로 고려해야 한다.

3) 소방 및 피난설계

해상변전소는 육상과 달리 화재 발생 시 소방 인력이나 구조장비의 현장 접근이 지연될 수 있기 때문에, 초기 화재 대응과 인명 보호를 위한 **자동화된 소방·피난 시스템**이 반드시 마련되어야 한다. 특히 밀폐된 공간에 고전압·고열 설비가 밀집되어 있어, 화재 예방뿐 아니라 **화재 감지, 초기 진압, 안전한 대피**를 포함하는 종합적인 안전 설계가 요구된다.

화재 발생 시 자동으로 작동하는 **고성능 자동소화설비**가 주요 전기실, 통신실, 제어실 등에 설치되며, 대표적으로는 FM-200, IG-541, Novec 1230 등의 **가스계 소화시스템**이 사용된다. 이들 시스템은 화재 진압 시 설비에 손상을 주지 않고, 사람이 대피할 수 있는 시간을 확보하는 데 효과적이다. 동시에 **화재감지기, 열·연기 센서, 비상경보장치** 등을 연계해 실시간 감시 체계를 구성해야 하며, 모든 전기기기는 방폭등급(예: Ex d, Ex i)을 충족하여 **화재 또는 폭발 확대를 방지**할 수 있어야 한다.

또한 화재나 기타 비상 상황 시 신속하고 안전한 탈출을 위해, **비상대피 루트, 방화도어, 구조용 해치** 등 물리적 피난 설비가 반드시 확보되어야 하며, 변전소 규모나 위치에 따라 헬리콥터 이착륙이 가능한 헬리포트(Heliport)도 설계에 반영될 수 있다. 여기에 **비상통신 시스템**(내부 방송, 위성 통신, 해상 구조기관 연동 통신 등)을 포함하여, 사고 발생 시 외부 구조기관과의 신속한 연락 체계도 확보해야 한다.

이와 같은 소방 및 피난설계는 해상에서의 **인명 보호와 설비 안전 확보를 위한 최후의 방어선**으로, 관련 국제기준(예: NFPA 850, IEC 61892 등)과 국내 해상 구조 안전 규정을 모두 반영하여 설계되어야 한다.

1.4 해양 환경 및 기후 대응

해상변전소는 일반적인 육상 설비와 달리 연중 지속적으로 **염분, 고습, 자외선, 파랑, 강풍** 등 혹독한 **해양환경에 노출**되므로, 구조물과 설비의 내환경성을 확보하기 위한 **재료 선택과 마감 설계**가 매우 중요하다. 특히 부식, 자외선 열화, 마모 등에 대한 방어 없이 장기간 운전이 어려우므로, 초기 설계단계에서부터 환경대응 전략이 통합적으로 고려되어야 한다.

우선 **방식(防蝕) 처리**는 구조물 수명 확보의 핵심 요소로, 구조 강재에는 **고내식성 도장, 아연도금**, 또는 **스테인리스강, Duplex 계열 강재 등 내염성 소재**를 적용한다. 특히 해수와 직접 접촉되거나 습기에 장시간 노출되는 하부 구조물에는 특수 방식 시스템이 병행되어야 한다.

또한 **강한 자외선과 고온 환경에 노출되는 외장재와 전기기기**에는 자외선 차폐 기능이 있는 도료, 내열·난연성 소재가 사용되어야 하며, 절연재 및 외함의 열화 방지를

위해 UV 차단 코팅, 열 차단 단열재 등도 설계에 반영된다.

　기후 변화와 실시간 운전 안정성 확보를 위해, 풍속, 파고, 기압, 기온 등 주요 해양 기상 요소를 상시 감시할 수 있는 기상 관측 시스템도 필수적으로 구축된다. 이 시스템은 SCADA와 연동되어 운영자의 판단과 자동 제어 로직에 직접적인 정보를 제공하며, 장비 운전 한계 조건 설정 및 예방정비 계획에도 활용된다.

　결국 해상변전소는 가혹한 외부 환경에 적응할 수 있는 물리적 설계와 실시간 모니터링 체계를 동시에 갖추어야 안정적이고 장기적인 운영이 가능하다.

1.5 안전 및 운영 유지관리 고려

　무인 운전 혹은 원격 제어 기반의 해상변전소 운영이 일반화됨에 따라 설비 신뢰성과 유지보수 용이성 확보가 핵심이다. 이를 위해 예지보전(Predictive Maintenance) 시스템으로 센서 기반 상태 감시 시스템 설치를 하고, 운영시뮬레이션 기반의 시운전 절차와 IEC 61850 기반 통신 및 자동화 시스템을 적용한다. 운영자의 접근 동선, 안전 작업 공간 확보, 방폭구역 관리를 한다.

　해상변전소는 단순한 전력설비가 아닌, 해양환경을 견디며 수십 년간 안정적으로 작동해야 하는 전략적 인프라로서 설계 전 과정에서 기초 지반 해석부터 구조안전, 전기설비 설계, 환경대응, 유지보수 체계에 이르기까지 종합적이고 고도화된 설계가 요구된다. 이러한 설계를 통해 대한민국 해상풍력 기술의 독자성과 신뢰성을 강화하고, 국제적 경쟁력을 확보할 수 있으며 향후 동남아, 유럽, 미주 등 글로벌 해상풍력시장으로의 진출을 위한 핵심 기술 기반으로 작용할 것이다. 그림 6-2와 6-3은 실제 우리나라 서남해 해상풍력발전소 실증단지에 설치된 해상변전소 사진과 평면도이다.

〈그림 6-2〉 서남해 해상풍력 실증단지

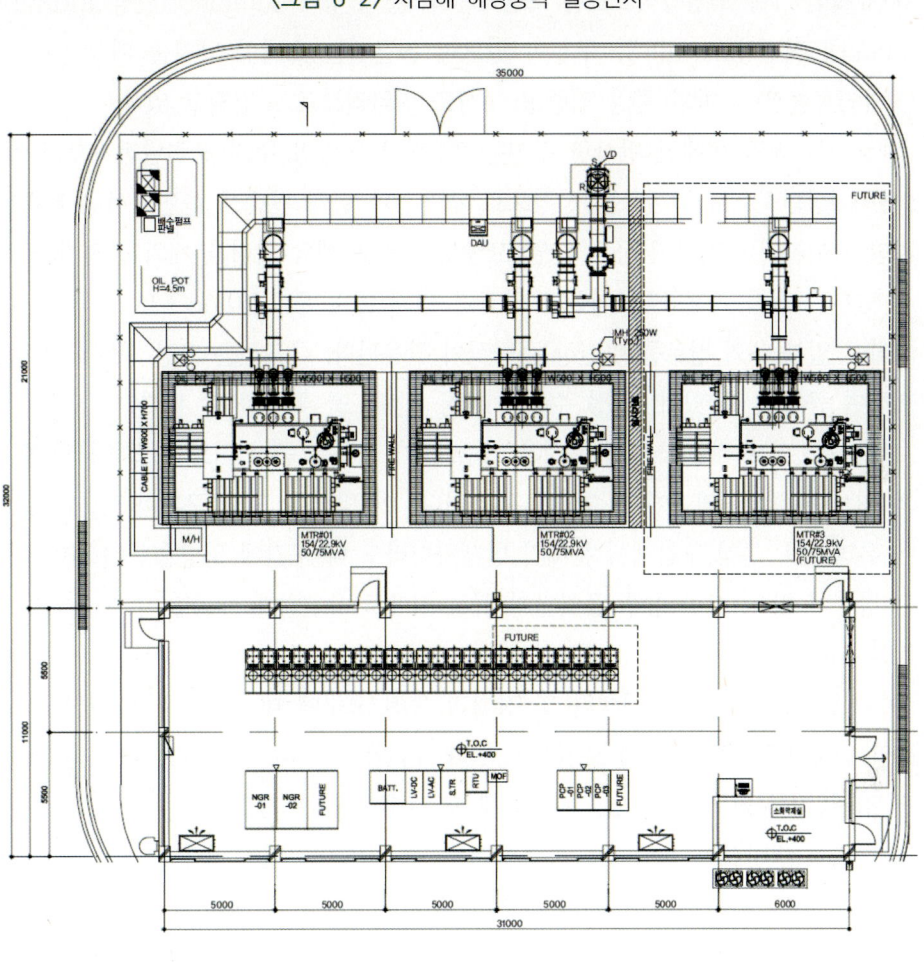

〈그림 6-3〉 154kV 변전소 sample layout (출처 : LS산전)

1.6 변전소 설치 방식

해상풍력발전단지는 지속 가능한 에너지 전환의 핵심축으로 자리매김하고 있으며 이에 따라 해상에서 생산된 전력을 안정적으로 육상으로 효율적으로 송전하기 위한 해상변전소의 중요성이 점차 증대되고 있다. 특히 풍력단지의 총 설비용량이 200MW를 초과하거나, 육지와의 이격거리가 20~30km 이상 떨어져 있는 경우, 해상변전소의 설치는 선택이 아닌 필수적인 고려사항이 된다.

해상변전소는 해상풍력발전기에서 생산된 전력을 집전하고 이를 승압하여 육지로 송전하는 역할을 수행한다. 이러한 기능을 안정적으로 수행하기 위해서는 전력계통 구성 방식에 대한 종합적 검토가 필요하며 이는 곧 계통의 신뢰도, 경제성, 유지보수 효율성 등에 결정적인 영향을 미친다.

대표적인 계통 구성방식으로는 그림 6-4와 같이 **방사형(Radial), 환상형(Ring), 스타형(Star), 직렬형(Serial)** 등 구성이 있으며 최근에는 초대형 단지를 대상으로 **HVDC(고압직류송전)** 기반의 중앙 집중형 구성도 적극적으로 도입되고 있다.

가장 기본적인 형태인 **방사형 구성**은 각 피더에 일정 수의 풍력발전기를 연결하고, 이를 해상변전소로 집전하는 방식으로 경제성과 설계 단순성 측면에서 유리하다. 하지만 케이블이나 차단기 등의 단일 고장으로 인해 해당 피더 전체의 발전기가 정지될 수 있는 단점이 존재한다. 이를 보완하기 위해 예비 루프선(Loop Line)을 병렬로 설치하여 일부 우회 경로를 마련하는 방식이 활용된다. 루프선은 고장 시에도 전력을 우회하여 공급할 수 있어, 일정 수준의 계통 신뢰도를 확보할 수 있다.

보다 발전된 형태로 **스타형 구성**은 각 발전기 그룹을 중심 허브에 집중시킨 후, 복수의 허브를 해상변전소에 연결하는 구조이다. 이 방식은 고장 구획화(Segmentation)에 유리하며, 특정 구간에서 문제가 발생하더라도 타 구간에 영향을 최소화할 수 있다는 장점이 있다. 또한 향후 풍력단지 확장 시에도 유연하게 대응할 수 있는 구조적 이점을 제공한다.

이와 함께 해상풍력의 대형화 및 장거리 송전 요구에 대응하기 위해 **HVDC 방식의 중앙 집중형 구성**이 활발히 도입되고 있다. 이 방식은 다수의 풍력발전기 집단을 지역별 집전반(Local Collection Point)에 모은 후, 해상변전소에서 이를 고압 직류(DC 500kV)로 변환하여 육상으로 송전한다. 직류송전은 장거리 송전에서의 전력 손실이 현저히 낮고, 해저케이블 비용과 기술적 제약을 고려할 때 매우 경제적인 해법으로 평가된다. 특히 수 GW 급의 초대형 해상풍력단지에서는 필수적인 인프라로 간주된다.

실제 해상변전소의 구축 사례로는 한국전력공사가 설치한 해상변전소가 있다. 이 변전소는 철근콘크리트 및 강재 구조로 설계되어 해양 환경에 적응할 수 있도록 되어 있으며 내부에는 변압기, GIS(가스절연개폐장치), 보호계전기, 통신 및 감시 시스템 등이 통합 설치되어 있다. 또한 상부 구조물에는 헬리패드 및 크레인이 설치되어 있어 인력 및 장비의 접근성과 유지관리 효율성도 고려되어 있다.

결론적으로 해상변전소의 설치와 전력계통 구성은 단순한 기술적 연결 이상의 의미를 갖는다. 이는 계통의 안정성 확보, 고장 대응 전략, 유지보수 용이성, 경제성 및 확장성 등을 모두 고려한 종합적 설계의 결과물이어야 한다. 향후 해상풍력의 보편화와 단지의 대형화 추세를 감안할 때, 각 계통 구성 방식의 특성을 정확히 이해하고 프로젝트 조건에 맞게 최적화된 설계를 수행하는 것이 무엇보다 중요하다.

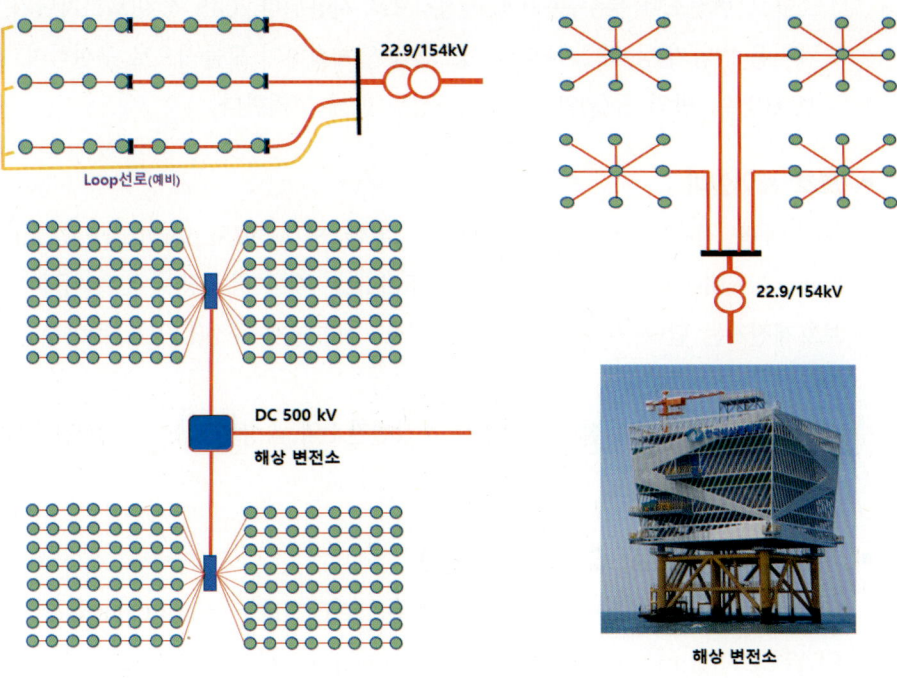

〈그림 6-4〉 해상풍력 전력계통 및 변전소

해상 변전소의 유지보수 인력 접근 수단(헬리콥터 데크, 선박 접안 시설 등) 확보가 필요하다. 또한 교체 주기가 짧은 부품이나 소모품 관리체계를 육상에서와 달리 설계 단계부터 별도로 계획해야 한다.

1) 변압기, GIS/AIS, 보호·제어설비, 무효전력보상기 통합 구조

■ 변압기(메인 트랜스포머)

해상풍력발전단지에서 배열망(22.9kV 등)으로 모인 전력을 154~345kV 이상의 고전압으로 승압한다. 해상환경에 노출되므로, 내부 절연(유입/에스터/건식), 외함(방청 코팅, 내염 설계), 냉각구조(자연냉각·강제냉각) 등 해양 특화 설계가 필수다. 소음·진동·방폭 대비를 위해 별도 구획(MTR – Main Transformer Room)을 갖추거나 옥외에 배치하고, 소방/소화설비(분말/가스 소화기)로 안전성을 확보한다.

■ GIS(AIS) 개폐설비

- GIS(Gas Insulated Switchgear): SF$_6$ 가스를 절연 매체로 사용하는 고압 개폐장치로, 부피가 작고 염해·습도에 강해 해상변전소에 널리 사용된다.

- AIS(Air Insulated Switchgear): 공기 절연형이지만, 해상에서는 부피가 커지므로

소규모 변전소나 특수 목적에 한정적으로 사용된다. GIS 장치(회로차단기, 단로기, 계기용 변압기 등)와 모니터링 시스템을 일체화하여 모듈식으로 구성하며, 해양환경 보호(방수, 방염 등급)와 정비 접근성을 함께 고려한다.

- **보호·제어설비**

  해상풍력 전체를 통합 제어·감시하기 위한 SCADA(Supervisory Control And Data Acquisition) 센터, 보호계전기(Relays), 계통 통신장치, UPS 등이 설치된다. 보호계전기는 단락·지락·과전류·차동 보호, 계통연계 규정(LVRT, 주파수 지원 등)에 부합하도록 설정한다.

  배전반, 제어반, 통신설비와 연동해 해상변전소와 육상변전소 간 실시간 데이터 송수신이 이뤄진다.

- **무효전력보상기(VAr Compensation)**

  풍력단지 내 무효전력을 공급·흡수하는 SVC(Static Var Compensator) 또는 STATCOM(Static Synchronous Compensator) 장치를 설치해, 교류 송전 시 전압 안정과 무효전력 제어를 담당한다. 대규모 단지에서는 리액터(Shunt Reactor)를 추가로 배치해 케이블의 커패시턴스 성분으로 인한 과전압 문제를 완화한다.

2) Topside 공간 배치, 하부기초(고정식/부유식) 고려

- **Topside 공간 배치**

  해상변전소의 상부 구조물(Topside)은 발전단지에서 집전된 전력을 변압, 보호, 제어하는 주요 전기설비가 집중된 핵심 공간으로, 기능별 구획을 명확히 나누고, 장비 배치와 유지관리 동선을 고려한 체계적인 공간 설계가 필수적이다.

  Topside는 일반적으로 용도에 따라 변압기실, GIS실, 제어실, 소방설비실, 비상발전기실, 그리고 대형 플랫폼의 경우 사무·생활 구역까지 포함된다. 각 구역은 방화구획, 방폭구역(Ex Zone), 환기구, 방화문 등을 기준으로 물리적으로 분리되어야 하며, IEC 61892, ISO 19901 시리즈 등 해양플랜트 국제 기준에 따라 설계되어야 한다. 장비 간에는 정비 작업이 가능한 최소 안전거리와 유지보수 통로를 확보해야 하며, 고압 설비와 인명 접촉 가능성이 있는 공간은 철저한 차폐와 통제구역 관리가 요구된다. 화재 발생 시 대응력을 높이기 위해 방화등급이 부여된 구획 설계가 병행되어야 하며, 방폭 전기기기는 위험 구역 설정에 따라 등급을 구분하여 배치한다.

  또한 Topside에는 정비용 크레인이나 자재 운반용 데크 크레인이 설치되어야 하며, 장기 운용 및 유지보수 효율을 높이기 위해 경우에 따라 헬리콥터 착륙장(헬리패드)도 함께 설계된다. 이는 긴급 상황 시 인명 구조나 장비 수송에 유용하며, 원격지 유지관리 시스템 운영 시 필수 인프라로 간주된다.

Topside 구조는 해저에 설치되는 하부기초의 형식(고정식 또는 부유식)에 따라 전체 구조설계 및 진동·하중 분산 방식이 달라진다. 고정식(모노파일, 재킷)의 경우 해저에 단단히 고정되어 있어 중량 배분과 장비 위치 설정이 비교적 자유로운 반면 부유식(Floating Substation)은 플랫폼의 동요와 운동성에 따라 질량 중심(GC), 무게 분포, 부력 균형 등을 종합적으로 고려한 설계가 필요하다. 이 경우 Topside 배치가 전체 플랫폼의 동적 거동에 미치는 영향이 크므로, 상·하부 통합 설계 및 운동 응답 해석(RAOs)이 병행되어야 한다.

결과적으로 해상변전소의 Topside 설계는 전력설비의 기능성, 인명 안전, 유지보수 효율성, 그리고 하부기초 구조와의 연계성을 모두 고려한 다기능 설계가 요구된다.

- **하부기초 – 고정식**

해상변전소 및 풍력발전기 설치를 위한 하부기초 중 고정식 구조물(Fixed Foundation)은 구조물을 해저면에 직접 고정시키는 방식으로, 수심 50m 이하의 천해(淺海) 구간에서 경제성과 시공성이 우수하여 가장 널리 활용된다.

대표적인 고정식 구조물에는 모노파일(Monopile), 재킷(Jacket), 트라이포드(Tripod) 방식이 있으며 각각 설치 수심, 해저지반 특성, 하중 조건 등에 따라 선택된다.

모노파일은 단일 대구경 강관을 수직으로 박아 지지하는 방식으로, 구조가 단순하고 시공 속도가 빠르며, 상대적으로 연약지반이나 얕은 수심에서 효과적이다.

재킷 구조물은 다리 형태의 트러스(격자) 구조로 이루어져 있어 파랑 및 풍하중 분산에 유리하며, 대규모 상부 하중에 대한 구조적 안정성이 뛰어나 중수심 구간에서 널리 사용된다.

트라이포드 구조물은 세 지점을 통해 하중을 지지하는 방식으로, 구조적으로는 재킷과 유사하지만 부재 수가 적어 상대적으로 간결한 형태를 가진다.

고정식 하부기초 설계는 상부 구조물 중량(수천~만 톤급)을 지지하는 능력뿐 아니라, 파랑하중, 바람하중, 내진하중 등 다양한 외력에 대한 구조적 안전성 분석이 필수적이다. 또한 해양환경에서 장기간 유지되기 위해, 해수에 의한 부식 방지를 위한 음극방식(Cathodic Protection, CP), 방청도장 등 내환경 설계 요소도 함께 고려되어야 한다.

고정식 구조는 기존 해양 석유·가스 플랫폼 설계 기술과 많은 부분에서 유사하며, 풍력 산업에 이를 적용함으로써 설계 표준화, 제작 및 시공 경험 축적, 비용 절감 등 다양한 장점을 확보할 수 있다. 이러한 특성으로 인해 고정식 기초는 해상풍력 초기단

계 및 중수심 단지 개발에 가장 보편적으로 적용되는 방식이다.

- **하부기초 – 부유식**

    부유식 하부기초는 해상변전소 상부 구조물(Topside)을 해저면에 고정하지 않고, 수면 위에 떠 있는 플랫폼(Floating Platform) 위에 설치하는 방식으로, 주로 수심이 깊어 고정식 기초 적용이 어려운 지역에서 활용된다.

    대표적인 부유식 기초 형식으로는 스파(SPAR), 세미서브머저블(Semi-submersible), TLP(Tension Leg Platform) 등이 있으며 각각의 구조는 해양파, 조류, 바람 등에 따른 운동 특성(6자유도: 수직·수평 이동, 롤·피치·요)을 고려하여 선택된다.

    스파 구조물은 긴 원기둥 형태로 무게 중심이 해저 가까이에 위치하여, 파랑에 대한 동요가 적은 안정적인 형식이다.

    세미서브머저블은 복수의 부력을 가진 다리 형태로 수면에 떠 있으며 설치 및 제작이 상대적으로 용이하다.

    TLP 구조물은 해저 앵커와 강한 텐션의 계류선을 통해 수직 움직임을 억제하며, 수직 안정성이 뛰어난 것이 특징이다.

    이러한 부유식 구조물에는 변압기, GIS, 제어설비 등 무거운 전력기기를 탑재해야 하므로, 무게 중심(CG), 부력(Buoyancy), 운동 응답(6DOF) 등을 종합적으로 고려한 정밀한 해양 구조 설계가 필수적이다. 특히 고정식 구조물과 달리, 계류 시스템(Line, Anchor)의 설계가 핵심으로 작용하며, 계류선 장력, 해저 지반 조건, 파랑 및 조류 방향에 따른 플랫폼 운동 특성을 수치 해석을 통해 검토해야 한다.

    현재까지는 부유식 해상변전소는 전 세계적으로 실증 단계에 머무르고 있으며 대규모 상업 운전 사례는 드문 편이다. 그러나 향후 수심 60m 이상 원해(offshore) 지역에서의 풍력단지 개발이 확대되고, 장거리 송전을 위한 HVDC 해저케이블 시스템이 보편화됨에 따라, 부유식 해상변전소의 적용 가능성과 필요성은 점차 증가할 것으로 전망된다. 이에 따라 기술 표준화, 설치 운송 방법, 계통 연계 방식 등에 대한 국제적 연구와 실증이 활발히 진행되고 있다.

3) 내염·내습, 방폭(Ex) 설계 및 환기 시스템

- **내염·내습 대책**

    해상변전소는 연중 지속적으로 해풍, 염분, 고습 환경에 노출되기 때문에, 주요 구조물과 전력설비의 부식 및 절연 열화 방지를 위한 내염·내습 대책이 필수적으로 수립되어야 한다. 이러한 대책은 외부 마감재뿐만 아니라 실내 설비 환경까지 포함하는 종합적인 내환경 설계로 접근해야 한다.

우선 구조물 외벽과 철골, 주요 장비 외함에는 해양 대기 중 고염분 환경(Corrosivity Category C5-M)에 적합한 특수 방청 코팅 및 도장 시스템을 적용해야 한다. 이는 염수 스프레이, 자외선, 습윤-건조 사이클에 견디는 성능을 갖추어야 하며, 도료 사양은 국제표준(ISO 12944 등)에 따라 적절히 설계된다.

실내 공간은 HVAC(냉난방 및 환기 시스템)을 통해 상대 습도를 40 ~ 60% 범위로 유지하고, 해풍 유입 시 염분을 여과할 수 있는 염분 제거 필터와 외기 차단 시스템을 갖추어야 한다. GIS실, 변압기실, 제어실 등 전기설비 밀집 구역은 특히 수분과 염분이 응축되어 내부에 침적되지 않도록 유지되어야 하며, 이를 위해 외기 도입 시 다단계 필터링과 압력 차단이 병행된다.

또한 외기와의 접점을 최소화하기 위해 폐쇄형 구조 설계가 적용되어야 하며, 출입문, 창문, 덕트 등에는 IP 등급(IP54 이상)의 방진·방수 구조와 방염 씰링재를 사용한다. 이와 함께 문틈, 관통부, 케이블 글랜드 등은 내염성 자재로 마감하여 염분 침투 경로를 사전에 차단한다.

결국 해상환경에 특화된 내염·내습 설계는 설비 수명 연장, 절연 신뢰도 확보, 정비 비용 절감의 관점에서 매우 중요한 요소이며, 구조·설비·운영 측면에서의 통합적 적용이 요구된다.

- **방폭(Ex) 설계**

해상변전소는 밀폐된 공간에 고전압 전기설비와 가연성 물질이 함께 존재할 수 있어, 화재 및 폭발 위험에 대비한 방폭(Ex) 설계가 필수적이다. 특히 해상풍력 구조물은 석유·가스 해양플랫폼과 유사한 환경 조건을 가지며, 이에 따라 위험물질 누출 가능성과 점화원 존재 여부에 기반한 방폭구역(Hazardous Area) 분류가 먼저 수행되어야 한다.

변압기에서 유출되는 절연유나, GIS(가스절연 개폐장치) 내부의 SF_6 가스가 누출될 경우, 해당 구역은 위험지역으로 지정되며 방폭구역 분류(Zone 0, 1, 2 등)에 따라 적절한 등급의 방폭 설비가 배치되어야 한다. 이때, 방폭 인증을 받은 장비(예: 방폭등, 방폭 스위치, 방폭 콘센트 등)만 해당 구역에 설치할 수 있으며 제품은 국제 방폭 기준(IEC 60079 시리즈) 또는 국내 인증 기준에 따라 선정된다.

또한 화재와 가스 누출을 조기에 감지하기 위한 파이어·가스 감지 시스템(FGS)이 반드시 구축되어야 하며, 이는 스프링클러 또는 가스계 소화설비(FM-200, Novec 등)와 연동되어 화재 발생 시 자동으로 소화 작동이 가능해야 한다.

비상 상황 시 인명 안전을 확보하기 위해, 방화문 및 내화 구획을 통한 구역 분리,

비상 조명, 탈출 유도 시스템, 비상 배출구 및 구조용 해치 등을 함께 설계하여야 하며, 정기적인 방폭 구역 유지관리와 감지 장치의 기능 시험도 병행된다.

결과적으로 해상변전소의 방폭 설계는 단순한 장비 선택을 넘어, 위험 분석, 구역 분류, 연동 시스템, 인명 대피 경로까지 포함하는 종합적인 안전 설계 체계로 구성되어야 한다.

- **환기·냉각 설계**

  해상변전소는 밀폐된 공간에 고출력 전력설비가 밀집되어 있어, 설비 발열에 따른 온도 상승과 해양 환경에 의한 습기·염분 유입을 동시에 제어할 수 있는 정교한 환기 및 냉각 시스템 설계가 요구된다.

  특히 변압기실은 운전 중 지속적으로 많은 열이 발생하는 공간으로, 내부 온도가 상승하면 절연유 열화 및 장비 과열로 이어질 수 있으므로, 대형 환기 팬, 열교환기, 산업용 에어컨 등을 활용하여 열을 강제 배출하거나, 외기 순환 시스템을 통해 효과적으로 실내 온도를 제어해야 한다. 냉각 방식은 구조물 여건과 에너지 효율성, 유지보수 용이성 등을 고려하여 공랭식 또는 수랭식 방식으로 구성될 수 있다.

  GIS실과 제어실은 전기적 민감성이 높은 설비가 집중되어 있는 구역으로, 정전기, 염분 침투, 고습 환경으로 인한 절연 저하나 부식 발생을 방지하기 위해 양압(positive pressure)을 유지하는 방안이 적용될 수 있다. 이는 외부 공기 유입을 억제하고, 정제된 공기를 일정 압력 이상으로 유지함으로써 설비 보호에 효과적이다.

  또한 해상변전소는 태풍, 고속 바람, 해일 등 극한 해양 기후에 직접적으로 노출되기 때문에, 환기구·흡기구·배기덕트 등 모든 개구부는 기밀성과 구조 강도를 갖추어야 하며, 방폭 성능을 갖춘 도어, 내풍압 구조의 루버 및 실링 장치를 통해 외부 재해에 대한 내성을 강화해야 한다. 기계실 및 통로 내 통풍 구조는 화재 시 연기 배출을 고려한 경로로 설계되어야 하며, 필터나 댐퍼는 염분과 미세먼지의 장기 침적을 방지할 수 있는 재질과 구조를 가져야 한다.

  결과적으로 해상변전소의 환기·냉각 시스템은 열 관리와 해양환경 대응을 동시에 만족시키는 복합 설계 요소로, 전력설비의 신뢰성과 수명을 유지하는 데 핵심적인 역할을 수행한다.

  해상변전소(Offshore Substation)는 해상풍력단지의 전력집약 거점으로, 변압기, GIS/AIS, 보호·제어설비, 무효전력보상기 등을 통합해 계통 안정성과 효율성을 높인다. 설계 시 Topside 공간 배치, 하부기초(고정식/부유식) 특성, 내염·내습·방폭 설계, 환기·냉각 시스템을 종합 고려해야 한다.

2. 육상변전소 및 전력회사 변전소와의 연계

해상풍력발전단지에서 해상변전소(Offshore Substation)를 통해 육상으로 전력을 송전할 때, 최종적으로는 육상변전소(Onshore Substation)에서 전력회사(송전망 운영사)의 계통망에 연결된다. 이 과정에서 해저케이블 인입부의 구조, 전압별 변전소 구성, 계통운영사와의 연계 규정(Grid Code)이 매우 중요한 역할을 한다. 본 장에서는 육상 변전소 설계와 계통연계 요건, 그리고 전력망 운영사의 요구사항을 정리한다.

2.1 육상 인입부(해저케이블 연결구역) 구조

1) 해저케이블 육상 상륙(Transition Joint Bay)

해저케이블이 해안 가까이 접근한 뒤, 육상구간(지중 케이블 또는 가공선로)으로 전환되는 지점에 Transition Joint Bay(TJB)를 설치한다. 해상용 XLPE 케이블(아머·수밀구조)과 육상 케이블(단일/이중 차폐) 사이를 접속(Splicing)하고, 접속부를 콘크리트 구조물(맨홀) 안에 보호한다. 해저 지층(해안 퇴적층), 방파제, 해변 지형 등에 따라 HDD(Horizontal Directional Drilling) 방식으로 육상 인입을 하거나, 해안부 트렌치를 만들어 매립할 수 있다.

2) 인입관(Protection Pipe) 및 지중 설치

해안선 주변은 선박·어선, 해수욕장, 방파제 등 다양한 활동이 있으므로, 케이블을 지중관(HDPE, 강관 등)으로 추가 보호하거나, 콘크리트 매설 구조를 적용한다. 지중 구간 역시 온도나 열저항 조건이 달라질 수 있으므로, 케이블 허용전류(Ampacity) 설계에 반영해야 한다.

3) EMI/EMC 차폐 및 안전관리

인입부는 사람·차량 통행 가능 지역과 가까울 수 있으므로, 접지망(어스), 차폐 철판 등으로 전자파 간섭(EMI/EMC)을 최소화하고, 지상 표지판·안전펜스를 설치한다. 유지보수 접근성을 위해 TJB 위치를 정확히 표시하고, 시공 'As-Built' 도면을 행정기관·전력회사와 공유한다.

2.2 22.9kV, 154kV, 345kV 등 전압별 변전소 구성 및 계통적 영향

육상변전소는 해상풍력발전단지 규모와 송전 전압 등급에 따라 다르게 구성되며, 국내 기준으로는 154kV, 345kV 변전소가 대표적이다. 일부 지역 계통에 따라 22.9kV(배전급)로 연계하는 사례도 있으나, 이는 소규모(20 ~ 40MW) 풍력발전에 적용된다.

1) 345kV급 변전소

초고압 송전망(예: 345kV 계통)을 보유한 전력회사(송전망 운영자)와 직접 연계할 때 사용된다. 대규모 해상풍력(수백 MW ~ 수 GW) 단지에서 해상변전소 ~ 육상변전소 구간을 154kV ~ 345kV AC 케이블(또는 HVDC)로 전송 후, 최종 345kV 육상 변전소에서 한전 계통과 연계한다.

주요 설비로는 메인 변압기(22.9/154/345kV 등 필요 시 다단 구성이 가능)와 GIS(또는 AIS) 개폐장치, 보호계전기, 무효전력보상장치(리액터, SVC 등)를 설치하고 SCADA/EMS 등 상위 망과의 통신설비, 감시제어 시스템을 설치 한다.

2) 154kV급 변전소

국내에서 중·대규모(수십 ~ 수백 MW) 해상풍력단지가 주로 채택하는 전압 등급으로, 한전이 운영하는 154kV 배전망·송전망에 편입된다. 해상에서 22.9kV ~ 154kV로 승압/강압하여 육상 변전소에 인입 후, 한전 측 154kV 메인선로(또는 변전소 모선)에 접속한다. 규모가 300MW를 초과하면, 해당 지점에 전력망 보강(2회선 이상)이 필요하거나 345kV로 상향할 수도 있다.

3) 22.9kV 배전급 변전소

소규모 해상풍력(수십 MW 이하)에서 육상으로 22.9kV 배전 전압을 그대로 인입하는 경우가 있으나, 이 경우 송전 손실이 크고, 장거리 전송이 비경제적이다. 주로 근해(연안) 소규모(20 ~ 40MW)에 적용되며, 해안 변전소 구성이 단순화되는 대신 해저 케이블 손실과 전력품질 관리를 세심하게 해야 한다.

4) 계통적 영향

대규모 해상풍력 연결 시, 주변 송전선 용량(단락용량, 안정도), 무효전력 수급, 주파수 변동 등을 해결하기 위해 전력회사의 계통보강(신규 변전소, 변압기 증설, 선로 확장)이 동반된다. 계통에 편입되는 해상풍력 단지 규모가 클수록 주파수·전압 제어, 출력 변동성 보완(ESS 등) 대비책이 필요하며, Grid Code 준수를 통해 계통안정을 지원해야 한다.

2.3 전력회사(송전망 운영사)와의 연계 규정, Grid Code 충족 요건

1) 연계 허가 절차

국내의 경우 한전(한국전력공사) 또는 전력망 운영자(전력거래소 등)와 협의해, 해상풍력 발전소가 **송전망 연계 허가**를 받아야 하며, 검토 과정에서 발전량, 위치, 주변 선로 용량 등을 종합 평가한다. 프로젝트 초기부터 **접속 신청**을 하고, 전력회사가 전력계통영향평가 등을 통해 인프라 보강 필요성과 비용 부담을 결정한다.

2) Grid Code(계통규정) 요구사항

해상풍력도 일반 발전소와 동일하거나 더욱 엄격한 **전력품질, 계통안정성** 요구사항을 준수해야 한다.

- **저전압 무발전(LVRT, Low Voltage Ride Through)**: 계통 사고로 전압이 일시적으로 저하되더라도, 특정 시간(수백 ms ~ 초) 동안 발전기가 버텨야 한다.

- **무효전력/역률 제어**: 전력망 전압안정을 위해 일정 범위 내에서 무효전력 공급 (Leading, Lagging)을 지원하거나, 역률을 관리해야 한다.

- **주파수 응답**: 단지 출력 변동이 크면 계통 주파수 교란이 발생할 수 있으므로, 필요시 풍력출력을 조정(Primay frequency regulation)하거나 ESS, 동기조상기 설치를 요구받을 수 있다.

3) 계통보호·계전기 설정

고장전류, 계전기 동작 특성(과전류, 거리계전, 차동 등)을 한전이나 운영사 Grid Code에 맞게 정정해야 하며, 사고 시 빠른 단락차단과 지역고립을 수행한다. 해상풍력은 전력변환장치 기반(IGBT 인버터)이 많아, 전통 발전기보다 고장전류가 작거나 특성이 달라 보호협조가 복잡해질 수 있다. 이에 관한 전력회사 요구사항(모델 데이터, 보호협조 시뮬레이션)을 충족해야 한다.

4) 출력 제한(Curtailment), 혼잡관리

계통여유 용량이 부족하거나 특정 시간대에 재생에너지가 몰릴 경우, 전력회사로부터 **출력 제한 지시**(Curtailment)를 받을 수 있다. 해상풍력 개발자는 ESS(배터리), 수소 생산설비 등 대안으로 일부 잉여 전력을 흡수하거나, 출력제어 시스템(스케다·EMS)으로 응답하여 Grid Code 준수에 협조한다.

육상변전소(Onshore Substation)는 해상풍력발전단지 전력을 최종적으로 전력회사(송전망 운영사) 계통에 연결하는 핵심 지점으로, **해저케이블 인입부, 전압등급(345kV, 154kV 등) 설계, Grid Code 충족** 등을 종합적으로 고려해야 한다.

- **해저케이블 인입부**: 해안선 근접 구간(Transition Joint Bay)에서 해상 케이블과 육상 케이블 접속, 지중관·방파제 등 보강.
- **전압별 변전소 구성**: 345kV급(대규모 계통연계), 154kV급(중형 단지), 22.9kV급(소규모 근해)에 따라 변압기, GIS, 보호·제어방식이 달라진다.
- **계통운영사 연계 규정**: 발전소는 LVRT, 무효전력 제어, 주파수 응답 등 Grid Code를 준수하며, 고장전류·보호협조를 전력회사 기준에 맞춰 설정해야 한다.
- **계통 영향**: 해상풍력 대규모 연계 시 송전망 증설·보강, ESS 연계, 출력제어(급전지시) 등을 통해 안정적인 계통운영을 지원한다. 이로써 육상변전소와 전력망 간 연계가 원활해져 해상풍력발전단지에서 생산된 전력이 안전하고 효율적으로 국가 전력망에 공급될 수 있다.

3. 양육점(Transition Joint, Joint Bay) 설계 시 고려사항

해상풍력발전단지에서 해저케이블이 육상으로 이어지는 접속부(양육점)는 해저케이블과 육상케이블(또는 가공선)을 물리적·전기적으로 연결하기 위한 핵심 지점이다. 해안선 부근에서 지중관로나 방파제를 통과하기도 하며 케이블 구조와 부피가 다른 해상용·육상용 케이블을 접속(Splicing)하는 역할을 수행한다. 참고로 양육점을 공동접속설비라고도 표현한다. 표 6-1은 양육점 설계 시 고려할 사항이다.

〈표 6-1〉 양육점 설계시 고려할 사항

주요 고려사항	내용 및 설계 포인트	비고
위치 선정	- 육지와 해안선 사이, 조수 간만차 영향이 미치는 구간에서 안전한 지대를 확보 - 해안도로, 어항·항만, 방파제 등 주변시설과의 충돌 최소화 - 지질·지형(사질토, 암반 등) 상황 고려	- 법적·행정구역 절차 병행 - 지반 안정성
구조물 형태	- 콘크리트 맨홀 구조(Joint Box)로 지중에 매립·설치 - 하중 분산, 지진·침하 등 외력에 대응할 수 있는 설계 - 상부에는 접근용 맨홀뚜껑, 내부에는 접속킷(KIT)·접지장치 배치	- 내습·방수(조수 간만차), 염분 영향 유의
내부 공간 설계	- 해상케이블(아머·수밀구조)와 육상케이블(단일·이중 차폐) 간 단면적·절연 구조 차이에 따른 접속부 마련 - 절연 접속킷(Splicing kit) 설치 공간과 작업 공간 확보	- 접속 후에는 충분한 절연거리·굴곡 반경 고려
방수·방습·배수	- 지하수·해수 침투 방지를 위한 밀폐(Seal) 처리 - 내부 배수로(Drain) 설계로 물 고임 방지 - 습기/염분 침투 시 절연 열화 문제 우려	- 필요한 경우 양압·배기 팬 검토
접지·보호 구성	- 케이블 차폐도체, 아머(Armor)를 포함해 등전위 접지망(Earthing) 구축 - 서지(낙뢰), 지락 사고 시 안정적 전류 분산이 가능하도록 접지극을 인접 배치	- 해상케이블 부식(CP)과 상호 간섭 주의
온도·열 방산	- 대전류 흐름 시 접속부 열이 집중되어 절연 열화 가능 - 열 해석(IEC 60287 기반)으로 설계하고 충분한 공기순환·갭 확보 - 필요한 경우 방열판·굴착여유 고려	- 누설전류·저항 손실로 발생하는 열 관리
인장·굴곡 관리	- 케이블 인입·인출 시 굴곡 반경(Bending radius) 준수 - 접속부 구간에서 급격한 배관 곡률 지양 - 시공 장비(Winch 등) 인장력 모니터링	- 기계적 손상 예방 필수
시공성·유지보수성	- 맨홀 뚜껑을 쉽게 열어 유지·보수 접근 가능 - 이중·삼중 접속 시 구조 복잡해질 수 있으므로 시공 순서, 작업 공간 계획 필수	- 운영 기간 중 점검·검사 가능토록 설계
안전·표지판	- 지면 상부에 표지판, 경고판을 설치하여 중장비 굴착·건설 공사 시 충돌 방지 - 주변 통행인 안전 유의, 열화·균열 시 신속 보수 가능성 확보	- 지자체, 관할기관과 조율

3.1 양육점(Transition Joint) vs 밴딩포인트(Bending Point) 비교

밴딩포인트(Bending Point)는 케이블 경로 변경(각도 전환, 곡률 발생) 지점에 설치되는 구조적·공간적 개념으로, 물리적으로 케이블 반경을 확보하거나, 장력 분산을 위해 특별한 처리(롤러·가이드)를 하는 영역을 말한다. 즉 양육점과 밴딩포인트는 모두 케이블 경로 상 중요 지점이지만, 목적과 역할이 다르다. 표 6-2는 양육점과 밴딩포인트를 비교한 표이다.

〈표 6-2〉 양육점과 밴딩포인트 비교표

비교 항목	양육점(Transition Joint)	밴딩포인트(Bending Point)
주요 기능	- 해상케이블과 육상케이블(또는 가공선) 접속 - 절연·차폐 구조가 다른 케이블을 물리·전기적으로 연결 - 접속부 안전·방습·접지 관리	- 케이블 경로가 급격한 각도로 전환되는 지점 - 기계적 인장/굴곡에 대응하여 케이블 손상 방지 - 시공 과정에서 케이블 가이드·롤러 배치
설치 위치	- 해안 인입부(해상→육상 전환 구간) 맨홀(TJB)에 설치되는 경우가 많음 - 지중 배관, HDD, 방파제 등 구조물 내부 또는 인접 지점	- 해상/육상 경로 전체에서 곡률(굴곡 반경)이 크게 필요한 지점 - 각도 변화(예: 30°, 45°, 90°) 구간에 작업 공간(맨홀, 관로 등) 마련
접속 (Splicing)	- 서로 다른 케이블 타입(해저·육상)의 절연/도체를 연결해야 하므로 접속 킷(Splicing kit), 중간접속함 구조 필요	- 물리적 각도 전환에 주로 초점, 별도 Splice는 일반적으로 없음 - 다만 곡률이 극단적인 경우 접속부를 배치하는 사례도 존재
장비·시설	- 맨홀(Concrete Box), 밀폐 구조, 내부 배수로 - 절연저항 측정, 부분방전 시험, 케이블 차폐·피복 결속 - 훨씬 더 많은 공간·공학적 설계 요구	- 곡률 제어를 위한 굴곡 가이드(롤러, 지지대)나 관로(Curved Duct) 사용 - 대형 맨홀까지는 아니어도 좁은 점검공(Handhole, Pull Box) 형태 가능
주요 고려사항	- 방수·방염, 염분 침투 대비, 등전위 접지 - 절연 체계(해상 vs 육상) 차이로 인한 Splicing 안정성 - 해양·육상 간 온도, 장력 차 대응	- 케이블 최소 굴곡 반경(Rmin) 보장 - 시공 중 케이블 당김(Tension) 및 꼬임(Torsion) 방지 - 반복 굴곡 없는 정적(Static) 환경이면 구조 단순화 가능
운영·유지보수	- 주기적 맨홀 점검(누수, 절연열화, 접지 등 확인) - 혹시라도 접속부 과열·부분방전 발생 시 신속 유지보수 - 케이블 교체 시 주요 해체 지점	- 대형 구부러짐 구간에서 케이블 마모·외피 손상 모니터링 - 유지보수 시 케이블 재인출·재배치(롤러 설치) 필요 - 비교적 단순 구조, 주기 점검 용이

〈정리〉
- **양육점(Transition Joint):** 해상케이블과 육상케이블 사이의 물리·전기적 접속부로, 맨홀 구조 속에서 절연·접지·수밀을 보장해야 한다.
- **밴딩포인트(Bending Point):** 케이블 경로에 급격한 곡률이 필요한 지점으로, 기계적 변형(굽힘)·인장 관리를 주 목적에 둔다.

양육점(Transition Joint)은 해상케이블과 육상케이블을 연결하는 주요 접속부로, 절연구조 차이·수밀 대책·내습 관리가 중요한 포인트다. 보통 해안선 부근 지중 맨홀에 설치되어, 해상에서 육상으로 인입되는 케이블의 전기·물리적 연결을 담당한다.

밴딩포인트는 케이블 경로상 **급격한 곡률**이 형성되는 곳으로, 케이블 손상 예방(굴곡 반경, 인장 힘 제어)을 위해 별도 가이드나 전용 맨홀을 마련하는 지점이다. 전기적 Splicing이 반드시 일어나는 것은 아니므로, 양육점과는 개념적 차이가 있다. 두 요소 모두 해상풍력 해저케이블 시공에서 매우 중요한 구간이며, 각각의 목적과 설계 요구사항이 다르므로, **표준 설계 기준**(IEC, CIGRE, KEC 등)과 **현장 지반·공사 조건**을 종합적으로 반영해 시공·운영을 계획해야 한다.

4. 전력구(Power Duct / Power Tunnel)

해상풍력발전단지에서 해저케이블이 육상으로 인입된 후, 육상 구간을 거쳐 변전소나 전력망으로 연결되는 과정에서 **전력구(電力溝)**, 즉 **전력용 지하 duct**(또는 터널, 수로관)가 사용될 수 있다. 전력구는 고전압 케이블 및 제어케이블을 안전하게 보호하고, 유지보수를 용이하게 하는 지하 구조물이다. 해안선에서 육상 변전소까지 일정 구간(수백 미터~수 킬로미터)에서 전력구를 구축하는 경우가 많다. 그림 6-5는 전력구에 설치된 전력케이블 설치 사진이다.

〈그림 6-5〉 전력구 전력케이블 설치 사진

4.1 전력구의 개념과 기능

전력구는 **전력케이블을 지하에 안전하게 수용**하기 위해 만든 인공 구조물(콘크리트 터널, Box, 덕트, 트렌치 등)이다. 직사각형 혹은 원형 단면 터널 형태로 시공되며, 내부에 케이블지지대(랙, 트레이), 환기·배수·감시설비 등을 갖춘다.

1) 역할

- **보호**: 케이블을 지중에 매립하는 대신 견고한 콘크리트나 강재 구조물 내부에 설치해 차량, 굴착작업, 환경요인으로부터 손상을 막는다.
- **유지보수 편의**: 사람이 진입 가능(워크인형)한 대형 전력구인 경우, 내부에서 케이블 점검·교체가 비교적 쉽고, 교체 주기 시 지상 굴착 없이 작업 가능하다.
- **냉각·방열**: 케이블 운전 중 발생하는 열을 전력구 환기·냉각장치로 해소하고, 케이블 과열(절연열화) 위험을 줄인다.

4.2 전력구 구조 형식

1) 소형 관형(Duct Bank) 방식

지중에 여러 개의 PVC/PE/강관 Duct(관)를 병렬 매설하고, 상부를 콘크리트로 덮거나 토사로 복토한다. 주요 연결 지점이나 방향 전환 지점에 맨홀(Handhole, Joint Box)을 설치해 케이블 접속·인출·배선 변환이 가능하도록 한다. 사람이 직접 출입할 수 없고, 장비(로봇, 당김기)로 케이블을 인출·주입한다.

2) 워크인형 전력구(Power Tunnel)

사람이 들어갈 수 있는 대형 터널(직경 2~5m 이상)을 굴착하고, 내부에 케이블 지지 구조(랙, 트레이)를 설치한다. 서울 등 대도시 지하공간처럼 대규모 전력·통신·상하수도, 기타 기반시설을 복합적으로 수용할 수도 있다. 해안 변전소~육상 변전소 구간이 길거나, 지하 상황이 복잡해 관형 Duct Bank만으로 부족할 때 검토된다.

3) Hybrid 방식

초기 구간(해안선 부근)은 HDD(수평방향 시추)나 직접 매립으로 관형 덕트를 시공하고, 시내 또는 변전소 구간 인근에서 터널형으로 전환하는 복합 방식이다.

4.3 전력구 설계 시 고려사항

전력구 설계에서는 먼저 화재, 침수, 지진 등 재난에 대비한 구조적 안정성과 비상 대피 체계를 갖춰야 한다. 또한 설비 장애 시에도 전력 공급이 지속될 수 있도록 이중화 및 우회 설계를 반영해야 한다. 주변 지반, 지하수 등 환경 요소와 기존 인프라와의 간섭을 최소화하고 친환경적 설계를 적용하는 것도 중요하다. 유지보수와 점검이 용이하도록 충분한 작업 공간과 접근성을 확보해야 하며, 경제성을 고려하되 미래 부하 증가나 기술 발전에 유연하게 대응할 수 있는 확장성도 반드시 마련해야 한다.

〈표 6-3〉 전력구 설계 시 고려사항

구분	주요 설계 포인트	비고
공간 및 단면 설계	- 케이블 수량·전압 등급별로 필요한 단면적·랙 배치 - 통행(작업 인력), 환기·배수 공간 확보 여부	워크인형 vs 소형 관형 도심·해안 지반 차 고려
열 해석	- 케이블 운전 시 발생 열(저항 손실, 변압 증류)을 전력구 구조가 어떻게 방출할지 시뮬레이션 - 배기 팬·냉각장치 적용 범위 결정	IEC 60287, 지중케이블 열평가 기준
환기·배수 설비	- 터널 내부에 습기·가스·열기가 축적되지 않도록 환기팬, 통풍구 설치 - 지하수·우수 유입 대비 배수펌프·수로 계획	염분 침투, 해수면 변동 고려(해안 근접 구간)
내진·구조 안전	- 지반 침하·균열에 대비한 철근콘크리트 구조 설계 - 해안 또는 대도시 인접 시 지반 특성, 지진 하중(내진) 검토	- TBM(Shield) 굴착 또는 개착(오픈커트) 시공
접속 지점(맨홀)	- 구간별 맨홀, 합류부(분기), 케이블 접속 킷 설치 공간, 출입구 설계 - 맨홀 간격(수백 m ~ 1km) 안배, 굴곡 구간 고려	유지보수·점검 통로 확보
EMI/EMC 관리	- 고전압 케이블에 의한 전자파 영향, 인근 통신·유틸리티 시설과 간섭 방지 - 차폐(Shield), 접지, 등전위망(Earthing) 완비	공동구(통합터널)일 경우 설계 협조 필요
안전·운영	- 화재·폭발 대비 감지기, 소화장치(가스, 분말 등), 탈출구 - 인원 진입 시 산소농도 측정, 가스 경보 시스템 필요	전력구 내 고압선로 화재 시 대형 사고 가능성
시공 공법	- 개착(Trench) vs 터널 굴착(TBM, NATM), HDD 등 지반·교통 영향 최소화 방안	도시 vs 해안 환경 전제 (허가, 교통정체 영향 등)

4.4 해상풍력과 전력구의 연계

1) 해상풍력 → 해저케이블 → 전력구 → 육상변전소

해안선~육상변전소 구간이 도심 또는 복잡 지형이라면, 전력구를 통해 케이블을 보호한다. 전력구 내부 온도·습도를 관리해 대용량 케이블(154kV, 345kV 등)의 운전 신뢰도를 높이고, 외부 공사·굴착 위험을 줄인다.

2) 설계·운영 효율

전력구를 시공하면 초기 건설비가 크지만, 장기 운영(수십 년) 관점에서는 유지보수 용이성, 지상공간 보존, 안전성이 우수하다. 해상풍력계획과 도심/주변 지하 인프라계획을 연계해, 협동구(공동구)로 확장할 수 있다.

3) 주요 사례

해외 대도시나 공항 인근 해상풍력에서 육상 변전소까지 전력구를 활용해 지하 매립 방식을 채택한 예가 있다.(네덜란드, 독일 북해, 영국 등), 국내에서는 일부 대규모 도시권의 해안 송전 시설에서 전력구 설계가 요구되고 있으며 방파제/도심관로 연계도 종종 검토된다.

전력구는 해상풍력 해저케이블이 육상으로 들어온 후, 육상 변전소 또는 전력망 연결 지점까지 **안전하고 효율적으로 케이블을 보호**하는 지하 구조물이다. 소형 관형(Duct Bank)부터 **워크인형 전력터널**까지 다양한 형식이 있으며 케이블 수·전압등급·도심·해안 지반 특성에 따라 최적 공법을 결정한다. **열 해석, 환기·배수, 내진·구조 안정** 등을 철저히 검토해 케이블 장기운전 신뢰도를 확보하고, **맨홀(접속함) 배치, EMI/EMC 관리, 소방·안전 설비** 등을 포함해 종합 설계한다. 전력구를 적용하면 지상공간 확보, 장래 확장 용이, 유지보수 편의성이 향상되지만, 초기 시공비와 공사 난이도도 높아지므로 **장기 경제성 분석과 도시/해안 공간 계획**이 균형을 이뤄야 한다.

〈그림 6-6〉 154kV, 345kV 전력구 설치 예

5. 맨홀(Manhole)

해상풍력발전단지에서 해저케이블이 육상으로 이어지거나, 전력구(관형 Duct, 지하터널) 내부에 케이블을 배치하는 과정에서 맨홀(Manhole)은 케이블 접속과 유지보수 작업을 위해 필수적인 구조물이다. 지중 케이블 시스템에서 구간별 접속, 방향 전환, 점검을 수행하기 위한 작업 공간이며, 지상에서 접근 가능한 출입구 역할을 한다. 다음 표 6-4는 154kV 맨홀규격을 설계에 참고할 수 있도록 표시한다.

<표 6-4> 154kV 맨홀 규격 예시

구분	형식(예시)	내부 치수 (가로 × 세로 × 유효 높이, mm)	적용 구간 / 용도	비고
직선 맨홀	MH-154-S1	4,000 × 2,000 × 2,200	154kV 1 ~ 2회선 케이블 직선 구간	케이블 접속부(접속킷트) 작업 및 점검용 케이블 간 간격 확보
	MH-154-S2	4,500 × 2,500 × 2,200	154kV 3회선 이상 케이블 직선 구간	내부 공간 확대로 유지보수 용이
분기 맨홀	MH-154-B1	4,500 × 3,000 × 2,200	2방향 분기 (직선 + 1개 분기)	2회선 이상 분기 시 주로 적용
	MH-154-B2	5,000 × 3,500 × 2,200	3방향 분기 (직선 + 2개 분기 이상)	스페이스가 넉넉해 작업 인력 및 장비 반입이 편리
T분기 맨홀	MH-154-T1	5,000 × 4,000 × 2,300	3방향 T자 형태 (주회선 2방향 + 측면 분기)	변전소/특정 부하로 나가는 T분기 구간에서 사용
종단 맨홀	MH-154-E1	3,000 × 2,000 × 2,200	케이블 종단 (변전소 인입부 등)	종단 접속, 케이블 헤드 설치, 점검구 활용
특수 맨홀	MH-154-SP (곡각)	4,000 × 2,500 × 2,200	곡선 구간(곡률 반경이 중요한 구간)	노선 특성·타 시설 간섭 최소화 위해 맞춤형 설계 적용

※ 맨홀 형식별 특징 설명

- **직선 맨홀(Straight Manhole)**

  케이블이 직선으로 지중 관로를 따라갈 때 설치하는 표준 맨홀이다. 케이블 접속부, 장력 분산 및 점검을 위해 일정 간격(일반적으로 400 ~ 600m 내외)에 배치된다. 케이블 수에 따라 내부 치수를 달리하여 시공한다.

- **분기 맨홀(Branch Manhole)**

  주회선에서 분기되는 회선이 있을 때 사용하는 맨홀이다. 분기의 개수나 회선 수에 따라 크기가 달라지며, 케이블 간 간섭을 최소화하고 유지보수가 가능하도록 충분한 작업 공간을 확보해야 한다.

- **T분기 맨홀(T-Branch Manhole)**

  직선 주회선 두 방향과 측면 분기 한 방향 등 총 세 갈래로 나누어지는 형태이다. 보통 부하 측이나 변전소 측으로 분기되는 중간 지점에 많이 시공되며, 접속 작업을 위한 안전 여유공간 확보가 중요하다.

- **종단 맨홀(End Manhole)**

  케이블의 종단 구간, 예를 들어 변전소로 케이블이 진입하기 직전이나 GIS(Gas Insulated Switchgear) 등 설비로 바로 연결되는 위치에서 사용된다. 종단 접속을 위해 설비 설치나 점검구로도 활용한다.

- **특수 맨홀(Special Manhole)**

  곡각(曲角) 구간, 교차(교량·지하철·다른 설비와의 교차) 구간, 도시 환경 특성에 따라 일반 규격 맨홀로는 시공이 어려운 경우에 설계·시공되는 맞춤형 맨홀이다. 케이블 곡률 반경 준수를 위해 확대된 공간이 필요하거나, 타 시설물과의 간섭을 피하기 위해 치수가 변경된다.

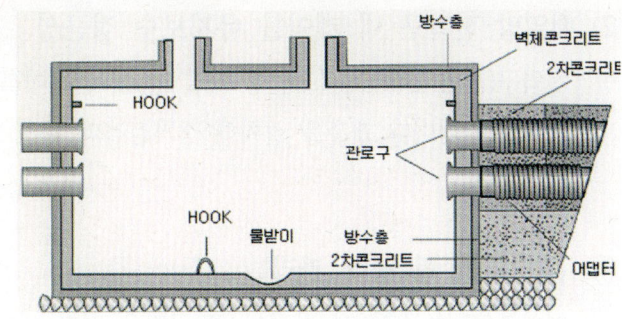

〈그림 6-7〉 전력용 맨홀

※ 설계 및 시공 시 유의사항

- **케이블 종류 및 직경**

  초고압(154kV) 케이블의 경우 절연 두께 및 차폐층 등으로 인해 케이블 직경이 큰 편이다. 따라서 케이블 포설 시 간격, 곡률 반경 및 장력 등을 고려하여 맨홀 크기를 결정해야 한다.

- **접속부(접속재) 작업 공간**

  케이블 접속재(접속킷트, 터미네이션 등)를 설치·보수하기 위한 작업 공간을 충분히 확보해야 한다. 사람 두세 명 이상이 작업해도 무리가 없도록 설계하는 것이 일반적이다.

- **환기, 배수 및 방수 대책**

  지중 맨홀은 습기나 빗물, 지하수 침투 등의 문제가 많으므로 배수펌프 또는 배수구를 마련해야 한다. 필요시 맨홀 커버에 환기구를 설치하거나 내부 결로를 방지하는 대책이 필요하다.

- **맨홀 재질 및 구조 안전성**

  맨홀은 철근콘크리트(Precast 또는 Cast-in-place)로 제작하는 것이 일반적이다. 도심 지역의 교통량(중차량 통과 등)을 고려해 상부 하중에도 견딜 수 있도록 구조 계산을 수행해야 한다.

- **접지 및 안전시설**

  맨홀 내부에 접지용 금속부(버스바, 접지선 연결부)를 충분히 설치하여, 사고 및 유지보수 시 안전을 확보해야 한다.

- **맨홀 개폐부(Manhole Cover)**

  맨홀 커버는 시공 후 유지·점검 시 용이하게 탈착이 가능해야 하며, 침수·침투 방지가 요구되는 경우 기밀형/방수형 커버를 고려해야 한다. 맨홀 개폐 시 안전사고(추락 위험) 방지를 위해 개폐장치(힌지, 도어 스토퍼 등)를 설치하기도 한다.

5.1 맨홀의 기능 및 필요성

1) 케이블 접속 및 관리

장거리 케이블 시공 시, 구간별로 접속(Splicing) 지점이 필요하며, 맨홀은 이러한 접속부를 보호·정비하는 공간을 제공한다. 해저케이블(또는 지중케이블) 단선, 절연 손상 등 이상 발생 시 맨홀을 통해 수리 작업이 가능하다.

2) 배열망·전력구 내 케이블 유지보수 접근성

전력구(관형 Duct, 워크인형 터널 등)에서 케이블을 배치할 때, 일정 간격 또는 분기·굴곡 지점마다 맨홀을 설치해 정기점검과 긴급 보수시 인력·장비 접근을 용이하게 만든다.

3) 구간 분할 및 장력 관리

케이블 포설(인출) 시 장력이 큰 구간을 여러 세그먼트로 나누어, 시공 효율과 안전을 확보한다. 맨홀 사이 거리(수백 m ~ 1km)를 설정해, 케이블 당김(Winch) 및 굴곡 반경을 계획적으로 관리한다. 다음 표 6-5는 맨홀 설계 시 고려할 사항을 정리한 것이다.

〈표 6-5〉 맨홀 설계 시 고려사항

구분	주요 설계 포인트	비고
구조 형식	- 콘크리트 박스(Precast/현장타설) 또는 원형 SHAFT 형태 - 내부 공간 크기: 접속 킷 설치, 인력 작업 공간 확보 - 상부 하중(교통, 건물 등)에 견딜 수 있는 철근 콘크리트 설계	AASHTO/KS 등 건설 기준 준용
안전· 내환경	- 방수·방습(지하수·우수 유입 차단) 설계 - 가스(메탄, 황화수소) 축적 방지 환기구 설치 - 출입구(맨홀 뚜껑) 안전 사다리, 잠금장치, 추락방지대	지반 침하·균열, 염분 침투 유의
케이블 배치	- 케이블 고정(Bracket, Rack 등), 굴곡 반경 준수 - 접속부(Splicing kit)의 절연 거리, 차폐 레이아웃 보장 - 본딩·접지연결, 케이블 파킹 스페이스(여유 길이)	시공 시 인력 2~3명이 동시에 작업 가능
접속 킷 (Splicing)	- 해상케이블·육상케이블 규격 차이, 절연 두께·아머 유무 고려 - 장기 운전 신뢰도: 부분방전, 열 수명에 영향을 미치는 절연 테이프/몰딩 품질 검증	케이블 제조사 전용 킷 권장
배수·배기 설비	- 지하수나 침투수 유입 시 자동 펌프(Drain Pump) 설치 - 장시간 작업 시 산소/가스 농도 측정, 환기팬 운영	대도시 배수 시스템과 연계할 수도 있음
정밀 좌표 관리	- 표준 좌표(UTM/WGS-84 등)로 맨홀 위치 파악, 지상 표지판 설치 - 도로/보도 아래 위치 시, 지적도·행정기관 허가 절차 준수	시공 후 As-Built 도면 문서화
추가 설비	- 조명(휴대 LED 등)·비상용 콘센트·도어 센서 - 온도/습도 센서, 부분방전 센서(고전압 맨홀) 등 스마트 모니터링	필요 시 SCADA와 연동할 수도 있음

5.2 맨홀 시공 절차 및 유지보수

1) 시공 절차

맨홀 시공은 지중 전력케이블의 접속과 유지관리를 위해 수행되며, 다음과 같은 절차로 진행된다. 먼저, 케이블 경로 변경 지점, 길이 분할 위치, 지하 구조물 간섭 여부 등을 고려해 설치 위치를 선정한다. 이후 개착 공법(오픈커트)을 주로 사용해 굴착하며, 협소 지역에서는 소형 TBM 또는 HDD 기법을 병행할 수 있다.

굴착 후에는 프리캐스트 콘크리트 박스 형태의 구조물을 설치하고, 주변 콘크리트 타설, 배수·환기 설비 연결을 통해 구조 안정성과 내부 환경을 확보한다. 이어서 케이블을 포설하고, Splicing Kit 설치, 굴곡 반경 준수, 접지 및 본딩 작업을 실시한다.

마지막으로 맨홀 상부에는 맨홀 커버를 설치하고, 볼라드나 펜스 등 안전시설물을 배치하여 외부 충격을 방지한다.

2) 유지보수

정기 점검(1 ~ 3년 단위)으로 내부 누수, 결로, 균열, 케이블 접속부 온도·습도·부분방전 여부를 확인한다. 사고(피복 손상, 단선) 발생 시 맨홀 구간 접속부에서 스PLICe 교체·수리하고 중장기적으로 맨홀 구조(벽체·바닥) 노후, 침하, 부식 등 보수도 실시한다.

3) 운영 상 유의점

차량·중장비 운행도로 아래 위치 시, 충격하중 설계를 강화해야 한다. 침수 또는 맨홀뚜껑 파손에 대비해, 폭우·침수 시 응급 배수로 확보한다.(휴대펌프, 발전기 등), 맨홀 공간이 협소하면 인명 안전에 유의한다.(산소 농도 측정, 환기, 가스검지기 필수)

맨홀(Manhole)은 육상 케이블 구간에서 접속·굴곡·분기 작업과 유지보수를 용이하게 해 주는 핵심 지하 구조물이다. 해상풍력 해저케이블이 육상 변전소까지 이어지는 전력구·관로 내에 맨홀을 적절히 배치함으로써, 고압 케이블의 안전, 열적 안정성, 수리 접근성을 높일 수 있다.

구조 형식은 철근콘크리트 맨홀(사각 Box, 원형 SHAFT 등), 내부에 케이블 Bracket, Drain, 환기·소방 설비를 설치한다. 그리고 방수·방습, 내하중(차량 통행 시), 인장·굴곡 제어, 접속 킷(Splicing) 설치 공간을 확보한다. 그리고 수년 주기로 내부 점검(누수, 절연열화), 접속부 스PLICing 점검, 부분방전·열측정, 배수펌프·환기팬 운용한다. 이로써 맨홀을 통해 해저·육상 케이블 접속 지점은 물론, 전력구 내 필수 구간에

서 정밀 시공 및 장기 운영이 가능해지고, 해상풍력발전단지 전체 전력망의 안정성이 제고된다.

6. 개폐소(Switchgear) 및 보호시스템

해상풍력발전단지에서 전력설비(해상변전소나 육상변전소) 내부에 설치되는 개폐소(Switchgear)는 전압 레벨(중·고·초고압)에 따라 GIS(Gas Insulated Switchgear) 또는 AIS(Air Insulated Switchgear)가 적용된다. 주로 해양환경의 염분·습도·부식 위험을 고려해 GIS가 선호되는 경향이 있으나, 해상풍력 규모와 경제성, 유지보수 체계에 따라 AIS가 일부 구간에 쓰이기도 한다. 이 장에서는 개폐소(차단기·단로기 등)와 보호계전기설계 시 해상환경 대응 방안, 내환경성(염분·습기) 대책 등을 살펴본다.

〈그림 6-8〉 옥외 변전소 및 개폐소 설치 예

6.1 GIS, AIS의 해상 적용 시 고려사항

1) GIS(Gas Insulated Switchgear)

- **특징**: SF_6 또는 SF_6 대체 가스를 절연 매체로 사용, 장비가 밀폐형 금속 외함에 들어 있어 부피가 작고 해양환경(염분·습기)에 강함.
- **장점**: 밀폐형 구조로 염분 침투·습기 영향을 최소화하고, 내환경성·안정성이 우수해 해상변전소에 적합하다. 설치 면적이 작아 무게·공간 제약이 있는 해상 플랫폼에 유리하다.
- **단점**: 초기 투자비가 AIS에 비해 높다. SF_6 가스 관리(환경규제, 누설 모니터링) 필요, 유지보수 시 가스 처리 절차가 까다롭다.

2) AIS(Air Insulated Switchgear)

- **특징**: 공기를 절연 매체로 사용하는 전통적 개폐장치로, 장비 간 상호간격(절연거리를 유지)해야 하므로 면적이 크다.
- **장점**: SF_6 가스를 사용하지 않아 가스 누출, 친환경 이슈에서 상대적으로 자유롭고, 구조가 단순하고 유지보수 비용이 낮을 수 있다.
- **단점**: 해양 염분·습기에 직접 노출되면 부식 위험, 오염 플래시오버 가능성이 커서 세척·코팅 등 대책이 필요하다. 대형화·무거워지고, 해상변전소 플랫폼 설계 부담이 증가한다.

〈표 6-6〉 요약 비교

구분	GIS	AIS
설치 면적	작음. 밀폐형 고밀도 구조	큼. 절연거리를 공기로 유지해야 하므로 공간이 많이 필요
해양환경 대응	우수. 밀폐된 금속 외함이 염분·습기 침투 차단	열악. 염분·습기 노출 시 방청코팅·세척 등 수시 관리 필요
설치비	높음. SF_6 가스 장비, 정교한 밀폐구조	비교적 낮음. 단, 해상환경 특수 보강 시 비용 상승 가능
유지보수	가스 취급·밀폐 유지 필요, 진단장비(가스 품질, 누설 등) 갖춰야 함	구조 단순, 부분적 도체·절연체 교체 용이하나 해양 부식·오염 대응 필수

6.2 차단기(CB), 단로기(DS), 보호계전기설계

1) 차단기(Circuit Breaker)

- **역할**: 단락·지락·과전류 발생 시 신속히 회로를 개방해 설비 손상·계통사고 확산을 방지하는 역할을 한다.
- **유형**: GIS용 차단기(진공, SF_6), AIS용 차단기(공기절연), 해상환경 특화 방폭·내식 재질 채택한다.

2) 설계 포인트

해상풍력 계통은 전력변환장치(인버터)로 인한 고장전류 특성이 전통 발전기와 다르므로, 차단기 정격(차단용량·개폐빈도)을 재검토한다. 해염(Sea Salt), 습기에 의한 아크·부식 영향을 줄이기 위해 밀폐구조(특히 GIS) 선호한다.

3) 단로기(Disconnector Switch, DS)

- **역할**: 장비 정비·점검 시 회로를 물리적으로 분리해 안전한 작업환경을 만드는 개폐기 역할을 한다.
- **유형**: GIS(차단기와 일체형 모듈) 또는 AIS(블레이드형, 중심회전형 등) 형식이 있다.

4) 해양환경 적용

부식방지 코팅(Hot-dip galvanizing, 방염 페인트), 방폭 등급(Ex) 구역 분류를 반영한다. GIS 내부 단로기는 SF_6 밀폐 구역에서 작동하므로 외기 영향이 적으나, 구동부 실링 부식방지가 필요하다.

5) 보호계전기(Protection Relay)

- **기능**: 과전류, 차동, 거리, 지락, 주파수 변동 보호 등 다양한 계통보호 알고리즘으로 구성되어 있다.

6) 해상풍력 특화

- **LVRT(저전압 무발전)**, 출력제어 규정에 따른 계전 동작 논리 구현을 한다. 무효전력·역률·주파수 보호 시, 풍력 인버터 제어와 연동해 계통안정성을 유지한다.

7) 내환경성

전자장비(IEC 61892-3, IEC 60068-2-52 염분시험 등) 규격 준수, 염분·습기 차단을 위한 제어실 HVAC 유지, IP 등급(예: IP54 이상)에 유의한다.

6.3 내환경성(염분, 습기) 방안

1) 부식 방지

해상변전소 GIS/AIS 전기실 내부는 염분 유입을 최소화하는 밀폐구조, 부식방지 코팅(C5-M 등) 적용, HVAC로 양압을 유지한다. 외부 노출 AIS 설비(절연자, 도체, 부싱 등)는 방염 페인트, 실리콘 코팅, 정기 세척 등으로 염해를 줄인다.

2) 습기 관리

변전소·제어실 내 습도 40~60% 범위로 제어(공조·제습)한다. 케이블 도입부, 관로 연결부는 수밀 씰링·가스켓(Gasket)으로 습기가 스며들지 않도록 설계하고, 주기적인 점검(습도 센서·결로 감시 시스템)으로 내부 습기 누적을 조기에 파악한다.

3) 방폭구역(Ex Zone) 설계

변압기 유출유, SF_6 누출 가능성을 감안해 방폭 등급 구역 분류, 적절한 환기·가스 탐지기를 설치한다. 염분 환경에서 전기적 스파크가 일어나도 인화성 가스(만약 존재할 경우) 폭발 방지 장치를 병행 검토한다.

해상풍력발전단지의 개폐소(Switchgear) 및 보호시스템은 해양 환경(염분·습기)이라는 특수성을 고려해 GIS가 주로 채택되며, AIS를 도입할 때는 추가 방청·방폭·환기 대책이 필요하다.

차단기(CB), 단로기(DS), 보호계전기 설계 시 해상풍력 계통 특유의 고장전류 특성, 무효전력·주파수 보상 요건, LVRT 규정을 고려해야 한다.

- **내환경성**: 염분·습기 유입을 막기 위해 밀폐·방청코팅·공조(HVAC) 등 다층 보호대책을 마련하고, 방폭 구역 분류로 안전을 강화한다.

- **GIS vs AIS**: 공간 제약·내환경성·유지보수 편의 등을 종합해 결정하며, 해상변전소에는 GIS가 선호도가 높지만, 육상 변전소 일부 구간에서 AIS를 혼용하기도 한다.

이러한 방안을 통해 해상풍력 전력설비(개폐, 보호, 제어)가 장기적으로 안정적이고 신뢰도 높은 운전을 수행하며, 계통과 안전하게 연계될 수 있다.

7. 무효전력보상장치(Shunt Reactor, SVC, STATCOM 등)

해상풍력발전단지에서 전력 전송 시, 해저케이블과 연계된 긴 교류 선로(중·고압 케이블) 때문에 무효전력 흐름이 크게 변동하거나, 급격한 풍력 출력 변동으로 계통 전압이 불안정해질 수 있다. 이러한 상황을 방지하기 위해 **무효전력보상장치**(Reactive Power Compensation Device)를 설치해 계통 전압을 안정화하고, 계통연계 조건(Grid Code)을 충족한다. 본 장에서는 **계통 전압 안정화, 무효전력 관리**를 위한 보상장치 유형(Shunt Reactor, SVC, STATCOM 등)과 능동형·수동형 장치 선정 기준을 살펴본다.

7.1 계통 전압 안정화, 무효전력 관리 개요

1) 왜 무효전력이 중요한가?

해상풍력 단지의 케이블은 유전체(Cable Insulation)로 인해 **커패시턴스(Capacitance)** 성분이 크게 나타나고, 이로 인해 무효전력이 발생(정전용량성 전류)하여 전압이 상승할 수 있다.

풍력발전기의 출력 변동에 따라 계통 전압·주파수가 요동할 수 있으므로, 무효전력 공급/흡수가 가능한 설비가 필요하다.

2) 전압 안정화 목적

- **저부하 시(풍력 출력 적을 때)**: 케이블의 커패시티브 무효전력이 과도하게 계통으로 흘러 전압이 상승할 수 있다. 이를 흡수(Inductive)해 주는 장치가 필요.(예: Shunt Reactor)

- **고부하 시(풍력 출력 많을 때)**: 계통으로 많은 유효전력(P)이 흐르면, 전압이 저하될 수 있다. 무효전력(Leading, Over-excitation)을 공급해 전압을 지지하는 장치(예: SVC, STATCOM)가 유용하다.

3) Grid Code, 연계규정 준수

대규모 해상풍력 연결 시, 송전망 운영자는 **무효전력 범위**(역률 ±0.9 ~ ±0.95 등), 전압 조절 능력, **LVRT(저전압무발전)** 등을 요구한다. 보상장치로 실시간 무효전력 조절이 가능해야, 계통 안정성과 전력 품질을 보장할 수 있다.

7.2 주요 보상장치 유형

1) Shunt Reactor(분로리액터)

인덕턴스(Inductive) 성분으로 케이블이나 선로의 커패시브 무효전력을 상쇄한다. 분로리액터는 무효전력의 증가를 흡수(소비)함으로써 전압을 낮추는 역할을 하는 조상설비이다. 경부하 시간대에는 부하측의 유도성 리액턴스가 감소하나 송전선로에선 용량성 리액턴스가 증가하여 계통전압이 상승하기 때문에 이를 억제하기 위해 적용한다. 특히 장거리 송전선로 시충전시 발전기 자기여자를 방지하기 위해 적용하며, 초고압 송전선로나 지중선로가 집중되어 있는 지점에 분로리액터를 설치하여 운영하고 있다. 그림 6-9는 분로리액터 원리도이다.

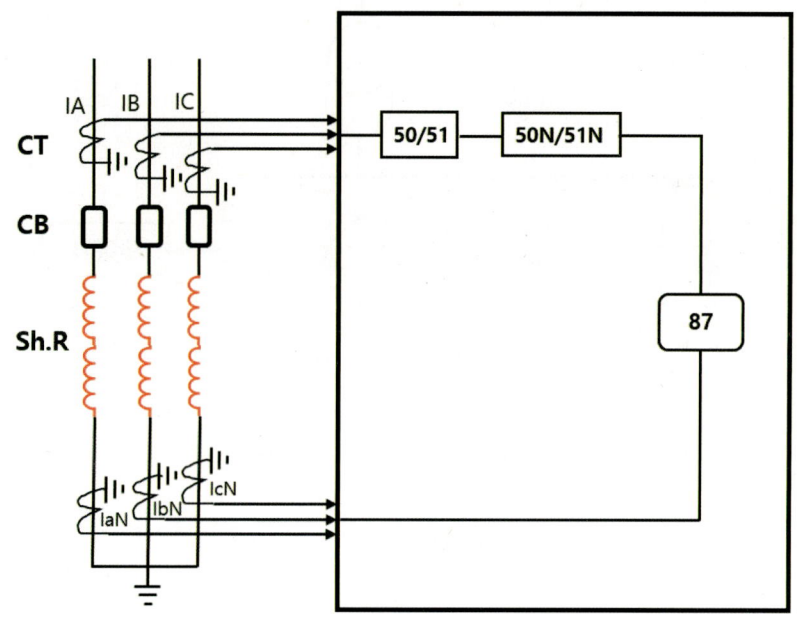

〈그림 6-9〉 분로 리액터(Sh.R : Shunt Reactor)

2) 특징

- **수동형 보상장치**: 일정 인덕턴스 값을 제공하므로, 실시간 제어(오프/온 스위칭 외 세밀한 단계조절)는 제한적이다. 통상적으로 장거리 해저케이블에서 무부하/저부하 시 전압상승을 억제하기 위해 해상변전소 또는 육상변전소에 설치한다. 비교적 단순 구조, 유지보수 용이하나, 보상 범위가 고정되어 있어 부하 변동이 큰 경우 SVC/STATCOM과 병행할 수 있다.

3) SVC(Static Var Compensator)

대용량 전력전자 스위치인 Thyristor에 의해서 무효전력을 리액터(점호각 제어) 및 커패시터(스위칭 제어) 뱅크를 고속으로 제어함으로서 계통전압을 허용 범위내에 있도록 유지시키는 장치이다. Thyristor의 고속 스위칭에 의해서 고속, 연속으로 무효전력을 제어할 수가 있다. 일반적으로 1개의 TCR에 여러 개의 TSC의 조합으로 시스템을 만든다.

- **구성**: TSC(Thyristor Switched Capacitor), TCR(Thyristor Controlled Reactor) 등으로 무효전력을 단계적으로 조절한다. 그림 10은 SVC 회로도이다.

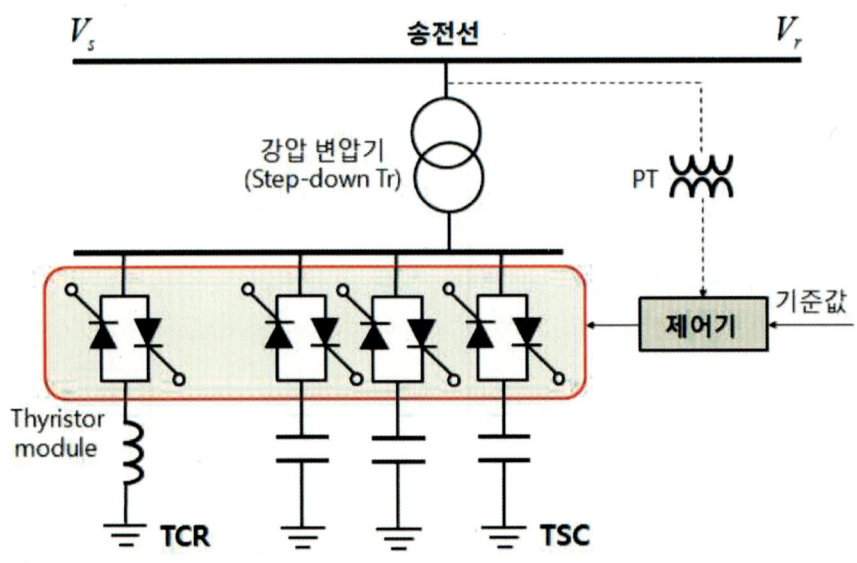

〈그림 6-10〉 무효전력보상장치 SVC

■ 장점

- **능동형 보상장치**: 사이리스터 스위칭으로 인덕턴스(리액터)와 커패시턴스(콘덴서) 투입을 빠르게 바꿔 전압을 동적으로 조절한다. 전압 변동 대응이 용이, 비용이 STATCOM 보다 낮을 수 있다.

■ 단점

스위칭 시 고조파 발생, 사이리스터 스위칭각 제어 범위 제한이 존재(일부 구간 정밀 제어 불가)한다. 해상풍력 대규모 단지에서 초고속 응답이 필요한 경우(예: 심한 출력 변동) 한계가 있을 수 있다.

4) STATCOM(Static Synchronous Compensator)

　STATCOM은 리액터 및 콘덴서 뱅크를 사용하지 않고, 직류 축전용 콘덴서와 전압형 인버터로 구성되며, 계통전압과 동위상의 전압을 발생시켜 연속적인 무효전력을 공급 또는 흡수하는 설비이다. 컨버터 변압기는 고조파를 제거하여 전압의 파형에 있어서 정현파가 되도록 한다. 전력변환기(IGBT 등) 기반으로 무효전력을 인버터 방식으로 공급/흡수한다. 그림 6-11과 12는 STATCOM 설치사진과 회로도이다.

〈그림 6-11〉 STATCOM 설치 사진 (자료 : 효성중공업)

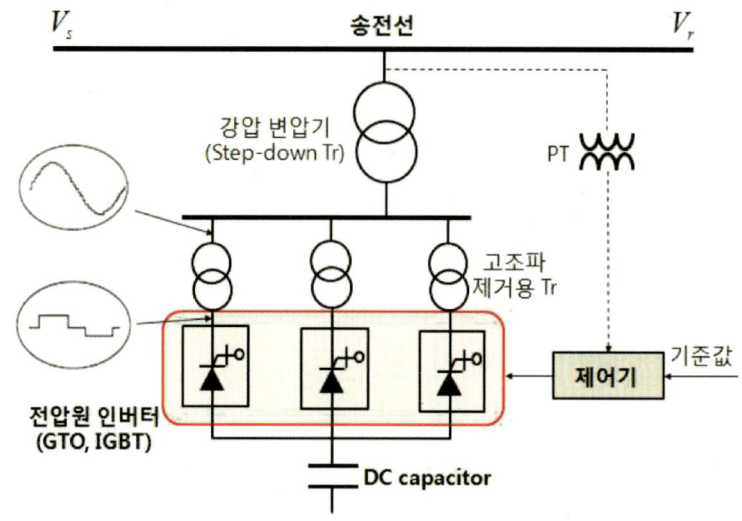

〈그림 6-12〉 무효전력보상장치 STATCOM

- **장점**

  능동형 보상장치 중 가장 빠른 응답성, 연속적인 무효전력 출력 조절 가능하다. (Leading/Lagging 유연 전환), 설치 면적이 작고, 고조파 필터 보강 시 전력품질 향상 가능하다.

- **단점**

  초기 투자비가 높음, PCS(전력변환장치) 자체 손실과 냉각 시스템 필요하다. 대용량 (수백 Mvar) 구성 시 인버터 병렬화가 필요해 설계 복잡성이 증가한다.

〈표 6-7〉 능동형·수동형 보상장치 선정 기준

구분	수동형(Shunt Reactor 등)	능동형(SVC/STATCOM)
보상 특성	- 고정된 무효전력(Inductive/Capacitive) - On/Off(단계식)으로 제한적 조절	- Thyristor/IGBT 기반 가변 무효전력 - 실시간 연속적·고속 응답 가능
설계· 비용	- 단순 구조, 설치비가 상대적으로 낮음 - 대규모 단지(수백 MW 이상)에서는 추가 스위칭 장치 필요 시 복잡성	- 초기 투자비가 높음 - 고정밀 제어, 계통 안정성에 기여, 고조파 대책 필요
응답 속도	- 느림(기계 스위치, Off/On 단계별 투입) - 계통 순간 변동(수백 ms ~ 수 초) 대응 한계	- 매우 빠름(수 ms 내 응답) - 풍력 출력 급변, 전압 요동 등 동적 상황 제어에 우수
적용 사례	- 장거리 케이블 커패시브 보상 - 일정 부하나 출력에서 전압 상승 억제 - 부하 변동이 크지 않은 구간	- 출력 변동 큰 대규모 풍력·PV 연계 - 정밀 전압제어·계통 주파수지원 요구 시 - Grid Code 무효전력 추적에 적합
장점	- 저비용, 신뢰도 높음 - 유지보수 간단 - 병렬회로 설계로 부분 투입 가능	- 실시간/연속 무효전력 보상 - 전압 지지· Flicker 저감 - Grid Code에서 요구하는 Lvrt/Ride-through 지원 가능
단점	- 세분화 제어(단계스위치) 부족 - 동적 상황 대응력 떨어짐	- 투자비·설계 복잡 - 전력변환장치 손실, 냉각필요 - 고장 시 예비시스템 필요

7.3 해상풍력 응용 시 핵심 포인트

1) 단지 규모와 케이블 길이

대규모 해상풍력(수백 MW ~ GW) + 장거리 해저케이블 → 커패시브 무효전력 증가 → Shunt Reactor 등으로 기본적 인덕티브 보상이 필요하다. 변동성이 큰 풍력 출력

→ STATCOM/SVC로 능동 조절. 종종 Reactor + STATCOM을 조합해 적용한다.

2) 계통 운영 시나리오

저부하(바람 약함·야간 등) 시, 케이블 전류가 주로 무효전력(커패시브)이라 전압 상승 문제가 심각해 Reactor가 중요한 역할을 한다. 급격한 풍속 변화로 단지 출력이 몇 초 내 대규모 변동하는 경우, STATCOM/SVC의 빠른 응답이 전압 안정에 도움이 된다.

3) 투자·운영 비용 균형

STATCOM이 비싸지만, Grid Code에서 예민한 무효전력 제어·주파수 응답을 요구하면 필수적일 수 있다. 중소 규모 프로젝트에서는 Reactor나 SVC만으로도 충분할 때가 있다.(경제성 우선)

4) 장치 위치

- **해상변전소 vs 육상변전소**: 상황에 따라 보상장치를 해상변전소에 두어 케이블 전압 상승을 즉시 억제할 수 있다. 대개 육상변전소에서 무효전력 보상장치 설치 선호(유지보수·공간 면에서 편의), 필요 시 해상변전소에도 Reactor를 배치한다.

- **무효전력보상장치**(Shunt Reactor, SVC, STATCOM 등)는 해상풍력발전단지의 **전압 안정화와 무효전력 관리**를 위해 필수적인 설비이다.

- **Shunt Reactor**: 수동형, 고정 인덕턴스로 케이블 커패시브 전류 상쇄에 효과적. 투자비 낮고 구조 간단하지만 동적 제어 능력 제한한다.

- **SVC**: 사이리스터 기반 반능동형 보상으로 단계적 무효전력 조절 가능, 신속성은 제한적이나 Reactor와 병행 시 경제적이다.

- **STATCOM**: IGBT 기반 인버터 방식, 연속적·초고속 무효전력 조절로 계통급변 상황(풍력 출력 변동)에 대응이 뛰어나나 투자비 높다.

- **계통규정(Grid Code) 충족과 경제성**을 균형 있게 고려하여, 해상풍력단지마다 적절한 보상장치 조합을 선정한다. 길고 대용량인 해저케이블이 있고, 풍력 출력 변동이 큰 단지일수록 Reactor + STATCOM 조합이 선호되는 추세이며, 중소규모 단지나 계통 변동이 크지 않은 경우에는 Reactor + SVC 등으로도 해결이 가능하다.

8. 변환소 - HVDC 연계

해상풍력발전단지에서 전력을 장거리·대용량으로 송전해야 할 경우, HVDC(High Voltage Direct Current) 기술이 AC(교류) 방식보다 효율적일 수 있다. 특히 100~200km 이상 원해(遠海) 구간이나 1GW 이상의 초대형 단지에서, 교류 케이블의 무효전력 손실 문제를 줄이기 위해 HVDC가 채택되는 사례가 늘고 있다. 본 장에서는 HVDC 변환소(Converter Station) 개념, VSC-HVDC vs LCC-HVDC 설계 차이, 장거리·대용량 송전 사례, 주요 설비(컨버터 밸브홀, DC 필터, 스위치기어) 등에 대해 설명한다.

〈그림 6-13〉 미래 HVDC 변환소 투시도 예

8.1 VSC-HVDC vs LCC-HVDC 개념 및 설계 차이

1) LCC-HVDC(Line Commutated Converter)

- **원리:** 사이리스터(Thyristor)를 이용해 AC → DC 변환을 수행하며, 계통의 교류 전압/주파수에 동기되어 동작한다.

- **특징:** 오래된 전통적 방식으로, 대규모(수 GW) 장거리 송전에 활용되지만, 해상풍력 등 무효전력이나 계통연계가 까다로운 환경에선 제약이 있다. 계통 측에 강한 전압원을 필요로 하고, 역률 보상과 무효전력 지원이 별도 SVC/STATCOM 등으로 보강돼야 한다. 가압송전시(Black Start)가 어렵고, 무부하나 약한 계통에서 운전이 곤란하다.

- **장점**: 초대형 국경간 HVDC 연계(수 GW), 비교적 낮은 손실, 비용이 상대적으로 저렴(대규모 적용 시)하다.
- **단점**: 해상풍력 계통처럼 독립된 전압원(병렬 변압기, 풍력 인버터)만 있는 환경에서 기동이 어렵고, 전압/주파수 지지능력이 없다.

2) VSC-HVDC(Voltage Source Converter)

- **원리**: IGBT, IGCT 등 게이트제어 가능한 전력반도체로 구성된 2레벨/3레벨/다단 멀티레벨 인버터로 AC↔DC를 양방향 전력변환이 가능하다.
- **특징**: 완전한 능동제어가 가능해 **무효전력 공급/흡수, 블랙스타트, 독립 계통운전** 등이 가능하다. 교류 계통이 약하거나 해상풍력처럼 전력변환 기반인 경우에도 안정적 연계가 용이하다. 다만 LCC에 비해 변환 손실이 약간 높고, 대용량(1GW 이상) 구현 시 다수의 전력모듈 병렬화로 설계가 복잡하고 투자비가 크다.
- **장점**: 해상풍력·섬지역 계통 등에 최적, 빠른 무효전력 제어로 계통 전압 안정화, **LVRT** 등 Grid Code 충족 능력이 우수하다.
- **단점**: 초기 투자비, 변환손실(약 1~2% 수준) 및 열관리 필요, 밸브홀·냉각장치 설계가 복잡하다.

〈표 6-8〉 전류형과 전압형 비교

구분	LCC-HVDC	VSC-HVDC
반도체 소자	사이리스터(Thyristor), 라인커뮤테이션	IGBT, IGCT, Fully Controlled Devices
계통 조건	계통 강도 필요, 무부하·약한 계통 운전 어려움	독립 전압원으로 동작 가능, 무부하 계통 연계 용이
무효 전력	별도 보상장치 필수(SVC, Filter 등), 역률 1.0 유지 어려움	컨버터 자체 무효전력 제어 가능, 빠른 전압지지
적용 규모	초대형 국경간 송전(수GW), 장거리 육상 DC 라인(인도-중국 등)	해상풍력, 섬연계, 약 계통, 1GW 전후 규모. 확장성 증가
블랙 스타트	불가능(계통에서 동기전압 필요)	가능(자체 전압원 인버터), 해상풍력 계통 독립운전 시 유리
투자비	대규모 적용 시 단가 낮음	변환기 복잡(멀티레벨), 상대적으로 높은 CAPEX
손실	변환손실 낮음(주로 0.7~1.0% 범위), 단 무효전력 장치 별도 구비	변환손실 약 1~2%, 무효전력 제어 내장

8.2 장거리·대용량 송전을 위한 HVDC 적용 사례

1) 유럽 북해 해상풍력 HVDC

영국, 독일, 네덜란드 등의 대규모 해상풍력 단지(수백 MW ~ 수 GW)를 육지계통과 잇는 프로젝트에서 VSC-HVDC가 적용되고 있다. 예: BorWin, DolWin, HelWin 등 (독일), 해상 변환소(Offshore Converter Station)에서 ±320kV ~ ±525kV급 DC로 변환, 육상 변환소(Onshore Converter)와 연결한다.

2) NorNed, North Sea Link(노르웨이-영국, 노르웨이-네덜란드)

장거리 국경간 해저 HVDC 인터커넥션 사례. 풍력뿐만 아니라 일반 계통연계 목적도 있으나, 풍력 출력 수급에도 큰 역할을 한다. 일부는 LCC-HVDC(초기), 최근 VSC-HVDC도 확대되는 추세이다.

3) 아시아 대규모 해상풍력

중국, 대만, 일본 등지에서 1GW 이상 장거리 해상풍력 계획이 증가 중이며, VSC-HVDC 도입이 검토되고 있다. 한국에서도 서남해, 동해 부유식 대규모 계획 시 HVDC 연계가 연구·검토되는 추세이다.

〈표 6-9〉 제주 HVDC 연계선 제원 비교

구분	제1연계선 (해남-제주)	제2연계선 (진도-제주)	제3연계선 (완도-제주)
운영 개시	1998년 3월	2014년 4월	2024년 12월
연결 구간	해남 ↔ 제주 삼양동	진도 ↔ 제주 해안동	완도 ↔ 제주 동제주
총 길이	약 101km	약 105km	약 100km(해저 90km, 육상 10km)
전압 등급	±180kV	±250kV	±150kV
설비 용량	2 × 150MW	2 × 200MW	1 × 200MW
변환 방식	LCC(전류형)	LCC(전류형)	VSC(전압형, MMC)
주요 특징	단방향 송전	양방향 송전 가능	양방향 송전, 빠른 전송 방향 전환 가능

※ 이 표는 해상풍력을 위한 해저케이블은 아니지만 설계자가 참고할 수 있도록 제시한 것임.

8.3 컨버터 밸브홀, DC 필터, 스위치기어 설계

VSC-HVDC를 예로 들어 주요 설비 구성을 살펴보자.

1) 컨버터 밸브홀(Valve Hall)

- **구성**: 멀티레벨 인버터 모듈(IGBT 스택), 냉각장치(물냉각 or 공냉), 게이트제어 패널, 서지방호 등으로 구성되어 있다.
- **환경 특성**: 대전류·고전압(±320kV ~ ±525kV 등), 방열/절연이 중요. 해상 변환소라면 밀폐·습기·염분 대책(밀폐도어, 공조, 방폭 등)이 필수이다.
- **설계 포인트**: 밸브 모듈간 일정 거리(전기적 절연), 진동·충격 방지, 가스·물냉각 라인 관리, 부분방전에 대하여 모니터링을 한다.

2) DC 필터(Filtering)

고전력 변환 시, 고조파가 DC·AC 측 모두 발생할 수 있어, DC 필터, AC 필터(Smoothing Reactor, Capacitor Filter) 등을 배치하여 전력품질을 유지한다. 해상풍력계통에서 허용고조파(IEEE 519, IEC 규정)를 충족해야 하므로, 컨버터와 함께 필터 설계가 병행된다.

3) DC 스위치기어

- **역할**: DC 라인을 개폐하는 장치, DC 고장 시 Fault Current를 차단·격리할 수 있어야 한다. VSC-HVDC는 고장전류가 빠르게 상승하지 않으나, DC 차단 기술이 매우 까다롭다.
- **유형**: 일부 프로젝트에서 HVDC CB(High Voltage DC Circuit Breaker)가 개발·적용 중이나, 비용과 기술 난이도로 인해 제한적. 다수는 DCCB 대신 Converter Blocking(전력반도체 차단)을 사용한다.
- **해양환경**: 해상 변환소라면 GIS 형태의 DC 부싱·Bus를 적용하기도 하며, 염분·습기 차단 구조 강화한다.

4) 보호계전·제어

HVDC 계통은 전통 AC 보호방식과 달리, DC 고장검출, 컨버터 블로킹, 전류 감소 메커니즘이 다르다. VSC 컨버터 내부 제어(전력반도체 게이트)로 초고속 차단을 수행하

며, 계통연계 요건(LVRT, 무효전력 지원)을 소프트웨어로 구현한다. 변환소(Converter Station)는 해상풍력 발전단지에서 HVDC(고압직류송전)를 사용해 장거리·대용량 전력 송전 시 필수적인 설비다.

5) VSC-HVDC vs LCC-HVDC

VSC(IGBT 기반)는 독립 전압원 기능, 무효전력 제어, 블랙스타트 가능하여 해상풍력에 적합하지만, 초기비용과 기술복잡도가 높다.

LCC(사이리스터)는 대규모 국경간 송전에 유리하나, 강한 계통 필요·무효전력 보상장치 별도·약계통 적용 어려움이 단점이다.

6) 장거리·대용량 송전 사례

독일 북해(베타 링크), 노르웨이-영국(북해 링크), 중국 연안 대규모 프로젝트 등 세계적으로 HVDC가 해상풍력 보급의 핵심 솔루션으로 자리잡고 있다.

7) 컨버터 밸브홀, DC 필터, 스위치기어

VSC 밸브홀은 IGBT 스택과 냉각장치, DC 필터로 고조파 억제한다. DC 스위치기어(차단) 기술이 복잡하고, 해상환경(염분·습기)에 대비한 밀폐·냉각 설계가 필수이다. 따라서 해상풍력 전력망에 HVDC를 적용하려면, **해상 변환소와 육상 변환소** 모두 VSC나 LCC 컨버터 설비, 필터·스위치기어, 보호계전 시스템을 구축해야 하며, 초기 투자비와 계통운영 편익(장거리 손실 절감, 전압 안정성)을 종합 고려해 최적 방안을 선택한다.

9. 감시·제어·자동화(SCADA, EMS, PMS 등)

해상풍력발전단지에서는 발전기(터빈), 변전소(해상·육상), 에너지저장장치(ESS), 무효전력보상장치 등 다양한 전력 설비를 종합적으로 감시·제어해야 한다. 이를 위해 SCADA(Supervisory Control And Data Acquisition), EMS(Energy Management System), PMS(Power Management System) 등의 자동화 솔루션이 구축된다. 본 장에서는 실시간 모니터링, 원격제어, 무효전력 관리, 통신 프로토콜(IEC 61850, Modbus 등)과 관련해 핵심 개념과 설계 고려사항을 정리한다. 그림 6-14는 제어반 사진이다.

〈그림 6-14〉 제어반

9.1 실시간 모니터링(풍속, 출력, 변전소 상태)

1) 주요 모니터링 항목

- **풍력터빈:** 풍속(Blade 앞), 풍향, 회전속도, 출력(W), 기어박스·발전기 온도, 블레이드 피치각, 나셀·타워 진동 등을 모니터링 한다.

- **변전소(해상·육상):** 변압기(온도·부싱 상태), 개폐기(GIS/AIS), 보호계전기 동작 상태, 무효전력보상장치(SVC/STATCOM) 동작, 전력품질(전압, 주파수, 고조파) 등을 모니터링 한다.

- **케이블·전력선:** 전압·전류·온도(도체 온도 측정), 매립 상태(ROV 주기점검, 부분방전 센서)를 모니터링 한다.

2) 센서·데이터 수집

터빈 내부 PLC/RTU(터빈 SCADA)에서 데이터 취합, 제어실 → 해상변전소 → 육상 SCADA 서버로 전송한다. 각종 전력계측장치(전압·전류 트랜스듀서, 전력량계, 결상·고조파 센서 등)와 환경센서(습도, 온도, 기압)를 통합 관리한다.

3) 알람·이벤트 처리

실시간 임계값 초과(온도, 진동, 전압편이 등) 시 SCADA 화면에 경보 생성, SMS·이메일로 관리자 통보한다. 사고(고장) 시 로그데이터·트렌드 그래프를 통해 원인분석, 계통 시뮬레이션 연동한다.

9.2 원격 제어(차단기, 인버터), 무효전력 제어

1) SCADA 원격 제어

- **차단기(CB), 단로기(DS)**: 보호계전 논리 외에 수동 조작이 필요할 때 SCADA HMI에서 On/Off 지령이 가능한다.
- **터빈 인버터**: 출력 제한, 무효전력/역률 설정, 블레이드 피치 제어 등 자동·원격명령이 가능하다.
- **무효전력 보상장치(SVC, STATCOM)**: 출력량(±Mvar)을 스텝(단계) 혹은 연속적으로 제어, 실시간 전압 조정이 가능하다.

2) 무효전력/역률 관리

출력이 큰 해상풍력단지는 Grid Code에서 역률(±0.95 등), 무효전력 지원요건을 요구한다.

SCADA/EMS가 발전소 단위(수백 MW ~ GW)의 무효전력을 통합 제어하여, 계통에 지지 기능을 제공(전압 안전, 주파수 유지)한다. 해상변전소에서 SVC/STATCOM 신호, 터빈·인버터 무효전력 세팅 지령 등을 통합 관리한다.

3) 보호협조/급전지시

계통운영자(송전망 운영사)와 실시간 통신으로 재생에너지 급전지시(Curtailment)나 간헐출력 보상(ESS 연계) 등을 수행한다. SCADA가 보호계전기(REL), RTU, 각 설비 제어 유닛과 연계해 안전·급전 알고리즘 실행한다.

9.3 시스템 구성 (SCADA, EMS, PMS)

1) SCADA

- **역할**: 각종 설비·센서 데이터 취득(Acquisition), 제어(Controlling), 상위 모니터

링(HMI) 제공한다.

- **구성**: 현장 RTU/PLC, 통신 네트워크, 중앙 SCADA 서버, Operator HMI 스테이션, Historian DB 등으로 구선된다.
- **특징**: 실시간 감시와 간단한 자동제어(차단기, Inverter 등) 구현에 중점을 둔다.

2) EMS(Energy Management System)

- **역할**: 전력 수급 밸런스, 계통안정, 발전량 예측, 경제급전(Optimal Dispatch) 등 상위 에너지 운영 기능 수행한다.
- **특징**: 대규모 계통 측면에서 해상풍력 출력 예측, 무효전력·주파수 지원 등 종합 최적화한다.

3) PMS(Power Management System)

- **역할**: 산업플랜트나 해상플랜트 등 특정 사이트 내부 전력망(미소계통) 운영 관리를 한다.
- **특징**: 해상풍력 설비(터빈·ESS·보조발전기 등) 간 협조, 섬·도서 지역 등 독립 계통 구조에서도 동작 가능하다.

9.4 IEC 61850, Modbus 등 통신 프로토콜

1) IEC 61850(스마트 변전소 표준)

- **특징**: 변전소 자동화·통신 표준으로, IED(지능형 전자장치) 간 상호운용성을 보장한다.
- **기능**: GOOSE 메시지를 통한 고속 보호신호 전송, SCL(Substation Configuration Language)로 시스템 구성 정의, MMS 프로토콜로 SCADA와 통신 기능을 한다.
- **적용**: 해상변전소, 육상변전소에 61850 기반 개폐장치·계전기·SCADA가 통합 구현되면, 유지보수·확장성 향상시킨다.

2) Modbus, DNP3, 기타

- **Modbus**: 단순 RTU/PLC 장치, 센서·인버터 등 소규모 노드 통신에 널리 쓰인다.

- DNP3: 북미 계통 자동화 분야에서 사용되는 프로토콜, SCADA ~ RTU 간 확장성·이벤트 관리 기능이 크다.
- Proprietary: 터빈 제조사 별 전용 프로토콜, 내부 PLC/컨버터 통신도 존재. 상위 SCADA 연동 시 게이트웨이·프로토콜 변환 적용한다.

3) 네트워크 구조

해상풍력단지는 해상변전소 ~ 육상변전소 간 광케이블(해저 통신선), 각 터빈간 링/스타형 네트워크를 구축한다. Ethernet 기반 TCP/IP, IEC 61850 MMS, Modbus TCP 등 다양한 프로토콜 공존하며, VPN·방화벽으로 사이버보안도 고려한다.

해상풍력발전단지의 감시·제어·자동화(SCADA, EMS, PMS 등)는 **실시간 모니터링(풍속·출력·변전소 상태), 원격 제어(차단기·인버터), 무효전력 제어** 등을 수행해 계통 안정과 효율적 운전을 보장한다.

- **실시간 모니터링**: 터빈 운영상태, 계통 전력품질, 해저케이블 온도·절연, 변전소 장비 고장 징후 등을 상시 감시한다.
- **원격 제어**: SCADA 화면에서 차단기 스위칭, 인버터 출력/역률 조절, 무효전력보상 장치 동작을 통합 제어한다.
- **무효전력 관리**: Grid Code 준수 위해 터빈·STATCOM/SVC 등 통해 전압안정·주파수 지원을 자동화한다.
- **통신 프로토콜**: IEC 61850 기반 변전소 자동화, Modbus/DNP3 장비 혼재, 해상~육상 광통신망으로 고신뢰 전송한다. 이러한 자동화 시스템은 해상풍력 발전단지 전체 전력망을 안전하고 최적으로 운영하도록 지원하며, 대규모 재생에너지 계통연계에서 필수적인 요소로 자리잡고 있다.

10. ESS 및 수전해 시스템과의 연계

제1장에서도 언급했지만, 해상풍력발전단지에서 생산되는 전력을 효율적으로 활용하기 위하여 ESS(Energy Storage System)나 **수소 생산(수전해) 설비**를 연계하는 방안을 적극 검토해야 한다. 전력 수요가 낮거나 풍력이 풍부해 잉여전력이 발생할 때, ESS에 전력을 저장하거나 수전해(물 전기분해)로 그린 수소를 생산해 사용·판매함으

로써 전력계통 포화문제 해결은 물론 전력망 안정화, 추가 수익 창출, 탄소중립에 기여할 수 있다. 본 장에서는 해상변전소 또는 육상변전소 인근에 ESS를 설치하는 방법, 전력 여유분을 이용해 수소를 생산하는 설비 배치, 전기·수소 병행 공급 구조를 살펴본다. 그림 6-15는 해상풍력발전에서 발전한 전력을 전력계통을 통해 육상으로 보내고 남은 전력을 ESS에 저장하며 이와 함께 수전해시스템을 통해 수소를 생산하는 개념도이다.

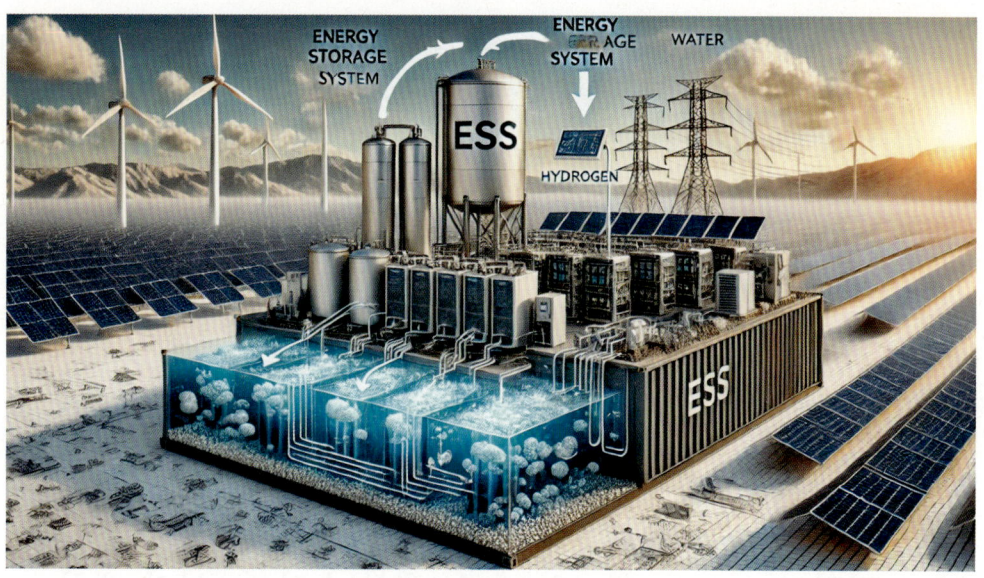

〈그림 6-15〉 재생에너지와 ESS 그리고 수전해 시스템

10.1 해상변전소 또는 육상변전소 인근 ESS 설치 방안

1) 해상변전소 ESS 배치

해상변전소 플랫폼(고정식·부유식)에 배터리 ESS를 탑재하여, 해상에서 발생하는 풍력 잉여전력을 즉시 저장하여 이를 활용한다.

- 장점: 계통연계 지연이나 급격한 출력 변동 시 ESS가 완충 역할을 수행하며 전압·주파수 안정을 지원할 수 있다. 해상에서 바로 전력을 저장 후 필요시 전송할 수 있다. 특히 케이블 부하(정격전류) 관리에 용이하다. 또한 해저케이블이나 변압기 설비 등의 효과적 활용도 가능하다.

- 단점: 해상환경(염분·습도)에 노출되는 ESS 모듈·BMS(Battery Management System) 구조 강화가 필요하다. 설치공간·무게 제한, 화재·폭발 위험(방폭구역 분류, 안전설

비) 때문에 플랫폼 비용 크게 상승할 수 있다.

2) 육상변전소 ESS 배치

풍력발전 출력이 육상으로 전송된 후, 변전소 인근(또는 별도 부지)에서 ESS에 저장하는 방법을 말한다.

- **장점**: 유지보수와 안전관리 편의성이 높다.(화재, 폭발 등), 대규모 ESS 구성 시 육상 부지 확보가 용이하고 향후 증설·교체도 용이하다.
- **단점**: 해상 변전소에서 육상까지 송전 구간에 잉여전력이 흐르는 구조여서 케이블 증설·손실 증가 우려가 있을 수 있다.

3) ESS 용량/기술

- **배터리 타입**: 리튬이온(가장 일반적), 레독스플로우, 나트륨황(NaS) 등이 있다.
- **용량**: 계통안정(단기 ESS, 몇 분 ~ 수십 분), 출력평준화(수 시간), 축전형 비상전원(Black Start) 목적 등에 따라 달라진다.
- **BMS·PCS 연계**: 무효전력 지원, 주파수 조정, Peak Shaving 등 다양한 운영전략이 가능하며, SCADA/EMS와 연동해 최적화한다.

10.2 전력 여유분을 활용한 수소 생산(수전해) 설비 배치

1) 수전해(물 전기분해) 개념

수전해는 풍력, 태양광 등 재생에너지로 생산된 전기를 이용해 물을 전기분해하여 수소(H_2)와 산소(O_2)로 분리하는 기술을 말한다. 이 과정은 전해조(Electrolyzer) 내에서 수행되며, 전기를 가하면 물 분자가 양극과 음극에서 각각 산소와 수소로 분해된다.

이 방식은 이산화탄소 배출 없이 수소를 생산할 수 있어, 재생에너지 기반의 그린 수소(Green Hydrogen) 생산 기술로 각광받고 있다.

생산된 수소는 압축 또는 액화하여 저장한 뒤, 탱크로나 배관을 통해 운송되며, 이후 연료전지 발전, 수소터빈, 산업용 공정(제철, 화학 등)에 활용되어 다양한 분야의 탈탄소화에 기여할 수 있다.

2) 설비 배치 방안

■ 해상 수전해

해상변전소 또는 부유식 플랫폼에 전해조, 담수화 장치(역삼투압, 증류)를 설치해 해수를 정제 후 전해한다. 수소 저장탱크(고압·액화)나 수소 파이프라인 또는 운송선(수소 운반선)으로 육상으로 이동한다.(역삼투압(Reverse Osmosis, RO)

- 장점: 전송 케이블 용량 부담을 줄일 수 있다. 그리고 해상에서 잉여전력을 직접 활용한다는 장점이 있다. 앞으로 대형 해상풍력의 경우 수전해 방식을 병행해야 계통 문제 해결과 동시에 수소산업도 함께 활성화 할 수 있게 된다.
- 단점: 해양플랜트화로 인한 설치비 증가하며 해상 수전해는 아직 초기 기술단계이기 때문에 유지보수에 어려움이 있을 수 있다. 하지만 전남 신안이나 울산 부유식 풍력의 경우 더욱 더 대형화 될 경우 반드시 검토되어야 할 미래 기술이다.

3) 육상 수전해

육상변전소 인근 또는 산업단지에서 전력 여유분을 수소로 전환한다.

- 장점: 인프라(수도, 도로, 산업 가스망) 연계 수월, 대규모 전해조 구축 시 경제성이 있다.
- 단점: 해상풍력 ~ 육상간 케이블 전송로를 활용하므로 잉여전력 송전으로 인한 손실을 고려해야 한다.

4) 하이브리드 구조

하이브리드 구조는 재생에너지에서 생산된 전력을 전기와 수소 형태로 병행 활용하는 방식으로, 일부 전력은 직접 계통에 공급하고, 잉여 전력은 수전해 장치를 통해 수소로 전환하여 저장·활용하는 시스템이다. 이 방식은 재생에너지 발전량이 전력 수요를 초과하거나 계통 포화로 인해 출력 제한(Curtailment)이 발생하는 상황에서 잉여 에너지를 효율적으로 활용할 수 있는 대안으로 주목받고 있다.

특히 전력계통이 포화되어 계통 연계에 제약이 있는 지역에서는, 계통이 안정적인 시간대에는 전력을 판매하고, 계통 수용 한계를 초과하는 시간대에는 수소를 생산함으로써 출력 제어 없이 재생에너지의 활용률을 극대화할 수 있다.

또한 ESS(배터리)와 수전해를 함께 운영하는 하이브리드 시스템도 효과적인 방안이다. ESS는 수분 ~ 수십분 단위의 단기 변동성 조절에 적합하며, 수전해 기반 수소 저장

은 수시간에서 수일 단위의 장기 저장 수단으로 활용 가능하다. 이처럼 시간대별 에너지 특성에 따라 저장 수단을 분리해 적용함으로써, 전력계통 안정성 확보와 재생에너지 활용 효율을 동시에 향상시킬 수 있다.

우리나라와 같이 전력계통 여유가 제한된 지역에서는 이러한 하이브리드 시스템을 적극 도입함으로써 계통 연계 제약 해소, 출력 낭비 방지, 수소경제 기반 확대 등 다각적인 효과를 기대할 수 있다.

10.3 전기·수소 에너지 병행 공급(하이브리드) 구조

1) 운영 시나리오

- **Peak 전력 공급**: 전력 수요가 높거나 전력 단가가 비싼 시간대에 풍력전력을 계통에 우선 투입한다.
- **잉여 전력 수소화**: 낮은 전력수요·풍력 잉여 시, 전해조 가동으로 수소 생산. ESS 잔여 용량 여부에 따라 동시 운용한다.
- **계통안정**: ESS가 주파수·전압 보조 서비스 제공, 수소 설비는 장기 저장(Seasonal) 역할을 한다.

2) 인프라 요구

수소 생산을 육상에서 할 경우, 전해조·수소저장탱크(고압·액화), 운송 파이프라인, 충전소(FCV) 인프라가 필요하다. 해상에서 직접 생산 시, 해상 변전소 플랫폼 확대(부유식·재킷 등), 담수화 설비, 수소 운반선(또는 파이프)이 요구된다.

3) 경제성·전망

그린 수소는 탄소배출 없이 풍력전력으로 생산되어 탄소중립 목표에 부합한다. RPS, 그린수소 인증, 각종 보조금 지원 대상이다. ESS는 단기(분~시간) 단위 전력 조절로 전력 가치 극대화(피크절감, 보조서비스)를 할 수 있다. 그리고 이를 융합 시 중장기 저장(수소) + 단기 변동(ESS)로 재생에너지 변동성 해결이 가능하며 국제적으로도 이와 관련된 기술·제도가 발전 중에 있다. 해상풍력발전단지에서 ESS 및 수전해 시스템과의 연계는 전력망 안정성과 에너지 효율을 크게 높일 수 있는 혁신적 방안이다.

4) ESS 연계

해상변전소 또는 육상변전소 인근에 배터리를 배치해 풍력 잉여전력을 단기 저장하여 계통 급등락을 억제시킬 수 있다. 특히 무효전력 지원과 출력제한을 완화한다는 장점이 있다. 그리고 해상 설치 시 플랫폼 중량·공간 문제가 있으나 육상 설치 시 유지보수가 용이하다.

5) 수소 생산(수전해) 설비

잉여전력을 그린 수소로 전환해 장기 저장·수송이 가능하며, 전력 수요가 낮을 때도 풍력자원을 활용해 부가가치 창출을 한다. 해상(플랫폼 수전해)과 육상(변전소 인근) 중 선택, 파이프라인·운송 방안과 담수화 설비 등을 종합적으로 검토하여 이 분야를 적극 활용하도록 한다.

6) 하이브리드 구조

전력(AC/DC 계통)과 수소(그린 수소) 병행 공급으로 재생에너지 변동성 해결, 탄소중립 실현을 하고 추가 매출원을 확보할 수 있다. ESS(단기)와 수소(장기) 저장의 상호 보완으로 고비용·고위험의 계통강화 대신 분산형 에너지저장 확대가 가능하다. 앞으로 **전력·수소 에너지 병행 공급**은 해상풍력 활용도를 극대화하고 계통안정·탄소감축·에너지안보 측면에서 매우 중요한 전략으로 자리 잡을 전망이다. 우리나라에서 적극 검토해야 할 분야이다. 전기설계자는 이런 시스템의 도입을 감안하여 설계 시 증설 등에 대한 대비를 위한 공간 구성이나 확보 그리고 전계획을 고려하여 설계에 반드시 반영하여야 한다.

제 **7** 장

보호·제어 시스템

제7장 보호·제어 시스템

Electrical Infrastructure For Offshore Wind Farms

보호·제어 시스템은 전력설비의 **안전한 운전과 계통 안정성 확보**를 위해 이상 상황을 감지하고, 설비를 자동으로 차단하거나 운전 상태를 제어하는 핵심 기능을 수행한다.

보호 시스템은 과전류, 지락, 차동 등 고장 상황 발생 시 계전기(Protection Relay)를 통해 이상을 신속히 인지하고 차단기(Trip)를 동작시켜 설비 손상을 방지한다.

제어 시스템은 발전기 출력 조정, 무효전력 보상, 자동재폐로 등 **운전 상태를 실시간으로 조절**하며, SCADA나 DCS 같은 디지털 제어 플랫폼을 통해 원격 제어와 모니터링도 가능하다.

보호와 제어는 상호 연동되어 **전력계통의 신뢰성, 안전성, 연속성**을 유지하며, 해상풍력 등 분산형 전원에서는 더욱 정밀하고 고속의 운용이 요구된다.

1. 출력 변동성 및 전력 품질

해상풍력은 바람 세기에 따라 출력이 시시각각 변동하므로, 전력 품질(전압·주파수·플리커 등)에 영향을 준다.

1) 출력 변동

풍력발전은 자연 풍속에 의존하기 때문에 출력이 일정하지 않고 시간에 따라 변동한다. 이 출력 변동은 크게 **고주파 변동**과 **저주파 변동**으로 구분된다.

고주파 변동은 수 초에서 수 분 단위로 나타나는 빠른 출력 변화로, 주로 **풍차 블레이드 통과 주기에 따른 기계적 진동**이나 돌풍(Gust)과 같은 순간 바람 변화에 의해 발생한다.

반면 **저주파 변동**은 수 분에서 수 시간 단위로 나타나며, **기압골의 이동, 풍향 변화, 대기 흐름 등 일기 패턴의 변화**에 따라 출력이 서서히 증감한다.

이러한 출력 변동은 전력계통에 영향을 미치며, 특히 **급격한 출력 증가나 감소는 전압 편차, 주파수 변동, 조도 변동(Flicker)** 등의 문제를 야기할 수 있다. 따라서 출력 안정화를 위한 ESS, 예측 기반 제어, 무효전력 보상 등 계통 안정화 기술이 병행되어야 한다.

2) 전력 품질 관리

풍력발전은 출력 특성상 계통에 영향을 미치는 전력 품질 문제가 발생할 수 있으며 이를 체계적으로 관리하기 위한 기술적 대응이 필요하다.

대표적인 문제가 플리커(Flicker)로, 이는 출력 변동으로 인해 전압이 일시적으로 흔들리며 조명이 깜빡이는 현상이다. 플리커는 수용가 불편을 유발하며, IEEE 1453 및 IEC 61000 시리즈에서 그 허용 기준을 제시하고 있다.

또한 풍력 인버터나 전력변환장치(PCS)에서 발생할 수 있는 고조파 왜곡(Harmonics)도 주요 품질 저하 요인이다. 다만 최근에는 PWM 기반 인버터와 고조파 필터링 기술이 적용되어 고조파는 일정 수준 이하로 제어 가능하다.

이러한 문제들을 해결하기 위해, 무효전력 제어 장치(SVC, STATCOM)나 인버터 제어 기능을 활용하여 전압을 안정화하고, ESS나 SCADA 기반 예측 제어를 통해 출력 급변을 완화한다. 필요 시 급전지시를 통한 출력 제한도 병행하며, 이와 같은 통합 운영 전략을 통해 계통의 전력 품질을 유지할 수 있다.

2. 계통 보호 협조(Protection Coordination)

해상풍력발전기 내부 보호와 송전망(또는 배전망)과의 협조가 필수적이다.

1) 해상풍력발전기 내부 보호

해상풍력발전기는 고립된 해상 환경에서 고장 대응이 제한적이므로, 내부 전기·열적 위험에 대비한 다층 보호 시스템이 필수적이다.

먼저, 과전류 및 단락 보호는 발전기, 인버터, 변압기 등 주요 전기설비에서 내부 고장이 발생했을 때, 계전기와 차단기를 통해 전류를 신속히 차단하여 손상을 방지한다.

또한 과전압 및 서지 보호는 낙뢰, 스위칭 서지, 뇌격 등에 따른 급격한 전압 상승에 대비하는 것으로, 해상 환경은 염분과 습기로 절연 성능이 저하되기 쉬우므로, 피뢰시스템과 SPD(서지보호장치)를 강화하여 이상전압 유입을 차단한다.

마지막으로 온도 및 과열 보호는 발전기 권선, 인버터 히트싱크, 변압기 권선·철심, 케이블 도체 등에서 운전온도 초과를 감지하여 자동 정지나 출력 제한을 통해 열적 손

상을 방지한다. 이를 위해 열감지 센서와 연동된 제어 로직이 내장되어 있으며 정기적인 상태 모니터링이 병행된다. 이러한 내부 보호 기능은 해상풍력의 안전성과 신뢰성을 확보하는 핵심 요소로 작용한다.

2) 송전망 보호와 연계

해상풍력단지를 기존 송·배전망에 연계할 때는, 발전 방식과 고장 특성이 기존 계통과 상이하므로 **보호계전 시스템의 정밀한 재설계와 조정**이 요구된다.

우선 **인버터 기반의 풍력발전기**는 고장 발생 시 **출력 전류가 제한되어(전류 제한형 소스)**, 기존의 과전류, 차동, 거리계전 방식과는 **고장 감지 특성이 다르다.** 이에 따라 **기존 보호계전기의 정정값을 재검토하고, 필요한 경우 고장 인지 알고리즘도 보완**해야 한다.

또한 해상풍력은 **지역 배전계통과 연계되는 경우**, 주변 부하나 **타 분산전원과 상호 간섭**, 그리고 역방향 전류(Reverse Power Flow)로 인해 기존 보호 순서가 꼬이거나 오동작할 수 있으므로, 지역 보호 협조(Selectivity)를 고려한 보호계층 재정비가 필요하다.

지락 보호 측면에서는, 해상 계통 특성에 맞는 중성점 접지 방식(저항 접지, 소호 리액터 접지 등)을 선정해야 하며, **소호 특성, 주파수 편이 현상, 아크 억제(Arc Suppression)** 등의 요소도 고려해야 한다. 특히 해상풍력 내부망은 철저한 **일체형 접지(Earthing) 설계 및 유지관리**가 필수로, 접지 연속성과 접지저항 관리를 통해 고장 시 안전성과 보호신뢰도를 확보해야 한다.

3) 보호협조 구현

풍력발전단지를 기존 전력망에 안정적으로 연계하기 위해서는 고장 발생 시 보호계전기가 오동작 없이 정확히 구분 동작하도록 설정하는 보호협조(Coordinated Protection)가 필수적이다. 이를 위해 계통운영자(예: 한국전력공사)와 협의하여 **보호계전기의 정정값을 체계적으로 설정하고, 고장 발생 시 해당 구간만을 정확히 차단하고 나머지 비고장 구간은 연속 운전이 가능하도록 구성**해야 한다.

특히 해상풍력은 **해상변전소부터 육상변전소까지 장거리 해저케이블이 연결되기** 때문에 케이블의 임피던스 특성(저항, 인덕턴스, 정전용량)을 포함한 고장 전류 계산(Short-circuit study)이 필수적이다. 이를 통해 실제 고장 전류 크기와 시간 특성을 반영한 **계전기 정정값 및 차단기 동작 시간**을 설정하고, 계통 전체의 보호협조 곡선을 구성한다.

정확한 보호협조는 불필요한 정전 범위를 최소화하고, 전력계통의 신뢰성과 연계 설비의 보호 기능을 동시에 확보하는 핵심 요소이다.

3. 대형 해상풍력발전시스템의 보호계전기설계 고려사항
(국내 기준: KS, 한전 등 중심)

3.1 고장 검출 방식 및 주요 보호 계전기 종류

해상풍력발전 단지의 **보호계전** 시스템은 전력계통에 발생한 비정상 상태나 고장 시 고장 구간을 건전 구간에서 신속히 분리하여 계통에 미치는 영향을 최소화하는 역할을 한다. 이를 위해 다양한 **고장 검출 방식**과 **보호 계전기**가 활용된다. 아래는 전형적인 주요 보호 계전기 종류와 그 동작 원리 및 적용 용도이다.

1) 과전류 계전기 (50/51)

전류가 정해진 한도를 초과하면 즉시(50) 또는 정해진 시간지연(51) 후 동작하여 차단기를 트립시킨다. 단락사고나 과부하로 인한 **과전류**를 검출하며, 간단하고 경제적이어서 송·배전 계통의 1차 보호 및 후비 보호로 널리 쓰인다. 풍력단지에서는 집전선로 및 배전반의 기본 보호로 사용되고, 하위 계전기(예: 터빈 내 차단기) 및 상위 계전기(변전소 본선 보호)와 **순차적 보호 협조**를 이룬다.

2) 지락(접지) 계전기 (50G/51G, 67N 등)

단상 지락 고장을 검출하는 보호계전기로, 과전류 계전기와 유사하게 설정치 이상의 **영상(零相) 전류**가 흐르면 작동한다. 중성점을 직접 접지한 계통에서는 과전류형 지락계전(50G/51G)을 사용하고, 비접지 또는 소접지 계통에서는 방향성 지락계전(67N)이나 영상전압계전(59N)을 병행하여 사용한다. 지락 사고 시 건전상에 발생하는 과도전압(1.7배 정도) 등을 고려하여 설계되며 풍력단지의 **접지 방식**(예: 고저항 접지 여부)에 따라 적절한 검출 방식이 선택된다.

3) 거리 계전기 (21)

계전기 설치지점의 전압과 전류를 측정해 **임피던스** 값을 계산함으로써 고장까지의 거리를 판단하는 계전기이다. 측정 임피던스가 설정값 이하(보호구간 내)로 떨어지면 동작하며, 1존, 2존, 3존 등의 단계로 구분된 범위 내에서 순차적으로 트립한다. 송전선로나 해저케이블 등 **선로 보호**에 주로 사용되며, 전압·전류만으로 판단하므로 통신 없이도 비교적 신속·신뢰도 높은 보호를 제공한다. 다만 풍력 출력 변동으로 계전점

전압이 요동할 경우 설정에 따라 오동작 가능성이 있으므로 주의가 필요하다.

4) 차동 계전기 (87)

보호 구간의 각 말단 전류를 비교하여 **킷호호프 전류법칙**에 어긋나는 **전류 차이**(불평형)가 발생하면 동작하는 계전기이다. 변압기, 발전기, 모선, 긴 전력케이블 등 **주요 설비의 내부고장**을 빠르게 검출하는 데 사용된다. 구간 내 정상 상태에서는 각 단자 전류의 벡터합이 0이지만, 내부 고장 시 유입·유출 전류에 차이가 생기므로 이를 이용해 해당 설비만 선택 차단할 수 있다. 응답 속도가 매우 빠르고 신뢰도가 높으나, 보호 구간 양단에 CT와 계전기가 필요하며 통신선로(광케이블 등)를 통한 연동이 요구된다.

5) 기타 보호 요소

풍력 계통에서는 위의 주요 보호 외에도 과/저전압(59/27), 과/저주파수(81O/U) 계전기 등이 발전기와 계통을 보호하기 위해 활용된다. 특히 풍력터빈 보호에서는 정격을 벗어난 저주파 또는 과주파(예: 95% 미만 또는 103% 초과 주파수) 상태가 일정 시간 지속될 경우 터빈을 차단하고 저전압(예: 90% 미만) 또는 과전압(110% 초과) 상황에서도 지연 후 정지시킨다. 또한 **부정Sequence 과전류(46)** 요소는 비대칭 고장에 대한 감도를 높이고 보호 협조를 보완하는 데 사용될 수 있다. 이 밖에 **브레이커 고장 계전기(50BF), 피뢰기 모니터링, 아크플래시 검출** 등의 보호도 대용량 해상풍력 설비의 안전을 위해 고려된다.

3.2 계통 구성별 보호계전기 구성

대규모 해상풍력발전단지는 **풍력터빈 → 집전망 → 해상변전소 → 송전망(해저케이블 포함) → 육상변전소**로 이어지는 다단계 전력망 구조를 갖고 있으며 각 구간별로 보호계전기를 적절히 배치하여 영역별 보호(zone protection)를 구성한다. (그림 7-1)은 일반적인 해상풍력 단지의 보호 영역 구성을 보여주는 예로, 풍력터빈 내부부터 집전선로, 모선, 변압기 및 송전선로까지 구간별로 보호영역을 구분한 것이다. 이러한 구간별 보호계전기 구성은 고장이 발생했을 때 피해를 해당 구간에 국한시키고, 나머지 계통은 계속 운전이 가능하도록 하는 데 목적이 있다.

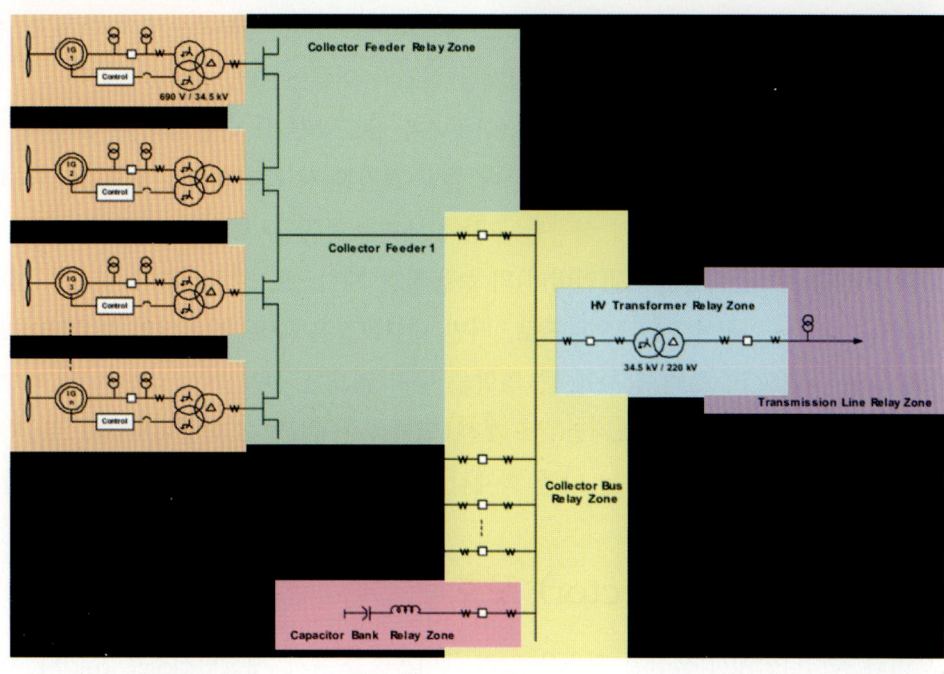

〈그림 7-1〉 영역별 보호

그림 7-1은 해상풍력발전단지의 전형적인 보호 구역(zone) 구성 예시 풍력터빈별 내부 보호영역(오렌지), 집전선로별 보호영역(녹색), 집전 모선 보호영역(노랑), 메인 변압기 보호영역(하늘색), 송전선로 보호영역(보라) 등으로 구분되며, 각 영역마다 전용 보호계전기가 할당된다.

3.3 풍력터빈 내부 보호

개별 풍력터빈(generator)은 자체적으로 발전기와 전력변환장치, 증속기, 내부 배전 등을 보호하는 장치를 구비하고 있다. 터빈 내부에는 과풍속, 과진동 등에 대한 **기계적 보호**와 함께, 전기적으로는 발전기 출력차단을 위한 차단기 및 변압기 보호용 **퓨즈** 등이 설치된다. 일반적으로 **타워 하부**에 **저압 차단기**(또는 부하개폐기)와 **터빈용 승압 변압기**(예: 0.69kV → 22~35kV)가 위치하며, 변압기 고압측에는 고장 시 해당 터빈을 분리하는 **고압퓨즈**가 포함된다. 터빈 제어기는 발전기의 과전류, 과전압, 주파수 이상, 내부 합선 등의 이상을 감지하면 해당 차단기를 트립시켜 **자체 고장**으로부터 터빈을 보호한다. 또한 터빈 제조사에서 권고하는 전압·주파수 범위를 벗어날 경우 일정 시간 이내 자동 정지하며 이는 계통 연계 규정의 무정전 구간(no trip zone)을 고려하여 설정된다. 각 터빈의 보호 설정값은 풍력발전기 출력 특성에 맞추어 사전에 정해

지며, 이러한 터빈별 보호가 1차적으로 동작하여 고장을 국부적으로 차단하고, 필요 시 상위 계전기가 후비동작하도록 **단계별 협조**가 이루어진다.

터빈 내부 보호의 예를 들면, **DFIG**(이중여자 유도발전기) 터빈의 경우 회전자 회로에 크라우드(crowbar) 보호회로를 두어 돌발 과전류 시 즉각적으로 회로를 분리하고, 스텝업 변압기 1차측 퓨즈가 심각한 고장에 대비한 **최후 보호** 역할을 한다. 최근 대용량 풍력터빈은 전력변환장치(컨버터)의 능동적인 제한으로 고장전류가 비교적 제한된 값(정격의 1~2배 수준)만 흐르므로, 터빈 내부고장은 주로 컨버터의 보호제어 로직에 의해 처리되고, 주변 장치에 큰 영향을 주지 않도록 설계된다. 터빈 나셀 내부 화재나 과열 등에 대비한 **보호계전(온도계전, 연기감지 등)** 및 소화설비도 별도로 적용되며, 500kW 이상의 터빈에는 나셀 화재감지 및 자동소화장치가 의무화되어 있다.

3.4 집전 시스템(Collector) 보호

여러 풍력터빈에서 생산된 전력은 **집전 케이블망**을 통해 해상변전소로 모인다. 이 **집전시스템**은 일반적으로 방사형(Radial) 구조의 **중압(MV) 배전망**으로 구성되며, 전압은 22~66kV 수준이 많다. 집전선로의 보호는 **해상변전소의 출구 차단기**에 부착된 **피더 보호계전기**가 담당하며, 각 피더(집전선로)마다 과전류 및 지락 보호를 설정한다. 풍력단지의 집전망은 경우에 따라 중성점이 부유(비접지)되어 있을 수 있으므로, 지속적인 지락전류가 크지 않을 수 있다. 이러한 경우 **접지변압기**(지락 한류 리액터)나 고저항 접지를 통해 일정 수준의 지락전류를 확보하고, **영상전압 검출 보호**를 병용하여 1선 지락고장을 검출하는 설계를 적용한다. 반대로 중성점이 유효접지된 경우(예: 메인 변압기 중성점 직접접지 등)에는 일반 과전류형 지락계전기로 충분하다.

집전선로 보호계전기는 송전단(변전소 측)에서 **전원 방향**으로 설치되므로, 계통 또는 변전소측에서 공급되는 고장전류와 터빈측에서 공급되는 고장전류를 모두 감지할 수 있다. 일반적으로 순방향 과전류 계전기(50/51)로 설정하여 선로 내 고장 시 신속히 차단하고, 터빈 내 국부고장이나 상위 계통고장 시에는 동작하지 않도록 보호협조를 맞춘다. 필요에 따라 방향성 요소(67)를 적용하여 상위 계통(변압기나 송전선로) 사고로 인한 전류와 구분하기도 하지만, 풍력단지 내부고장은 주로 단지 내에서만 전류가 흐르므로 명확히 구분되는 편이다. 각 터빈의 고압퓨즈와 집전선로 계전기 사이에도 보호 협조를 갖추어, 터빈 내부 고장은 가급적 해당 터빈의 퓨즈가 차단하고 선로계전기는 동작하지 않도록 **정정**한다. 만약 터빈 측 보호가 동작하지 않거나 고장 전류가 여러 터빈에 분산되어 퓨즈 용단이 어려운 경우(예: 케이블 중간지점 단락), 피더 계전기가 일정 시간후 후비 보호로서 해당 선로 전체를 차단하여 고장 구간을 격리한다. 집전선로에는 경우에 따라 거리계전기를 사용할 수도 있다. 특히 해상풍력의 집전 전압이 66kV 등으로 상승하고 선로 길이가 길어진 경우, 거리계전기를 통해 선로 고장의 구간을 판별하여 선택차단 하는 기법이 활용된다. 다만 다수의 터빈이 연결된 분기망에서는 정확한 고장거리 산정이 어렵기 때문에, 일반적으로는 과전류 계전 방식에 의한 단락 및 지락 보호가 표준이다. 그 외에 모선 전압강하나 주파수 변동을 감지하여 단지 전체를 보호하는 기능(27, 81 계전)은 주로 상위 변전소 연계지점에서 적용되므로, 집전망 단계에서는 보통 적용되지 않는다.

3.5 해저케이블 및 송전선로 보호

해상변전소에서 육상으로 전력을 송전하기 위한 해저케이블(또는 해상~육상 간 송전선로)은 대용량 해상풍력단지의 송전 동맥에 해당하므로 고장 시 계통 영향이 크다. 이 구간은 일반적으로 66kV 이상 고압 또는 초고압(154kV, 220kV 등)으로 송전되며, 길이가 수십 km에 달하는 장거리 케이블일 수 있다. 따라서 전송선 보호 기술을 적용하여 신속하고 선택적인 차단을 구현한다.

대표적으로 거리계전기와 광섬유 통신을 활용한 보호를 구성한다. 해저케이블 양 끝(해상변전소와 육상변전소)에 거리계전기를 설치하고, 전용 통신선로를 통해 상호 연계함으로써 전방향 송전선 보호를 수행한다. 거리계전기는 1존을 케이블 전 구간(80~90%)에 해당하도록 설정하여 내부고장은 즉시 차단하고, 말단 부근 고장은 2존으로 시간차를 두어 상대방 차단기에 후비 동작시킨다. 또한 통신을 이용한 송전선 보호 모드(예: POTT, PUTT 등)를 적용하여 케이블 양단 계전기가 고장발생을 상호 확인한 경우 즉시 동작하게 함으로써 1존 범위 밖의 고장도 고속으로 차단할 수 있다.

보다 정밀한 보호를 위해 라인 차동계전기(87L)를 사용하는 경우도 많다. 차동계전 방식은 케이블 양 끝 전류의 실시간 비교를 통해 내부고장을 판별하며, 외부고장과 부하전류에는 동작하지 않으므로 신뢰도가 높고 속도가 빠르다. 해상~육상 간에 광섬유가 포함된 해저케이블이 부설되는 경우 이를 통해 차동계전기의 통신이 가능하므로, 많은 해상풍력 프로젝트에서 차동 보호를 1차 보호로 채택한다. 이때 거리계전기는 차동계전기의 백업 보호로 설정하여, 통신 두절이나 차동계전 고장 시 시간을 두고 동작하도록 한다. 국내 기준상 송전계통 보호는 주보호 2중화가 원칙이므로, 차동계전기와 거리계전기를 이중으로 운용하거나 이중의 거리계전(상대방 방향성과 통신 포함)을 운용해 보호신뢰도를 확보한다.

해저케이블 구간의 지락 보호는 계통 접지방식에 따라 구성된다. 154kV급 이상의 송전계통은 일반적으로 효과접지되어 있으므로, 케이블 단독 지락 시에도 상당한 지락전류가 흐른다. 따라서 거리계전기 접지요소(21G)나 지락 과전류계전(51G)로 충분히 검출 가능하다. 다만 케이블의 정전용량이 커서 지락시 일시 과도전압(TOV)이 상승할 수 있으므로, 케이블 보호계전기에는 이를 고려한 지락기능(예: 중성점 임피던스 보상)이 반영된다. 필요 시 **케이블 절연감시**나 **부분방전 모니터링** 시스템을 추가하여 사전 고장징후를 포착하고 예방정비를 실시한다.

3.6 해상변전소 보호

해상변전소는 풍력단지 내부 집전망과 외부 송전망을 연결해주는 허브 역할을 하며, **주변압기, 집전 모선, 차단기/개폐기** 설비로 구성된다. 해상변전소의 주요 보호계전기 구성은 전통적인 변전소와 유사하나, 해상 환경과 풍력단지 특성을 고려한 설정이 요구된다.

1) 주변압기 보호

해상변전소의 주요 설비인 승압 변압기(예: 66kV → 154kV)는 변압기 차동계전기(87T)로 1차 보호한다. 변압기 내부 고장(권선 단락 등) 발생 시 차동계전기가 **수십 ms 이내**에 고장을 검출하여 고압측 및 중압측 차단기를 동작시킨다. 차동 보호에는 변압기 중성점 접지나 권선 구성에 따른 **변류기 위상보정, 평행변압기 부담 분담** 등의 요소가 고려된다. 차동계전기의 백업으로, 과전류 계전기(51)를 변압기 1차측과 2차측에 설치하여 외부고장 시 변압기를 보호하고 차동계전기 고장 시 시간차로 차단하는 단계성을 갖춘다. 또한 **중성점 접지저항기 보호**나 **온도계전기, 부흐홀츠 계전기** 등의 변압기 부가 보호장치들도 운용된다.

2) 집전 모선 보호

해상변전소의 중압 모선(예: 22/33/66kV 모선)은 다수의 집전선로와 변압기가 연결되는 접점으로서, 모선 보호계전기(87B)를 적용하여 내부 고장을 보호한다. 모선 보호는 모선에 연결된 모든 회로의 전류를 합성 비교하여 불평형 시 모선 차단기를 전부 개방하는 방식으로, **고속으로 모선 사고를 제거**한다. 다만 해상변전소는 일반적인 GIS(가스절연모선) 구조를 갖고 있고 모선 사고 확률이 낮으므로, 일부 프로젝트에서는 모선 보호를 생략하기도 한다. 이 경우 각 선로 및 변압기 계전기의 협조로 모선 고장을 대응하나, 보호 사각지대가 남을 수 있어 가급적 전용 모선보호 투입이 권장된다. 모선 보호 사용 시에는 오동작 방지를 위해 CT 포화 보정, 안정도 시간 등을 충분히 검토한다.

3) 발전기별 차단기 및 보호

해상변전소에는 집전선로별로 차단기(또는 부하개폐기)가 설치되어 있으며 각 차단기에 대응하는 피더 보호계전기가 존재한다.(상세는 (4) 집전 시스템(Collector) 보호 참조). 해상변전소 차단기에는 이 외에도 차단기 고장 보호(BF), 자동 재폐로 기능 등이 있다. 풍력단지 내부 고장으로 차단기가 동작한 후 재폐로는 일반적으로 시행되지 않는데, 이는 고장 판단이 확실하고 재폐로 시 재점호 위험이 있기 때문이다. 그러나 상위 송전선로에서 뇌격 등의 일시고장으로 차단이 된 경우, 해상변전소 차단기가 계통과 동기 후 재투입되어야 하므로 동기검정계전기(25)와 연동한 재폐로 논리가 필요할 수 있다. 재폐로 적용 여부는 한전과 협의하여 결정하며, 필요 시 특정 조건에서 재폐로 기능을 정지하거나 활성화할 수 있다.

4) 보조설비 보호

해상변전소에는 STATCOM/SVC와 같은 무효전력 보상장치, 혹은 커패시터 뱅크(전력용 콘덴서) 등이 설치되는 경우가 있다. 이러한 설비들은 자체 전용 보호계전기를 통해 보호된다. 예를 들어 커패시터에 대해서는 과전류/불평형 보호 및 재점화 방지논리 등이 적용되고, 고장 시 모선에서 분리한다. 또한 변전소 내부 AC/DC 보조전원, 계기용 변압기(PT)와 변류기(CT) 등의 2차측 보호(퓨즈 및 저전압계전)도 세부적으로 적용된다.

요약하면 해상변전소는 발전단 계통(집전망)과 계통연계점(송전망) 사이에서 각 요소별로 전용 보호계전기를 배치하여 다중 방어 계층을 갖추도록 설계된다. 풍력단지 특성상 단락 용량이 제한되므로 보호계전기의 감도와 한계치 설정에 유의해야 하며, 통신을 활용한 고속 보호로 저관성 발전원의 단점을 보완한다.

3.7 육상변전소 및 계통 연계 보호

해상풍력단지로부터 송전된 전력은 육상변전소를 통해 한전 계통에 접속된다. 육상변전소는 해상에서 보내온 송전선로(케이블)를 인입하여 계통에 연결하는 접속점(Point of Interconnection, POI) 역할을 하며, 경우에 따라 기존 송변전소의 한 개

회선(Bay)으로 구성되기도 하고, 전용 신설 변전소일 수도 있다. 이 연계 지점에서도 적절한 보호계전기와 연계보호가 적용된다.

1) 송전선로 보호 연계

해상~육상 간 송전선로의 보호는 일반적으로 양 단 변전소 간 보호계전기 연동으로 수행된다. 육상변전소에도 해상변전소와 동일한 송전선 보호계전기(거리계전, 차동계전 등)가 설치되어 상호 통신한다. 한쪽에서 고장을 인지하면 상대편에도 전송 트립(Direct Transfer Trip) 신호를 보내 양단 차단기가 모두 개방되도록 하여, 케이블 고장을 완전하게 격리한다. 이러한 송전 보호연계는 IEC 60834 등에 따른 신뢰성 있는 통신채널(광섬유, 마이크로파 등)을 통해 이루어지며, 한쪽 계전기의 동작 정보를 다른 쪽에서도 수신하여 동시에 차단기 트립을 걸어준다.

2) 계통 보호 협조

육상변전소 측에서는 한전 계통 보호계전기와의 협조가 중요하다. 예를 들어 해상풍력단지 인입선이 연결된 한전측 변전소에는 해당 회선을 위한 방향거리계전기나 단일단락 보호, 주변압기 보호 등이 이미 구성되어 있다. 풍력단지측 보호는 이들과 시간적·기능적으로 조화를 이루도록 설정해야 한다. 한전 계통에서 발생한 고장(예: 타선로 고장이나 연계점 이후의 계통고장)에는 풍력단지측 보호가 불필요하게 개입하지 않아야 하며, 반대로 풍력단지 내부 고장은 한전설비에 영향을 주기 전에 단지측에서 제거해야 한다. 이를 위해 한전은 계통연계 조건으로 고장 제거시간, 보호정정 협조 등의 요건을 제시하며, 발전사업자는 자체 보호계전기 정정값이 이를 만족하도록 검증해야 한다.

3) 고립운전 방지(Anti-Islanding) 보호

해상풍력발전단지의 계통 연계 설비는 계통 사고나 고장으로 인해 송전망과 단절되었을 때, 발전단지가 고립된 상태로 운전되는 '고립운전(Islanding)' 현상이 발생하지 않도록 보호 기능을 반드시 갖추어야 한다. 고립운전이 발생하면 해당 구간의 전압 및 주파수가 통제 불가능한 상태에 빠질 수 있으며 이로 인해 설비 손상, 전력품질 저하, 계통 복구 지연 등의 심각한 문제가 유발될 수 있다.

이를 방지하기 위해, 육상변전소와 해상풍력단지의 연계지점에는 주파수 및 전압 이상을 감지하는 보호계전기를 설치한다. 일반적으로는 저주파수 계전기(81〈), 과주파수 계전기(81〉), 저전압 계전기(27), 과전압 계전기(59) 등을 적용하여, 연계점 전압이나 주파수가 사전 설정된 허용 범위를 벗어나는 경우 풍력발전단지를 계통에서 신속히 분리(Trip) 하도록 한다.

다만 국내 전력계통 신뢰도 기준 및 연계규정에 따라, 풍력발전기 또한 일정 수준의 전압·주파수 편차에는 곧바로 차단되지 않고 일정 시간 동안 견디는(LVRT: Low Voltage Ride Through, FRT: Frequency Ride Through) 성능이 요구된다. 이는 계통의 일시적 불안정에 대해 분산전원이 즉시 이탈하지 않도록 하여 전체 계통 안정성을 유지하기 위한 조치이다.

예를 들어 주파수가 57Hz 이하로 일정 시간 지속되거나, 계통전압이 정격의 80%(0.8pu) 이하로 0.2초 이상 지속되는 경우, 단지를 차단하도록 보호조건이 설정된다. 이러한 수치는 한국전력공사(KEPCO)의 계통 연계기준에 따라 프로젝트별로 조정되며, 풍력단지 보호계전기 정정 설정에 반영된다. 결과적으로 고립운전 방지 보호는 풍력발전의 계통 연계에서 반드시 고려되어야 하는 핵심 안정성 요소이며, 보호계전기의 설정과 계통 연동시험을 통해 철저히 검증되어야 한다.

4) 계통 연계 설비 보호

육상변전소에는 한전 계통과의 접속을 위한 규제변압기, GIS 차단기, 계측설비 등이 있으며 이에 대한 보호(변압기 보호, 모선보호 등)도 일반 변전소와 동일하게 구성된다. 특히 계통에 고장 시 풍력단지 차단기 실패 등의 사태에 대비하여, 한전측 보호가 일정 시간 후 후비 보호로 동작하여 전체 단지를 차단할 수 있는 시나리오도 고려된다. 또한 연계점의 양쪽(한전측/풍력측) 모두 고장전류 차단능력을 갖춘 차단기를 설치하고, 한전 설비 고장 시 풍력단지 차단기가 계통을 보호할 수 있도록 상호 역할을 분담한다. 연계점의 보호계전기 및 자동화 설비는 한전 규격에 부합하는 공인품을 사용하고 설치 전에 한전의 검토를 받아야 한다.

3.8 통신 인터페이스 및 계전기 간 연계

해상풍력 단지의 보호계전 시스템은 통신 기술을 적극 활용하여 신뢰도와 속도를 향상시키고 있다. 특히 IEC 61850 표준의 도입으로 보호계전기 상호간, 계전기-제어시스템 간 디지털 통신 연계가 가능해졌다.

1) IEC 61850 기반 통신

IEC 61850은 전력설비의 보호·제어·감시를 위한 통신 표준으로서, 현대적인 풍력단지 변전소에 많이 적용된다. 디지털 보호계전기는 이더넷 기반의 61850 프로토콜로 상호 연결되어, 고속 GOOSE(Message)를 주고받거나 샘플값을 공유함으로써 배선 없이(trip wire 없이)도 협조 보호가 가능하다. 예를 들어 중앙 보호장치(CRU)가 GOOSE 메시지를 통해 다수의 피더 차단기에 동시에 트립 명령을 발송하여 전송 트립(Transfer Trip) 기능을 구현할 수 있고, 이는 기존의 개별 배선방식보다 빠르고 유연하다. 또한 IEC 61850의 논리 노드(LN) 모델은 풍력터빈, 변전소 설비의 상태 정보를 표준화하여 표현하므로, 여러 제조사의 계전기도 동일한 체계로 통합 운용할 수 있다. 국내에서도 61850 기반의 변전소 종합자동화 시스템이 한전 변전설비에 적용되고 있어, 해상풍력 변전소 설계 시 이를 준용하면 향후 연계성과 운영 편의성을 높일 수 있다.

2) 보호계전기 간 연동 통신

거리계전기 또는 과전류계전기 등의 송전선 보호에서는 상호 통신을 통한 보호모드(POTT 등)가 쓰인다. 이 경우 계전기 간에 상태 신호(bit)를 주고받기 위해 전용 통신 채널이 필요하다. 해상풍력에서는 보통 해저케이블 내에 광섬유 선로를 함께 포설하여, 광통신 기반의 보호연동을 구현한다. 이는 지연이 거의 없고 신뢰도가 높아, 멀리 떨어진 해상-육상 변전소 간 차동계전 동작, 동기화된 트립 등을 가능케 한다. 이 밖에 풍력단지에서는 SCADA 시스템을 통한 중앙감시/제어가 필수인데, 각 터빈과 변전소, 한전 관제센터 간에 이중화된 통신망을 구축하여 데이터를 실시간 전송한다. 예를 들어 한전은 154kV 이상 대규모 신·재생발전기 접속 시 발전기 출력, 상태정보를 실시간 원격감시 및 제어할 수 있는 설비를 요구하며, 발전사업자는 이를 위한 통신 인터페이스(전용선, MPLS 망 등)를 마련해야 한다.

3) 통신망 설계 고려사항

해상풍력의 보호통신은 신뢰도와 지연시간이 핵심이다. 보호 용도의 통신은 IEC 61850 GOOSE의 경우 수십 ms 이내 전송이 가능하고, 전용 광통신은 수 ms 수준 응답을 보장한다. 통신망은 중복 경로를 두어 한 경로 장애 시에도 보호기능이 유지되도록 해야 하며(예: 이중화 스위칭망, PRP/HSR 프로토콜 활용), 중요 보호신호는 Ping/Pong 검출이나 Watchdog으로 연계상태를 상시 점검한다. 또한 해상환경에서는 전자기 간섭, 낙뢰 등에 대비한 통신 케이블 차폐와 서지 보호가 요구되며, 정전 시에도 통신이 유지되도록 무정전전원(UPS)을 설치한다. 이러한 통신 인프라는 보호계전, SCADA, 특수 보호기능 등을 모두 포함하는 범용 인프라로 구축되어, 향후 스마트 그리드나 원격진단 요구에도 대응하도록 설계된다.

3.9 국내 기준 및 표준과의 연계

대규모 해상풍력단지의 보호설계는 국내 전력계통 관련 법규와 표준의 요구사항을 충족해야 한다. 특히 한국전력공사(KEPCO)의 기술기준과 **KS 표준**을 준수하는 것이 중요하다.

1) 한국전력공사 계통연계 기준

한전은 자사 계통에 접속되는 신·재생에너지 발전설비에 대해 「**송·배전용전기설비 이용규정**」 별표를 통해 기술기준을 제시하고 있다. 해상풍력과 같이 154kV 이상의 송전망에 연결되는 경우 별표 6 「**신·재생발전기 계통연계기준**」 중 '송전용전기설비 접속기준'을 따라야 한다. 이 기준에는 발전기의 보호계전기 적용, 고장시 차단시간, 차단기 성능, **계통안정화 요건(LVRT 등)**, **출력제어** 등에 관한 세부 조건이 명시된다. 예를 들어 **풍력발전기의 계통 고장 시 저전압 무정전운전(LVRT)** 능력, 일정 시간 내 **고장차단 성능** 등이 요구되며, 보호계전기는 이러한 성능을 저해하지 않도록 정정되어야 한다. 한전은 풍력발전기 준공 전후로 발전기 성능시험 결과를 제출받아 연계기준 충족 여부를 검토하며, 기준 미달 시 접속을 불허하거나 보완을 요구한다. 또한 계통연계협약에서 정한 보호계전기 정정값, 고장차단 협조시간 등을 발전사업자가 준수하는지 확인하며, 2년 주기로 설비 점검계획을 수립해 계통 신뢰도를 유지한다.

2) KS 및 전기설비기준

보호계전기의 성능과 시험은 국제표준 IEC 60255 계열을 기반으로 한 **KS C IEC 60255** 시리즈 표준을 따른다. 이는 계전기의 기능 요구사항, 시험 방법 등을 규정하며 국내 제조 또는 도입되는 디지털 보호계전기가 만족해야 하는 품질 기준이다. 아울러 풍력발전설비의 설치는 **전기설비기술기준** 및 내선규정에 부합해야 한다. 예를 들어 풍력발전 설비는 **과전류·지락 등에 대한 보호장치**를 설치해야 한다는 규정이 있고, 보호계전기의 출력 접점은 해당 차단기를 신속히 동작시킬 수 있는 정격을 가져야 한다. 변전소에 설치되는 보호계전기는 **전기용품안전법** 등에 따른 안전인증 대상일 수 있으며 계전기 자체의 신뢰도(고장률)도 신·재생 설비 인허가 심사 시 고려된다. 또한 해상풍력 특성상 **환경조건**(염분, 습도)에 대한 내환경성이 요구되므로, 관련 KS의 내환경 시험기준(KS C 0241 등)을 충족하는 제품을 선정해야 한다.

3) 전력거래소 및 기타 지침

해상풍력발전기가 전력시장에 참여하는 경우, 전력거래소(KPX)의 운영규칙에 따른 **발전기 보호설정** 및 **운영기준**을 따라야 한다. 예를 들어 주파수 저하 시 **특정주파수에서 탈조(%Droop)** 특성을 맞출 것 등 계통 안전을 위한 요구사항이 있으며 이는 보호 제어 시스템에 반영되어야 한다. 또한「**전력계통 운영기준**」에서는 계통 분리 시 발전기 계전기 설정 (과/저주파 계전기 정정치 등)을 규정하고 있어 풍력발전기에도 해당 사항이 있다. 한전 전력연구원 등에서도 대규모 해상풍력 계통연계 시 **합성관성제어** 도입, **특수 보호시스템(SPS)** 적용 등을 검토하고 있어 향후에는 풍력단지 보호계전기와 연계된 계통안정화 장치들이 추가로 요구될 가능성이 있다.

4) 실증 및 인증 절차

국내에서는 대규모 해상풍력 설비에 대한 **설계인증**과 **계통연계 전 검증**을 실시한다. 이 과정에서 보호계전기 설정시방서, 정정 계산서 등을 제출해야 하며, **계전기 동작특성 시험**(Factory Acceptance Test, 현장 리레이 테스트 등)을 통해 동작시간, 감도, 협조도가 계획대로인지 입증해야 한다. 특히 보호계전기의 경우 **2중화 구성, 예비전원 확보, 정전보호** 등의 조건도 평가되며, 비상시에 원격에서도 계전기 동작을 모니터링 할 수 있는지(SCADA 연계) 확인한다. 이러한 일련의 기준 및 표준의 준수는 해상풍력의 안정적 계통 편입과 사고 시 피해 최소화를 위한 필수 요건이다.

3.10 실무 적용 시 고려사항

해상풍력단지 보호계전 시스템을 설계·적용할 때에는 다음과 같은 **실무적인 고려사항**들을 감안해야 한다.

1) 계통 연계 요건 충족 및 검증

앞서 언급한 한전의 계통연계조건(LVRT, 고장청크 제거시간 등)을 만족하도록 보호 설정을 해야 한다. 풍력발전기는 고장 시 출력전류가 전통 발전원보다 제한적이므로, **보호계전기 감도 확보**가 중요하다. 예를 들어 **풀컨버터 타입 터빈**은 고장전류가 1.1 ~ 1.2pu 정도로 제한되기에 과전류계전기의 설정을 낮게 해야 하지만, 너무 낮으면 부하나 돌입전류에 오동작할 수 있다. 따라서 보호 정정 시 터빈 정격과 최대 단락전류 추정치를 면밀히 계산하고, 필요 시 **역상전류** 요소나 저전압 검출 등을 보완적으로 사용한다. 모든 보호계전기의 정정값은 **단계별 정합**을 이루어야 하며, 이를 위해 계통 보호협조 도표를 그리고 시뮬레이션을 수행하여 **선행-후행 계전기**가 올바른 순서로 동작함을 입증한다. 한전 검사 단계에서 이러한 보호정정의 **정합성(coordination)** 자료 제출을 요구하므로, 설계단계부터 준비해야 한다.

2) 보호 범위의 중첩과 공백 방지

해상풍력단지에서는 각 보호계전기의 보호구간(zone)이 빈틈없이 커버되도록 해야 한다. 예를 들어 변압기 차동계전기의 보호범위 끝과 모선보호의 범위 시작이 일치하도록 CT를 배치하고, 집전선로 보호와 변압기 보호 사이에 죽음구간이 없도록 설정을 맞춘다. 또한 한 설비에 1차, 2차 **다중 보호계전기**가 적용될 경우 상호 간섭이 없도록 정정을 분리한다. 보호 범위가 겹치는 경우(예: 거리계전 2존과 타 선로 1존 중첩 등) 적절한 **안정도 시간**을 두어 오동작을 방지한다. 풍력단지는 부하변동이 심하고 기상 조건에 따라 출력이 급변할 수 있으므로, 출력 변화에 따른 계전기 **동작점 변화**(특히 거리계전 임피던스 설정치 등)를 검토하여 여유도(margin)를 설정한다.

3) 계전기 시험 및 유지보수

해상변전소와 풍력터빈 내부의 계전기는 주기적인 **동작시험**과 **성능점검**이 필요하다. 특히 해상변전소는 접근이 어려우므로 **원격검출 기능**(SELFTEST, 진단알고리즘)을 활용하고, 계획정전 시 **1차 injection 시험** 등을 통해 계전기 신뢰도를 유지한다. 디지털 계전기의 펌웨어 업데이트나 설정 변경 시에는 **전체 보호 협조**에 미치는 영향을 고려하여 시행하며, 변경 내용을 한전 등 관련 기관과 공유해야 한다. 또한 해상환경에서는 부식 및 습기로 인한 계전기 패널 고장이 발생할 수 있으므로, **방염·방습 대책**과 예비품 확보, **이중화 설계**로 고장 시 신속히 대응할 수 있게 한다.

4) 비상시 운영 시나리오

보호계전 설계에는 정상운전뿐 아니라 **비상 상황에서의 동작 시나리오**를 포함해야 한다. 예를 들어 **차단기 고장**(Failure) 시 인접 차단기로 고장을 제거하는 **BF 보호 로직**을 구성하고, 계전기 자체 고장 또는 DC전원 상실 시 **Fail-safe** 동작(경보 또는 인접 보호 투입)을 고려한다. 계통분리 발생 시 풍력단지가 안정도 위협 요인이 되지 않도록 **언로드 또는 차단 순서**를 정해 두고, 필요 시 중앙제어시스템에서 보호계전기에 제어명령(예: 무효전력 출력차단)을 보내는 연계도 마련한다. 특히 **대정전** 발생 시 풍력단지 복구절차(Black start 미적용 시 순차 투입 계획 등)를 수립하여, 보호계전기가 재투입 과정에서 부하 급증을 오동작으로 인식하지 않도록 설정을 일시 조정하거나 단계별로 투입한다.

5) 사례 및 적용 예 참조

마지막으로 이미 운영 중이거나 건설 중인 국내외 해상풍력단지의 보호계전 시스템 사례를 참조하여 설계에 반영하는 것이 좋다. 국내에도 100MW급 제주 한림 해상풍력 등의 운영 경험이 축적되고 있으며 여기서 확보한 **고장 사례 데이터**를 통해 계전기 설정치를 보완할 수 있다. 또한 제조사(예: SEL, ABB, GE 등)에서 제공하는 풍력발전소 보호계전기 적용 가이드도 활용하여 각 보호계전기의 한계와 권고 설정을 따르는 것이 바람직하다. 이를 통해 수백 MW ~ GW 규모 해상풍력발전 시스템의 보호계전기설계를 **안전성**과 **신뢰성**을 갖추어 완성할 수 있을 것이다.

NOTE

IEEE PSRC Working Group C25가 발간한 **풍력발전설비 보호(Protection of Wind Electric Plants)** 보고서WN 주요 내용을 요약하면 다음과 같다.

1. 보고서 목적 및 범위
- **목적**: 풍력발전소의 전기적 보호설비 설계 및 계전기 보호 협조에 대한 가이드 제공
- **범위**: 발전기 승압 변압기, 수집 피더, 접지 변압기, 모선, 리액터, 콘덴서, 메인 변압기, 송전계통 연계선, 고장 시 아크플래시 보호 등 풍력발전소 전체 보호시스템을 포괄

2. 풍력발전소와 기존 배전 시스템의 차이점
풍력발전소는 수십 ~ 수백 개의 소형 터빈으로 구성되어 **광범위한 지역에 분산**되어 있으며 수집 피더를 통해 발전 전력을 중앙 변전소로 모아서 송전계통에 연계함

- **전형적인 구성**: 690V 또는 3.3 ~ 6kV의 WTG 전압 → GSU 승압 → 34.5kV 피더 → Collector Substation → Transmission Interconnection.

3. 풍력발전기(WTG) 유형별 특성

유형	제어방식	전기적 특징
Type 1	고정속도, SCIM	단순 구조, 제어 어려움
Type 2	제한적 가변속도	회전자 저항 조정
Type 3	DFIG (AC-DC-AC 컨버터)	부분 전력 변환, 무효전력 제어
Type 4	완전 전력 변환기	전자적 전력 제어, 그리드와 분리 운전 가능
Type 5	기계식 커플링 방식	동기 발전기와 유사 특성

4. 보호 계전 방식 개요

- Collector Feeder 보호
  방식: 비방향/방향성 과전류(50/51, 67), 음의 시퀀스(51Q, 50Q), 접지 과전류(51G/N)

- 방향성 계전기 세팅 시 고려사항
  터빈 무효전력 운전 시 위상각 변화 고려
  특수 설정 방식으로 방향 구분 구간 조정 필요

- 메인 변압기 보호
  차동 보호(87T): 내부 고장 감지에 유용, 고속/정밀 보호 가능
  과전류 보호: 내부 고장 미탐지 시 보조로 활용
  기계식 감시: Buchholz relay, 급가압 감시 등으로 내화학적 고장 검출

- 접지 시스템 보호
  GSU 연결 형태: 일반적으로 Δ-Y 또는 Y-Y 접속, 중성점 접지 여부 중요
  접지변압기 적용: 비접지 회로의 고장전류 유도 및 TOV 억제 목적

5. 고조파 및 서브고조파 문제

풍력 설비의 인버터, 필터, 리액터 등에 의한 **고조파 발생** 가능
서브싱크레저넌스(SSR), 서브싱크 제어 상호작용(SSCI) 주의 필요
특히 **시리즈 보상 송전선**과 결합 시 **전자기적 불안정** 유발 가능
Type 3 WTGs에서 현저하게 발생 가능성 높음

6. 전압/주파수 제어 및 Ride-Through 요건

VRT, FRT 요구사항: 미국 FERC 661-A 등에 따라 규정
Type 1은 VRT 기능 미비 → 별도 보상 장치 필요, Type 4~5는 양호
계전기 설정 시 **WTG 자체 보호 기능과의 협조** 필수

풍력발전소의 보호시스템 설계는 **전통적인 발전소와 매우 다른 접근이 요구됨**
다양한 WTG 유형, 고장전류 특성, 접지 및 계통 구성 요소 등을 **종합적으로 고려해야 함**
정량적 고장해석 및 계전 협조 시뮬레이션은 설계 초기 단계에서 수행 필요

4. 계통 안정성 및 고장 해석

해상풍력단지는 간헐 출력과 장거리 해저케이블로 인해 **단락용량, Flicker, 전압 변동** 등 계통안정성 문제가 발생할 수 있다.

1) 단락용량 산정

풍력발전단지의 계통 연계 설계 시, 고장 발생 시 계통에 인가되는 단락전류(Short-circuit current)를 정확히 산정하는 것이 매우 중요하다. 특히 풍력발전기는 **인버터 기반의 전력변환 방식**을 사용하므로, 고장 시 출력 가능한 전류가 제한적이며, **보통 정격전류의 1.0 ~ 1.2배 수준(1~1.2pu)** 정도로 유지된다. 이는 **동기 발전기 기반 설비가 고장 시 수 배의 단락전류를 공급하는 것과는 크게 다른 특성**이다.

이러한 특성 때문에, 풍력단지를 포함한 계통의 **총 단락용량을 산정할 때는 주변 기존 설비(화력, 수력, 송전선 등)의 단락전류 기여분과 함께 인버터형 발전원의 제한된 기여도를 반영**해야 하며, 이로 인해 기존의 단락용량 수치와 차이가 발생하게 된다.

따라서 **IEC 60909** 등 국제표준에 따라 계통 단락 계산(Short-circuit study)을 재수행하고, 이 결과를 바탕으로 보호계전기의 정정값, 차단기의 정격 차단전류 등을 재검토해야 한다. 단락전류가 예상보다 낮게 나올 경우, 보호계전기의 **동작 민감도 및 응답시간 설정**도 함께 조정해야 하며, 차단기가 과도한 전류에 대응할 수 있도록 **차단 용량(MVA) 검토** 또한 필수적이다. 이러한 단락용량 산정은 풍력발전의 **안정적 계통 연계와 보호계전 시스템의 신뢰성 확보**를 위한 핵심 검토 항목 중 하나다.

2) Flicker, 전압 변동

해상풍력발전은 자연 바람의 세기 변화에 따라 발전 출력이 시시각각 달라지게 되며, 이러한 출력 변동은 연계된 전력계통에 전압 변동을 유발하게 된다. 출력이 증가하거나 감소할 때 그 영향이 계통 전압에 반영되면, 특히 민감한 조명이나 전자기기에 깜빡임 현상(Flicker)이 나타나게 되며, 이는 전력 품질 저하의 대표적인 지표로 간주된다.

Flicker는 주로 출력의 단기적인 불규칙 변동에서 비롯되며, 국제 표준에서는 이를 단기 플리커(Pst)와 장기 플리커(Plt)로 구분하여 평가하고 있다. 해상풍력발전소는 대규모 단지로 구성되기 때문에 출력 변화가 상당히 클 수 있으며 이로 인해 플리커 지표가 허용치를 초과할 우려가 높아진다. 따라서 해상풍력 단지를 설계하고 운영하는 과정에서 Flicker 억제를 위한 기술적 대응이 필수적이다.

플리커와 전압 변동을 효과적으로 완화하기 위해서는 여러 가지 보완 수단이 함께 적용되어야 한다. 첫째, 에너지저장장치(ESS)를 활용하여 순간적인 출력 증감분을 흡수하거나 보완함으로써 계통에 전달되는 출력의 급변을 줄인다. 둘째, 무효전력 보상장치(SVC, STATCOM 등)를 이용해 전압 안정도를 높이고, 출력 변동에 따른 전압 낙차를 완화한다. 셋째, 풍력단지의 SCADA 시스템을 통해 실시간 계통 상태를 모니터링하고, 필요 시 자동으로 출력 제한 지령을 전송함으로써 출력 변화가 과도해지는 것을 제어할 수 있다.

이러한 기술적 수단들을 종합적으로 운용함으로써, 해상풍력발전소는 플리커 발생을 억제하고, 전력계통에 안정적인 전압을 공급할 수 있으며 수용가의 전기품질 문제를 최소화할 수 있다. 특히 풍력단지 규모가 클수록 이러한 대응 전략의 중요성은 더욱 커지며, 사전 계통연계 계획 및 운전방식 설계에서부터 이를 충분히 고려해야 한다.

3) Fault Ride Through(FRT) 요구사항

풍력발전 설비를 포함한 재생에너지 발전기는 계통과 연계된 상태에서, 일정 수준의 고장이나 전압 강하가 발생하더라도 즉시 운전에서 이탈하지 않고, 일정 시간 동안 운전을 유지하여 계통 복구를 지원하는 기능, 즉 Fault Ride Through(FRT) 능력을 갖추어야 한다. 이러한 요구는 계통의 신뢰성과 안정성을 유지하기 위한 국제적 추세에 따라 강화되고 있으며 특히 풍력발전의 비중이 높은 계통에서는 필수적인 운전조건으로 적용되고 있다.

FRT는 그 특성에 따라 주로 저전압 계통고장(Low Voltage Fault) 시 적용되며, 이 경우 발전기가 일정 시간 동안 계통 전압이 낮은 상태에서도 운전을 유지하는 LVRT(Low Voltage Ride Through) 기능을 수행해야 한다. 만약 모든 발전기가 고장 발생과 동시에 차단된다면, 전체 계통 전압 회복이 더욱 어려워지고, 계통 안정성에 치명적인 영향을 미칠 수 있기 때문이다.

이러한 LVRT 기능은 풍력발전기의 구성 방식에 따라 다양한 방식으로 구현된다. 인버터 기반 발전기의 경우에는 내부 제어 알고리즘을 통해 전압 저하 상황에서도 출력 제어를 유지하거나, 과도전류를 억제하는 알고리즘이 적용된다. 이와 함께, DFIG(Double Fed Induction Generator) 방식에서는 일시적인 전압 강하로부터 로터를 보호하기 위해 크라우바(Crowbar) 회로를 활용하여 보호신호를 발생시키고, 발전기를 계통에 유지시킨다.

또한 외부에서 STATCOM(정지형 무효전력 보상장치)과 같은 전압 유지 장치를 연계하여 고장 발생 시 무효전력을 빠르게 공급하고 전압 회복을 지원함으로써, 풍력발전기의 계통 잔류 운전을 가능하게 한다.

이러한 FRT 성능은 각 국가나 계통운영자(Grid Operator)의 연계기준에 따라 명확한 유지 시간, 전압 유지 범위, 동작 조건 등이 정의되어 있으며 풍력발전 설비는 이를 만족하는 설계와 시험을 거쳐 계통에 연계된다.

4) ESS 연계를 통한 출력 변동성 보완

해상풍력발전은 자연 풍속의 불규칙한 변동에 따라 출력이 수시로 변화하므로, 전력계통의 전압 및 주파수 안정성에 영향을 줄 수 있다. 이러한 출력 변동성을 완화하고 계통의 품질과 안정성을 확보하기 위해, 에너지저장장치(ESS, Energy Storage System)를 풍력발전과 연계하는 전략이 효과적으로 활용된다.

ESS는 일반적으로 배터리(리튬이온, 전기화학식), 플라이휠(회전운동식) 등 다양한 형태로 구현될 수 있으며 수초에서 수분 단위의 짧은 시간 동안 출력과 전압의 급격한 변화에 대응하는 데에 적합하다. 출력이 갑자기 증가하거나 감소할 때 ESS가 전력을 흡수하거나 방출함으로써, 계통에 전달되는 출력의 변화 폭을 줄이고 플리커, 주파수 변동 등 전력 품질 문제를 완화한다.

또한 ESS는 단기적인 전력 보상 외에도 계통 주파수 안정화에 기여할 수 있다. 특히 주파수 저하 시 즉각적인 출력 공급이 가능한 특성 덕분에, 1차 예비력(Frequency Containment Reserve)으로 기능하며, 재생에너지 확대에 따른 동기발전기 감소로 인한 계통 관성 저하를 보완하는 데 중요한 역할을 한다.

반면 수 시간 단위의 장기 출력 변동이나 잉여 전력의 대량 저장 및 활용을 위한 대응은 ESS 단독으로는 한계가 있으며 이 경우에는 수소 생산(Power-to-Hydrogen), 펌프 수력(Pumped Hydro), 압축공기 저장(CAES) 등 대규모 에너지저장 기술과의 연계가 검토될 수 있다. 이러한 시스템은 풍력 발전량이 과잉일 때 전력을 저장하고, 출력이 부족할 때 보충하는 역할을 통해 재생에너지의 공급 안정성과 계통 유연성을 크게 향상시킬 수 있다.

결과적으로 풍력발전의 출력 변동성에 대응하기 위해 ESS를 중심으로 한 다양한 저장 기술의 적절한 조합과 계통 연계 전략이 필수적이다.

5. 전압·주파수 제어(Voltage & Frequency Control)

1) 발전기·인버터·무효전력 보상장치 통한 전압제어

해상풍력발전 시스템은 계통에 안정적인 전력을 공급하기 위해, 출력 제어와 함께 **전압 및 주파수 제어 기능**을 수행해야 한다. 풍력발전은 출력 변동성과 제어 응답 특성이 기존 동기 발전기와 다르기 때문에, 발전기 자체의 제어 기능뿐만 아니라 외부 보상장치와의 연계를 통해 계통 안정성을 확보하는 전략이 필요하다.

우선 **전압 제어**는 풍력 인버터, 무효전력 보상장치(SVC, STATCOM 등), 그리고 리액터(Shunt Reactor) 등을 통해 수행된다. 풍력 인버터는 **무효전력을 능동적으로 조정할 수 있는 기능**을 갖추고 있으며 계통의 요구에 따라 **역률 지령(예: ±0.95 ~ ±0.9)** 또는 무효전력 지령을 받아 **Leading 또는 Lagging 방향으로 무효전력을 출력**한다. 이러한 운전 조건은 각국의 계통 연계 기준(Grid Code)에 따라 정해지며, 인버터는 이를 충실히 따르도록 제어 알고리즘이 구성되어 있다.

해상풍력 계통에서는 **해저케이블이 길고 커패시브 무효전력이 과도하게 발생**할 수 있으므로, 이를 상쇄하고 전압을 안정화하기 위한 설비도 병행된다. 일반적으로 Shunt Reactor(분로 리액터)는 이러한 커패시브 성분을 흡수하여 **무효전력 균형을 유지**하며, 해상변전소 또는 육상변전소에 설치된다. 이와 함께 **SVC(Static Var Compensator)** 또는 STATCOM(Static Synchronous Compensator)과 같은 **정지형 무효전력 보상장치**는 실시간으로 전압을 감지하고 빠르게 무효전력을 조정함으로써, **계통 전압을 연속적으로 지지하고 과도한 변동을 억제**하는 데 기여한다.

한편 **주파수 제어**는 주로 출력 제어를 통해 이루어진다. 계통 주파수가 기준보다 낮을 경우 발전기의 유효전력 출력을 높여 주파수를 회복하고, 반대로 주파수가 높을 경우 출력 제한을 통해 안정화한다. 풍력발전기 인버터는 이러한 주파수 응답 특성을 구현하도록 설계되며, 1차 주파수 응답 기능(Frequency Control or Frequency Droop Control)도 요구된다.

결국 해상풍력 시스템의 전압·주파수 제어는 **다층적 장치와 제어 로직을 통합적으로 운영**하여, 출력 품질을 유지하고 계통과의 연계 안정성을 확보하는 데 필수적인 요소로 작용한다.

2) 주파수 보조 서비스(Frequency Support)

전력계통은 발전과 부하가 실시간으로 균형을 이뤄야 주파수가 안정적으로 유지되며, 이 균형이 깨지면 주파수가 상승하거나 하락하게 된다. 이러한 주파수 변동을 완충하고 계통을 안정화하기 위해 발전설비는 주파수 보조 서비스(Frequency Support)를 제공해야 하며, 이는 전통적으로 동기 발전기가 담당해왔다. 그러나 재생에너지 보급 확대에 따라, 풍력발전도 계통 주파수 제어에 기여할 수 있도록 설계되고 운용되는 추세이다.

풍력발전기는 일정 수준의 출력을 유보한 상태에서 운전함으로써, 계통 주파수가 기준값보다 하락할 경우 즉시 유효전력(P)을 증가시켜 계통에 출력을 보충할 수 있다. 이를 통해 Frequency Containment Reserve(FCR), 즉 1차 주파수 응답 기능을 수행하게 되며, 일반적으로는 드룹 제어(droop control) 알고리즘을 기반으로 출력이 자동 조절된다. 이 기능은 풍속이 충분하고 인버터 제어에 여유가 있을 경우 실현 가능하며, 전통적인 동기기 없는 계통에서도 주파수 안정에 실질적 기여를 할 수 있게 된다.

또한 풍력발전단지가 ESS(에너지저장장치)와 연계될 경우, 더욱 정밀하고 빠른 주파수 제어가 가능해진다. ESS는 수초 이내의 응답속도를 가지고 있어, 계통 주파수 하강 시 즉시 방전을 통해 출력을 보완하고, 상승 시에는 충전을 통해 유효전력을 흡수함으로써 Frequency Regulation(주파수 조정 서비스)를 제공할 수 있다. 이와 같이 풍력발전과 저장장치의 통합 운용은 계통의 관성 저하 문제를 보완하고, 재생에너지 기반 계통의 주파수 유지 능력을 강화하는 데 핵심적인 역할을 수행한다.

결과적으로 풍력발전도 기존 발전기와 마찬가지로 주파수 안정성 확보를 위한 자원으로 점차 활용되고 있으며 이를 위한 제어기술과 계통연계 기준이 각국에서 지속적으로 정립되고 있다.

3) SCADA/PMS 기반 자동제어 로직 설계

- **SCADA**
  실시간 전압·주파수 모니터링, 무효전력 제어 명령, 출력 제한(급전지시) 전달한다.

- **PMS(Power Management System)**
  단지 내부 미소계통에서 발전기·인버터 동시 제어, 계통 연결점 PCC(Power Control Center)에서 종합 운영한다.

- **자동로직**
  정해진 전압·주파수 편차 범위를 초과하면 인버터 무효전력 지령 변경, ESS 동작,

SVC/STATCOM 투입 등 실행한다.

- 보호·제어 시스템은 해상풍력발전단지에서 출력 변동성 관리, 계통 보호 협조, 고장 안정성 확보, 전압·주파수 제어를 수행하는 핵심 요소다.

- 출력 변동성 및 전력 품질

  풍력 출력 변동으로 인한 플리커·고조파 문제를 ESS, 무효전력 제어, 보호계전 로직으로 완화한다.

- 계통 보호 협조

  발전기 내부 보호(과전류·과전압 등), 송전망 보호(단락·지락·계전협조)와 연동하여 안전성·신뢰도 향상시킨다.

- 계통 안정성 및 고장 해석

  단락용량 산정, Flicker·전압 변동 해석, Fault Ride Through(FRT) 충족, ESS 연계로 출력변동을 완화한다.

- 전압·주파수 제어

  발전기·인버터 무효전력 제어, 보상장치(SVC/STATCOM, Reactor), SCADA/PMS 자동제어 로직을 통해 계통안정을 지원한다. 이로써 해상풍력단지가 계통연계 요구사항을 준수하고, 재생에너지 대규모 확대 시에도 전력품질과 계통안정을 동시에 확보할 수 있다.

제 **8** 장

시공, 시운전, 유지보수

제8장 시공, 시운전, 유지보수

Electrical Infrastructure For Offshore Wind Farms

시공이란, 설계도서에 따라 실제 구조물과 설비를 현장에 설치하고 조립하여 완성하는 전 과정을 의미한다. 풍력발전의 경우, 기초 구조물 설치, 터빈 조립, 전력계통 연결, 제어설비 구축 등 물리적 시공 행위를 포함하며, 공사 품질과 안전 기준을 준수하면서 설계된 기능을 구현하기 위한 절차가 체계적으로 수행된다.

시운전은 시공이 완료된 설비가 실제 운전 조건에서 정상적으로 작동하는지 확인하고, 각 구성 요소의 기능을 종합적으로 시험하는 과정이다. 이 단계에서는 발전기, 제어시스템, 보호계전기, 통신설비 등이 계획대로 작동하는지를 점검하며, 계통 연계 시험, 고장 시뮬레이션, 출력 품질 확인 등이 포함된다. 시운전은 설비의 상업 운전을 시작하기 전에 반드시 거쳐야 하는 최종 검증 단계다.

유지보수는 설비가 안정적이고 지속적으로 운전될 수 있도록 점검, 수리, 교체, 성능개선 등의 작업을 수행하는 것을 말한다. 예방정비, 고장정비, 예측정비 등을 포함하며, 풍력설비의 경우 블레이드 점검, 기어박스 윤활, 전기설비 절연 상태 확인, 해상 구조물의 부식 관리 등 다양한 정비 활동이 체계적으로 이루어진다. 유지보수는 설비 수명을 연장하고 고장을 예방하여 발전소의 신뢰성과 경제성을 높이는 핵심 운영 행위이다.

1. 해상풍력 터빈 시공

1.1 고정식 해상풍력터빈 시공 (Jack-up 바지선 활용)

1) 파일/재킷 기초 설치

해상 구조물의 안정성과 장기적인 유지 관리를 위한 기반 시스템으로서, 파일(pile)과 재킷(jacket) 기초는 매우 중요한 역할을 수행한다. 이러한 기초 구조는 특히 해상 풍력발전기나 해양 플랜트, 해상 구조물 설치 시 기본적으로 채택되는 방식으로, 지반 조건, 수심, 설치 환경에 따라 최적의 설계와 시공 기술이 요구된다.

먼저 **모노파일(Monopile)** 기초는 단일 대구경 강관을 해저면에 수직으로 삽입하는 방식으로 구성되며, 이 과정은 주로 대형 해머(Hammer)를 이용한 타격(driving) 공법에 의해 수행된다. 시공 절차는 다음과 같은 순서를 따른다. 우선 해상 운반선이나 바지선에 적재된 모노파일을 크레인 등을 이용해 수직으로 들어올려 설치 지점에 정확히 위치시킨 후, 유압 해머(Hydraulic hammer) 또는 디젤 해머 등을 이용해 강관 상부를 반복적으로 타격함으로써 파일을 해저면 및 그 아래의 지반층에 깊이 매입한다. 이 방식은 모노파일과 지반 사이에 마찰 및 지지력을 확보함으로써 구조물의 수직 하중뿐만 아니라 수평력과 모멘트에 대해서도 충분한 저항력을 가지게 한다. 대체로 지반 조건이 단단하고, 수심이 상대적으로 얕은 지역에서 유리하며, 공사 속도도 비교적 빠르다는 장점이 있다.

반면 **재킷(Jacket) 기초**는 다리 형태의 트러스(truss) 구조물로 구성되며, 복수의 말뚝(piles)을 해저에 사전 설치한 후, 재킷 구조체를 이를 기준으로 해상 크레인을 이용해 들어 올려 정교하게 설치하는 방식으로 시공된다. 이 공법의 대표적인 특징은 높은 구조적 안정성과 복잡한 하중 조건에 대한 대응 능력이다. 재킷 기초 설치는 일반적으로 다음과 같은 절차로 이루어진다.

첫째, 해저 지질조사 및 설계를 통해 각 말뚝의 위치와 깊이를 정밀하게 산정한 뒤, 해양 작업선에서 수직 또는 경사지게 배치된 말뚝을 대형 해머 또는 드릴링 장비를 이용해 해저면 아래로 삽입한다. 이 말뚝들은 최종적으로 재킷 구조물을 고정하는 앵커 역할을 하게 되며, 말뚝의 위치 정렬은 정밀한 GPS 및 센서 기술을 통해 엄격히 관리된다.

둘째, 재킷 구조체는 육상 또는 조립 전용 야드에서 사전 제작된 후, 바지선 등을 통해 해상으로 운반된다. 이 재킷은 보통 3~4개의 주 구조 다리를 갖는 강재 트러스 구조물로, 그 하부에는 이미 해저에 박힌 말뚝의 위치와 정확히 맞물릴 수 있도록 설계된 스터브 레그(stub leg) 또는 파일 가이드가 포함되어 있다.

셋째, 해상 크레인을 이용해 재킷을 수직으로 들어 올린 후, 미리 박힌 말뚝 위에 재킷을 정밀하게 삽입 및 정렬한다. 이 과정은 조류, 파랑, 바람 등 해양 환경의 영향이 크기 때문에 고도의 제어 기술이 요구되며, 설치 정밀도 확보가 가장 핵심적인 기술 요소로 간주된다. 이후 재킷과 말뚝은 용접 또는 그라우팅(Grouting)을 통해 완전 고정되어 일체화된다.

재킷 기초 방식은 수심이 깊거나, 구조물의 규모가 크며, 다양한 방향의 하중에 대한 저항이 요구되는 환경에서 주로 활용되며, 특히 풍화가 심하거나 퇴적층이 깊은 지반에서도 유리한 성능을 발휘한다. 구조물의 장기적인 안정성과 유지 관리 효율성을 감

안할 때, 재킷 기초는 고난이도의 시공을 요구하는 만큼 정밀 설계 및 고급 엔지니어링 역량이 뒷받침되어야 한다.

2) 타워-나셀-블레이드 조립

해상 풍력발전 설비의 핵심 구성요소인 타워, 나셀(Nacelle), 블레이드(Blade)는 각각 육상에서 사전 제작된 후, 해상 설치 현장으로 운반되어 전용 해상 장비를 통해 순차적으로 조립된다. 이 과정은 발전기의 구조적 안정성과 기능적 정합성을 확보하는 데 있어 매우 중요하며, 특히 해상이라는 가혹한 환경에서의 작업인 만큼 고도의 기술력과 시공 경험이 요구된다.

조립 작업에는 주로 잭업(Jack-up) 바지선이 사용되며, 이는 해상에서 안정적인 작업 플랫폼을 제공하기 위해 해저면에 잭레그(jack leg)를 하강시켜 선체를 수면 위로 들어 올려 고정시키는 기능을 갖춘 특수 선박이다. 이러한 잭업 바지선을 통해 설치 장비와 인력을 안전하게 확보한 후, 대형 크레인을 이용해 주요 부품들을 단계적으로 인양 및 조립한다.

- **타워 조립**

  타워는 보통 여러 개의 세그먼트로 분할 제작되며, 해상 운반을 위해 세그먼트 형태로 바지선에 적재된다. 설치 현장에서는 먼저 타워 하부 세그먼트를 풍력기초 구조물 상부에 수직으로 인양하여 정확한 위치에 고정한다. 이어서 중간부 세그먼트, 상부 세그먼트 순으로 상향식 조립을 진행한다. 각 세그먼트는 고정밀 플랜지 접합부로 체결되며, 구조적 정렬을 위한 정밀 계측 장비가 병행 사용된다.

- **나셀 설치**

  타워 조립이 완료되면, 나셀(Nacelle)이 인양되어 타워 최상단에 설치된다. 나셀은 발전기의 핵심 기계 부품이 집약된 장치로, 발전기, 기어박스, 회전자, 베어링 시스템 등이 내장되어 있다. 나셀의 설치는 구조물 상단에서 이루어지므로 조류, 풍속 등의 해상 조건에 민감하며, 안정적인 리프팅과 정확한 체결이 중요하다. 인양은 주로 1,000톤급 이상 대형 크레인을 이용해 수행되며, 크레인 조작에는 고도의 숙련도가 요구된다.

- **블레이드 조립**

  블레이드는 길이가 수십 미터에 달하는 복합재 구조물로, 설치 방식에 따라 두 가지 접근법이 있다. 첫째는 개별 블레이드 1개씩 순차 인양 및 장착하는 방식이다. 이 경우 나셀에 고정된 허브에 블레이드를 하나씩 부착하며, 블레이드의 무게중심과 각도를 정밀하게 조정해야 한다. 둘째는 허브와 블레이드를 지상 또는 바지선 위에서 사전 조립한 후, 일체형으로 인양하여 설치하는 방식이다. 이 방식은 기상 조건이 양호하고 인양 능력이 충분할 때 적용되며, 설치 시간을 단축할 수 있는 장점이 있다.

조립 작업 전반은 기상 조건, 해상 풍속, 조류의 방향과 속도 등에 따라 일정이 유동적으로 조정되며, 안전 확보가 최우선으로 고려된다. 또한 각 공정은 고성능 GPS, 자이로 센서, 수평계, 풍속계 등 다양한 계측장비를 활용하여 정밀도를 확보하고, 설치 후에는 체결 상태, 수직도, 회전 자유도 등에 대한 검측이 수행된다.

이러한 해상 조립 공정은 기초 구조물과의 연계성, 부품의 정합성, 설치 장비의 가용성을 종합적으로 고려하여 계획되며, 작업자의 전문성과 장비의 신뢰성이 성패를 좌우한다. 풍력발전기 한 기의 조립은 보통 수일 내에 완료되나, 기상 변화나 기술적 이슈에 따라 일정 조정이 불가피하기 때문에, 철저한 사전 계획과 유연한 현장 대응력이 필수적이다.

3) 기상 리스크 대응

해상 풍력 설비의 설치는 기상 조건에 민감하게 반응하며, 특히 파고와 풍속은 대형 크레인 리프팅 가능 여부를 결정짓는 핵심 요소이다. 일반적으로 파고 1.5m 이하, 풍속 10~12m/s 이하에서만 안전한 인양 작업이 가능하다. 이를 초과하는 경우 작업은 중단되고, 철수 또는 대기 상태로 전환된다.

태풍이나 강풍이 예보될 경우, 사전 대응 계획에 따라 인력은 육상으로 대피하고, 잭업 바지선은 잭레그를 상승시켜 이동 준비를 하며, 장비와 구조물은 고정·결박 조치를 시행한다. 이러한 대응은 기상 변화 최소 24~48시간 전에 실행되며, 실시간 기상 모니터링을 통해 지속적으로 상황을 관리한다.

설치 장비는 앵커링 시스템 또는 동적 위치 제어(DP) 시스템을 통해 해상 위치를 유지하며, 모든 작업은 사전 수립된 안전 매뉴얼 및 비상 대응 절차에 따라 이루어진다. 기상이 호전된 후에도 장비 점검과 안전성 확인 후에야 작업이 재개된다.

1.2 부유식 해상풍력터빈 시공 (예인·계류)

1) 부유체 제작 및 터빈 탑재

부유식 해상풍력발전 시스템은 고정식 기초로 설치가 어려운 수심 50m 이상 해역에서 적용 가능한 차세대 해상 풍력 기술로 주목받고 있다. 이 시스템의 핵심은 해저면에 고정되지 않고, 수면 위에 부유하면서 계류 시스템으로 위치를 유지하는 부유식 플

랫폼(floating foundation)이다. 대표적인 형식으로는 스파(SPAR), 세미서브(Semi-Submersible), 텐션 레그 플랫폼(TLP, Tension Leg Platform)이 있으며 해역 특성 및 해양환경 조건에 따라 플랫폼 형식을 선택하게 된다.

이러한 부유체는 일반적으로 육상 야드 또는 접안 가능한 조선소에서 대형 구조물로 제작된다. 제작 공정은 해상 운송 및 해상 조립을 고려하여 모듈 단위로 설계되며, 강재 가공, 용접, 도장 등의 공정이 병행 진행된다. 특히 부유체는 해양환경에서의 내구성과 안정성을 확보해야 하므로, 부식 방지 코팅, 수밀성 확보, 부력 균형 설계 등 고난이도의 해양 구조 설계 및 품질관리가 요구된다.

부유체가 완성되면, 잔잔한 해역에 위치한 부두(피어) 또는 접안 가능한 조립장으로 이동하여 풍력터빈 탑재 작업이 진행된다. 이 과정은 부유식 시스템의 주요 기술적 특징 중 하나로, 해상에서의 복잡한 인양 및 조립 작업을 줄이고, 안정적인 육·해상 접점에서 사전 조립(Pre-assembly)을 가능하게 한다는 점에서 효율성이 매우 높다.

- 타워 세그먼트 조립은 하부, 중간, 상부 세그먼트를 순차적으로 조립하여 수직 구조물을 형성한다.
- 나셀(Nacelle) 탑재는 타워 최상부에 발전기의 핵심 장치인 나셀을 인양하여 설치한다.
- 블레이드 부착은 블레이드 허브에 사전 결합하여 3개 일체형으로 설치하거나, 개별 인양 방식으로 하나씩 부착한다.

이러한 탑재 작업은 풍속이 낮고 파고가 안정된 환경에서 수행되어야 하며, 대형 크레인이나 특수 리프팅 장비가 활용된다. 작업 완료 후, 부유체는 예인선(tug boat)을 통해 설치 예정 해역으로 해상 운송되며, 도착 후 계류 시스템(mooring system)을 통해 해저 앵커에 고정된다.

부유식 플랫폼의 조립과 터빈 탑재를 사전 육상 단계에서 완료함으로써, 기상 리스크를 최소화하고 해상 시공 공기를 대폭 단축할 수 있다는 장점이 있다. 이러한 공정 방식은 대량 양산체계 및 해외 수출형 해상풍력 발전 시스템 구축의 핵심 요소로도 부각되고 있다.

2) 예인·계류

부유식 해상풍력발전기의 조립이 완료되면, 육상 또는 접안 조선소에서 예인선(Tug Boat)을 이용하여 설치 예정 해역으로 부유체를 해상 예인(Towing)한다. 예인 작업은 해역의 파고, 조류, 풍속 등을 고려하여 안정적인 항로와 속도를 사전 계획하며,

부유체의 크기와 형상에 따라 복수의 예인선이 투입되기도 한다. 항해 중에는 부유체의 움직임을 실시간으로 모니터링하며, 전복 및 충돌 위험을 방지하기 위한 안전관리도 병행된다.

예인된 부유체는 사전에 조사된 지정 위치(지오리퍼런스 기반)에 도착한 후, 해저에 설치된 앵커(anchor)와 계류 라인(mooring line)을 통해 고정된다. 계류 방식은 수심, 해저 지질, 플랫폼 형식에 따라 다르며, 일반적으로는 체인, 와이어, 또는 합성섬유 로프가 사용되며, 스프레드-모어드(spread-moored), 텐션드 계류(tensioned mooring), 하이브리드 방식 등으로 구분된다. 이 계류 시스템은 구조물이 지정 위치에서 허용 범위 내에서만 움직일 수 있도록 제어하며, 동시에 파랑 및 조류의 에너지를 분산시켜 구조물의 안정성을 확보한다.

계류가 완료되면, 부유체에 탑재된 풍력발전기는 전력계통과 연결되는 해저 전력 케이블(동적 케이블, Dynamic Cable)을 통해 해상변전소 또는 육상 전력계통과 연계된다. 이 동적 케이블은 파랑, 진동, 반복 굽힘 등 해상 조건에 대응할 수 있도록 특수 설계되며, 부유체의 움직임을 흡수하는 루프 형태로 배치되기도 한다.

예인부터 계류, 전력 연결까지의 전 과정은 고정식 기초에 비해 복잡한 해양공학적 요소들이 포함되며, 정밀한 위치 제어와 해상 운영 경험이 요구된다. 특히 계류 시스템의 설계와 케이블의 동적 해석은 구조물의 수명과 안정성에 결정적인 영향을 미치므로, 초기 설계 단계에서부터 충분한 시뮬레이션과 모델 테스트가 이루어져야 한다.

3) 기상 제약

부유식 해상풍력발전기 설치 작업은 전 과정에 걸쳐 **기상 환경의 영향을 크게 받으며**, 특히 해상 작업의 안전성과 정밀도를 보장하기 위해서는 **풍속, 파고, 해류**가 일정 기준 이하일 때만 작업이 가능하다. 일반적으로 풍속은 10 ~ 12m/s 이하, 파고는 1.5m 이하일 때 설치 작업이 허용되며, 조류의 속도 또한 작업선의 위치 유지 및 장비의 안정적인 작동에 큰 영향을 미친다.

이러한 기상 제한조건(Weather Windows)은 부유체 예인, 계류 라인 설치, 케이블 연결, 터빈 조립 등 각 공정마다 개별적으로 설정되며, 실시간 기상 관측 및 해양 예보 시스템을 통해 지속적으로 확인된다. 기상 변화에 따른 유연한 작업 일정 조정과 함께, 사전 대응 및 중단 계획이 반드시 병행되어야 한다.

특히 **계류 시스템 설치 시에는 정확한 위치 제어와 장력 관리가 필수적**이다. 각 앵커와 계류선은 설계된 위치와 방향에 따라 정확하게 배치되어야 하며, 계류선에 작용하는 초기 장력(pretension)은 부유체의 움직임을 최소화하고, 구조물 전체의 안정성에

직접적인 영향을 미친다.

 이와 함께 설치 전에는 **수심 및 해저 지반 조건에 대한 정밀 탐사**가 반드시 선행되어야 한다. 이는 계류 앵커의 종류와 심도, 계류선 배치 방식, 그리고 해저케이블의 안전한 매설을 위한 기초 자료로 활용된다. 해저면의 구성, 경사, 암반 분포 여부에 따라 설치 방식이 달라지며, 부적절한 지반 조건은 계류 실패나 구조물 이동 등의 중대한 리스크로 이어질 수 있다.

 결과적으로 기상 제약 조건과 해저 환경 정보는 부유식 풍력 시스템 설치의 핵심 제어 변수로, 설계 단계에서부터 운용까지 전 주기에 걸쳐 정밀하게 관리되어야 한다.

2. 해상변전소 시공

1) 모듈화(육상 사전 제작 → 해상 운송·설치)

 해상풍력단지의 핵심 인프라 중 하나인 해상변전소(Offshore Substation)는 발전기에서 생산된 전력을 집전하고 고전압으로 승압한 뒤 육상 계통으로 송전하는 역할을 한다. 이 변전설비는 일반적으로 상부 구조물(Topside)과 하부 기초 구조물(Substructure)로 구성되며, 최근에는 시공 효율성과 품질 안정성을 확보하기 위해 **모듈화(Modularization) 공법**이 적극적으로 도입되고 있다.

 모듈화 공법은 해상에서 복잡한 조립 작업을 최소화하기 위해, **철골 구조물과 주요 장비(GIS, 변압기, 제어시스템 등)를 육상에서 사전 제작 및 조립**하는 방식이다. 이러한 작업은 조선소 또는 육상 조립 야드에서 수행되며 엄격한 품질관리와 테스트가 가능하다는 장점이 있다. 모듈화된 Topside는 수백 톤에서 수천 톤에 달하는 대형 구조로, 사전 제작 완료 후 **Heavy Lift 전용 선박**에 의해 해상으로 운송된다.

 해상 운송 이후에는 사전에 설치된 **하부 기초 구조물**, 예를 들어 **재킷(Jacket), 모노파일(Monopile)**, 또는 **부유식 플랫폼(Floating Foundation)**에 Topside를 정밀하게 인양하여 **연결·고정**하는 공정을 진행한다. 이 과정에서는 해상 크레인의 리프팅 능력, 조류 및 풍속에 대한 실시간 대응, 그리고 구조물 정렬을 위한 고정밀 측량 기술이 병행되어야 하며, 설치 정밀도 확보가 공정 성공의 핵심 요소이다.

 모듈화 공법의 가장 큰 장점은 **해상 설치 시간의 획기적인 단축**과 공장 수준의 품질관리(Factory Acceptance)가 가능하다는 점이다. 해상에서의 작업은 기상 조건에 따라 작업 가능 시간이 제한되고 위험도 또한 높기 때문에, 전체 공정 중 육상 비중을 높이는 전략은 프로젝트 리스크를 줄이는 데 매우 효과적이다.

또한 모듈화 방식은 반복 생산성과 확장성 측면에서도 유리하여, 대규모 풍력단지 조성 시 표준화된 설계와 병렬 제작체계를 도입함으로써 **경제성과 일정 관리 효율**을 동시에 확보할 수 있다. 이에 따라 모듈화는 향후 해상풍력 EPC 공정의 핵심 전략으로 자리매김하고 있으며 국내외 주요 프로젝트에서 점차 보편화되고 있다.

2) 대형 크레인/바지선 활용, Heavy Lift 주의사항

해상풍력 설치 현장에서는 변압기, GIS, 나셀, 해상변전소 상부구조물 등 대형 중량 기기를 해상크레인으로 인양해야 하며, 이때는 **파고와 풍속 제한이 매우 엄격하게 적용**된다. 일반적으로 **파고 1m 이하, 풍속 7~10m/s 이하**의 조건에서만 리프팅이 가능하며, 기상이 악화될 경우 즉시 작업이 중단된다.

리프팅 중 흔들림과 충격을 방지하기 위해, 스윙 댐퍼, 리프팅 구속장치 등 제어 장비가 활용되며, 하중 분포와 움직임은 센서를 통해 실시간으로 감시한다. 작업 시 **크레인 각도, 인양 속도 등 안전수칙**을 엄격히 준수해야 하며, 바지선은 **다중 앵커 또는 동적 위치 제어(DP)** 시스템을 통해 위치를 정확히 유지해야 한다.

이러한 중량물 설치는 **사전 계획과 리프트 시뮬레이션**, 그리고 작업자 간의 긴밀한 협업을 바탕으로 안전하고 정밀하게 수행되어야 한다.

3) 변압기·GIS 등 설치 충격·진동 관리

해상변전소 설치 과정에서 취급되는 **변압기, GIS(Gas Insulated Switchgear)** 등 중량 전기설비는 외형상 견고해 보이지만, 내부에는 **코어, 권선, 절연부, 밀폐 챔버 등 민감한 구성요소**가 포함되어 있어 과도한 충격이나 진동에 매우 취약하다. 특히 해상 크레인을 이용한 인양 후 상부 구조물(Topside)에 안착하는 과정에서 발생할 수 있는 물리적 충격은 장비 손상이나 기능 저하의 원인이 될 수 있다.

이를 방지하기 위해 설치 시에는 **강선(Steel Wire), 완충 패드, 고무계 댐핑 소재** 등의 **완충 장치**를 사용하여 접촉면의 충격을 흡수하고, 장비의 흔들림이나 미세 충격을 완화한다. 안착 후에는 장비의 수평 정렬(Levelling)을 정확히 맞춘 후 **기초 프레임에 볼트 체결**을 통해 고정한다.

설치가 완료된 후에는 **절연 저항 측정, 가스 충전 상태 확인, 누설 점검 등 일련의 시운전 시험**을 통해 설비 상태를 점검하고, 초기 운전 중 이상 유무를 사전에 확인해야 한다. 이러한 과정을 통해 고가의 전기설비가 장기적으로 안정적인 운영 조건을 유지할 수 있도록 보장한다.

3. 육상변전소 및 변환소 시공

1) 부지 확보, 토목 공사, 철골구조물 설치

해상풍력단지에서 생산된 전력을 육상계통으로 안정적 연결을 위해서는 **육상변전소** 또는 **HVDC 변환소**의 구축이 필수적이다. 이를 위해 먼저 **부지 선정** 단계에서 지반 안정성, 침수 가능성, 접근 도로 확보, 인근 송전계통 연계성 등을 종합적으로 검토한다. 지질조사 및 환경평가 결과를 반영하여 장기적 운영에 적합한 입지를 확보해야 한다.

부지가 확정되면 **토목 공사**가 진행되며, 여기에는 **기초 공사, 터파기, 배수 구조 시공** 등이 포함된다. 이후 변전소 본 건물은 일반적으로 철골조(Steel Frame) 또는 철근콘크리트조(RC 구조)로 시공되며 변압기실, GIS실, 제어실 등이 포함된다. 특히 **방폭구역, 방화구획**을 설계에 반영하여 화재 및 폭발 위험에 대비한 안전성을 확보하여야 한다.

한편 **HVDC(직류송전) 시스템**이 적용되는 경우에는 별도로 **밸브홀(Valve Hall), DC 필터실, 변류기실** 등 고전압·대전류 장비를 수용할 수 있는 **대형 실내 구조물**이 필요하며 고내진·고절연 성능을 갖춘 특수 건축 설계가 필요하다.

이러한 구조물의 설치는 전력설비와의 공간 간섭, 유지보수 동선, 배전 케이블 경로 등을 전기설계 도서를 잘 숙지하여 실수 없도록 설치하여야 한다. 시공 이후 각 설비에 대한 전기적 시운전 및 통합 시험을 통해 최종 시스템 안정성을 확보하여야 한다.

2) 전력설비 반입, 시공, 시험(절연·기능시험)

육상변전소 또는 해상변전소 구축 과정에서 **변압기, 개폐장치(GIS/AIS), 보호계전반, 제어반 등 주요 전력설비**는 단계적으로 현장에 반입되어 설치된다. 각 설비는 사전 제작 시 공장 수용 시험(FAT, Factory Acceptance Test)을 거친 후, 현장에서 최종 설치가 확인되면 현장 수용 시험(SAT, Site Acceptance Test)을 통해 실제 운전 조건에서의 성능과 절연 상태를 검증하게 된다.

현장 시험에서는 **절연저항 측정, 부분방전 시험, 기능 연동 시험, 보호계전기의 동작 특성 확인** 등을 수행한다. 특히 GIS(Gas Insulated Switchgear)는 **SF_6(육불화황) 가스를 충전한 후, 가스 누설 여부 검사, 고전압 내압 시험** 등을 통해 밀폐성과 절연 성능을 확인해야 한다.

이러한 시험과정은 시스템 통합 전에 필수적으로 수행되며 설비의 안전 운전과 향후 고장 예방을 위한 핵심 단계이다. 시험 결과는 기록으로 보관되어, 이후 유지관리 기준자료로 활용된다.

3) 계통 병입(전력회사와 연계) 전 종합 시운전

변전소 건설이 완료되면 실제 송전망에 연계하기 전 종합 시운전(Commissioning) 절차를 통해 설비의 기능성과 계통 연동 능력을 종합적으로 검증해야 한다. 시운전은 일반적으로 단일 기기 수준의 기능 시험 → 회로 단위 시험 → 전체 시스템 연동 시험 순으로 단계별로 수행한다.

이 과정에서 보호계전기 연동 시험도 병행되며, Trip/Close 동작, 차단기 개방·차단 시간, 차단기 블로킹(Blocking), 계전기 설정값 동작 확인 등을 통해 실제 사고 상황에 대응할 수 있는지를 확인한다.

모든 내부 시험이 완료되면 전력회사(송전망 운영자)와 협조하여 설비의 상태를 점검하고, 연계에 필요한 승인 절차 및 기능 검증을 진행한다. 이후 사전 정의된 계통 병입(Parallel Operation) 시나리오에 따라 실제 송전망과의 연계를 시도하게 된다.

병입 이후에는 실제 부하 또는 시뮬레이션 부하 조건 하에서 계통 안정성(Stability), 전압·주파수 유지, 보호 동작 등을 종합적으로 평가하여 설비의 정상운전 가능 여부를 최종 확인한다. 이 단계까지 완료되어야 본격적인 상업 운전이 가능하게 된다.

4. 시공관리(Construction Management) 및 HSE

1) 품질관리(QA/QC), 일정·비용 관리

대형 프로젝트 관리(PMI) 기법으로, 각 공정별 QA/QC 매뉴얼 준수(재질·용접·조립·절연 시험 등), 공정 지연 방지를 위해 작업 크리티컬패스(Heavy Lift, 기상제약)를 우선 관리, 원활한 커뮤니케이션(시공사·원청·설계사·감리사)으로 변경사항 최소화한다.

2) HSE(Health·Safety·Environment) 매뉴얼 확립

해상풍력발전 프로젝트는 고위험 환경에서 다수의 인력과 장비가 동시 작업을 수행하는 만큼, 체계적인 HSE(Health, Safety, Environment) 매뉴얼 구축과 이행이 필수적이다. 해상에서는 크레인 작업, 전기설비 취급, 잠수 작업, 기상 악화 등 다양한 위험 요소가 존재하므로, 모든 작업자는 사전 안전교육을 이수하고 PPE(개인 보호장비)를 착용해야 하며, 해상 인명구조 훈련 또한 정기적으로 시행된다.

환경 측면에서는 폐유·유해물질의 해상 유출 방지, 해양 생태 보호구역 회피, 소음 및

혼탁도 관리 등 친환경 시공기준을 준수해야 하며, 관련 기록과 이행 여부를 지속적으로 모니터링한다.

또한 중대재해 및 해상사고 예방 시스템도 현장에 상시 가동되어야 하며, 비상 연락체계, 구명정 및 구조헬기 대기, 응급의료 대응 장비 확보 등 신속 대응 프로토콜을 갖추는 것이 중요하다. 이러한 통합적 HSE 관리체계는 프로젝트의 안전성뿐 아니라 대외 신뢰도와 지속가능성을 높이는 핵심 요소로 작용한다.

3) 중대재해·해상사고 방지 대책

해상풍력 시공 현장은 기상 변화와 복잡한 해상 작업 환경으로 인해 중대재해 및 해상사고의 잠재 위험이 높기 때문에 사전에 철저한 예방 대책을 마련해야 한다. 우선 태풍이나 고파고 예보 시에는 작업을 중단하고 작업 인력의 대피 및 장비 고정(Seafastening) 조치를 신속히 시행해야 하며, 부유 구조물이나 중량물은 해상 이동 중 흔들림 및 전도를 방지하기 위한 고정장치로 이중 안전을 확보해야 한다.

중량물 인양 작업 시에는 이중 훅, 안전핀 등 2차 보호장치를 적용하여 장비 낙하나 이탈을 방지하고, 작업자 추락사고를 예방하기 위해 난간(Railing), 안전벨트(Harness), 추락 방지용 고정점 등을 필수적으로 설치·착용해야 한다.

또한 작업 해역 내의 선박 이동을 통제하고 충돌 위험을 줄이기 위해, 해상교통 관제 시스템(Offshore Traffic Management)을 운영하여 작업구역 내 출입 선박의 항로, 접근 거리, 이동시간 등을 실시간으로 관리해야 한다.

이러한 다층적 안전대책은 시공 중 사고 예방은 물론, 인명과 자산의 보호, 프로젝트 일정 준수를 위해 반드시 적용되어야 할 핵심 관리 요소이다.

5. 시운전 및 유지보수(Commissioning & O&M)

5.1 시운전(Commissioning) 절차

1) 발전기·인버터·보호계전기 등 개별 테스트

풍력발전기의 상업 운전을 시작하기 전에는 각 구성 요소에 대한 시운전(Commissioning)을 통해 기계적·전기적 기능이 정상적으로 작동하는지 종합 점검해야 한다. 이 과정에서는 발전기, 인버터, 보호계전기 등 개별 설비에 대한 기능 시험이 단계적으로 수행된다.

우선 **기어박스, 블레이드 피치 시스템, 발전기, 컨버터** 등 터빈 주요 구성품의 상태를 점검하고, 소프트 스타트(Soft Start)를 통해 단계적 기동 여부와 출력 품질(전압, 주파수, 파형 왜곡 등)을 확인한다. 이어서 **과전류(Overcurrent), 차동(Differential), 거리 보호(Distance)** 등 보호계전기의 동작 시뮬레이션을 수행하고, **계전기 정정값(설정값)이 설계 기준에 부합하는지 검증**한다.

이러한 시운전 절차는 발전기의 안정성과 계통 연계 전 보호장치의 신뢰성을 확보하기 위한 필수 단계이며, 결과는 기록으로 보존되어 향후 유지관리 기준으로 활용된다.

2) 해상변전소·육상변전소·전력회사 변전소 연계시험

풍력발전단지의 본격적인 운영에 앞서, **해상변전소·육상변전소·전력회사 계통 간 연계시험**을 통해 전력 설비 간의 전기적, 제어적 호환성과 연동성을 검증해야 한다. 이 시험은 전력계통 안정성과 보호 기능의 신뢰성을 확보하기 위한 핵심 단계이다.

먼저 **해저 및 지상 전력 케이블에 대해 절연내력시험(Hi-Pot), 부분방전(PD) 시험**을 통해 절연 상태를 확인하고, **변압기 및 GIS 장비는 가스압 점검, 절연 내력 시험, 무부하 운전 테스트**를 통해 기기 상태와 전기적 특성을 검증한다.

통신 계층에서는 **SCADA 시스템 및 원격제어 장치와의 연동 시험**을 수행하여, 실시간 상태 감시 및 제어 명령의 신뢰성 여부를 점검한다. 또한 무효전력 보상 장치(SVC, STATCOM)의 동작 특성을 확인하고, 출력 조정 및 전압 안정화 기능이 정상적으로 작동하는지 검증한다.

마지막으로 전력회사와 협력하여 **계통 병입(Parallel Operation) 시나리오 기반 시뮬레이션**을 진행한다. 여기에는 급전 지시, 계통 급정지, 이상 발생 시 계전기 동작 여부 등을 포함하며, 전체 계통의 응답성과 보호 연동 상태를 종합적으로 검토한다.

이러한 연계시험은 계통 통합 전 반드시 완료되어야 하며, 기록은 규제기관 또는 전력회사에 제출해 설비 인증 및 병입 승인을 받는 데 활용된다.

3) SCADA 통합 시험, 계통안정 평가

풍력발전단지의 통합 운영을 위해서는 **SCADA(감시제어 및 데이터 수집 시스템)** 및 PMS(전력관리시스템)를 통한 실시간 모니터링과 원격제어 기능이 정상적으로 작동하는지 검증하는 **통합 시험**이 반드시 수행되어야 한다.

시험 과정에서는 관제 화면을 통해 **풍속, 출력, 전압, 주파수 등 주요 데이터의 실시간 수집 및 표시 여부**를 점검하며, **원격으로 차단기 On/Off, 무효전력 제어 지령 전송 등 제어 명령의 응답성과 실행 결과**를 확인한다.

또한 풍속 급변(급증·급감) 시나리오에 따른 출력 변동, 단락(SC) 및 지락(Ground Fault) 등 고장 상황에서의 보호 계전기 및 제어 로직의 동작 여부를 시뮬레이션한다. ESS(에너지저장장치)가 연계된 경우, 충방전 제어와 출력 보상 기능 등 연계운전 조건도 함께 검토한다.

모든 통합 시험이 완료되면, 결과는 전력계통운영자에게 제출되며, 계통 안정성 확보와 기능 이행이 확인되면 최종 승인 후 상업운전을 개시하게 된다.

5.2 운영·유지보수 전략

1) 예방정비(Preventive), 예측정비(Predictive), 상태기반정비(CBM)

풍력발전 설비의 안정적 운영과 수명 연장을 위해서는 체계적인 유지관리 전략이 필요하며, 대표적으로 예방정비(Preventive Maintenance), 예측정비(Predictive Maintenance), 상태기반정비(CBM, Condition-Based Maintenance) 세 가지 방식이 널리 적용된다.

예방정비는 장비 고장을 사전에 방지하기 위해 정해진 주기나 사용 시간 기준으로 부품을 점검·교체하는 방식이다. 예를 들어 블레이드 상태 점검, 기어오일 교체, 유압 및 공기 필터 교환 등이 일정 간격으로 계획되어 수행된다. 이 방식은 정비 계획이 명확하다는 장점이 있으나, 실제 고장과 무관하게 자원이 투입될 수 있다는 단점도 존재한다.

예측정비는 실시간 모니터링 데이터(진동, 온도, 음향 등)를 기반으로 이상 징후가 감지될 경우, 고장 가능성에 따라 교체 시점을 유연하게 조정하는 방식이다. 이 방식은 불필요한 교체를 줄이는 동시에, 고장 전 징후를 포착하여 계획적 대응을 가능하게 한다.

상태기반정비(CBM)는 보다 진보된 형태로, Condition Monitoring System(CMS)을 활용하여 기어박스, 메인베어링 등 핵심 부품의 열화 추세, 피로 누적 상태, 진동 패턴 변화 등을 분석한다. 이를 통해 고장 가능성을 정량적으로 예측하고, 가동 중단 시간을 최소화하면서도 설비 상태에 따라 최적 시점에 정비를 수행할 수 있다.

이 세 가지 정비 전략은 단독으로 적용되기보다는, 설비 중요도와 운영 환경에 따라 병행 적용 또는 단계적 전환이 이루어지며, 디지털 트윈이나 AI 기반 분석 기술과 결합되어 스마트 유지관리 체계로 진화하고 있다.

2) 해상 작업 접근성(크레인선, 헬리콥터), 기상 제약

해상풍력은 육상풍력에 비해 운영·정비(O&M) 비용과 작업 위험도가 높기 때문에, 장기적인 유지관리 체계와 효율적인 접근 수단이 필수적이다. 해상에서는 작업선(SOV: Service Operation Vessel), 크레인선, 헬리콥터(헬리데크 포함) 등을 활용해 설비에 접근해야 하며, 이들 수단은 파고, 풍속 등 기상 제약에 따라 운용 가능성이 제한된다. 실제 해상작업은 기상 윈도우(Weather Window) 내에서만 수행되며, 일정 수준 이상의 파랑이나 강풍 시에는 정비 인력과 장비의 접근이 불가능하다. 이로 인해 연간 작업 가능일수(Weather Allowable Days)가 제한되며, 이에 대비해 예비 부품 확보, 숙련 인력의 상시 대기, 원격 모니터링 기반 고장 조기 탐지 등 사전 대응이 매우 중요하다.

따라서 해상풍력단지는 초기 설계부터 접근성, 기상 조건, 유지관리 인프라를 통합적으로 고려한 장기 O&M 계획이 수립되어야 하며, 이를 통해 운전 정지 시간(MTTR)을 최소화하고 설비의 수명과 수익성을 높일 수 있다.

3) 빅데이터 기반 터빈 성능 분석 및 이상 징후 탐지

풍력터빈의 안정적인 운영과 유지관리 최적화를 위해, SCADA 시스템으로부터 수집되는 운전 데이터(진동, 출력, 전류, 온도 등)를 활용한 빅데이터 분석 및 AI 기반 이상감지(Anomaly Detection) 기술이 도입되고 있다. 이 데이터들은 실시간 또는 장기 누적 방식으로 저장되며 머신러닝 알고리즘을 통해 정상 패턴과의 편차를 자동으로 탐지함으로써 초기 이상 징후를 조기에 파악할 수 있다.

이러한 분석 결과는 소모품 교체 주기 최적화, 예기치 못한 고장 사전 예방, 그리고 유지관리 자원의 효율적 배분에 활용되며, 전체 O&M 비용 절감과 설비 가동률 향상에 기여한다. 특히 주요 구성품인 기어박스, 베어링, 피치 시스템 등의 열화 상태를 정량화하여 정비 시점을 예측함으로써, 계획되지 않은 가동 중단을 최소화할 수 있다.

5.3 트러블슈팅 및 고장 사례 분석

1) 케이블 단선·절연 파손

해상풍력단지에서는 풍력터빈과 해상변전소, 육상계통을 연결하는 장거리 해저케이블이 설비 전체의 핵심 전력망을 구성하며, 전체 시스템에서 매우 높은 비중을 차지한다. 그러나 이들 케이블은 앵커 충돌, 어망 걸림, 해저 지반 침하, 암반 마찰 등에 의해 외부에 노출되거나 물리적 충격을 받아 단선 또는 절연 파손이 발생할 수 있다.

이러한 고장이 발생하면, 전용 수리선과 전문 작업팀이 투입되어 손상 구간 절단, 접속(Splice), 테스트 등의 복구 작업을 수행해야 하며, 해상 조건에 따라 장비 접근성

및 복구 기간이 크게 좌우된다.

따라서 고장을 미연에 방지하기 위해, ROV(원격 무인잠수정)를 활용한 시각 점검, 부분방전(PD) 감시 시스템 등을 통한 예방적 상태 모니터링 체계를 운영하는 것이 필수적이다. 이를 통해 케이블의 열화나 외부 손상을 조기에 탐지하고, 장기간 가동 중단에 따른 손실을 최소화할 수 있다.

2) 변압기·차단기 고장

해상풍력 설비에서 운용되는 변압기 및 차단기는 혹독한 해양 환경에 지속적으로 노출되기 때문에, 고온, 염분, 습기, 전기적 스트레스 등 다양한 원인으로 인해 트립(Trip) 또는 고장이 발생할 수 있다. 대표적인 사례로는 변압기 권선의 과열, GIS 내 SF_6 가스 누설 또는 압력 저하, 부식 및 절연 열화 등이 있으며 이는 장기 운전 시 설비 신뢰성을 저하시킬 수 있다.

이러한 고장을 방지하기 위해, 시스템에는 서지 보호장치(SPD)를 설치해 이상 전압을 차단하고, 캐소드 보호(Cathodic Protection, CP)를 통해 외함의 해수 부식도 저감한다. 또한 변전소 설계 단계에서 방폭 구역을 설정하여 사고 확산을 방지한다.

예방적 유지관리 측면에서는 변압기 절연유에 대한 DGA(용존가스 분석)를 정기적으로 실시하여 내부 열화 징후를 조기 탐지하고, 부분방전(PD) 시험을 통해 절연 시스템의 상태를 점검함으로써, 주요 고장으로 이어지는 위험요소를 사전에 관리할 수 있다.

3) 터빈 블레이드·기어박스 손상, 진동 과다

해상풍력터빈은 해양 환경 특성상 다양한 외부 요인에 노출되며, 이로 인해 블레이드 및 기어박스의 구조적 손상과 비정상 진동이 발생할 수 있다. 주요 원인으로는 해상 염분에 의한 부식, 낙뢰에 따른 손상, 조류 또는 해양생물과의 충돌, 블레이드 표면 균열, 기어 치차 마모 및 파손 등이 있다.

이러한 손상은 진동 증가나 출력 불안정으로 이어질 수 있으므로, 정기적인 육안검사 외에도 열화상 카메라를 통한 온도 이상 감지, 음향신호 분석(음향방출 진단) 등 비파괴 진단기법을 병행하여 이상 징후를 조기에 탐지해야 한다.

또한 블레이드는 내후성 코팅의 주기적 보수 및 복원을 통해 해수·자외선 등 외부 환경에 대한 저항성을 유지해야 하며, 기어박스는 진동·윤활 상태 모니터링과 함께 열화 분석을 기반으로 사전 정비 시점을 결정하는 것이 중요하다.

4) 보험 및 보증(Guarantee), 분쟁 예방법

해상풍력사업과 같은 대규모 인프라 프로젝트에서는 EPC(설계·조달·시공) 계약 체결 시, 시운전 완료 후 일정 기간 동안의 성능보증 및 장비 보증(일반적으로 2~5년)이 포함된다. 이는 주요 설비의 결함 또는 성능 미달 시, 시공사 또는 제조사가 일정 범위 내에서 무상 수리나 교체를 책임지도록 하는 제도이다.

또한 건설 및 운영 단계에서 발생 가능한 사고나 손해에 대비하기 위해 다양한 보험 상품이 적용된다. 예를 들어 건설공사보험(CAR), 해상운송보험(Marine Cargo Insurance), 운영자보험(O&M Insurance) 등을 통해 풍재, 기계 고장, 해상 사고 등으로 인한 재무적 리스크를 분산시킨다.

한편 계약 단계에서의 분쟁을 최소화하기 위해, SLA(서비스 수준 협약)를 통해 가동률, 유지보수 대응 시간, 성능 기준 등 핵심 항목에 대한 KPI(Key Performance Indicator)를 명확히 설정하고, 이행 여부를 측정할 수 있는 정량적 기준과 평가 방식을 계약서에 반영하는 것이 중요하다. 이를 통해 추후 책임소재 모호성, 비용 분쟁 등을 효과적으로 방지할 수 있다.

5.4 ESS 운영·수소 생산 설비 유지관리

1) 배터리 열화, 수소 생산 효율 하락 대응

재생에너지 기반 에너지저장(ESS) 및 수소 생산 시스템의 안정적 운영을 위해서는 배터리와 전해조(수전해 장치)의 열화 및 성능 저하에 대한 체계적인 관리가 필요하다.

리튬이온 배터리 등 이차전지는 주기적으로 SOH(State of Health)를 측정하여 잔존 수명과 용량 유지율을 평가하고, 과열 방지를 위한 안전 온도 범위 유지(예: 15~35°C)를 통해 화재나 성능 저하를 방지한다. 또한 충방전 이력 분석을 기반으로 이상 패턴을 조기에 탐지해 선제적 조치를 취할 수 있다.

한편 수소 생산용 전해조(예: PEM 또는 알칼라인 수전해기)는 장기간 운전 시 전극 열화, 스케일 침착(석회질 등) 등의 문제가 발생할 수 있으며 이는 수소 생산 효율 저하의 주요 원인이 된다. 이를 방지하기 위해 전극 정기 세정, 수질 관리, 스케일 억제제 사용, 그리고 해수담수화(RO) 장치의 필터 주기 교체 등 예방정비가 필요하다.

이러한 유지관리 활동은 설비의 수명 연장과 고효율 운전을 가능하게 하며, 동시에 예기치 않은 가동 중단과 안전사고를 예방하는 핵심 관리 요소이다.

2) 안전 문제(수소 누출, 폭발 방지)

수소와 에너지저장장치(ESS)는 친환경 에너지 인프라의 핵심이지만, 화재 및 폭발 위험성이 높은 고위험 물질을 포함하고 있어 철저한 안전 관리가 필수적이다.

먼저 수소저장탱크 및 배관에서의 누출은 해상 또는 육상 어느 환경에서도 대규모 화재 및 폭발로 이어질 수 있으므로, 특히 해상플랫폼의 경우 방폭구역(Explosion-proof zone) 설정, 수소 가스 누출 감지 센서, 자동 차단 밸브 등의 안전 시스템을 반드시 구축해야 한다. 이와 함께, 통풍 구조 설계와 정전기 방지 조치도 병행되어야 한다. 또한 리튬이온 배터리 기반의 ESS 시스템은 Thermal Runaway(열폭주)로 인한 연소·폭발 가능성이 있어, 온도 센서 기반의 조기 감지 체계, 이중 소화시스템(불활성 가스, 해상용 스프링클러 등)을 갖춘 해상소화설비를 포함한 종합 대응 체계를 마련해야 한다.

이러한 시스템은 단순한 사고 예방을 넘어, 사고 발생 시 초기 대응 속도와 피해 최소화의 관건이 되며, 관련 국제 기준(IEC, DNV, NFPA 등)에 기반한 설계와 운영이 요구된다.

3) 에너지 관리 시스템(EMS) 연동 최적화

해상풍력 전력 여유분 시 ESS 충전·수소 전환/계통부하 증가 시 방전 또는 수소연료전지 활용한다. 경제성·탄소배출권·RPS(REC) 등 종합 고려해 최적 운용 알고리즘 구현한다.

해상풍력발전단지의 시공(Construction) 및 설치 공정(8장) 과정에서는 터빈·변전소·계통설비를 안전하고 품질 높게 구축하기 위한 기법(모듈화, Heavy Lift, 공정관리, HSE)이 핵심이고, 시운전 및 유지보수(9장) 단계에서는 체계적인 Commissioning 절차, 운영·정비 전략, 트러블슈팅이 성공적인 장기 운영을 결정짓는다.

4) 시공

해상터빈 시공(고정식/부유식), 해상변전소 모듈화, 육상변전소 건설, 시공관리(HSE·QA/QC) 등 기상위험(파도, 태풍), 중량 인양, 해양교통 등 복잡 요인을 체계적으로 통제한다.

5) 시운전

발전기·인버터·보호계전기 개별 테스트, 해상·육상 변전소 연계시험, SCADA 통합 시험, 계통 안정성 검증을 한다. 상업운전 개시 전 모든 절연·기능·안전시험을 전기안전공사로부터 사용전검사를 완료하고 전력회사와 병입 절차를 준수한다.

6) 운영·유지보수(O&M)

예방·예측·상태기반 정비 전략으로 해상 특유의 고비용·고위험 O&M을 최적화한다. 빅데이터·AI 진단, ROV/드론 점검, ESS·수소설비 연계 등 첨단 기술로 효율성 제고하고 케이블·변압기·터빈·기어박스 등 주요 고장 사례를 미연 방지, 사고 시 신속 수리체계 확립한다. 결국 시공부터 시운전·운영까지 전 과정에서 **안전(HSE)과 품질관리(QA/QC)·기상 리스크 대응·계통연계 기준 준수**가 필수적이며, 장기적으로 해상풍력발전단지가 안정적인 에너지원으로 역할을 수행하도록 체계적인 매뉴얼과 전문 인력이 뒷받침되어야 한다.

제 **9** 장

경제성 평가 및 사업 추진

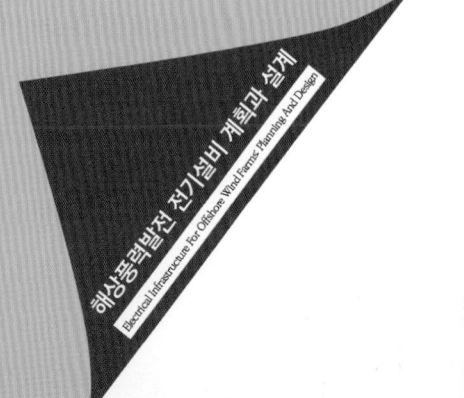

제9장 경제성 평가 및 사업 추진

Electrical Infrastructure For Offshore Wind Farms

해상풍력발전단지는 설치비(최초 투자)와 유지관리비가 육상풍력보다 높지만, 풍속이 높고 발전량이 많아 장기적으로 경제성을 확보할 수 있다. 이 장에서는 사업성 분석(재무지표), 정책 지원·전력거래 전략(RPS, FIT, PPA 등), 리스크 관리·프로젝트 스케줄 등을 중심으로 해상풍력 경제성과 사업추진 방법론을 정리한다.

1. 사업성 분석(Financial Analysis)

1) CAPEX, OPEX, 잔존가치, Cash Flow 예측

- **CAPEX(초기 투자비)**

  개발·설계, 인허가, 기초·터빈·변전소·해저케이블 시공, 모듈화·운송·설치, 시운전 비용 등을 포함하여 산정해야 한다.

- **OPEX(운영비)**

  정기 유지보수, 점검선(SOV), 인건비, 보험료, 전력설비 세금, 변압기 및 케이블 교체 비용 등을 포함하며, 육상 설비 대비 2~3배 높은 수준으로 고려해야 한다.

- **잔존가치(Residual Value)**

  프로젝트 종료 시점(20~25년 후) 터빈 및 설비 철거 비용과 스크랩 가치, 또는 재파이낸싱 및 연장 운영 가능성까지 반영하여 평가해야 한다.

- **현금흐름(Cash Flow)**

  연간 전력판매수익에서 운영비, 금융비용(이자), 세금 등을 차감하여 프로젝트별 연도별 Cash Flow를 시계열로 정확히 산출해야 한다.

2) 프로젝트 파이낸싱(SPC 설립 등), 투자 구조

SPC(Special Purpose Company) 형태로 시행사·시공사·투자자가 지분투자, 금융

기관 대출·채권으로 나머지 조달을 한다.

- **리스크 분담**

    시공 완료 후 운영 단계에서 장기 차입금(Refinancing)으로 이자비용을 절감하고 대규모 해상풍력은 공기업·글로벌 에너지 기업 참여가 많으며, EPC + O&M 계약하고 BOOT(Build-Own-Operate-Transfer) 등도 적용한다.

3) 재무지표(IRR, NPV, Payback)와 민감도 분석

- **IRR(Internal Rate of Return)**

    투자안이 목표 수익률(예: 7 ~ 10%)을 초과하는지 여부를 판단하기 위해 산출해야 한다.

- **NPV(Net Present Value)**

    할인율(가중평균자본비용, WACC)을 적용하여 미래 현금흐름을 현재가치로 환산하고, 그 값이 0 이상일 경우 투자 타당성이 있다고 평가해야 한다.

- **Payback Period**

    초기 투자금액을 회수하는 데 소요되는 기간을 산정하여, 투자 회수의 신속성과 리스크를 함께 검토해야 한다.

- **민감도 분석**

    전력판매단가, 발전량(풍속), CAPEX 증가, 인허가 지연, 환율 변동 등 주요 변수 변화에 따른 IRR 및 NPV의 변동성을 평가하여, 프로젝트의 재무적 안정성과 리스크 요인을 체계적으로 분석해야 한다.

2. 정책 지원 및 전력거래 전략

1) RPS, REC 가중치, FIT, 탄소배출권 거래제

- **RPS(Renewable Portfolio Standard)**

    일정 규모 이상의 발전사업자가 재생에너지 의무공급량(REC)을 구매·생산해야 한다. 해상풍력은 높은 REC 가중치(2.0 ~ 3.5 등) 적용 가능하다.

- **FIT(Feed-in Tariff)**

    정부가 장기 고정가격으로 전력을 구매하여 투자 안정성 확보해준다. 일부 국가에서 해상풍력 전용 FIT를 실시하고 있다.

- **탄소배출권(ETS)**

    그린 수소나 재생에너지 생산분은 탄소배출권 할당·거래에서 이점이 있을 수 있다.

2) 장기 전력구매계약(PPA), RE100 기업 수요

- **장기 PPA**

    전력회사가 아닌 직접 전력을 구매하는 기업(RE100 참여 기업 등)에게 해상풍력 전력을 10~20년간 공급하여 안정적 현금흐름을 확보한다.

- **RE100 시장**

    글로벌 기업들이 재생에너지 100% 목표를 위해 해상풍력 PPA 적극 추진 → 해상풍력 개발사가 기업 오프테이커를 구하면 금융 리스크 완화한다.

3) 시장 전력가격 예측, 혼합 사업 모델(전력 + 수소)

전력가격(Spot Market) 변동성이 커질수록 장기 PPA나 RPS 정책이 유리하다.

- 전력 + 수소 병행 모델: 잉여 전력으로 수소 생산, 별도 수익(그린 수소 판매), 탄소 저감 인센티브가 가능해 사업성이 향상된다.

3. 리스크 관리 및 프로젝트 스케줄

1) 인허가 지연, 기술·공정 리스크, 자연재해

해상풍력 인허가는 공유수면 사용허가, 전기사업허가, 환경영향평가 등 복잡 절차 → 원스톱 행정지원 제도 검토한다.

- **공정 리스크**

    해상크레인 기초 설치 시 기상악화(태풍, 파고)로 지연될 수 있으며 이로 인해 자재·장비 수급에 차질이 발생할 수 있다. 그리고 환율·원자재 가격 변동이 우려된다.

- **자연재해**

태풍, 지진, 해일 등으로 시설 파손 위험이 있어 보험·재난대응 매뉴얼을 참조한다.

2) 보험(해상보험, 사업자 종합보험), 보증(Performance Bond)

CAR(Contractors' All Risks) 보험, 해상운송보험(Marine Cargo), 운영자 보험(영업배상책임, 풍력설비 보험 등)에 가입한다. 시공사·장비 공급사 Performance Bond, 보증기간(2~5년) 성능 미달 시 페널티 등으로 품질 담보가 필요하다.

3) 사업 단계별 일정관리(건설, 운영, 업그레이드)

- **건설단계**

    기초, 터빈, 케이블, 변전소 순으로 공정표를 수립하고, 기상윈도우를 확보하며, 크리티컬 패스를 철저히 관리해야 한다.

- **운영단계**

    20~25년의 장기 운영 기간 동안 터빈 정기점검, 해저케이블 로브 검사 등 체계적인 유지보수 스케줄을 수립하여 안정적 운영을 지속해야 한다.

- **업그레이드/리파워링**

    사업 중간에 대형 블레이드 교체, 에너지저장장치(ESS) 증설, 수소설비 추가 등의 업그레이드 가능성을 고려하여 유연한 사업계획을 마련해야 한다.

4) 해상풍력발전단지의 성공적인 개발과 운영을 위한 핵심 요소

- **사업성 분석(Financial Analysis)**

    CAPEX 및 OPEX를 정확히 산정하고, IRR·NPV를 계측하며, 민감도 분석을 통해 투자 타당성을 객관적으로 평가해야 한다. SPC(Special Purpose Company) 설립과 대규모 프로젝트 파이낸싱 구조화를 통해 자금조달 기반을 마련해야 한다.

- **정책 지원 및 전력거래 전략**

    RPS/REC, FIT, 탄소배출권, RE100 수요 등 제도적 인센티브를 적극 활용하고, 장기 PPA 및 전력+수소 혼합 모델을 통해 안정적인 수익원을 확보해야 한다.

- **리스크 관리 및 스케줄**

    인허가 지연, 기술 및 공정 리스크(특히 해상작업 리스크), 자연재해 등 다양한 위험 요소에 대비하여 보험 및 보증 체계를 구축하고, 단계별 세부 일정계획을 수립하여 지연으로 인한 비용을 최소화해야 한다. 이러한 요소들을 종합적으로 고려함으로써, 해

상풍력발전단지는 장기적이고 안정적인 수익 창출과 계통 친화적 운영을 달성할 수 있으며 나아가 재생에너지 확대와 국가 탄소중립 정책 실현에 기여할 수 있다.

4. 해상풍력발전 프로젝트 종합 사업성·정책·리스크 분석 예

다음에 제시된 표들은 풍력발전설비에 대한 사업성 분석을 예시로 정리한 자료이다. 비록 전기설계자가 반드시 숙지해야 할 사항은 아니지만 풍력발전설비의 전반적인 흐름과 구조를 이해하는 데 도움이 될 수 있어 하나의 참고 사례로 제공하오니 참고하기 바란다.

〈표 9-1〉 사업성 분석 - Financial Analysis

구분	핵심 구성 항목	요약/산정 기준	참고 지표 (최근 사례)
CAPEX (초기 투자비)	- 개발·설계·인허가(5 ~ 10%) - 터빈 구매·설치(40 ~ 50%) - 기초·하부구조물(15 ~ 25%) - 전력망(변전소 + 해저케이블)(20 ~ 30%) - 모듈화·운송·해상설치·시운전(5 ~ 8%) - 예비비·건설보험·금융비용(5 ~ 10%)	고정식 1 GW급 기준 CAPEX £ 2.37 M/MW (약 370억원/MW) 국내 실증단지 50억원/MW 이상	NREL 2024 비용 분해
OPEX (연간 운영비)	- 정기 유지보수·예방정비 - SOV·CTV·Jack-up 선박 운용 - O&M 인력·운영기지·예비부품 - 보험(재산·해상·배상)·세금·임대료	육상풍력 대비 2 ~ 3배 (kW-yr 당 $/kW) 1 GW 단지 평균 £ 76 000/MW·yr (약 1억2천만 원)	Carroll 등 "O&M costs two to three times higher"
잔존 가치	- 해체(철거) 비용 - 스크랩·자산 잔존가치 - 수명연장(Life-extension)·재파이낸싱	영국 추정 해체비 £ 80 000 - £ 300 000/MW (순비용)	Manhattan Institute 보고서
Cash Flow	전력판매-OPEX-이자-세후 순현금흐름(20 ~ 25년)	- SMP + REC·PPA 단가 : 최근 고정가격 상한 176 565 원/MWh (2024 경쟁입찰) - WACC 6 ~ 8% 가정 시 LCOE 271 ~ 300원/kWh	입찰 상한

※ 현금흐름 모델·지표 산정

　IRR·NPV·Payback를 동시에 제시하고 민감도(전력단가 ±10%, CF ±5%p, CAPEX ±10% 등)를 Matrix 형태로 분석해 투자자·대주단·정부의 의사결정 근거로 활용한다. LCOE는 'NPV = 0'이 되는 최소 단가'로 역산하고, 해체 시 순해체비용을 마지막 해 현금유출로 편입한다.

〈표 9-2〉 프로젝트 파이낸싱 구조

구분	내용	근거·사례
SPC 설립	다수의 발전사·건설사·전략투자자가 지분참여, 자본은 20~30%, PF 차입 70~80%	국내 서남해 실증단지 SPC 분석
EPC + O&M 장기계약	건설 리스크 → EPC, 운영 리스크 → LTSA(Full-Service)로 분담	국제 관행
BOOT / BTO	25년 운영 후 양도 또는 민간 지속운영, 만기 Re-financing으로 이자 절감	글로벌 메가프로젝트
리스크 분담	- 공기업·글로벌 유틸리티 전략지분 - COD 후 장기 차입 전환(Refi)	Equinor Bandibuli PPA

〈표 9-3〉 재무지표·민감도

지표	목표치	해석
IRR (Equity)	≥ 8% (정책 PF) / ≥ 10%(Pure merchant)	목표 수익률 초과 여부
NPV	≥ 0 (@ WACC = 6~8%)	절대가치, 금액이 클수록 낙수효과
Payback	7~9년 (보조금) / 11~13년 (무보조)	회수기간, 유동성 판단

※ **민감도** - 전력단가가 10% 하락하면 IRR −1.8%p, CAPEX + 10% 시 IRR −1.2%p, 이용률 +5%p 시 IRR +2.4%p 등. 풍황·투자비 〉 금융비 〉 환율 순으로 민감도가 큼.

〈표 9-4〉 정책 지원·전력거래 전략

제도	적용/효과	최근 동향
RPS/REC	해상풍력 REC 가중치 2.0 – 3.5 (연계거리·수심 가중)	산업부 개정안
FIT/고정가격 입찰	20년 고정 PPA, 2024년 풍력 경쟁입찰 상한 176 565 원/MWh	입찰공고
ETS	무탄소전력 판매·국가배출권 보유량 절감 → 추가수익	K-ETS 가이드라인
장기 PPA / RE100	RE100 대기업이 10~20년 PPA 체결, 금융리스크 현저히 축소	국제 RE100 PPA 동향
전력 + 수소 모델	잉여전력 → 전해조(PEM) → 그린H_2 판매·탄소배출권 확보	정부 Green New Deal 수소투자
시장가격 Hedging	SMP 변동성 ↑ → 고정 PPA·CfD·옵션거래 활용	

<표 9-5> 리스크 관리·프로젝트 스케줄

리스크 유형	대응 전략	근거·예시
인허가 지연	원-스톱 허가·FAST-41, 초기 주민협의; 평균 44개월 소요	美 BOEM 통계
기술·공정	기상윈도우 분석, 모듈화·병렬설치, 글로벌 공급망 다변화	
자연재해	태풍·지진 설계(IEC TC 88 61400-3-2), 긴급복구(ER)계획	제주 풍속 기록
보험·보증	CAR, Marine Cargo + DSU, O&M All-risk, P&I, 성능보증서	Marsh Renewable Risk Note
일정관리	- 건설: 기초 → 케이블 → 터빈 → 변전소 순 Critical Path 관리 - 운영: CMS + 예지정비, 24 × 7 SOV, 5·10년 대수선 예치 - 업그레이드: 15년차 대형터빈 Repower, ESS·H₂ 병설	

4.1 성공 요인 - Executive Take-Away

- **정밀 비용·현금흐름 모델**: 설계단계부터 CAPEX/OPEX ± 5% 정밀도, IRR > 8% 확보

- **SPC-기반 PF 구조**: EPC + LTSA로 리스크 분리, COD 후 Re-fi로 WACC 최소화

- **다층 정책 패키지**: REC 가중치 + 고정가격 + RE100 PPA + ETS/수소 인센티브를 조합

- **전(全)주기 리스크 매트릭스**: 인허가·공정·운영·해체까지 보험·보증·컨틴전시를 내재화

- **공급망·기술혁신**: 12MW ↑ 대형터빈, 모노파일 XXL or 자켓 표준화, 로봇·AI O&M, 그린H_2 연계, 위 요소를 체계적으로 통합하면 해상풍력발전은 **탄소중립·지역경제·공급망 경쟁력**을 동시에 견인하는 전략 사업으로 자리매김할 수 있다.

제 10 장

향후 기술 동향 및 발전 방향

제10장 향후 기술 동향 및 발전 방향

Electrical Infrastructure For Offshore Wind Farms

해상풍력발전은 전 세계 재생에너지 전환의 핵심 수단으로 부상하며 기술적·경제적·정책적으로 빠르게 진화하고 있다. 이 장에서는 해상풍력 분야의 네 가지 미래 기술 동향 대형화 및 부유식 확장, 하이브리드 해상에너지 시스템, 디지털화·스마트 운영, 탄소중립·ESG 경영을 심도 있게 분석한다. 각 주제별로 최신 2024~2025년 기술 트렌드와 글로벌 사례, 연구결과를 체계적으로 정리하여, 국내외 최고 수준의 전문지식을 제공한다.

1. 해상풍력 대형화 및 부유식 확장

1.1 초대형 해상풍력 터빈 개발 동향

해상풍력 터빈의 용량과 크기는 지속적으로 증가하고 있다. 2020년대 중반 현재 세계 주요 제조사들은 15~20MW급 터빈 프로토타입을 속속 선보이고 있으며 중국을 중심으로 20MW를 넘어서는 설계까지 등장하고 있다. 예를 들어 2024년 8월 중국 Mingyang사는 세계 최대 용량인 20MW급 터빈을 설치(하이난 실증)하며 로터 직경 260~292m, 단일 터빈 연간 발전량 약 8억 kWh를 달성했다고 발표하였다.

같은 해 Dongfang Electric사는 26MW급 터빈의 나셀을 제작하면서, 직경 310m 거대 로터(축구장 10개 넓이)에 연간 10억 kWh 이상의 발전량을 목표로 하고 있다. 유럽 기업들도 가세하여 Siemens Gamesa는 덴마크 Østerild(외스테릴) 시험장에 21MW급 시제품 설치를 준비 중이며 Vestas와 GE도 15~18MW급 플랫폼 개발에 박차를 가하고 있다. 이러한 터빈 대형화는 블레이드 길이 120m 안팎, 허브 높이 150m 이상에 이르러, 단위 기수당 발전량 증가로 같은 면적에서 더 많은 전력을 생산하고 균등화발전원가(LCOE)를 낮출 잠재력이 있다.

실제로 초대형 터빈은 해저 전력케이블, 해상변전소 등 균등화된 인프라 비용을 분산시키는 효과로 경제성을 높일 것으로 기대된다. 다만 기술적 과제로서 터빈 중량 증가에 따른 설치 장비 한계와 하부구조 부담이 있다. 10~12m 직경의 모노파일이나 거대 재킷 기초를 설치하기 위해 3,000~5,000톤급 크레인 선박과 특수 설치 기술이 요구되며, 구조물 대형화로 인한 해상운송·시공 리스크도 증가하고 있다. 업계는 초대형 터빈 전용 설치선 개발과 블레이드 분할운송 기술 등을 통해 이러한 허들을 극복하고 있으며 터빈 제조사들은 탄소섬유 등 신소재와 모듈화 설계를 적용해 중량 증가를 억제하고 있다.

1.2 부유식 해상풍력 확대

수심 약 50m를 초과하면 고정식 하부 기초(모노 파일, 재킷 등)의 경제성이 급격히 저하되는데, 이러한 한계를 극복하기 위해 부유식 해상풍력(Floating Offshore Wind)이 미래 핵심 대안으로 부상한다. 부유식 기술은 스파(Spar), 세미서브(spar), 텐션레그플랫폼(TLP) 등 형식으로 심해에서 플로팅 플랫폼을 이용하여 터빈을 부유시킨다. 이미 세계 해상풍력 잠재량의 80% 이상이 수심 60m 초과 해역에 존재한다고 보고된 만큼, 부유식은 거대한 잠재자원을 열기 위한 열쇠다. 2017년 세계 최초 상업 운전한 스코틀랜드 Hywind(30MW, 5기)와 포르투갈 WindFloat Atlantic(25MW, 3기) 등은 부유식 개념의 실규모 검증을 마쳤고, 2023년 노르웨이 Hywind Tampen(88MW, 석유 플랫폼 전력공급) 프로젝트도 가동에 들어갔다. 영국은 2022년 ScotWind 해상풍력 입찰에서 15GW 이상의 부유식 단지를 할당하며 본격 상용화를 예고했고, 미국도 메인주 연구단지(144MW)를 승인하여 북미 최초 부유식 풍농장 실증에 나섰다.

특히 미국 메인주의 Gulf of Maine에는 2030년대 초까지 12기, 144MW 규모 Maine Research Array를 조성해 미국 첫 부유식 풍력발전단지를 운영할 계획이며, 이를 통해 향후 15GW에 달하는 대규모 부유식 개발의 기반을 마련하고자 한다. 일본, 프랑스, 한국 등도 수십 MW급 부유식 실증 사업을 진행하거나 계획 중으로, 부유식 시장은 2030년대에 폭발적으로 성장할 전망이다. 한편 부유식 발전의 설치 및 운영 기술은 석유·가스 해양플랜트의 오랜 경험을 상당 부분 활용하면서도, 대규모 풍력단지 특유의 새로운 도전을 수반한다.

예컨대 계류(mooring) 시스템의 경우, 100기 규모 1GW 부유식 단지에서는 45개의 계류라인을 터빈마다 적용할 시 200개 이상의 앵커와 200km 이상의 계류선이 해저에 깔리는 '스파게티' 현상이 발생한다. 이를 관리하기 위해 200~300톤급 추력을 지닌 대형 앵커 핸들링 선박과 전문 시공 장비가 다수 요구되며, 설치 작업의 반복성과 인력 안전 문제가 대두되고 있다. 안전을 위해 인력을 최소 투입하는 무인 원격 연결 기술이 활용되고, 해상 작살식 앵커, 석션앵커 등 다양한 고정 기술이 시험되고 있다.

또한 부유식에서는 전력 전송을 위한 케이블도 떠 있는 상태로 설치되므로, **동적 케이블**의 설계가 핵심이다. 부유식 단지는 터빈 간 및 변전소 간 전력배선을 위해 절반 이상이 수중에 부유하는 **동적 전력케이블**을 사용하며, 이들은 지속적인 플랫폼 운동을 견디도록 고강도 소재와 **벤드 스티프너(굽힘 완충장치)**, **부력재 부착** 등 특수 설계가 적용된다. 예를 들어 Aker Solutions는 부유식 풍력단지의 케이블 연결을 최적화하기 위해 '데이지 체인'(연속 연결) 방식 대신 **별형(스타)** 배전 시스템을 제안하였는데, 해저에 **66kV급 집전 허브**를 설치하고 여러 터빈을 한 지점에서 연결함으로써 케이블 직경과 장력을 줄이는 기술이다. 이러한 혁신으로 부유식 단지의 배선 신뢰성을 높이는 한편 설치 편의성을 개선하고자 하고 있다.

〈그림 10-1〉 부유식 반잠수식 풍력발전

부유식 해상풍력 플랫폼 기초 구조. 부유식 구조물은 해양 파랑과 풍하중에 대응하여 플랫폼의 운동을 제어하고 터빈을 안정적으로 지지해야 한다. 그림 10-1은 부유식 반잠수식 기반(WindFloat) 터빈의 플랫폼 상부 구조로, 작업자들이 계류 연결부와 터빈 기초를 점검하고 있다. 대형 부유식 단지를 구현하려면 이처럼 **해양플랜트 수준의 엔지니어링**이 요구되며, 계류 설계, 동적 케이블의 피로 수명 해석, 부유식 변전설비 설계 등이 통합적으로 검토되어야 한다. 현재 영국, 노르웨이 등을 중심으로 부유식 해상변전소(Floating Substation) 개발도 추진되고 있는데, 부유식 단지에서 발생한 전력을 모아 변압·변환하기 위해 기존 고정식 변전소를 대체하는 부유 플랫폼 기술이다. 예를 들어 영국에서는 2024년 부유식 변전소 설계 시범사업에 착수하여 대용량 부유식 단지에 필수적인 핵심기술을 검증하고 있으며 덴마크 등도 장기적으로 에너지섬 개념에 부유식 변전 시설을 포함하는 방안을 연구 중이다. 부유식 변전소는 수천 톤에 이르는 변압기, 컨버터 장비를 거친 **민감한 전기설비를 해양 환경에서 부유상태로 안정화**해야 하는 도전이 있으나, 성공 시 심해 단지의 효율적 전력 수송에 획기적인 역할을 할 것으로 기대된다.

요약하면 **해상풍력의 대형화와 부유식 확장**은 서로 맞물려 미래 해상풍력의 지리적·규모적 한계를 크게 넓히고 있다. 20MW급 초대형 터빈과 부유식 플랫폼이 결합될 경우, 단일 기기로 연간 1억 kWh 이상의 생산도 바라볼 수 있으며 광대한 심해 해역을 활용한 GW급 단지 조성이 가능해진다. 이러한 기술 발전은 설치·운영비용 절감과 자원 접근성 향상으로 LCOE를 낮춰 해상풍력이 **전력계통의 주축**으로 자리매김하는 토대를 마련할 것이다.

2. 하이브리드 해상 에너지 시스템

해상풍력은 독립적인 발전원으로뿐만 아니라, **다양한 에너지 자원 및 기술과 융합**되어 종합 에너지 시스템으로 진화하고 있다. 특히 태양광, 에너지저장장치(ESS), 수전해 기반 수소생산, 직류송전 등과의 결합을 통해 해상에서 에너지 생산과 활용의 시너지를 극대화하는 하이브리드 시스템이 주목받고 있다. 최신 동향을 몇 가지 측면에서 살펴본다.

2.1 해상풍력 + 부유식 태양광 + ESS 통합

풍력과 **태양광**의 출력 특성이 상보적(서로 보충하는 관계)이라는 점에 착안하여, 두 자원을 해상에서 동시에 활용하는 시도가 진행되고 있다. 바다나 호수의 잔잔한 수면에 부유식 태양광 패널(Floating PV)을 전개하고 인근에 해상풍력 터빈을 설치하여,

동일 구역에서 **태양광·풍력 복합 발전단지**를 구성할 수 있다. 이러한 하이브리드 단지는 풍속이 강한 때는 풍력이, 일사가 좋은 때는 태양광이 더 많이 발전하여 출력이 상호 보완되고, 동시에 설치된 에너지저장장치(배터리 등)가 잉여 전력을 저장함으로써 변동성을 완충한다.

그 결과 송전망에 공급되는 전력의 안정성이 향상되고, 재생에너지 비중이 높아도 전력품질을 유지할 수 있다. 이에 대한 장점으로는 태양광과 풍력의 계절·일간 보완 효과로 **설비 이용률을 제고**하고 저장장치로 급변 출력을 완화해 **계통안정성**을 높일 수 있다.

예시로 네덜란드 등지에서는 수상 태양광을 기존 풍력 부지 인근 수면에 설치하는 실험이 이루어지고 있고, 벨기에 SEAVOLT 컨소시엄은 거친 해양에서도 견딜 수 있는 부유식 태양광 모듈을 개발하여 풍력단지 내 적용을 모색 중이다.

〈그림 10-2〉 해상 복합발전 설치 예

이러한 해상 **복합발전(Multi-energy farm)** 개념은 아직 초기 단계이나, 향후 인공섬이나 해양구조물 위에 태양광 패널을 부착하거나 해상 풍력기의 부유체 주변에 태양광을 설치하는 등으로 확장될 전망이다.

이에 대한 과제로는 해양 환경에서 태양광 패널의 내구성(염분, 파랑), 부유체 정합,

유지보수 접근성 등이 기술 과제로 남아 있다. 또한 태양광+풍력 복합단지의 **경제성**은 입지 여건에 따라 상이하여 충분히 잔잔한 수면(예: 방조제 내측)에서 우선 적용되고 점차 개방된 해양으로 확대될 것으로 보인다.

〈그림 10-3〉 인공섬 설치 예(덴마크 에너지 빈되 섬)

2.2 해상풍력 + Power-to-X (그린 수소·연료 생산)

대규모 해상풍력이 보급되면서, 간헐적 전력의 **저장 및 활용도 향상**을 위해 수전해를 통한 수소 생산 등 Power-to-X 연계가 중요한 화두가 되었다. **그린 수소**란 풍력 등 재생에너지 전기로 물을 전기분해해 얻은 수소를 말하며, 탄소배출 없이 생산되어 저장 및 운송이 가능한 에너지 캐리어로 주목받는다. 해상풍력단지의 잉여전력을 이용해 해상 또는 연안에서 전해조(Electrolyzer)를 가동, 물을 분해하여 수소(H_2)를 생산하고 이를 압축·저장하거나 육상으로 이송하는 프로젝트들이 시도되고 있다. 예를 들어 네덜란드 북해에서는 가스전 플랫폼을 개조한 PosHYdon 시범사업을 통해 해상풍력으로 얻은 전력으로 해상 플랜트에서 직접 수소를 생산하는 세계 첫 실증을 진행 중이며, 2024년 하반기 첫 수소 생산을 앞두고 있다.

독일의 AquaVentus 이니셔티브는 2035년까지 북해 Heligoland섬 주변에 10GW 규모 해상풍력을 구축하여 연간 100만 톤의 그린 수소를 생산·육송하는 거대 구상을

내놓았고, 일본도 해상풍력으로 암모니아 합성까지 수행하는 Gulf of Happo(합포만) 프로젝트 등을 연구 중이다. 해상에서 생산된 수소는 해저 파이프라인이나 선박을 통해 육상으로 운송되거나, 바로 암모니아(NH_3)로 합성하여 운송하기도 한다.

암모니아는 수소를 대량으로 저장·이송하기 위한 매개체이자 직접 연소발전용 연료로 활용할 수 있어 각광 받는데, 해상풍력 전력을 활용한 그린 암모니아 생산도 점차 현실화되고 있다.

에너지섬(Energy Island) 개념은 이러한 풍력-수소 연계를 극대화한 것으로, 북해의 인공섬에 주변 해상풍력 전력을 모아 HVDC 송전도 하고 수소로 변환도 병행하는 복합 인프라를 의미한다. 덴마크는 2033년 가동 목표로 북해에 세계 최초의 에너지섬(初期 3GW 규모)을 구축 중이며, 섬 내에 대형 전해수소 플랜트를 설치해 풍력전력의 일부를 현지에서 수소로 만들어 송전량을 줄이고 잉여전력 문제를 해소하려 한다.

이러한 해상 Power-to-H2는 송전선 용량 부담을 낮추고 대규모 재생에너지 통합을 용이하게 할 잠재력이 있다. 다만 현재로서는 해상에 수소플랜트를 두는 것이 막대한 추가 비용을 수반하고 기술 신뢰성이 검증되지 않아, 경제성 확보와 안정적 운영을 위한 실증 노력이 진행 중이다.

2.3 해상 직류(DC) 기반 통합 전력망

대규모 해상에너지 자원을 효과적으로 육상에 공급하기 위해, 고전압직류(HVDC)를 활용한 송전망 혁신과 국제 연계가 활발히 논의되고 있다. 전통적으로 해상풍력은 개별 풍력발전 단지마다 교류(AC) 해저케이블로 육지 변전소에 연결되었으나, 향후 수 GW급으로 단지 규모가 커지고 복수 국가에 전력을 공급하는 상황에서는 멀티 터미널 HVDC망이 요구된다. 유럽연합(EU)은 이러한 비전을 담아 북해와 발트해에 초국경 해상 전력망 구축을 추진하고 있다. 2023년 EU는 2030년까지 오프쇼어 풍력 등 111GW 규모의 해상 재생에너지를 연결하기 위한 투자와 표준화를 발표했고 북해 연안 9개 국가는 2050년까지 북해에 300GW급 풍력을 공동 개발·연계한다는 Ostend 합의를 채결했다. 이의 실현을 위해 각국 송전사업자들은 2GW급 표준 HVDC 컨버터 플랫폼을 개발하여 여러 풍력단지를 하나로 묶는 허브&스포크 방식을 도입하고 있다.

대표적으로 네덜란드 TenneT은 2030년까지 북해에 2GW 용량의 해상 변환기(HVDC 플랫폼)를 14기 이상 설치하여 네덜란드·독일 연안을 잇는다는 계획으로, 이미 관련 공학 표준을 수립하고 제작에 착수했다. LionLink로 명명된 영국-네덜란드

간 HVDC 하이브리드 인터커넥터 사업도 발표되었는데, 이는 네덜란드 offshore 풍력단지(Nederwiek 3, 2GW 규모)에 HVDC 링크를 추가하여 한쪽으로 영국에 직접 전력을 보내고 동시에 양국 그리드를 연계하는 세계 최초 사례가 될 전망이다. 이처럼 해상풍력을 **전력허브화**하여 여러 방향으로 전력을 송전하면, 잉여전력을 인접국으로 수출하거나 부족 시 수입하는 등 유연성이 증가하고 대륙 규모의 재생에너지 최적 분산이 가능하다.

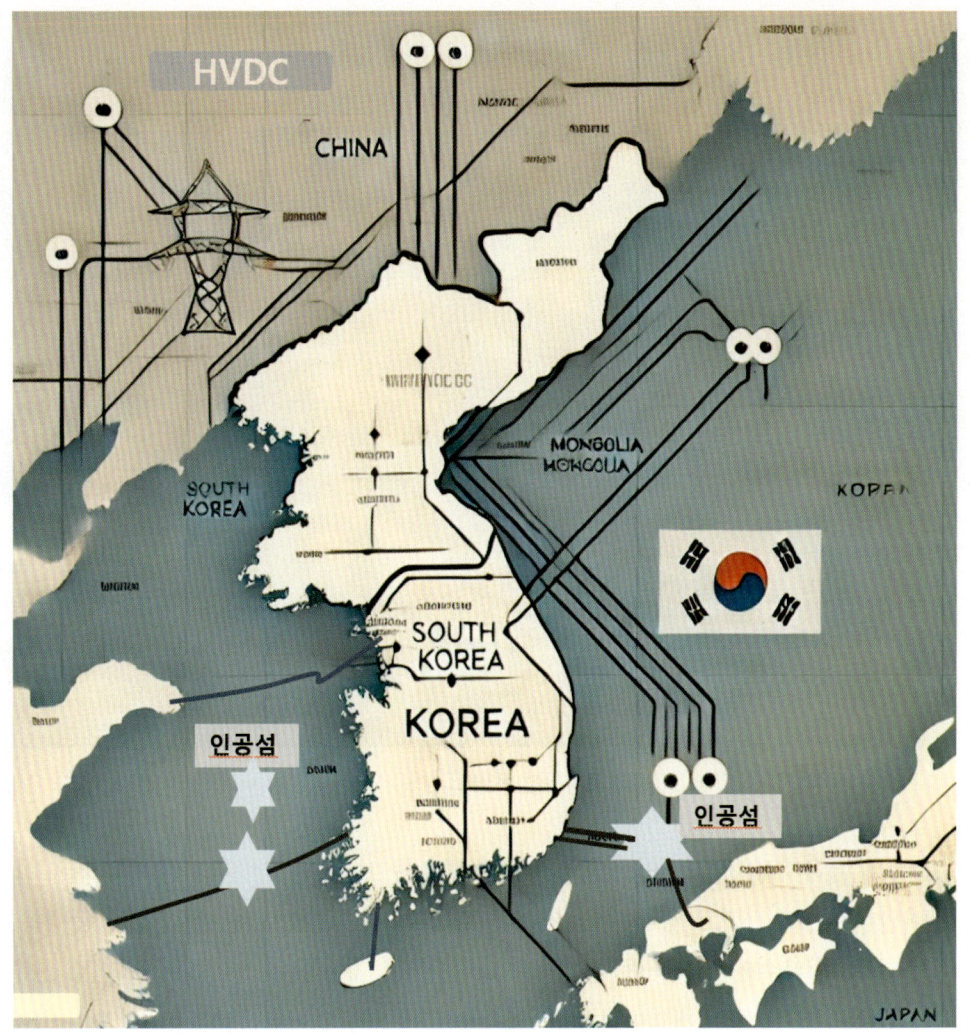

〈그림 10-4〉 아시아슈퍼그리드 상상도(에너지융합기술연구소)

그림 10-4는 우리나라도 향후 대규모 해상풍력 개발 시 송전망 병목을 피하기 위해 동해·남해 해역에 **해상 HVDC 변환 플랫폼**을 설치하고 인근 단지들을 집결시켜 본토

로 직류송전하는 방식을 검토해 본 상상도이다. 이런 구상이 실제 이루어진다면 또한 장래에는 한국-일본-중국, 몽골-러시아까지도 해저 HVDC로 연결하는 동아시아 슈퍼그리드 구상도 거론되는데, 이를 통해 지역별 재생에너지의 시간차를 활용한 전력 공유와 그린 수소 교역까지 아우르는 거대 에너지네트워크 형성이 가능해진다. 이러한 직류기반 통합 시스템은 송전손실 최소화와 전력품질 향상 장점이 있으나 국가 간 규제와 이익 배분 문제, 초기 투자비 등의 과제를 해결해야 한다.

〈그림 10-5〉 에너지섬 개념 조감도 (자료 : 에너지융합기술연구소)

북해 에너지섬(덴마크 인공섬)는 해상풍력 하이브리드 시스템의 대표 사례로 에너지 아일랜드가 추진되고 있다. 에너지섬은 바다 위에 인공섬이나 대형 부유 플랫폼을 만들어 주변 다수의 해상풍력 단지를 연결하고, 섬 내에 HVDC 변환시설과 수소 생산플랜트 등을 구축하는 개념이다. 그림 10-5는 에너지 인공섬을 상상하며 필자가(에너지융합기술연구소) 구상 한 그림이다. 이곳을 통해 대단위 해상풍력발전에서 생산한 전력을 수소생산 플랜트까지 겸해서 해상풍력 수십~수백 기의 전력을 모아 단일 거점에서 송전하고, 잉여전력은 그린 수소 등으로 전환하여 저장하거나 육지로 수송하고 또한 인근 국가로 수출할 수도 있다.

1) 장점

다수 단지를 하나로 모으므로 **전력망 구조 최적화**와 규모의 경제를 얻고, 섬 내에서 전력을 변환·분배함으로써 해상 운영을 효율화할 수 있다. 대단위로 개발하여 수소 생산까지 겸할 수 있다.

2) 과제

수조 원대에 달하는 막대한 초기 투자비와 해양 생태계 및 어업에 미칠 영향과 그리고 여러 국가 간 협약 및 규제 조율 등이 해결되어야 한다. 실제 덴마크 북해 에너지섬은 민관 합동으로 추진 중이나 경제성 논의로 일정이 지연되어 2033년에서 2036년경으로 완공이 미뤄진 상태이다. 벨기에 역시 **Princess Elisabeth 섬**을 2026년 완공 목표로 건설 중이며, 북해 연안국들은 향후 여러 에너지섬을 상호 연결하는 북해 그리드 구상을 발전시키고 있다.

이상과 같이 해상풍력은 태양광, 저장장치, 수소, HVDC 기술과 융합되어 **해양 종합 에너지 허브**로 발전 중이다. 하이브리드 해상 에너지 시스템은 재생에너지의 간헐성을 극복하고 에너지 효율을 높이며, **국제 에너지망 연계**와 **글로벌 수소경제** 활성화에도 기여할 것으로 기대된다. 이는 단순 전기 생산을 넘어 해상풍력이 미래 에너지 시스템의 중심 플랫폼이 될 수 있음을 시사한다.

3) 한국

우리나라에서도 녹색에너지연구원 황규철 원장이 제안한 「2050 탄소중립을 위한 1풍 4태 프로젝트(풍력 100GW, 태양광 400GW)」가 주목받고 있다. 이 프로젝트는 그림 10-6과 같이 서해안을 따라 약 170km에 걸쳐 인공섬을 포함한 개방형 장대 방조제를 조성하고, 그 위에 다양한 형태의 신·재생에너지 시설을 설치하는 한편 관광 인프라와 연계하여 활용하자는 구상이다. 아직은 매우 초기 단계에 있으나 향후 탄소중립을 실현할 수 있는 유력한 대안으로 부상할 것으로 기대된다.

<그림 10-6> 1풍 4태 프로젝트 개념도 (자료출처 : 녹색에너지연구원 황규철 원장)

<그림 10-7> 인공섬 개념도 (자료출처 : 녹색에너지연구원 황규철 원장)

그림 10-7의 경우 인공섬 연계 개방형 방조제를 170km를 설치하여 그 곳에 500GW 재생에너지를 시설하자는 제안이다. 아주 신선한 제안인데 우리나라 환경에서 종합적으로 검토하고 관련 전문가들과 협의하여 하나하나 이루어가야 할 것이다. 만약 이 프로젝트가 성공 한다면 우리나라는 2050에 탄소중립을 달성할 수 있을 것이다.

〈그림 10-8〉 인공섬 주변에 풍력과 태양광 설치 예 (자료출처 : 녹색에너지연구원 황규철 원장)

3. 디지털화와 스마트 운영 고도화

대규모 해상풍력단지의 운영·관리에는 **디지털 혁신 기술**의 적용이 필수 요소로 부각되고 있다. 터빈 대형화와 시스템 복잡도 증가로 O&M(운영·유지보수) 부담이 커짐에 따라 **빅데이터, 인공지능(AI), 사물인터넷(IoT), 디지털 트윈** 등을 활용한 스마트 운영 체계가 도입되고 있다. 디지털화의 궁극적 목표는 발전효율 극대화, 다운타임 최소화, 비용 절감과 함께 **사이버 보안** 등 신뢰성 강화에 있다. 아래에 주요 세부 영역별 동향을 정리한다.

3.1 AI·데이터 기반 스마트 모니터링 및 예측정비

해상풍력의 유지보수 패러다임은 **예방진단(PdM: Predictive Maintenance)** 중심으로 전환되고 있다. 각 터빈에는 수백 개의 센서가 내장되어 **진동, 온도, 회전속도, 전력출력** 등 데이터를 실시간 수집하며, 이러한 빅데이터를 IoT망을 통해 클라우드 또는 엣지 서버로 전송한다. 고해상도 데이터 스트림을 AI가 24/7 분석함으로써, 인간이 감지하지 못하는 미세한 이상 징후도 초기에 포착할 수 있다. 실제로 **머신러닝/딥러닝 기반 진단 모델**은 베어링 미세 균열이나 기어박스 치형 결함 등 초기 결함 징후를 식별하여 사전 정비를 가능케 한다. 예를 들어 지멘스가메사(Siemens Gamesa)와 Ørsted 등 유럽 선도기업들은 AI를 활용한 자율점검 시스템을 운영하여, 주요 부품의 고장률을 낮추고 터빈 가동률을 높이고 있다.

이를 통해 해당 풍력단지들은 설비수명을 연장하고 O&M 비용을 10~20% 절감하는 성과를 보고하고 있다.(기업 내부 보고) **실시간 상태 모니터링**도 고도화되어, 초당 수십 Hz로 수집되는 센서 데이터가 엣지컴퓨팅 노드에서 즉각 분석되어 이상진동 0.1g 상승과 같은 변화를 수 초 이내 운영센터에 알린다. 이렇게 하면 초기 이상에 즉각 대응해 대형 사고를 방지할 수 있다. 또한 고해상 카메라, 열화상 드론, 음향센서 등을 통한 외부 점검 데이터도 AI로 분석되어, **블레이드 얼음 부착, 표면 균열, 타워 부식** 등을 자동 식별하고 있다.

특히 해상에서는 접근이 어려운 블레이드 상단이나 타워 상부를 무인 드론(UAV)과 수중 로봇(ROV)으로 검사하는 기술이 실용화되어, 육안점검 대비 더 자주 안전하게 설비 상태를 모니터링한다. 예컨대 Ørsted는 AI기반 소프트웨어로 드론이 촬영한 수천 장의 블레이드 사진을 분석하여 수 밀리미터 크기의 균열도 찾아내고 즉시 보수일정을 잡는 체계를 도입했다. 국내 동향을 보면 한국전력, 한화오션, 코오롱글로벌 등도 해상풍력 스마트 유지보수 실증사업을 통해, AI 예지진단 플랫폼과 로봇 점검을 현장에 적용하고 있다. 이런 노력은 국내 해상풍력단지의 O&M 인력 부족 문제를 해결하고 운영효율을 높일 것으로 기대된다.

3.2 디지털 트윈(Digital Twin) 활용 운영 최적화

디지털 트윈은 물리적 자산의 정밀 가상모델을 만들어 실제와 똑같이 동작하게 함으로써, 다양한 상황을 시뮬레이션하고 최적 운용을 찾는 기술이다. 해상풍력 분야에서는 **터빈, 플로터(부유체), 해상변전소** 등 주요 설비의 디지털 트윈을 구축하여 운영에 응용하고 있다. 예를 들어 풍력터빈의 구조·제어 디지털 트윈은 실시간 SCADA 데이터를 받아들여 가상 터빈을 구동시킴으로써, 실제 센서가 닿지 않는 부위의 응력과 성능을 예측해 준다.

이를 통해 운영자는 눈에 보이지 않는 결함도 미리 발견하고 출력제어 등을 통해 대응할 수 있다. 또한 디지털 트윈 상에서 **극한 기상 시나리오**(태풍, 풍속 70m/s 등)를 가상 구현함으로써, 터빈이나 부유체 구조물이 버틸 수 있는 한계를 미리 시험하고 보강 조치를 선제적으로 마련할 수 있다. 특히 부유식의 경우 유체-구조 연성해석(FSI)을 기반으로 파랑 중 플랫폼 거동과 계류 하중을 트윈으로 모사하여, 안전계수를 최적화하면서 경제적인 설계를 찾는 연구가 진행되고 있다.

에너지저장장치(ESS)나 해상변전소와의 **연계 운용**도 디지털 공간에서 실험할 수 있다. 예컨데 특정 풍속 분포에서 **배터리 용량을 얼마로 할 때 출력변동을 가장 효율적으**

로 완화하는지를 트윈으로 시뮬레이션하여 설계에 반영한다. 또한 터빈 제어 알고리즘을 개선하거나 블레이드 피치각 제어전략을 바꾸는 실험을 현실에 적용하기 전에 디지털 트윈에서 검증함으로써, 시행착오 비용을 줄이고 발전량을 최적화할 수 있다. 이러한 디지털 시뮬레이션은 **기술적·경제적 리스크 최소화** 효과가 커서, 이미 풍력 선진 기업들은 프로젝트 설계 단계부터 디지털 트윈을 활용하고 있다.

1) 특화 기술요소

풍력 디지털 트윈에는 대용량 계산자원이 필요하며, 전력계통 해석용 전자기 시뮬레이션, 구조해석용 유한요소(FEM), 기류해석용 CFD 등이 결합된 **사이버 물리 시스템(CPS)** 아키텍처가 적용된다. 국제적으로 **IEC**와 **ISO**에서도 디지털 트윈의 공통 프레임워크를 정립 중이며, 예를 들어 ISO/IEC 20924:2024에서는 IoT와 디지털트윈 용어를 정의하고 상호운용성 표준 논의를 진행하고 있다. 풍력 분야의 디지털 트윈은 아직 표준이 초기이지만, DNV 등에서 권고지침을 발간하고 있고 연구기관들은 디지털 트윈 적용 시 O&M 비용 20~30% 절감 잠재성을 보고하고 있다.

3.3 해상풍력 사이버보안 강화

디지털화의 진전은 사이버 보안 위협 증가를 동반하므로, 이에 대한 대응체계 구축이 필수적이다. 실제로 풍력발전 산업은 최근 사이버 공격 표적이 되어왔으며, 2022년에는 독일 해상풍력단지의 통신망이 랜섬웨어 및 위성해킹 여파로 교란되는 사건도 발생했다. 세계 에너지산업 전문가 중 64%는 '우리 인프라의 사이버 취약성이 그 어느 때보다 높다'고 응답했으며, 풍력과 같은 재생에너지 자산도 더 이상 예외가 아니다. 해상풍력단지는 **원격 모니터링 및 제어**를 위해 육상의 중앙관제센터와 항상 통신하므로 네트워크 경로가 공격받을 경우 발전차질 위험이 있다. 게다가 풍력 SCADA시스템이나 변전소 제어기 등이 해킹되면 터빈의 부하 통제가 안되어 심각한 설비 손상이나 대정전을 유발할 수도 있다. 따라서 업계에서는 **다계층 방어 체계** 수립에 나서고 있다.

첫째, 국제 **표준**에 기반한 보안 관리체계를 도입하고 있다. IEC 62443 (산업제어시스템 보안 국제표준)과 ISO/IEC 27001 (정보보안 경영시스템)을 준용하여 풍력발전 제어망에 대한 **위험 평가와 대응 프로세스**를 구축하고, 권한관리, 망분리 등 체계를 갖추는 것이다. 예를 들어 Ørsted사는 전 풍력자산에 IEC62443 기반 보안등급 심사를 실시하고 취약점 패치를 정례화하였다.

둘째, 기술적 보안조치로서 풍력단지와 육상망 사이에 방화벽과 이중화 네트워크를 구성해 외부침입에 대비하고, 터빈 제어용 단말에는 엄격한 인증절차(예: 2채널 인증, 스마트키)를 적용한다. 모든 데이터 통신 구간은 TLS, IPsec 등의 암호화 프로토콜로 보호하여 명령신호의 무결성과 기밀성을 확보하고 있다. 또한 해저 광케이블 절단 등의 물리적 위협에 대비해 이중 경로를 확보하거나 케이블 모니터링 센서를 설치하기도 한다.

셋째, 조직적 대응, 풍력 운영사는 보안관제센터(SOC)를 통해 이상 트래픽을 24시간 감시하고 해킹 시도를 초기에 차단하며, 정기적 모의해킹을 통해 방어 수준을 점검하고 있다. 국제적으로도 2024년 DNV와 Siemens Energy 등이 협력하여 해상풍력 사이버보안 JIP(공동산업프로젝트)를 발족, 업계 가이드라인 마련에 착수하였다.

이 프로젝트는 풍력 개발자, 규제기관, 운영자들이 모여 인증된 사이버보안 기준을 마련하고 모범사례를 공유하는 것을 목표로 하고 있다. 국내에서도 산업부와 해수부 주도로 에너지 인프라 사이버보안 표준 및 가이드라인을 수립하고 실증사업을 추진 중이다. 앞으로 IEC/TC88 (풍력기술위원회) 등에서 풍력 사이버보안 표준이 마련되고, 국제인증제도(IECEE 등)를 통해 풍력단지의 보안 인증이 이루어질 전망이다.

3.4 데이터 표준화 및 제도 지원

디지털 기술을 제대로 활용하려면 표준화된 데이터 환경과 제도적 지원이 뒷받침되어야 한다. 정부와 업계는 터빈 운영데이터의 포맷 통일(예: IEC 61400-25 통신표준)과 플랫폼 간 상호운용성 확보를 위해 노력 중이다. 예를 들어 풍력발전 SCADA 데이터 표준을 마련하면 여러 제조사 터빈 데이터를 한꺼번에 분석할 수 있어, 국내 연구기관과 대학의 활용도 높아진다. 또한 규제 샌드박스를 통해 신기술의 현장 실증을 지원하고, AI 기반 자율운영 기술의 신뢰성 검증 및 인증체계를 구축하는 등 제도 개선이 필요하다. 정부 차원에서 디지털 인프라 투자를 촉진하고 글로벌 기술협력(G2G, 기업 컨소시엄 등)을 활성화한다면, 국내 해상풍력의 스마트화 수준을 높여 국제 경쟁력을 확보할 수 있을 것이다.

요컨대 디지털화와 스마트 운영은 대규모 해상풍력의 효율성과 안정성을 한층 향상시키는 수단이다. 선제적 설비진단과 디지털 시뮬레이션으로 고장 예방과 최적 제어가 가능해지고, 사이버보안 강화로 신뢰성을 담보할 수 있다. 이러한 노력은 해상풍력이 운영단계에서의 비용 절감과 발전량 증대를 동시에 달성하게 해주며, 장기적으로 해상풍력 자산의 금융 안정성(가동률 향상에 따른 수익예측 향상)에도 기여한다. 미래의 첨단 해상풍력단지는 센서와 데이터, AI가 실시간 상호작용하는 자율운영 발전소의 모습에 가까워질 것이다.

4. 탄소중립 및 ESG 경영 측면

4.1 글로벌 정책 트렌드와 해상풍력의 역할

전 세계가 기후위기에 대응하여 탄소중립(Net Zero) 목표를 속속 채택함에 따라, 해상풍력에 거는 기대와 목표치도 급격히 상향되고 있다. 해상풍력은 육상풍력 대비 높은 이용률과 안정적인 대규모 전력공급이 가능하므로, 주요 국제기구(IPCC, IEA, IRENA 등)는 '2050 탄소중립 달성의 결정적 요소'로 해상풍력을 지목하고 각국에 야심찬 보급을 권고하고 있다. 실제 IEA의 「Net Zero 2050 시나리오」에 따르면 2050년까지 전세계 풍력발전 누적용량은 8000GW 이상으로 증가해야 하고, 이 중 20% 이상(약 1600GW)을 해상풍력이 차지해야 1.5℃ 목표를 달성할 수 있다고 분석한다. 이를 위해 2030년까지 매년 80GW 이상의 해상풍력을 설치하고 2030~2050년에도 매년 70GW 수준을 꾸준히 보급해야 한다는 전망도 나와 있다.

이러한 배경하에 유럽연합(EU), 미국, 중국 등은 해상풍력 중심의 재생에너지 확대 정책을 잇달아 발표했다. EU는 2022년 러시아-우크라이나 사태 이후 에너지 안보와 기후대응을 가속하기 위해 발표한 REPowerEU 계획에서 2030년까지 풍력 목표를 대폭 상향했다. 2023년 말 EU 집행위는 회원국들과 합의하여 2030년 해상풍력 목표를 60GW에서 111GW로 상향 조정하였으며 2050년에는 약 300GW에 달하는 해상풍력을 북해·대서양·발트해 등에 구축한다는 장기비전을 확정했다. 이를 달성하기 위해 EU는 permitting(인허가) 절차 간소화, 공급망 투자, 풍력산업 지원책을 담은 Wind Power Package를 시행하고 있다.

미국은 2021년 인플레이션 감축법(IRA)을 제정하여 해상풍력에 강력한 재정 인센티브를 도입했다. IRA는 2025년까지 착공하는 해상풍력에 30% 투자세액공제를 제공하고, 미국산 기자재 사용 시 추가 보조를 지급하는 내용을 포함한다. 그 효과로 미국 풍력 산업 전망치는 30% 이상 상향되었고, 연간 설치량이 2026년부터 15GW 이상으로 급증할 것으로 예측된다. 특히 해상풍력 프로젝트 파이프라인이 IRA 이후 53% 증가하여 현재 6GW가 건설 중이고 추가 3GW가 허가 대기 중이며, 수십 GW의 신

규 해역 임대가 진행되고 있다.

미국 정부는 2030년까지 해상풍력 30GW 목표를 공식화했고, 동부 연안 외에 캘리포니아, 루이지애나 등 부유식 잠재지역도 대규모로 열고 있다. 아시아권에서도 중국은 2060 탄소중립 선언 이후 해상풍력을 폭발적으로 확대하여 2022년 말 기준 누적 28.3GW를 설치, 영국(13.7GW)를 제치고 세계 1위 자리에 올랐다. 2022년 한 해 신규 설치된 해상풍력의 90%가 중국(및 일부 영국)에서 나왔을 정도로 중국의 성장세가 두드러지며, 중국 정부는 14차 5개년 계획에 2025년까지 30GW 이상 해상풍력 누적 설치를 추진하고 2035년까지 100GW 이상을 전망하고 있다.

일본은 2040년 해상풍력 45GW, 한국은 2036년 22GW 목표를 세우는 등 공격적인 정책을 펼치고 있으며 대만, 베트남, 인도 등도 해상풍력 입찰과 지원책을 도입하여 아시아 전역에서 시장이 확대 중이다. 이처럼 글로벌 정책환경은 해상풍력에 우호적으로 변모하고 있으며 해상풍력은 탄소중립 전력공급원일 뿐 아니라 녹색 일자리 창출과 경제성장의 동력으로도 간주된다. 영국의 경우 해상풍력 산업에 2030년까지 60조원 이상 투자 유치와 6만 개 일자리 창출을 기대하고 있고, 미국도 IRA로 촉발된 국내 제조설비(블레이드 공장 등) 확충이 진행 중이다. 한편 해상풍력 확대에는 해결해야 할 과제들도 있다.

급격한 원자재비 상승과 금리 인상으로 2023년 다수 유럽 프로젝트들이 수익성 위기를 겪었으며, 이에 대응해 각국은 계약제도 개선(물가연동 등)과 추가 보조책을 검토 중이다. 또한 전세계적으로 풍력터빈 공급망의 집중도가 높아 (상위 3사가 대부분 시장 점유) 이에 따른 병목 현상을 완화하기 위해 지역별 제조기지를 다변화하고자 노력하고 있다.

4.2 ESG 경영과 지역사회 상생

해상풍력 사업의 성공적 추진을 위해서는 환경적 지속가능성 확보와 지역사회와의 협력이 필수적이다. 개발사들은 ESG(환경·사회·지배구조) 경영 원칙에 따라, 프로젝트 초기부터 지역 주민과 이해관계자의 의견을 수렴하고 투명한 보상체계와 공유가치를 마련하는 데 주력하고 있다. 예를 들어 유럽의 해상풍력단지들은 어민 보상 및 협의기구를 운영하여 어업 피해를 최소화하고 대체 소득원을 지원하며, 건설 단계에서 지역 기업 참여를 극대화하여 지역 경제 활성화에 기여하고 있다.

덴마크, 독일 등에서는 해상풍력 개발사가 인근 연안 마을에 장학금, 지역개발 기금 등을 제공하는 것이 일반화되었다. 한국 역시 「풍력발전 확보법」 등을 통해 주민참여 이익공유 모델(주민 지분투자 등)을 도입하고 있고, 전남 신안 등지에서는 주민들이 해상풍력 지분을 보유하여 향후 발전수익을 공유하는 방안이 추진 중이다. 환경 측면에서는 해상풍력 건설이 해양생태계에 미칠 영향에 대한 면밀한 평가와 보호조치가 중요하다. 이에 따라 프로젝트마다 해양생태 모니터링을 실시하고, 인공어초 설치, 어장정화 등 환경보전사업을 병행하여 긍정적 영향을 도모한다.

영국 Hornsea 프로젝트는 해상변전소 하부에 인공어초를 조성해 어류 산란지를 제공했고, 우리나라 제주 실증단지도 인공어초 설치 후 해조류와 어류 개체수가 증가한 사례가 보고되었다. 또한 터빈 회전으로 인한 조류(鳥類) 충돌을 줄이기 위해 저속회전 모드나 AI 기반 탐지-정지 시스템을 도입하거나, 해양 소음저감을 위한 버블커튼 등 공법을 사용해 해양포유류에 미치는 영향을 최소화하고 있다. 이런 노력이 인정되어, Ørsted 등 일부 해상풍력 기업은 글로벌 지속가능성 지수에서 상위에 랭크되고 있으며 (Ørsted는 2020년 '세계에서 가장 지속가능한 기업' 1위 선정 ESG 투자자들로부터 대규모 그린본드 조달에 성공하는 등 선순환이 일어나고 있다.

또한 해상풍력 산업 전반에 걸쳐 탈탄소화 움직임도 확산 중이다. 터빈 제조단계의 탄소배출을 줄이기 위해 그린 철강 사용, 블레이드 재활용 기술개발 등이 추진되며, 해상공사에 동원되는 설치선박도 암모니아·전기 추진으로 전환하려는 시범사업이 진행되고 있다. 이런 가치사슬 전반의 개선으로, 해상풍력은 발전단계뿐 아니라 생애주기 전체에서 탄소 발자국을 최소화하는 방향으로 나아가고 있다.

4.3 향후 전망 – 표준화된 글로벌 전문 산업으로의 도약

이상 살펴본 기술·산업 동향을 종합하면, 해상풍력은 향후 수십 년간 폭발적 성장과 기술심화 발전이 모두 예상되는 분야이다. 각국 정책의 강력한 드라이브 속에 2030년까지 수백 기가와트(GW)의 해상풍력 누적설치가 이루어질 것으로 보이며, 이 과정에서 초대형 터빈과 부유식 플랫폼은 상용화 단계로 진입하여 깊은 바다까지 풍력 발전이 확대될 것이다. 아울러 해상풍력 단지는 독립된 발전소를 넘어, 수소·암모니아 등 연료생산과 초국경 전력거래까지 아우르는 에너지 허브로 기능하게 될 것이다.

디지털 전환을 통해 해상풍력의 운영 효율은 더욱 높아지고 위험요소는 줄어들며,

사이버보안을 비롯한 표준화·인증체계가 정립됨으로써 투자자와 공공의 신뢰도도 증진될 것이다. 궁극적으로 해상풍력 산업은 초기의 보조금 의존 단계를 넘어 **완숙한 주류 전력원**이자, 수출까지 가능한 **표준화된 글로벌 산업**으로 도약할 전망이다. 이미 유럽을 중심으로 해상풍력 전문 인력이 대거 양성되고 국제 표준들이 수립되어, 세계 각지 신규 시장에 경험을 전수하는 추세다. 2050년 **탄소중립** 시나리오 하에서 해상풍력은 전 세계 전력의 20% 이상을 공급하고 수억 톤의 이산화탄소 배출을 대체할 것으로 기대되며 그린 수소 생산의 주력으로서 화학·철강 등 타 산업의 탈탄소화에도 기여하게 된다.

이러한 비전 실현을 위해 남은 과제 – 비용경쟁력 향상, 환경·사회적 수용성 제고, 전력계통 통합 등 – 역시 산학연 협력을 통해 충분히 해결 가능할 것이다. **IRA, REPowerEU**와 같은 정책 지원, ESG 중심 경영, 국제공조가 뒷받침되는 한, 해상풍력은 단순한 발전설비를 넘어 지속가능한 지구의 동력원으로 자리매김할 것이다.

- **참고문헌 및 출처:** 국제에너지기구(IEA), 미국 에너지부(DOE) Offshore Wind Reports, DNV Energy Transition Outlook, WindEurope/GWEC 통계, 각종 연구논문 및 업계 자료 등. 본 장의 서술에는 2024~2025년 최신 자료를 인용하여 신뢰성을 기했으며, 주요 내용은 Offshore Wind 전문 매체 보도와 기업 발표를 참조 하였다.

5. 해상풍력 대규모 보급에 따른 계통연계 과제와 정책·기술 대안

5.1 대규모 해상풍력 보급의 계통 품질 저하와 연계 어려움

해상풍력이 수십 GW 규모로 보급되면 **전력계통의 품질 및 안정도 저하와 계통 연계의 기술적 어려움**이 발생한다. 우선 **전력 품질 문제**로서 풍속 변화에 따른 출력 변동이 심해 **전압 플리커**(점등 깜박임 현상)와 **전압 강하/상승** 등이 발생할 수 있다. 풍력 터빈의 인버터 스위칭 등으로 **고조파**가 유입되고 해저케이블과 보상 커패시터의 큰 정전용량은 계통의 공진 특성을 변화시켜 **고조파 공진**을 일으킬 수 있다. 이러한 전력 품질 문제는 해상풍력단지가 **단락용량이 작은 계통**에 접속될 때 특히 심하며, IEC 61400-21 등 표준에서 풍력발전기의 허용 범위를 규정하고 있다.

또한 **계통 안정도 문제**로 해상풍력 비중이 높아지면 **주파수와 동기 안정도** 유지가 어려워진다. 현대 풍력터빈은 전력전자 변환기를 통해 계통에 연결되므로 **계통과 기계적 관성 사이에 분리**가 발생하여 유효관성 감소로 **주파수 변동**이 커진다. 특히 풍력 출력의 예측 오차와 급변은 **주파수 급변 및 램프율 제한** 이슈를 야기하여 빠른 조정 자원의 투입이 필요하다. **소신호 안정도**(발전기 간 진동)와 **과도 안정도**도 풍력 확대 시 주요 과제로 풍력단지와 직류송전 회로 조합에서 **아형 동기 공진**(Sub-synchronous resonance) 현상까지 보고되어 연구되고 있다. 풍력단지 출력이 급변하거나 계통 고장이 발생할 경우 **계통 전압**과 **무효전력** 제어도 복잡해져, 고장 시 풍력발전기의 **운전 지속 능력(FRT)** 확보가 필수적이다.

계통 연계의 물리적 어려움도 존재한다. 해상풍력은 부지 특성상 **부하 중심과 원거리**에 위치하므로 송전망 증설이 필요하나 **송전선로 건설 지연**과 **해저케이블 설치 비용**이 크다. 단일 풍력단지가 수 GW급으로 커지면서 **한계 단락용량** 문제로 접속 허가가 지연되거나 풍력 출력 제한(커테일먼트)이 발생하는 사례가 있다. 실제로 스코틀랜드 등 **수요보다 풍력 공급이 많은 지역**에서는 송전망 용량 부족과 **계통 안정도 한계**로 출력이 자주 제한되며 계통 안정도를 이유로 동시 비동기 전원 비율(SNSP)에 상한을 두는 등 운전상의 제약이 있다. 이러한 문제들은 해상풍력의 안전한 계통 통합을 위해 **새로운 기술과 정책적 접근**을 필요로 한다.

5.2 해상풍력 계통 연계 대응을 위한 기술 및 정책 방안

1) 계통 유연성 확보를 통한 변동성 대응 (수요반응, ESS 등)

해상풍력의 간헐성과 변동성을 완화하려면 계통의 유연성(Flexibility)을 높이는 것이 핵심이다. 수요반응(Demand Response)은 전력 소비패턴을 조정하여 풍력 출력에 따라 부하를 증감시키는 것으로 **스마트미터와 제어기**를 통해 실시간 수요 조절이 가능하다. 예를 들어 풍력 발전량이 높은 시간대에 산업용 부하나 냉난방 부하를 증가시켜 잉여전력을 흡수하도록 유도할 수 있다. 이러한 **수요측 유연자원**은 풍력 출력 변동으로 인한 주파수 편차를 줄이고, 피크 시에는 부하 감축으로 **예비력** 역할도 수행한다. **에너지저장장치(ESS)** 역시 풍력 통합에 필수적인 유연자원이다. 대용량(장주기) **배터리 저장장치**는 풍력 출력이 높을 때 전력을 저장하고 낮을 때 방전하여 **출력 평활화**를 제공하며 수 초 이내의 **신속한 주파수 응답**으로 계통 주파수 안정을 돕는다. 예컨대 영국에서는 풍력단지에 인접한 iones200MWh급 배터리를 설치해 풍력 출력의 램프율(출력 변화율)을 억제하고 있다. 중장기적으로는 **양수발전**과 수소 생산(P2G)도 풍력 잉여전력의 저장 및 활용 수단으로 각광 받는다. 특히 **녹색수소 생산**은 대규모 풍력 전력을 수소로 전환하여 저장함으로써 전력계통 부담을 줄이는 동시에 수소를 연료나 저장로 활용할 수 있어 **섹터 커플링** 관점에서도 유망하다.

〈그림 10-9〉 ESS와 수전해 시스템

〈그림 10-10〉 양수발전소

유연성 자원의 통합 운용을 위해 가상발전소(VPP)나 분산에너지자원 관리시스템(DERMS)을 도입하는 추세이다. 수많은 소규모 ESS, 전기차, 수요반응 자원을 소프트웨어적으로 묶어 하나의 발전소처럼 제어하면 필요시 출력 증가나 감소 등 **집단조정**이 가능하다. 이러한 VPP는 풍력 출력 급변 시 빠르게 대응하여 출력 균형을 맞추고 전력시장에도 유연자원으로 참여하여 경제성을 확보한다. 궁극적으로 **계통·시장 운영 체계**를 유연자원에 맞게 개편하고 인센티브를 제공하는 정책(예: 피크감소 보상제도)을 병행해야 지속가능한 활용이 가능하다.

〈그림 10-11〉 VPP, V2G, P2G 등 집단 조성 예

2) 기존 계통의 효율적 활용 (비증설 계통 활용 기술)

송전선 신설이 어렵다면 **기존 네트워크 용량을 극대화**하는 기술로 해상풍력 연결 문제를 완화할 수 있다. 동적 송전 용량 산정(Dynamic Line Rating)이 대표적인 예로, 실시간 기상조건(풍속, 온도)을 모니터링하여 송전선의 허용 전류를 동적으로 상향 조정하는 기법이다. 한 연구에서는 **동적 송전용량 적용 시 기존 선로 용량을 40% 이상 향상**시켜 재생에너지 출력 제한을 절반 이하로 줄일 수 있음을 보였다. 미국 매사추세츠의 풍력 연계 모의 연구에서도 **DLR과 전력조류 제어장치**를 최적 배치할 경우 풍력 출력 **커테일먼트가 50% 이상 감소**하고 1년 내 투자회수가 가능하다는 결과가 있다. 함께 주목받는 기술로 고급 **전력조류 제어(Advanced Power Flow Control)** 장치가

있다. 이는 송전선에 직렬로 삽입되어 **선로 임피던스**를 가변 제어함으로써 전력이 혼잡한 회선에서 여유 있는 회선으로 흐르도록 유도한다. 예컨대 분산형 플렉서(플렉스위버)나 **모듈형 FACTS** 디바이스를 이용하면 특정 회선의 전력 흐름을 조절하여 **병목 완화**와 **전력 흐름 최적화**를 달성한다. 이러한 Grid-Enhancing Technologies(GETs, 그리드 강화기술)는 신송전선 건설 전후에 적용되어 신설 전까지는 기존망 활용도를 높이고 신설 이후에는 **인프라 이용률 극대화**에 기여한다.

한편 **계통 토폴로지 최적화**도 비증설 대안으로 떠오른다. 이는 기존 송전망의 스위치를 유연하게 제어해 순간적으로 전력 흐름을 재구성하는 것으로 **TSO의 재패스 기술**로 활용된다. 유럽 일부 계통운영자는 광역 최적화 알고리즘을 통해 순간적인 **망 구성 변경**으로 재생에너지 수용력을 높이고 송전 손실을 감소시키고 있다. 이러한 기술들은 상대적으로 **적은 투자로 단기간에 적용** 가능하다는 이점이 있어 해상풍력 보급 초기 단계의 **대응 전략**으로 각광받는다.

3) 장거리 해상풍력 송전을 위한 HVDC·MVDC 기술

풍황이 좋은 원거리 해상에서 생산된 대용량 전력을 효율적으로 수송하기 위해 고전압 직류송전(HVDC)이 널리 도입되고 있다. **HVDC 기술**은 장거리 해저케이블에서 AC 대비 손실이 적고 대용량 송전에 유리하여 현재 유럽 **북해 연안국들**을 중심으로 보편화되었다. 예를 들어 영국 Dogger Bank 프로젝트는 영국 최초로 풍력단지와 본토를 **HVDC로 연결**한 사례로 130km 이상 해상에서 생산된 3.6GW 전력을 HVDC Light 방식으로 육지에 송전한다. 독일 역시 **BorWin, DolWin** 등의 시리즈 사업을 통해 북해 해상풍력을 ±320kV급 HVDC로 연결하고 있으며 2027년까지 북해에 총 13개의 HVDC 계통(10.5GW 이상)을 구축할 예정이다. HVDC 변환소는 해상 플랫폼에 설치되어 풍력단지의 교류 출력을 즉시 직류로 변환함으로써, 출력 품질을 높이고 **대용량 송전 케이블 수**를 줄이는 효과를 낸다.

특히 다중단자 HVDC(Multi-terminal HVDC)와 **하이브리드 인터커넥터** 개념이 부상하고 있다. 이는 하나의 HVDC망에 여러 접속 노드(복수의 국가나 풍력단지)를 연결하여 **메쉬형 직류망**을 구성하는 것이다. 유럽에서는 북해에 국가 간 해상 HVDC망을 구축하려는 구상이 진행 중이며 HVDC 규격의 상호운용성 확보를 위한 InterOPERA 등의 프로젝트도 추진되고 있다. 이러한 다중단자 HVDC가 실현되면 **해상풍력 공동 활용 및 국제 전력 교환**이 유연해지고 계통안정도 측면에서도 직류망을 통한 **광역 사고격리** 등이 가능해질 전망이다. 다만 현재는 제어의 복잡성과 **DC 차단기 기술** 등의 한계로 상용 예는 적으며 최초 사례로 중국 남방전망 등이 소규모 다중접속 HVDC를 시험하고 있다.

한편 **중압직류(MVDC)** 기술도 배전급 해상풍력 연계에 혁신을 가져올 수 있다. MVDC는 수십 kV 수준에서 DC 송전을 적용하는 것으로 해상풍력의 터빈 간 집전망(Collection Grid)에 DC를 도입하거나 **배전계통 보강**에 활용될 수 있다. 예를 들어 풍력터빈 출구를 교류 대신 DC로 연결하면 **변압기 없이** 다이렉트로 전력을 모을 수 있어 경량화·효율화가 가능하며 66kV AC 대신 80kV DC로 집전할 경우 동일 케이블로 더 많은 전력을 전송할 수 있다는 연구도 있다. **우리나라**에서는 배전망에 대량의 재생에너지를 수용하기 위해 MVDC를 활용한 실증사업이 진행되었다. 전남 나주 지역에 ±35kV MVDC 변환기를 설치하여 기존 22.9kV AC 배전선을 DC로 전환함으로써 **동일 선로로 송전용량을 20MW에서 30MW로 50% 증강**하는 데 성공하였다. 또한 절연거리 완화 등으로 **선로 증설 없이 용량 3배 증대** 효과를 확인하여, 향후 분산형 재생에너지의 **계통 연계 지연 해소** 수단으로 주목받고 있다.

4) 계통 안정화 설비 도입(STATCOM, SVC, 동기조상기 등)

대규모 해상풍력이 계통에 미치는 **전압 및 안정도 영향**을 완화하기 위해 **계통 지원 설비**의 도입이 필수적이다. 정지형 무효전력 보상장치(SVC/STATCOM)는 풍력단지 접속지점에서 **빠른 무효전력 공급/흡수**를 통해 전압을 유지하고 고장 시 **전압 회복을 지원**하는 장치이다. 특히 STATCOM은 VSC 기반으로 광범위한 리액티브 파워 제어가 가능하여 **회복 전압 지원** 및 **역률 조정**에 활용되며 회복 속도가 빨라 풍력단지의 LVRT 성능을 향상시킨다. 미국 텍사스의 한 풍력단지에는 수백 Mvar급 STATCOM이 설치되어 풍속 변화에도 **송전계통 전압을 95~105% 범위**로 유지하고, 주변 계통의 **과도 안정도**를 높여주는 효과를 거두었다. 또한 STATCOM에 에너지저장장치를 결합한 **ESS-STATCOM**은 무효전력 뿐 아니라 실효관성 및 1차 조정력도 제공하는 방안으로 연구되고 있다.

동기조상기(Synchronous Condenser) 역시 일부 국가에서 재도입되고 있는 안정화 설비이다. 풍력 등 비동기 전원 비중이 높아지면 **계통 관성 및 단락용량 부족** 문제가 생기는데 무부하 동기발전기를 돌려 **회전자 관성**과 **단락전류원**을 제공함으로써 주파수 안정도와 계전기 동작 신뢰도를 높일 수 있다. 영국 국영전력망은 스코틀랜드 지역 풍력 밀집 지점에 다수의 대용량 동기조상기를 설치하여 부족한 관성을 보완하고 풍력 출력이 높은 시에도 **안정도 한계로 인한 출력 제한**을 완화하였다. 동기조상기는 **유효전력은 생산하지 않으면서도** 마치 대형 발전기가 있는 것과 유사한 효과를 내어 **안정도 여유도를 높이는 장치**로 활용된다.

풍력발전기 자체의 안정도 지원 기능 강화도 추진되고 있다. 최신 가변속 풍력터빈(DFIG, PMSG 등)은 전력변환기를 통해 동기발전기와 달리 다양한 출력 제어가 가능한데 이를 활용해 가상관성이나 빠른 주파수응답(FFR)을 제공하도록 제어 알고리즘을 개선하고 있다. 예를 들어 터빈의 회전속도 여유를 이용해 급격한 주파수 저하 시 수 초간 출력 증가(관성상응 출력)를 하는 기술이 개발되어 일부 풍력단지에 적용 중이다. 또한 풍력터빈들이 군집으로 전압제어 모드로 동작하여 지역 전압을 능동적으로 조정하거나 출력 변동 시 내부적으로 램프율(출력 변화율) 제한 제어를 수행하여 계통 충격을 완화하도록 하고 있다. 이러한 Grid Forming Inverter 기술은 기존의 Grid Following 방식과 달리 풍력터빈이 자체적으로 계통 전압과 주파수를 형성·지지하여 '가상 동기발전기'처럼 행동하게 하는 것으로, 향후 무관성 계통에서도 안정도 유지에 핵심적인 역할을 할 것으로 기대된다.

5) 안정도 향상을 위한 실시간 감시 및 해석 기술(PMU, WAMS, AI)

해상풍력이 증가한 계통에서는 계통상태를 실시간으로 정밀 감시하고 빅데이터 분석으로 이상징후를 조기 탐지하는 것이 중요하다. 동기위상 측정장치(PMU)는 각 노드의 전압, 전류 위상을 고속(초당 30회 이상)으로 측정하여 광역 동기된 데이터를 제공하는데, 이를 활용한 광역 모니터링 시스템(WAMS)이 세계 각국에 도입되고 있다. WAMS는 계통 전역의 발전기 동특성, 전력 진동 모드 등을 실시간 추적하여 예를 들어 계통 어디서 저주파 진동이 발생하면 이를 즉시 탐지하고 문제가 되는 발전기나 풍력단지를 파악하는 기능을 제공한다. 또한 PMU 데이터는 유효관성 계산이나 계통분리 감지 등에도 활용되어 재생에너지 다수 상태에서 운영자가 계통 상태를 정량적으로 파악하고 대응하도록 돕는다.

이러한 방대한 실시간 데이터의 분석에는 인공지능(AI) 및 머신러닝 기법이 도입되고 있다. AI를 통해 정상 패턴과 이상 패턴을 학습시켜 두는 경우 계통에 작은 이상 징후가 발생해도 사전에 경보하여 대처 시간을 벌 수 있다. 가령, 대규모 풍력단지의 출력 변동이 주파수에 미칠 영향을 수 초~수 분 전에 예측하여 미리 열 예비력을 조정하거나 PMU로 측정된 진동 모드가 과도하게 성장하는 것을 감지하면 곧바로 안정화 제어기 투입을 권고하는 시스템이 구현되고 있다. Wide-area Adaptive Protection 개념도 대두되어, WAMS 정보를 토대로 계전기의 보호 한계치를 상황별로 자동 조정함으로써 과민 또는 부동작 방지를 시도하고 있다.

특히 AI 기반 계통 해석 플랫폼은 복잡한 계통현상을 사람 대신 실시간으로 해석하고 조치를 추천하는 역할을 한다. 한 예로, 가트너(Gartner)는 최신 디지털 그리드 기술 동향에서 'PMU가 계통 상황인식을 향상시키고 WAMS는 임베디드 AI와 이벤트 처리로 수 초 단위 다중 위상자 데이터에 기반하여 신속히 이상 원인을 파악하고 조치를 권고한다'고 평하고 있다. 실제로 GE 등 기업의 WAMS 솔루션에는 AI를 활용한 **자동 주파수 제어 도구**가 내장되어 재생에너지 비중이 높은 계통에서 필수적인 기능으로 거론된다. 이처럼 **실시간 모니터링과 AI 해석**을 결합한 기술은 해상풍력 시대의 계통 운영에서 **선제적 대응과 복원력 향상**의 열쇠가 되고 있다.

6) 전기안전 및 계통 보호 전략 강화

해상풍력의 계통통합에 따라 **전기적 안전성과 보호체계**를 재정비하는 것도 중요한 과제이다. 대규모 인버터 연계 전원은 고장 시 **고장전류의 크기와 특성**이 기존 동기발전기와 다르기 때문에 전력계통 보호기기의 설정과 표준을 조정해야 한다. 예를 들어 풍력 및 HVDC 변환기의 고장전류 공급능력은 제한적이어서 **전통적 과전류 계전기 방식**으로는 고장 검출이 지연될 수 있다. 이를 해결하기 위해 **거리계전**이나 광섬유 연동 보호(Differential 보호)의 채택을 늘리고 계전기 민감도를 재조정하며 **여행 웨이브 기반 보호**와 같은 신기술 적용을 검토하고 있다. 미국 IEEE에서는 이러한 추세를 반영하여 **IEEE Std 2800-2022** 표준을 제정, 대규모 인버터자원(Grid Following 및 Grid Forming 포함)의 계통 연계 요구사항을 정의하여 **안전한 운전 한계**를 명문화하였다. 유럽도 ENTSO-E RfG(Network Code Requirements for Generators)에 풍력발전기의 FRT, 무효전력, 주파수응답 요건을 엄격히 규정하고 있어 풍력발전기가 **계통 사고 시 스스로 보호하지 않고** 계통 안정화에 기여하도록 의무화하고 있다. 이는 곧 발전기 보호보다는 **계통 전체의 안전**을 우선시하는 방향으로 표준과 규정을 정비하는 추세로 볼 수 있다.

또한 해상풍력 설비 자체의 전기안전 관리도 중요하다. 해상 변전설비와 풍력터빈 사이 장거리 배선에 대한 **피뢰 및 절연 설계, 직류계통의 차단 기술**(HVDC Circuit Breaker) 확보 해상 플랫폼의 **사고 시 자율 정지 및 원격 소화** 시스템 등은 안전한 운영을 위한 필수 요소이다. 각국에서는 해상풍력 특성을 반영한 전기설비 규정을 마련 중이며 미국 등은 기존 **해양 석유플랫폼 안전기준과 육상 전기설비 기준**의 격차를 줄이기 위해 **해상풍력 전기안전 표준**을 별도로 수립하고 있다. 예컨대 미국은 2023년 DOI 산하에서 **미국 및 국제 해상풍력 전기안전 표준의 조화** 보고서를 발간하여, IEEE, IEC, NEC, API 등 다양한 기준을 검토하고 **국가 통일 표준** 제정을 추진 중이다. 국내에서도 해상풍력 증가에 대비해 송전계통 보호협조 지침을 개정하고 **계통안정도 평가 기준**에 인버터형 전원의 영향을 반영하는 작업이 진행되고 있다. 이러한 제도적 노력은 해상풍력 시대에도 안전하고 신뢰도 높은 전력공급을 지속하기 위한 기반이 된다.

7) 지능형 배전망 운영과 분산자원 통합(ADMS, 자율분산 운영)

해상풍력 발전이 대규모로 연결되면 연계 지점의 배전계통이나 연계 지역망도 적극적인 관리가 필요하다. 지능형 배전관리 시스템(ADMS)은 배전망의 센서 데이터와 SCADA 정보를 실시간으로 통합하여 배전계통의 가시화, 자동제어, 최적화를 수행하는 플랫폼이다. ADMS는 기존 배전관리시스템(DMS)에 발전한 기능을 더해 분산에너지자원(DER) 높은 보급률을 관리하고 건물 에너지관리 시스템과 연계 운용하며 AMI (스마트미터) 데이터와 연동한 배전 상태 추정 등을 가능하게 한다. 이를 통해 배전망에 해상풍력과 연계된 신·재생 분산전원이나 ESS, 전기차 등이 다수 존재하더라도 국지적 과부하, 전압불안정, 역전력 흐름 등의 문제를 능동적으로 조정할 수 있다. 예컨대 ADMS는 실시간 전압/무효전력 제어(VVO) 기능으로 각 노드의 전압을 최적 범위로 유지시키고 자율 복구(FLISR) 기능으로 사고 시 신속히 구간을 절체하여 정전 영향을 최소화한다. NREL의 연구에 따르면 ADMS 도입은 배전계통의 신뢰도와 전력품질, 재생에너지 수용성을 향상시켜 준다.

자율-분산형 그리드 운영은 중앙 집중 제어에 더해 현장 단위의 자율 협조 제어를 강조하는 개념이다. 마이크로그리드나 셀(Cell)로 배전망을 분할하고 각 셀이 자체적으로 수급균형과 품질을 유지하면서 인접 셀과 협조하도록 하는 것이다. 이러한 방식은 대규모 정전 시 계통 분산복구에 유리하고 평상시에도 소규모 제어 단위들이 빠르게 대응하므로 전체 시스템의 민첩성이 높아진다. 예를 들어 어떤 배전 셀에 풍력 출력이 급증하면 그 셀 내부의 ESS 충전을 늘리고 잉여 전력을 인접 셀에 보내는 결정을 현장 인공지능 에이전트가 수행하도록 할 수 있다. 중앙 상위 시스템은 큰 틀에서 목표만 제시하고 상세 제어는 분산 에이전트들이 맡는 구조로 이를 자율분산형 배전 운영 체계라 한다. 일본 등에서는 이러한 개념을 실증한 바 있으며 국내도 향후 제주도나 도서지역 마이크로그리드에 적용을 검토하고 있다. 해상풍력 시대에는 해상→송전→배전→최종 수용가로 이어지는 계통 전 구간에서 스마트하고 자동화된 운영이 요구되며 ADMS와 자율분산 기술은 그 핵심 요소라 할 수 있다.

8) 전 세계 해상풍력 계통 연계 및 운영, 최신 사례 및 정책 동향

〈표 10-1〉 세계 주요 지역의 해상풍력 계통 연계 사례

지역	주요 사례 및 정책 동향
유럽	• **통합 해상전력망**: 북해 연안국들은 해상풍력을 공동 활용하기 위해 **다국간 HVDC 그리드**를 구상 중이다. 예컨대 영국-네덜란드 **LionLink 프로젝트**는 네덜란드의 2GW급 해상풍력을 양국 계통에 연결하는 세계 최초의 **하이브리드 HVDC 인터커넥터**로 추진되고 있으며 이를 통해 해상풍력이 국가 간 전력교환에 활용될 예정이다. EU는 2050년까지 역내 해상풍력 300GW 목표와 함께 **Offshore Grid 이니셔티브**를 통해 회원국 간 **송전망 공동계획 및 표준화**를 지원하고 있다. 또한 유럽계통규칙은 풍력의 **FRT, 주파수제어** 의무 등을 부과하여 고급 안정도 지원을 확보하고, 덴마크·독일 등은 **에너지 아일랜드** 구상으로 해상 HVDC 허브에 다수 풍력단지와 국가간 링크를 접속하는 계획을 수립했다.
미국	• **송전 인프라 선제 구축**: 미 연방정부는 2030년까지 30GW 해상풍력 목표 달성을 위해 **계통 수용성 제고 정책**을 추진 중이다. 2022년 미 에너지부(DoE)는 대서양 연안에 **해상풍력 통합을 위한 송전로드맵**을 제시하여, 역내 계통운영기관(PJM, NYISO 등)과 협력한 **해상 전력망 백본 구축**을 검토했다. 뉴저지주는 주정부 협약(State Agreement Approach)을 통해 PJM과 공동으로 **7.5GW 규모의 해상풍력 송전계획**을 수립하여, 해상 플랫폼과 육상 연계선로를 일괄적으로 경쟁 입찰하는 방식을 도입했다. 이에 따라 뉴저지 연안에는 **공유형 해상 송전망**이 최초로 건설 중이며, 다른 동부 연안 주들도 유사한 협력 모델을 고려하고 있다. 정책적으로 FERC는 계통계획에 재생에너지 목표를 반영하도록 규정 개정을 논의하고, BOEM은 해상풍력 단지 인허가 시 **계통영향평가 강화**를 요구하여 선제적 계통보강을 촉진하고 있다.
아시아	• **대규모 풍력의 신속한 통합**: 중국은 세계 최대 해상풍력 보유국으로서, 동남 연해 지역에 밀집한 풍력을 내륙 수요지로 보내기 위해 **초고압(UHV) 교류/직류망** 확충을 가속화하고 있다. 예를 들어 장쑤성 일대 해상풍력을 화동 내륙으로 송전하는 ±800kV UHV DC 사업을 추진 중이며, 광동성은 해상풍력 전력을 인근 산업단지에 공급하는 **다단계 DC 그리드**를 실증하고 있다. **일본**은 2040년 45GW 목표 하에 **전력망 정비 계획**에 해상풍력 계통강화를 포함시켜, 도호쿠·홋카이도 등의 풍력자원을 도쿄권에 보내는 **해저 HVDC 프로젝트**(예: 홋카이도-혼슈 HVDC)를 검토하고 있다. 아울러 일본은 풍력단지 선정 단계부터 계통수용량 평가를 의무화하고 **풍력용 계통안정화 설비 보조금**을 제공 중이다. **한국**은 2036년까지 20GW 이상의 해상풍력을 계획하면서 **광역계통보강계획**을 수립하여, 전남·경남에 **HVDC 송전선로** 건설, **STATCOM 및 동기조상기** 설치 등을 결정하였다. 또한 전남 신안 8GW 프로젝트는 **단지-계통 연계 협의체**를 통해 실시간 출력제어, ESS 설치 등의 조건을 마련하고 단계적 연계를 추진 중이다. **대만**은 풍력단지별로 전용 해저송전선을 증설하고 접속규정(전압변동, FRT 등)을 강화하여 15GW 목표에 대비하고 있다.

유럽은 이미 **대규모 해상풍력 통합 운용 경험**을 축적하여 기술적·제도적 선도 사례를 보여주고, 미국은 **정책 드라이브**를 통해 향후 계통 통합 기반을 마련하는 단계이다.

아시아 국가들은 급격한 해상풍력 증설 속도에 맞춰 **계통 인프라 투자**와 **기술 도입**을 추진하고 있으며 각국 정부의 지원과 규제 정비가 병행되고 있다.

9) 향후 기술 발전 방향 및 계통 통합 전략 전망

향후 해상풍력의 지속적 확대에 따라 **계통 통합 기술과 전략**은 더욱 진화할 전망이다. 우선 **멀티터미널 HVDC**와 **해상 HVDC 그리드** 기술이 상용화되어 여러 해상풍력단지와 여러 국가를 하나의 DC망으로 연결함으로써 **범지역적 전력 공유**와 **대륙 규모 전력망** 형성이 가속화될 것이다. 이를 뒷받침하기 위해 차세대 **HVDC 규범의 표준화**, 벤더 호환성 확보, **고속 DC 차단기** 개발 등이 이뤄지고 있다. 또한 해상풍력단지 인근에 에너지섬(Energy Hub)을 건설하여 풍력전력을 **수소로 직접 변환**하거나 **해상에서 저장**하는 개념도 실현될 가능성이 높다. 이렇게 되면 전력망에 주는 부담을 줄이면서도 잉여 전력을 효율적으로 활용하는 **부문 간 연계(섹터커플링)** 전략이 강화될 것이다.

계통 안정도 측면에서는 Grid Forming **컨버터**가 재생에너지 설비에 광범위하게 적용되어 재생에너지가 주 전원인 계통에서도 **자가안정화**가 가능해질 것으로 기대된다. 예를 들어 대형 풍력터빈이나 군집형 인버터에 **그리드포밍** 펌웨어를 탑재함으로써, 일정 비율 이상의 인버터 자원만으로도 **블랙스타트**와 고립운전이 가능한 전력망이 현실화될 수 있다. 여기에 더해 **AI 기반의 자율계통 운영**이 발전하여 과거 인력의 판단에 의존하던 계통제어(발전량 조정, 부하차단 등)가 AI의 추천 또는 자동결정으로 신속히 실행됨으로써 **실시간 최적화** 수준이 높아질 것이다. 특히 딥러닝을 통한 **발전량 예측 정밀도 향상**, **고장 사전예측** 등이 이루어져, 풍력 예측오차로 인한 잉여/부족 전력을 시장과 연계된 수요반응으로 **사전 조율**하거나, 고장 발생 전에 부하를 분산 차단하여 **사고 파급을 억제**하는 선제적 조치가 가능해질 것이다.

전력시장 및 정책 측면에서도 변화가 예상된다. 변동성 재생에너지의 효율적 통합을 위해 **유연성 서비스 시장**이 활성화되어 수요반응, ESS, 예비력 등의 가치를 금전적으로 보상하는 체계가 확립될 것이다. 예를 들어 잉여 풍력으로 생산한 수소의 **녹색인증 및 거래제도**가 도입되고 풍력발전기의 계통지원 기능 제공에 대한 **보상 메커니즘**이 마련될 수 있다. 정책 당국은 송전망 투자와 더불어 **분산자원 확대에 따른 배전망 강화 투자**를 유도하고, 해상풍력 밀집 해역에 **계통허브**를 구축하는 등 계획입지와 계통계획을 연계한 전략을 펼칠 것이다. 국제적으로는 유럽을 시작으로 **대륙 간 전력망 연계** 논의도 탄력을 받아, 북해-북유럽-중앙아시아-중동-북아프리카를 잇는 **글로벌 그리드** 구상 등이 재부상할 가능성도 있다.

요약하면 해상풍력의 대규모 계통통합을 위해 **기술적 혁신**(HVDC, **그리드포밍**, AI, 저장기술 등)과 **정책·시장 설계의 진화**가 병행되어야 한다. 향후 전력계통은 과거와 달리 **민첩하고 지능적인 유연계통**으로 거듭나며 해상풍력은 이러한 미래 전력망의 중심 자원이 될 것이다. 궁극적으로 발전-송전-배전-수용가에 이르는 전 과정의 통합 최적화를 통해 **청정에너지 시대의 안정적이고 지속가능한 전력계통**을 구현하는 것이 목표다. 이러한 노력이 결실을 맺는다면 해상풍력은 기후 목표 달성과 경제 성장에 기여하면서도 전력계통의 신뢰도를 유지하는 **에너지 전환의 핵심 동력원**으로 자리매김할 것이다.

해상풍력발전시스템의 전기설비 고도화 제안

1. 하이엔드 양압배전반의 해상풍력발전소 적용 필요성 및 기술적 우수성

해상풍력발전단지는 고염분·고습도·고풍속 환경에 지속적으로 노출되며, 이로 인해 전기설비의 부식, 절연 열화, 화재 위험이 크게 증가한다. 특히 해상 구조물의 유지보수는 육상에 비해 시간과 비용이 수십 배 소요되므로 초기 설계 단계에서 고신뢰성 설비의 적용이 필수적이다. 이러한 배경에서 스마트파워의 하이엔드 양압배전반은 해상풍력발전소의 전기설비로서 다음과 같은 기술적 우수성을 제공한다.

1) 부식 및 절연파괴 방지

염분은 금속의 화학적 부식을 유발하고 고습 환경은 절연 저하를 가속시켜 아크 및 절연파괴로 이어질 수 있다. 양압배전반은 외함 내부를 25Pa 이상의 양압으로 유지함으로써 외부의 해무, 염분, 수분 침투를 원천적으로 차단한다. 또한 '제로 전위기술 외함' 설계를 통해 유도전압 및 정전기 등에 의한 감전 위험을 근본적으로 차단한다.

2) 화재 위험 저감

해상풍력발전단지의 송전 시스템은 일반적으로 22.9kV급 이상의 고전압과 수천 암페어의 전류가 흐르며 누전이나 절연파괴 시 대형 화재로 확산될 수 있다. 양압배전반은 24시간 누설전류 모니터링을 통해 이상 징후를 조기 탐지하며 폐쇄형 외함 구조는 산소 유입을 최소화하여 화재 발생 및 확산을 원천적으로 억제한다. 해상변전소의 경우 무인 변전소이기 때문에 반드시 이와 같이 안전한 시스템을 도입하여 한다.

3) 유지보수 효율성 향상

해상플랫폼에서 유지보수는 기상 조건, 인력 접근성, 선박 동원 등 다양한 제약이 따른다. 양압배전반은 고밀폐 구조와 내식성 소재를 활용하여 부품의 수명을 2배 이상 연장시킬 수 있으며 정기 교체 및 점검 주기를 획기적으로 줄여 연간 유지보수비용의 40% 이상을 절감한 사례를 통해 그 효과가 입증되었다.

4) 법적 규제 대응

「전기설비 기술기준」 제58조 및 산업안전보건법 제312조에 따라 해상전기설비는 방염·방습 성능이 필수이며, 배전반 내부는 일정 압력을 유지해야 한다. 양압배전반은 IP66 등급의 방진·방수 성능을 확보하고, 법적 요구 조건을 모두 만족하는 유일한 구조적 대안으로 평가받는다.

2. GEMS HMI 기반 해상발전 연계 자동 제어 시스템의 적용 방향

스마트파워의 GEMS(Green Energy Management System) 기술은 해상풍력변전소 내 디젤 비상발전기를 기존의 단순 피크관리용에서 한 단계 진화하여 소내전력(설비 운전, 통신, 방재 등) 공급 및 수전해 기반 그린수소 생산 전원으로 활용하는 데 최적화된 솔루션을 제공한다. 해상플랫폼의 전력안정성과 에너지자립도를 동시에 강화하는 전략적 시스템이다.

1) 소내전력 공급 중심의 병렬운전 제어

해상풍력변전소는 대용량 전력변환 장비, 계통보호 시스템, 통신·제어설비, 안전·방재 인프라 등을 포함하고 있으며 외부 전원 중단 시에도 자율적으로 유지되어야 할 핵심 인프라다. GEMS 기반 발전기 연계 시스템은 외부 전력계통 이상 시 즉시 기동하여 자체 설비를 안정적으로 운전하는 소내전력(MCC 및 UPS 보완) 공급원으로 활용된다.

2) 수전해 기반 그린수소 생산의 전력 공급원

해상풍력발전단지는 향후 수소경제로의 전환을 위한 핵심 거점이며, 풍력 전력의 일부를 이용한 수전해(Polymer Electrolyte Membrane Electrolysis) 기반 수소 생산 설비가 도입될 수 있다. 이때, GEMS 기반 발전기는 수전해 시스템의 안정적 전원 공급 백업원으로 기능하여 생산 안정성을 보장하며, ESS 및 풍력 출력 변동 보완 기능까지 병행할 수 있다.

3) 무인운전 및 원격 제어 기반의 신뢰성 확보

해상 변전설비는 무인 운전이 기본이며 발전기 제어 역시 완전 자동화되어야 한다. GEMS는 병렬운전 제어뿐 아니라, 발전기 상태 모니터링, 연료 잔량 관리, 고장 진단, 실시간 원격 제어 기능까지 통합하여 해상 원격 운영 체계와의 완전한 연계를 구현한다.

4) 환경 기준 대응 및 에너지 다변화 전략 연계

해상 대기환경 보호를 위해 발전기에는 저소음(82dB 이하) 설비와 DPF, SCR 등 매연저감 장치가 장착되어야 하며 GEMS는 이와 연동 가능한 제어 알고리즘을 제공한다. 또한 분산에너지 자원(DER)으로 등록 시 DR 연계 또는 수소에너지 클러스터 내 보완전원 역할 수행이 가능하여 해상에너지의 복합화 및 수익 다변화가 가능하다.

부록

해상풍력발전 전기설비 계획과 설계
Electrical Infrastructure for Offshore Wind Farms Planning And Design

부록

Electrical Infrastructure For Offshore Wind Farms

부록 1. 용어 정리

해상풍력발전 전기설비의 계획·설계·시공·운영 전 과정을 포괄적으로 다룬 본서의 이해를 돕기 위해, 부록(부록 A ~ F)을 구성하였다. 이 부록에는 주요 용어 정리(Glossary), 법규·기술 표준 일람표, 시뮬레이션 소프트웨어 안내, 주요 기자재 공급사 정보, 계통분석 예시 자료, 해상풍력 프로젝트 사례, 그리고 참고문헌 및 웹사이트가 수록되어 있다.

A. 주요 용어 정리(Glossary)

해상풍력발전과 관련된 전문 용어와 약어를 정리한다.

용어 / 약어	영어 원문	정의 및 설명
AC	Alternating Current	교류. 해상 단지 내부(배열망) 또는 변전소 간 전력 전송에 사용 (33 ~ 220kV).
AIS	Air Insulated Switchgear	공기절연 개폐장치. 절연 매체로 공기를 사용. 유지보수 용이하나 부피 큼.
CB	Circuit Breaker	회로차단기. 과전류·고장 시 전기 회로를 신속 차단.
CFD	Computational Fluid Dynamics	전산유체역학. 블레이드 설계, 풍속 해석 등에 필수.
EPC	Engineering, Procurement, Construction	설계·구매·시공 일괄 계약방식.
ESS	Energy Storage System	에너지저장장치. 잉여전력 저장 및 계통 안정화에 기여.

용어 / 약어	영어 원문	정의 및 설명
FRT (LVRT)	Fault Ride Through (Low Voltage Ride Through)	고장 지속 운전. 저전압 상태에서도 발전 지속.
GIS	Gas Insulated Switchgear	가스절연 개폐장치. SF_6 가스를 절연재로 사용하는 밀폐형 장비.
HVDC	High Voltage Direct Current	고압직류송전. 장거리·대용량 송전 효율적.
PCS	Power Conditioning System	전력변환장치. 발전기와 계통 간 전력 품질 제어.
IRR / NPV	Internal Rate of Return / Net Present Value	재무수익성 지표. 프로젝트 투자 타당성 분석에 사용.
Jack-up	Jack-up Barge	해저에 잭을 내려 고정하는 해상 시공 플랫폼.
LCOE	Levelized Cost of Energy	균등화 발전비용. 단위 전력 생산당 총비용.
LV/MV/HV	Low/Medium/High Voltage	전압 등급. 일반적으로 MV는 33~66kV, HV는 154kV 이상.
MOF	Manifold Offshore Substation	해상변전소. 단지 전력 수집 및 변압.
PMS	Power Management System	전력관리시스템. 단지 내 에너지 흐름 통제 소프트웨어.
PPA	Power Purchase Agreement	전력구매계약. 장기 고정 단가 판매 계약.
RPS / REC	Renewable Portfolio Standard / Renewable Energy Certificate	재생에너지 의무공급 및 인증제도.
SCADA	Supervisory Control And Data Acquisition	감시제어시스템. 실시간 원격 모니터링 및 제어.
SVC / STATCOM	Static Var Compensator / Static Synchronous Compensator	무효전력 보상장치. 전압 안정화, 계통보강.
WACC	Weighted Average Cost of Capital	가중평균자본비용. 재무 할인율로 사용.
Grid Code	Grid Interconnection Code	계통연계기준. 주파수·전압·출력제어 요건 포함.

용어 / 약어	영어 원문	정의 및 설명
SPAR	SPAR Platform	원통형 수직 부유체. 수심 100m 이상에서 안정적.
Semi-sub	Semi-submersible Platform	반잠수형 부유체. 파도 영향에 강하며 시공성 우수.
TLP	Tension-Leg Platform	텐션레그 부유체. 수직 동요 적음.
Monopile	Monopile Foundation	단일 강관 기초. 천해(30m 이내) 고정식에 적합.
Jacket	Jacket Structure	격자형 강철 구조물. 심해에도 안정적 설치 가능.
Dynamic Cable	Dynamic Subsea Cable	부유식 구조용 유연 해저케이블. 반복 굴곡에 견딤.
BESS	Battery Energy Storage System	배터리 기반 에너지저장장치.
SCF	Short Circuit Fault Level	단락용량. 보호계전기 설정 기준.
Yaw Control	Yaw Control System	풍향 따라 나셀 방향 조정. 출력 최적화.
Pitch Control	Pitch Angle Control	블레이드 각도 제어. 발전량과 하중 최적화.
CMS	Condition Monitoring System	상태감시시스템. 이상 진동·온도 감지.
Floating Substation	Floating Substation	부유식 해상변전소. 수심 깊은 해역에 적합.
Transition Joint	Transition Joint	해저-육상케이블 접속 부위. 절연·구조 안전성 중요.
Ploughing	Cable Ploughing	해저케이블 매설 방식 중 하나.
Cable Routing	Cable Routing Design	해저케이블 최적 경로 설계. 장애물 회피, 경제성 고려.
WTG	Wind Turbine Generator	풍력발전기 전체 시스템 (블레이드, 허브, 발전기 등 포함).
O&M	Operation & Maintenance	운영 및 유지보수. 해상풍력 경제성의 핵심.

B. 관련 법규·기술 표준 일람표

해상풍력발전 전기설비 설계·시공·운영에서 적용되는 주요 법규·기준·표준 목록이다.

구분	내용/적용 범위	주요 예시
IEC	국제전기기술위원회 표준. 풍력·케이블·변전소·HVDC 등 관련 지침	- IEC 61400 시리즈(풍력터빈) - IEC 63026(해저케이블)
EN	유럽규격(EN), IEC 기반 표준을 지역화. 해상풍력 설치·인증에 활용	- EN 50308(풍력 안전), EN 50160(전력품질) 등
IEEE	미국전기전자학회 표준. 해저케이블(IEEE 1120), 계통연계(IEEE 1547), 전력품질(IEEE 519) 등	- IEEE 1547(분산전원 계통연계) - IEEE 519(고조파)
KS	한국산업표준. KEC(한국전기설비규정) 기반, KS C IEC 시리즈 등	- KS C IEC 60364(전기설비 규정) - KEC 530절(풍력)
DNV	해양플랜트·선급 표준. 해상풍력 인증 지침, 부유식 가이드, 해저케이블 권고	- DNV-ST-0145(Offshore Substation) - DNV-ST-0359(Subsea Cable)
해양환경 규정	해양환경관리법, 공유수면법, 환경영향평가법 등. 해상설치 인허가·환경보호 관련	- 한국: 공유수면법 - EU: 해양전략프레임워크, MSFD

C. 시뮬레이션 소프트웨어 소개

해상풍력 프로젝트에 사용되는 대표 소프트웨어는 다음과 같다.

- **전력계통 해석**
  - **PSS/E(PTI):** 대규모 전력망 부하흐름, 과도안정도 해석, 동적 시뮬레이션
  - **PSCAD/EMTDC:** 전자기과도(EMT) 시뮬레이션, 인버터·HVDC 변환 상세해석
  - **DIgSILENT PowerFactory:** 부하흐름, 단락계산, 고장해석, 보호협조

- **CFD(Computational Fluid Dynamics)**
  - 풍력터빈 블레이드 공력 해석, 해상 부유체 동요 시뮬레이션
  - Ansys Fluent, OpenFOAM, 기타 전용 코드

- **Structural·해양동역학**
  - **SACS, SESAM(DNV), OrcaFlex:** 재킷·모노파일·부유체(계류) 구조 동적 해석
  - **ANSYS Mechanical:** 고체 구조 해석(Blades, Tower)

- MATLAB/Simulink
- 제어 알고리즘 prototyping, 인버터 동적 모델링, SCADA 시뮬레이션

■ 반드시 실시(사용)해야 할 '코어 워크플로'
- GIS (ArcGIS 또는 QGIS) – 후보지 스크리닝 및 지형 데이터 확보
- 풍황·AEP – WAsP + windPRO/OpenWind → 금융기관 실사 필수 제출 모델
- 배치·피해 최소화 – windPRO PARK/SHADOW/LOSS 모듈 또는 OpenWind 자동 최적화
- 구조·하중 – OpenFAST (오픈소스 검증) 또는 GH Bladed (상용 인증)
- 계통 연계 – PowerFactory 또는 PSS®E 로 154kV 송전망 단락·동특성 분석
- 경제성 검증 – SAM (무상) + HOMER Pro (하이브리드 시)
- 복합지형·해상 고난도 현장 – Meteodyn WT 또는 Ansys WindModeller CFD를 추가
- 운영 최적화 – SCADA + Twin Builder 기반 예지보전 / 출력 예측 AI

D. 주요 기자재 공급사 정보

■ Generator, Inverter
- 지멘스가메사(Siemens Gamesa), GE, Vestas (터빈 통합), ABB, Schneider(인버터·드라이브)

■ Transformer
- ABB, Siemens, GE/Prolec, Hyosung, Hyundai 등 고압변압기 전문

■ Cable(해저케이블)
- Prysmian, Nexans, LS Cable & System, NKT, Sumitomo 등
- Switchgear(GIS/AIS)
- Siemens Energy, Hitachi Energy, ABB, Hyosung, GE Grid 등

■ ESS
- 배터리 시스템: CATL, LG Energy Solution, Samsung SDI, BYD 등. PCS(전력변환장치)는 ABB, SMA 등

- 전해조(Electrolyzer)
  - Nel Hydrogen, Siemens Energy, ITM Power, ThyssenKrupp 등 그린 수소 시장을 주도

E. 계통분석 예시 자료

- 단락계산 예시
  - 해상풍력단지(500MW) + 주변 계통 → PSS/E로 3상·1상 단락전류(5.2kA), LVRT 시 풍력 인버터 고장전류(1.2pu) 확인
  - 해상변전소 차단기 정격(20kA) 충분여부 검사

- 부하흐름(Load Flow), 안정도 시뮬레이션
  - 정상운전 시 전압편차(±3%), 무효전력 흐름(±50Mvar) 관찰
  - 사고(단락) 후 과도안정도: 풍력 LVRT 동작으로 500ms 유지, 회복

- Flicker 해석
  - 풍속 변동 주파수(0.1 ~ 10Hz), 계통 단락용량 등으로 플리커 지수(Pst) 0.8로 계산, 허용치(1.0) 이하 충족

F. 해상풍력발전 프로젝트 사례 연구

- 시공 프로세스, 트러블 사례, 운용 경험 수치
  - Hornsea (영국): 수 GW급 해상풍력, 120km 해저케이블, HVDC 잇단 적용. 시공 중 기상 윈도우 부족으로 일정 지연, ROV 점검 강화 경험
  - BorWin (독일): VSC-HVDC 컨버터 플랫폼 시공 어려움(Heavy Lift), 초기 변압기 과열 문제 수리(150만 유로 추가비용)
  - 서남해 해상풍력(한국): 실증단지 60MW, 해상변전소 + 구조물 실증. 어민 수용성 문제, 방파제 활용 케이블 인입

- 운영 중 성능
  - 터빈 가동률(Availability) 95 ~ 98%, O&M 비용(€40 ~ 50/MWh), 배터리/수소연계 시 출력제한 회피율 60% 개선 등

G. 참고문헌 및 웹사이트(References)

- **국제표준**: IEC 61400 시리즈(풍력터빈), IEC 63026(해저케이블), IEEE 1547(분산전원 계통연계), DNV-ST-0145(해상변전소)
- **학술자료**: IRENA(해상풍력 Cost/Outlook), EWEA(Offshore Wind Reports), European Commission 해상풍력 워킹그룹
- **국내 규정**: KEC(한국전기설비규정) 제530절(풍력), 전기안전관리법, 해상풍력 보급 촉진 특별법(예정), 공유수면법

H. 웹사이트

- Global Wind Energy Council (GWEC): gwec.net
- DNV (Offshore Standard): dnv.com
- WindEurope: windeurope.org
- CIGRE 해상풍력 보고서: cigre.org
- 한국에너지공단 신·재생센터: knrec.or.kr

본서 부록(Glossary, 법규·표준, 시뮬레이션SW, 기자재 공급사, 예시 자료, 사례 연구, 참고문헌)은 해상풍력발전 전기설비의 **최신 기술**과 **실무 정보**를 체계적으로 이해하도록 돕는 보충자료다. 각 단계별로 본문 내용을 참조하면서, 세부 용어·규정·분석 기법을 부록에서 다시 확인할 수 있도록 구성했으므로, **설계·시공·운영** 전 과정에서 적극 활용하기 바란다.

부록 2. 국내 발전설비 및 사용량 데이터 (통계청 자료)

1. 연료원별 발전설비 구성

[단위: MW]

연료원별(1)	연료원별(2)	2021	2022	2023
합계	소계	134,020	138,193	144,421
원자력	소계	23,250	24,650	24,650
화력	소계	80,699	80,249	83,216
	석탄	37,338	38,128	39,168
	유류	2,160	920	711
	LNG	41,201	41,201	43,338
양수	소계	4,700	4,700	4,700
신·재생	소계	24,856	28,137	31,396
기타	소계	515	457	459

2. 발전실적 종합

실적현황별(1)	실적현황별(2)	실적현황별(3)	2021	2022	2023
설비용량(피크기준) (MW)	소계	소계	131,330	137,938	144,381
설비용량(연말기준) (MW)	소계	소계	134,020	138,193	144,421
공급능력 (MW)	소계	소계	100,739	105,628	105,213
최대전력 (MW)	소계	소계	91,141	94,509	91,556
예비전력 (MW)	소계	소계	9,598	11,119	13,657
공급예비율 (%)	소계	소계	10.5	11.8	14.9
평균전력 (MW)	소계	소계	65,846	67,854	67,129
발전량 (GWh)	소계	소계	576,809	594,400	588,047
	원자력	소계	158,015	176,054	180,494
	화력	소계	371,774	362,652	348,423
	양수	소계	3,683	3,715	3,784
	신·재생	소계	42,156	50,807	54,173
	기타	소계	1,181	1,172	1,173
연료사용량	유연탄 (천톤)	소계	66,878	65,202	59,379
	무연탄 (천톤)	소계	900	885	914
	유류 (천kl)	소계	498	375	294
		경유	207	261	280
	LNG (천톤)	소계	12,462	12,203	10,761
열효율 (%)	발전단	소계	41.53	41.65	41.36
	송전단	소계	39.62	39.78	39.50
소내전력률 (%)	소계	소계	3.68	3.71	3.57
주파수유지율 (%)	소계	소계	99.99	99.99	99.99
고장정지 (건/대)	수·화력	소계	0.22	0.24	0.17
	수·화력(민자포함)	소계	0.42	0.39	0.43
	원자력	소계	0.25	0.20	0.04

3. 신·재생에너지 보급용량에 따른 발전누적

(단위: kW)

에너지원별(1)	에너지원별(2)	에너지원별(3)	에너지원별(4)	2020	2021	2022
신·재생에너지 총보급용량 (발전)① + ②	소계	소계	소계	25,974,393	30,211,816	33,760,434
	사업용	소계	소계	23,333,870	27,079,125	30,274,917
	자가용	소계	소계	2,640,523	3,132,691	3,485,517
	① 재생에너지 합	소계	소계	25,013,032	29,071,778	32,522,244
		사업용	소계	22,382,726	25,950,991	29,050,038
		자가용	소계	2,630,306	3,120,787	3,472,206
	② 신에너지 합	소계	소계	961,361	1,140,038	1,238,190
		사업용	소계	951,144	1,128,134	1,224,879
		자가용	소계	10,217	11,904	13,311
① 재생에너지	태양광	소계	소계	17,356,934	21,199,351	24,369,532
		사업용	소계	14,910,942	18,338,405	21,051,253
		자가용	소계	2,445,992	2,860,946	3,318,279
	풍력	소계	소계	1,645,407	1,709,116	1,945,961
		사업용	소계	1,632,055	1,695,655	1,932,395
		자가용	소계	13,352	13,461	13,566
	수력	소계	소계	1,807,291	1,821,374	1,813,392
		사업용	소계	1,805,777	1,819,805	1,811,823
		자가용	소계	1,514	1,569	1,569
	해양	소계	소계	255,500	255,580	255,580
		사업용	소계	255,500	255,580	255,580
	바이오	소계	소계	3,525,835	3,578,983	3,664,456
		사업용	소계	3,440,259	3,508,257	3,591,765
		자가용	소계	85,576	70,726	72,691
		바이오가스	소계	61,532	61,590	65,816
			사업용	52,386	52,194	54,455
			자가용	9,146	9,396	11,361
		매립지가스	소계	67,427	66,309	66,309
			사업용	67,427	66,309	66,309
			자가용	-	-	-
		우드칩	소계	83,669	126,879	77,314
			사업용	43,669	101,979	77,314
			자가용	40,000	24,900	-
		목재펠릿	소계	1,512,934	1,643,778	2,075,903
			사업용	1,512,934	1,643,778	2,075,903
			자가용	-	-	-

(단위: kW)

에너지원별(1)	에너지원별(2)	에너지원별(3)	에너지원별(4)	2020	2021	2022
		폐목재	소계	-	-	-
			사업용	-	-	-
			자가용	-	-	-
		흑액	소계	36,430	36,430	36,430
			자가용	36,430	36,430	36,430
		하수슬러지 고형연료	소계	249,604	338,996	52,950
			사업용	249,604	338,996	52,950
		Bio-SRF	소계	563,890	424,651	369,384
			사업용	563,890	424,651	344,484
			자가용	-	-	24,900
		바이오중유	소계	950,350	880,350	920,350
			사업용	950,350	880,350	920,350
	폐기물	소계	소계	422,064	507,374	473,322
		사업용	소계	338,193	333,288	407,221
		자가용	소계	83,871	174,086	66,101
		폐가스	소계	-	-	-
			사업용	-	-	-
			자가용	-	-	-
		산업폐기물	소계	109,608	199,435	168,042
			사업용	105,794	105,701	152,128
			자가용	3,814	93,734	15,914
		생활폐기물	소계	173,520	173,020	167,813
			사업용	100,463	100,163	121,626
			자가용	73,057	72,857	46,187
		시멘트킬른 보조연료	소계	-	-	-
			자가용	-	-	-
		SRF	소계	138,936	134,919	137,467
			사업용	131,936	127,424	133,467
			자가용	7,000	7,495	4,000
		정제연료유	소계	-	-	-
			사업용	-	-	-
② 신에너지	연료전지	소계	소계	615,031	793,708	891,860
		사업용	소계	604,814	781,804	878,549
		자가용	소계	10,217	11,904	13,311
	IGCC	소계	소계	346,330	346,330	346,330
		사업용	소계	346,330	346,330	346,330

4. 행정구역별·용도별 판매전력량

[단위 MWh]

용도별(1)	용도별(2)	2023년					
		계	서울	부산	대구	인천	광주
합계	소계	545,965,955	49,218,956	21,555,665	16,288,850	25,875,669	9,083,242
가정용	소계	79,885,924	14,692,966	5,143,237	3,643,338	4,909,826	2,261,231
공공용	소계	26,604,249	3,801,000	1,318,707	919,691	1,096,854	606,241
서비스업	소계	135,356,324	29,153,018	7,614,648	5,425,031	7,361,938	3,155,443
농림어업	소계	18,777,187	19,802	113,291	110,744	160,298	85,373
광업	소계	1,709,275	1,932	19,867	22,693	82,428	2,824
제조업(10차)	소계	283,632,995	1,550,238	7,345,915	6,167,353	12,264,324	2,972,131
	식료품	13,594,596	252,353	668,394	247,336	719,674	148,146
	음료	1,435,173	14,546	21,710	30,797	17,484	45,487
	담배	230,489	100	4	34	7	16,594
	섬유제품	7,436,087	107,740	189,113	714,437	37,310	144,995
	의복,모피	612,014	328,116	35,383	39,714	12,223	1,860
	가죽,가방	465,846	20,386	99,466	4,593	6,149	96
	목재,나무	1,776,469	4,131	40,535	21,211	503,049	6,242
	펄프,종이	8,331,658	37,913	32,574	494,959	52,484	48,482
	인쇄,매체	1,237,608	194,572	26,518	34,739	97,355	19,970
	연탄,석유	14,537,215	3,121	6,024	13,692	1,003,205	788
	화학	44,798,511	42,324	281,762	193,597	401,329	76,212
	의료,의약	3,490,213	18,597	36,997	15,844	534,882	2,488
	플라스틱	9,781,782	45,885	214,337	216,700	279,065	346,066
	비금속	12,359,442	21,199	94,110	90,591	217,980	25,531
	1차금속	35,511,904	12,486	1,864,010	304,608	2,040,383	44,033
	금속가공	9,158,535	48,336	818,587	654,101	613,063	157,781
	전자,통신	63,505,918	54,980	105,587	427,157	1,522,604	825,059
	의료,광학	4,210,836	42,118	77,711	106,691	2,007,450	34,537
	전기장비	9,486,728	22,213	152,353	358,803	193,344	236,917
	기타기계	12,240,926	132,025	1,064,540	531,088	912,142	194,663
	자동차	20,628,824	18,455	1,210,318	1,560,170	535,352	581,544
	기타운송	5,110,582	19,070	256,826	52,954	58,848	5,437
	가구	719,766	3,162	8,404	17,607	114,090	5,432
	기타제품	2,888,319	104,632	37,557	34,077	380,504	2,119
	산업기계	83,554	1,777	3,093	1,852	4,347	1,653

용도별(1)	용도별(2)	2023					[단위 MWh]
		대전	울산	세종	경기	강원	충북
합계	소계	9,922,139	31,826,127	3,935,500	140,312,047	17,114,657	29,450,797
가정용	소계	2,171,029	1,655,912	663,134	21,681,941	2,347,691	2,467,050
공공용	소계	1,140,535	553,125	383,229	6,366,362	1,575,416	1,419,800
서비스업	소계	4,197,137	1,239,957	811,553	35,224,624	6,212,163	4,001,572
농림어업	소계	37,142	88,937	94,558	2,741,735	785,989	948,222
광업	소계	1,309	12,193	12,598	258,949	434,639	119,604
제조업(10차)	소계	2,374,987	28,276,003	1,970,428	74,038,437	5,758,759	20,494,549
	식료품	153,885	208,567	137,144	3,107,854	572,646	1,399,209
	음료	20,121	18,149	10,162	373,318	138,774	162,714
	담배	76,202	-	-	3,500	14	7,205
	섬유제품	29,983	540,073	21,724	1,401,697	14,148	178,458
	의복,모피	2,490	965	192	139,113	1,346	4,775
	가죽,가방	3,036	613	2,227	175,684	507	61,108
	목재,나무	4,739	16,962	1,402	527,787	20,982	58,004
	펄프,종이	583,560	616,387	386,209	1,937,277	28,186	878,659
	인쇄,매체	17,497	3,525	3,417	706,063	7,159	31,116
	연탄,석유	380	6,460,776	74	38,742	1,055	16,386
	화학	239,995	11,379,226	198,173	6,645,633	96,484	2,090,819
	의료,의약	68,499	4,878	67,535	1,153,153	129,641	959,975
	플라스틱	304,929	646,790	133,164	2,258,894	104,288	1,117,481
	비금속	35,295	192,960	449,264	1,733,424	3,332,711	2,576,920
	1차금속	49,360	3,211,593	41,518	2,076,416	848,666	424,191
	금속가공	54,299	225,485	13,072	2,194,850	39,568	847,734
	전자,통신	219,374	41,513	282,422	38,425,780	67,715	5,567,519
	의료,광학	56,498	23,414	5,938	663,927	41,707	113,585
	전기장비	101,075	632,514	84,259	1,154,408	38,481	1,967,536
	기타기계	102,858	220,559	39,169	4,287,407	33,345	522,215
	자동차	216,907	2,591,104	88,874	3,193,983	183,370	825,293
	기타운송	11,623	1,235,093	277	106,868	37,393	25,694
	가구	4,118	2,368	344	455,580	7,835	25,829
	기타제품	17,974	1,349	3,554	1,262,020	9,641	626,885
	산업기계	293	1,139	314	15,057	3,099	5,238

용도별(1)	용도별(2)	2023					[단위 MWh]
		충남	전북	전남	경북	경남	제주
합계	소계	49,626,734	21,443,448	33,984,866	43,897,600	36,351,796	6,077,863
가정용	소계	3,343,172	2,608,515	2,630,641	3,737,831	4,912,623	1,015,787
공공용	소계	1,220,812	1,136,577	1,341,290	1,799,956	1,552,871	371,784
서비스업	소계	4,858,509	4,411,432	4,188,745	6,794,120	7,831,881	2,874,554
농림어업	소계	2,377,748	1,717,006	3,471,862	2,203,757	2,344,777	1,475,948
광업	소계	335,587	65,496	70,917	198,840	61,544	7,855
제조업(10차)	소계	37,490,906	11,504,422	22,281,411	29,163,096	19,648,100	331,935
	식료품	1,519,125	1,782,514	924,817	625,314	1,004,765	122,854
	음료	102,111	131,287	23,209	86,520	149,218	89,565
	담배	16	-	6	43,160	83,646	-
	섬유제품	164,520	638,337	161,647	2,878,434	213,175	296
	의복,모피	10,811	12,585	4,014	12,511	5,757	158
	가죽,가방	10,639	5,106	504	8,134	67,581	17
	목재,나무	116,746	275,663	26,076	79,140	72,266	1,534
	펄프,종이	772,845	1,123,181	98,132	393,563	824,522	22,725
	인쇄,매체	49,358	7,337	1,865	10,893	24,777	1,446
	연탄,석유	5,501,418	4,534	1,421,801	55,898	9,283	39
	화학	4,241,540	2,212,092	12,944,837	2,967,611	755,688	31,189
	의료,의약	327,989	45,962	50,976	53,270	10,783	8,744
	플라스틱	1,263,216	261,006	402,152	1,027,098	1,154,460	6,250
	비금속	970,063	640,693	533,746	937,385	477,879	29,691
	1차금속	5,171,871	2,303,569	3,790,286	9,513,259	3,813,219	2,437
	금속가공	624,385	150,280	145,518	840,987	1,727,668	2,821
	전자,통신	10,778,843	464,562	59,326	3,960,253	701,393	1,832
	의료,광학	592,086	31,025	11,825	130,038	271,278	1,006
	전기장비	954,926	188,650	782,332	1,551,695	1,065,414	1,806
	기타기계	949,556	163,207	75,581	964,780	2,045,378	2,413
	자동차	3,238,115	930,103	83,810	2,809,182	2,561,897	345
	기타운송	35,917	104,126	709,918	157,965	2,292,178	395
	가구	10,947	5,259	7,142	25,358	24,946	1,345
	기타제품	77,315	17,795	6,838	24,412	280,071	1,578
	산업기계	6,547	5,549	15,053	6,236	10,858	1,448

5. 지역별 발전설비

발전설비별(1)	발전설비별(2)	2023					[단위 MW]
		합계	서울	경기	인천	강원	대전
합계 (kW)	소계	144,420,908	966,445	22,073,018	14,210,457	11,295,794	194,799
구성비 (%)	소계	100.00	0.67	15.28	9.84	7.82	0.13
원자력 (kW)	소계	24,650,000	-	-	-	-	-
기력 (kW)	소계	39,308,658	-	1,400,000	5,080,000	5,714,000	-
	유연탄	37,508,658	-	-	5,080,000	5,314,000	-
	무연탄	400,000	-	-	-	400,000	-
	LNG	1,400,000	-	1,400,000	-	-	-
복합화력 (kW)	소계	34,038,252	738,346	11,836,494	8,238,447	848,000	-
내연력 (kW)	소계	136,550	-	450	36,230	-	-
	중유	40,000	-	-	-	-	-
	경유	96,550	-	450	36,230	-	-
집단에너지 (kW)	소계	9,821,006	64,000	6,043,478	338,300	431,200	136,300
	유연탄	1,259,224	-	253,355	-	-	-
	유류	108,700	-	38,900	-	-	-
	LNG	196,300	64,000	60,000	24,000	-	48,300
	LNG 복합	8,168,782	-	5,691,223	314,300	431,200	-
	기타	88,000	-	-	-	-	88,000
양수 (kW)	소계	4,700,000	-	400,000	-	1,000,000	-
신·재생 (kW)	소계	31,395,507	136,149	2,332,941	486,700	3,283,624	58,499
	일반수력	1,586,980	-	260,100	-	505,280	-
	소수력	230,016	300	15,809	12,599	19,815	-
	신·재생(태양광, 풍력, 기타)	29,578,511	135,849	2,057,032	474,101	2,758,529	58,499
기타 (kW)	소계	370,935	27,950	59,655	30,780	18,970	-

발전설비별(1)	발전설비별(2)	2023					[단위 MW]
		충북	충남	세종	광주	전북	전남
합계 (kW)	소계	1,929,103	26,922,410	616,083	419,578	6,696,035	15,363,388
구성비 (%)	소계	1.34	18.64	0.43	0.29	4.64	10.64
원자력 (kW)	소계	-	-	-	-	-	5,900,000
기력 (kW)	소계	-	18,246,058	-	-	-	668,600
	유연탄	-	18,246,058	-	-	-	668,600
	무연탄	-	-	-	-	-	-
	LNG	-	-	-	-	-	-
복합화력 (kW)	소계	-	4,077,550	-	-	718,400	2,378,900
내연력 (kW)	소계	-	3,810	-	-	7,340	22,440
	중유	-	-	-	-	-	-
	경유	-	3,810	-	-	7,340	22,440
집단에너지 (kW)	소계	-	596,700	530,441	115,246	445,369	312,500
	유연탄	-	-	-	-	445,369	312,500
	유류	-	-	-	-	-	-
	LNG	-	-	-	-	-	-
	LNG 복합	-	596,700	530,441	115,246	-	-
	기타	-	-	-	-	-	-
양수 (kW)	소계	-	-	-	-	600,000	-
신·재생 (kW)	소계	1,877,806	3,988,902	82,392	299,972	4,910,231	6,058,078
	일반수력	502,000	-	-	-	57,100	22,500
	소수력	17,004	32,297	2,310	1,830	21,287	16,245
	신·재생 (태양광, 풍력, 기타)	1,358,802	3,956,605	80,082	298,142	4,831,844	6,019,333
기타 (kW)	소계	51,297	9,390	3,250	4,360	14,695	22,870

발전설비별(1)	발전설비별(2)	2023					[단위 MW]
		부산	대구	울산	경북	경남	제주
합계 (kW)	소계	6,702,430	829,995	5,476,442	17,278,605	11,525,340	1,920,987
구성비 (%)	소계	4.64	0.57	3.79	11.96	7.98	1.33
원자력 (kW)	소계	4,550,000	-	2,800,000	11,400,000	-	-
기력 (kW)	소계	-	-	-	-	8,200,000	-
	유연탄	-	-	-	-	8,200,000	-
	무연탄	-	-	-	-	-	-
	LNG	-	-	-	-	-	-
복합화력 (kW)	소계	1,845,836	-	2,514,700	361,600	-	479,979
내연력 (kW)	소계	-	-	-	18,500	890	46,890
	중유	-	-	-	-	-	40,000
	경유	-	-	-	18,500	890	6,890
집단에너지 (kW)	소계	19,000	487,100	-	156,100	145,272	-
	유연탄	19,000	72,900	-	156,100	-	-
	유류	-	43,500	-	-	26,300	-
	LNG	-	-	-	-	-	-
	LNG 복합	-	370,700	-	-	118,972	-
	기타	-	-	-	-	-	-
양수 (kW)	소계	-	-	-	1,400,000	1,300,000	-
신·재생 (kW)	소계	253,694	332,995	139,842	3,903,470	1,875,295	1,374,918
	일반수력	-	-	-	140,000	100,000	-
	소수력	20	4,060	300	39,455	45,469	1,216
	신·재생(태양광, 풍력, 기타)	253,674	328,935	139,542	3,724,015	1,729,826	1,373,701
기타 (kW)	소계	33,900	9,900	21,900	38,935	3,883	19,200

Index

(ㄱ)

개폐설비	207
개폐소	228
거리 계전기	257
결합 분석	62
계류	53
계통 보호 협조	255
계통분석	345
계통연계	94
계통연계기준	29
계통접지	133
고립운전	264
고장사례	191
고장전류	102
고정식 해상풍력	24, 67
공간 배치	208
공급의무화(RPS)	37
과전류 계전기	257
교류 해저케이블	158
그린 수소	33
기어박스	43
기후 대응	203

(ㄴ)

나셀	43
내환경성	131, 231

(ㄷ)

단락용량	272
단로기	230
덮개	187
도체 재질	159
동적 케이블	53, 161
디지털 트윈	320
디지털화	319

(ㄹ)

레이더 관측	74
리스크 관리	302

(ㅁ)

매설 깊이	186
맨홀	223
모노파일	47, 151
무효전력	103
무효전력보상기	208
무효전력보상장치	232

(ㅂ)

발전기	43, 263
방사형	206
방폭설비	202
배전손실	143
밴딩포인트	218
변압기	119
변전소	205
변환소	238, 288
보조설비	263
보호계전	200
보호관	187
보호시스템	228
본딩	133
부식방지	109
부유식 해상풍력	25, 68, 309
부유식 해상풍력터빈	283
블레이드	42, 56
빅데이터 기반	293

(ㅅ)

사업성 분석	300
사이버보안	321
소내 부하	138
소내전력	137
송전선로	264
수소 생산	248
수소생산	88
수전해	246
수치기상모델	62

스타형	206
시공관리	190, 289
시뮬레이션	343
시뮬레이션 소프트웨어	343
시운전	290
신안군	16

(ㅇ)

암석투하	181
양압배전반	337
양육점	216
에너지 기본소득	16
에너지저장장치	31, 88
예측정비	195, 319
원격 제어	244
위성	74
유지보수	147, 290
육상변전소	90, 247, 263, 288
인입부	213
인입장력	183
잉여전력	33

(ㅈ)

잠수정 매설	180
재킷	47, 151
전기사업법	35
전기설비기준	267
전기안전관리법	35
전력거래소	268
전력계통 영향평가	30
전력계통 해석	343
전력구	219
전력품질	199
전식	135
전압 변동	272
전압강하	143, 165, 167
전위상승	134
절연진단	192
절연체	160
절연협조	101
정격풍속	58
정적 케이블	161
제트식 굴착	180

지락 보호	133
직렬형	206
직류 해저케이블	158
집전 시스템	260

(ㅊ)

차단기	230
차동 계전기	258
초대형 터빈	66
최적루트	175
출력 변동	254
출력 제한	216
측압	184

(ㅋ)

케이블 방호	186
케이블 손상	194

(ㅌ)

타워	44
탄소중립	323
통신망	266
트라이파일	48
트라이포드	48
트러블슈팅	293
특수 환경	135

(ㅍ)

풍력발전기	87
풍속 분포	60
피뢰설비	134

(ㅎ)

하부기초	209
하이브리드	249
항공장애등	145
항로	80
해상 라이다	72
해상 직류	314
해상변전소	88, 120, 198, 247, 262, 286
해상접지시스템	132
해상풍력	308

해상풍력 부식	149
해상풍력단지	17
해상환경	129, 142, 142
해수 담수화	33
해양 환경	203
해양기상 부이	73
해저케이블	89, 178, 261
해저케이블 종류	156
허브	43, 56
허용전류	164, 165
헬리콥터	207
환경영향평가	84
환기	202
환상형	206
후류	111

22.9kV	96, 214
345kV	99
345kV급	214

(영문)

AEP 계산	63
AIS	229
ESG	323
ESS	246
Flicker	272
FRT	273
GIS	229
GIS 변전소	125
Grid Forming	91, 107, 333, 336
HSE	289
IRR	82
KEC	36
LCOE	81
NPV	82
Ploughing	179
PMS	276
Power-to-X	313
REC	37, 83
RPL	176
SCADA	276
STATCOM	235
SVC	234

(숫자)

154kV	97
154kV급	214

해상풍력발전 전기설비 계획과 설계

제1판 1쇄 인쇄_ 2025년 5월 12일
제1판 1쇄 발행_ 2025년 5월 15일

지은이_ 이순형
펴낸이_ 남형권

펴낸곳_ (주)에너지시간신문사
주 소_ 서울시 구로구 중앙로 15길 83, 1층 103호(고척동)
전 화_ 02) 2066-6902
전자우편_ cabinnam@enertopianews.co.kr
등록번호_ 제25100-2024-000050호
ISBN_ 979-11-988948-3-0 93560

디자인_ 열린북스
제 작_ 다음애드

정 가_ 40,000원

copyright©이순형, 2025, Printed in Korea

이 책은 **(주)에너지시간신문사**가 저작권자와의 계약에 따라 발행한 것이므로 본사의 허락 없이는 이 책의 일부 또는 전체를 이용하실 수 없습니다.